国家级精品课程配套教材

工业和信息化人才培养规划教材　高职高专计算机系列

Windows Server 2003 网络管理实用教程

Windows Server 2003 Network Management Practical Course

郝秀兰 ◎ 主编
杜煜 ◎ 主审

INDUSTRY AND INFORMATION TECHNOLOGY TRAINING PLANNING MATERIALS
TECHNICAL AND VOCATIONAL EDUCATION

人民邮电出版社
北京

图书在版编目（CIP）数据

Windows Server 2003网络管理实用教程 / 郝秀兰主编. -- 北京 : 人民邮电出版社, 2011.11(2015.1 重印)
工业和信息化人才培养规划教材. 高职高专计算机系列
ISBN 978-7-115-25918-9

Ⅰ. ①W… Ⅱ. ①郝… Ⅲ. ①服务器－操作系统（软件），Windows Server 2003－系统管理－高等职业教育－教材 Ⅳ. ①TP316.86

中国版本图书馆CIP数据核字(2011)第189239号

内容提要

本书是学习 Windows Server 2003 组网技术的理论和实训教材，共分为 4 篇：基础篇、系统管理篇、网络管理服务篇和网络应用服务篇。全书以 Windows Server 2003 服务器操作系统为平台，详细讲述基于 Windows Server 2003 的组网技术。书中涵盖了 Windows Server 2003 的安装与基本配置，域与活动目录服务，DNS、DHCP 和 WINS 服务器的配置，账户和组的管理，文件服务，磁盘管理，路由和远程访问服务，打印服务，数据备份与恢复，网络监视与性能测试，创建 Internet 信息服务器，流媒体服务，VPN 服务等内容。

本书的体系结构完整，知识点新颖，涉及的操作内容步骤清晰明确，具有较强的操作性。每章末尾附有相关的习题，便于读者巩固学习内容。

本书既可作为各类职业院校计算机及相关专业 Windows Server 2003 网络配置与管理课程的教材，也可用作计算机培训班、辅导班和短训班的培训教材。

工业和信息化人才培养规划教材 • 高职高专计算机系列

Windows Server 2003 网络管理实用教程

- ◆ 主　　编　郝秀兰
  主　　审　杜　煜
  责任编辑　刘　琦
- ◆ 人民邮电出版社出版发行　　北京市丰台区成寿寺路 11 号
  邮编　100164　　电子邮件　315@ptpress.com.cn
  网址　http://www.ptpress.com.cn
  大厂聚鑫印刷有限责任公司印刷
- ◆ 开本：787×1092　1/16
  印张：18　　2011 年 11 月第 1 版
  字数：457 千字　　2015 年 1 月河北第 2 次印刷

ISBN 978-7-115-25918-9

定价：34.00 元

读者服务热线：(010)81055256　印装质量热线：(010)81055316
反盗版热线：(010)81055315

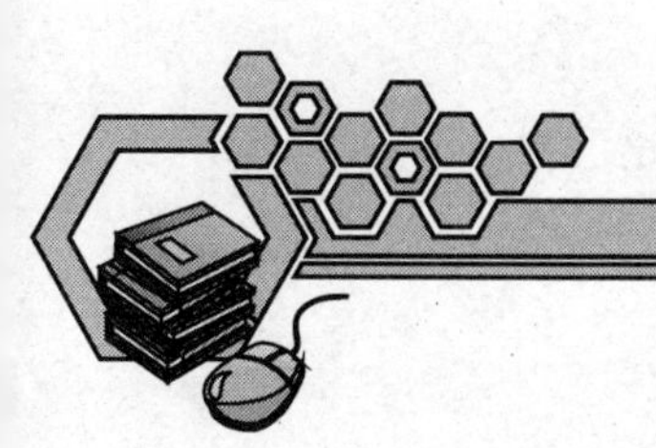

前　言

Windows Server 2003 是 Microsoft 公司继 Windows Server 2000 之后推出的又一款 Windows Server 系列产品，在硬件支持、服务器部署、网络安全、Web 应用等方面都提供了良好的支持，可以说，Windows Server 2003 是目前功能最强的一款 Server 产品。

Windows Server 2003 保持了 Windows 操作系统的可操作性、可管理性、可扩展性、高可用性、高可靠性、高安全性等特征，能满足不同规模企业的组网需求，被认为是最安全、最稳定、最完善、扩展性最好的 Windows 系统平台。Windows Server 2003 除了提供友好的用户界面外，还内置了许多向导程序，使初学者可以很快地掌握系统的使用。

本书详细介绍了 Windows Server 2003 网络操作系统的配置和管理方法，并结合实际操作，深入浅出地讲解了网络操作系统的各种应用和解决方案。全书共分 13 章，按照从基础到应用的顺序组织。第 1 章介绍网络操作系统的概念及常用的网络操作系统。第 2 章介绍 Windows 操作系统、Windows Server 2003 的安装，以及 Windows Server 2003 的基本配置。第 3 章主要介绍 Windows Server 2003 活动目录的概念，以及如何建立和管理活动目录。第 4 章主要介绍本地用户账户、本地组的创建与管理，以及域用户账户、域组的创建与管理，同时介绍了如何使用组策略进行管理的方法。第 5 章主要介绍 Windows Server 2003 文件系统与磁盘管理，设置 Windows Server 2003 中文件系统的权限、文件系统的数据加密及解密、文件系统的数据压缩及文件的解压缩，以及磁盘管理。第 6 章介绍数据备份与管理，系统监视与优化设置，以及网络打印机的管理。第 7 章介绍 DNS 的基本概念和原理，DNS 和服务器的安装、配置与管理。第 8 章主要介绍 DHCP 服务的基本概念，安装与配置 DHCP 服务器，以及 DHCP 数据库的维护和 DHCP 客户端的设置。第 9 章主要介绍 WINS 的基本概念和原理，WINS 服务器的安装、配置与管理。第 10 章介绍路由的概念，以及路由与远程访问服务。第 11 章介绍配置 IIS 服务器、Web 服务器、FTP 服务器以及邮件服务器。第 12 章介绍流媒体服务器的配置，流媒体的发布与测试。第 13 章介绍如何安装和配置 VPN 服务。每一章后都有本章小结及思考与练习，以帮助读者巩固所学到的知识。

本书语言通俗易懂，操作步骤明确，采用图文并茂的描述方式，避免晦涩难懂的语言。为了方便教学使用，每章都给出了本章的小结，这样既有助于教师抓住重点确定自己的教学计划，又有利于读者自学。

本书由郝秀兰任主编，第 1 章、第 2 章、第 11 章、第 12 章、第 13 章由郝秀兰编写，第 3 章、第 4 章、第 5 章、第 6 章由许菁菁编写，第 7 章、第 8 章、第 9 章、第 10 章由苏利敏编写，全书由郝秀兰统稿。另外，杜煜担任了本书的主审。

限于编者水平，书中难免有疏漏和欠妥之处，恳请各位读者批评指正。

编　者

2011 年 8 月于北京

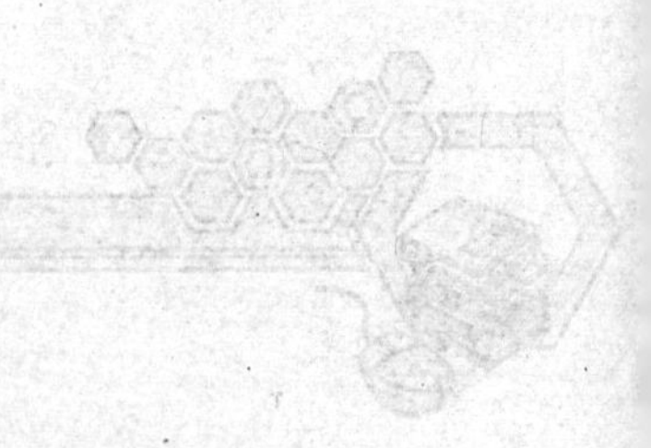

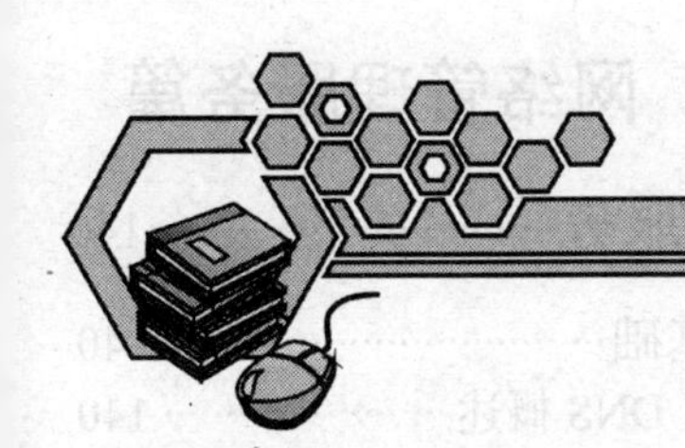

目　录

第三部分 网络管理服务篇

第一部分

基 础 篇

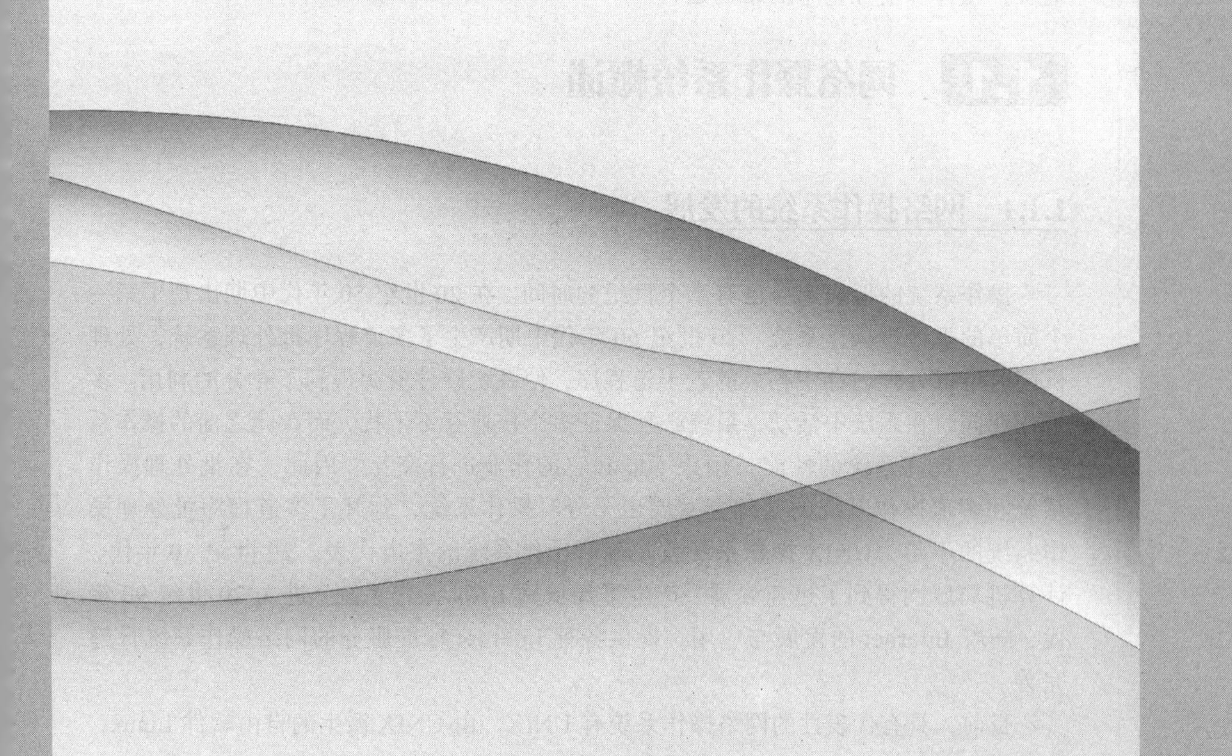

第1章 网络操作系统

网络操作系统是计算机网络不可缺少的系统软件，一个网络操作系统是一个复杂的计算机程序集，它提供网络操作过程的协议和准则。没有网络操作系统，计算机网络就无法工作。网络操作系统运行于网络服务器上，在整个网络系统中占主导地位，指挥和监控整个网络的运行。

1.1 网络操作系统概述

1.1.1 网络操作系统的发展

操作系统的形成迄今已有半个世纪的时间。在20世纪50年代中期出现了第一个简单的批处理操作系统。20世纪60年代中期产生了多道程序批处理系统，处理机同时可以处理内存中存放的若干道程序，使系统硬件资源得到了充分的利用。多个作业同时在系统中活动，系统必须保证多个作业互不干扰，而在此之前的操作系统只考虑提高系统的性能，用户不能和它的作业进行交互。因此，在批处理操作系统和多道操作系统的基础上发展出了分时操作系统，弥补了多道程序批处理操作系统的不足，UNIX操作系统就是分时操作系统的杰出代表。20世纪80年代，计算机局域网得到了迅速发展，产生了局域网LAN操作系统。进入20世纪90年代，随着Internet的发展与应用，提供各种Internet标准服务的网络操作系统日趋完善。

目前，具有代表性的网络操作系统有UNIX，由UNIX派生的自由软件Linux，Novell公司的Netware，Microsoft公司的Windows NT Server、Windows 2000 Server和Windows Server 2003等。

1. 70 年代萌芽

1969 年，老牌操作系统 Unix 在美国电话电报公司的贝尔实验室诞生。开始，Unix 未遇敌手，在工作站、小型机乃至微机与大中型机上逐步流行，并逐渐形成了自己的国际标准：POSIX。它的普及与成功根本上得益于它的开放性：可以方便地添加新的功能、实现互联与互操作，从而使系统越来越丰富，终于发展成为一个程序设计的支撑环境。

20 世纪 70 年代可以说是 Unix 的时代，它凭借“开放性”和先入为主的优势建立了 Unix 帝国。70 年代也是网络操作系统的萌芽时代，Unix 的发展史，也是一部网络发展史。

1976 年，开发了一个 Unix 网络应用程序 UUCP；1978 年，网络应用程序 CU 随着 Unix 版本 7 发行，此后几乎每一个 Unix 系统中都包含它。虽然严格说来 CU 不是网络软件包的一部分，但它提供了注册进入别的系统的功能。

1978 年，Eric Schmidt 在伯克利为 Unix 开发了一个网络应用程序作为其硕士论文的一部分，此网被称为 Berknet，随着 PDP-11 上的 Unix 版本 7 对外发行。此系统通过 9600 波特率的 RS232 线直接相连，后来，逐渐被快速的基于以太网的 LAN 代替。

2. 80 年代发育

1980 年 9 月，Bolt、Beranek 和 Newman 与美国国防部的 DARPA 签订合同在伯克利的 Unix 上开发了执行 TCP / IP 协议的系统，并于 1983 年 8 月对外发行并得到很快的发展，这主要归功于基于以太网技术的局域网的发展。到 80 年代中期，Unix system 5 上涌现出来各种各样的网络软件，这些软件一般都支持 TCP / IP 协议且通常由开发硬件接口的厂商开发。至此，Unix 又多了一种武器，TCP / IP 协议软件包。

1984 年 Novell 公司推出了以 MS-DOS 为环境的 Netware V1.0。此后不断改进、增强它的功能，推出新产品。逐渐地，Netware 网已成为世界流行的微机网络操作系统，从 1987 年起，其销量位居全球第一，成为世界网络工业界的标准。

在 PC 操作系统市场上，Unix 也是一败涂地。1981 年 8 月，Microsoft 公司推出了第一版 DOS 系统。虽然 DOS 是一个单用户操作系统，与 Unix 不在同一档次，但由于方便易学，深受人们的喜爱。经过不断地改版升级，到 80 年代末，DOS 拥有了全世界最多的用户。

3. 90 年代成熟

20 世纪 90 年代，计算机界产生了一次革命性的变革，那就是计算机网络的广泛使用。计算机网络无所不在，从飞机订票系统，到电子邮件、电子简报、办公自动化等。网络无处不在，无所不能。

现在许多计算机已把网络软件作为基本操作系统的一部分，网络软件不再被认为是少数客户需要的附加品，而是像诸如文本编辑一样必要。

Unix 痛定思痛，加强了网络方面的深入研究，不断推出新版本，并以此进一步拓展市场。目前，各大学基本上都开设 Unix 课程，在 Unix 上也积累了丰富的应用软件财富。Unix 已成为工作站的标准操作系统，在服务器一级也占了大部分的市场份额。

Microsoft 公司于 1991 年推出了用于局域网的网络操作系统：LAN Manager，它也是一个高性能、多任务的网络操作系统。这样，Microsoft 终于遏制住了 Netware 日益凶猛的进攻。

1993 年，Microsoft 经过精心准备，推出具有 90 年代技术的操作系统，Windows NT，它适用于高档工作站平台、LAN 服务器或者主干计算机，达到了美国政府 C2 级安全标准。它支持对称处理结构、多线程并行，采用十六位标准字符集的单一代码方式，提供性能良好的文件系统。因此，它一问世就受到了人们的青睐，发展的势头相当迅猛，很快成为在中小型计算机上颇具影响力的操作系统。它采用 90 年代操作系统技术（即微内核技术），在体系结构上采用客户 / 服务器模式，在概念上、风格上与传统的操作系统迥异。同时，由于它集成了网络技术，可以方便地分布在网络环境下运行。据统计，1994 年，Windows NT 全世界装机总量约为 32 万套，这个数字到 1995 年猛增到约 85 万套，估计全世界使用 Windows NT 的人数已超过 5 百万人，显示了它巨大的生命力。

4. 新世纪迅猛发展

2001 年，Novell 公司发布了 NetWare 6.0。NetWare 6.0 是局域网操作系统，是继广为使用的 Novell Netware 5.0 后的又一主力产品。作为 Novell 公司的拳头产品，NetWare 6.0 第一次允许不安装客户端软件。NetWare 6.0 定位在简便的网络应用，和 Windows、Unix 和 Mac 客户端相比，它不需要复杂的协议和替代过程就允许用户通过 Internet 使用文件、打印机和存储等服务。同时，它还提供了对集群服务器、存储管理和多处理器服务器的很好支持。

Microsoft 开发的 Windows 是目前世界上用户最多，并且兼容性最强的操作系统。微软依靠大量第三方软件让用户喜欢上了 Windows。2000 年 2 月发布的 Windows 2000 是 Windows NT 的升级产品，也是首款引入自动升级功能的 Windows 操作系统。

2001 年发布的 Windows XP 集 NT 架构与 Windows 95/98/ME 对消费者友好的界面于一体。尽管安全性遭到批评，但 Windows XP 在许多方面都取得了重大进展，如文件管理、速度和稳定性。Windows XP 图形用户界面得到了升级，使得普通用户也能够轻松愉快地使用 Windows PC。Windows XP，或视窗 XP 是微软公司的一款视窗操作系统。

Windows server 2003 是微软公司在 2003 年发布的新一代网络和服务器操作系统。该操作系统延续微软的经典视窗界面，同时作为网络操作系统或服务器操作系统，力求高性能、高可靠性和高安全性。日趋复杂的企业应用和 Internet 应用，对其提出了更高的要求。在微软的企业级操作系统中，如果说 Windows 2000 全面继承了 NT 技术，那么 Windows Server 2003 则是依据.NET 架构对 NT 技术做了重要发展和实质性改进，凝聚了微软多年来的技术积累，并部分实现了.NET 战略，构筑了.NET 战略中最基础的一环。

1.1.2 网络操作系统的定义

网络操作系统（Network Operating System，NOS），是网络的心脏和灵魂，是使网络中的各种资源有机地连接起来，提供网络资源共享、网络通信功能和网络服务功能的操作系统，是为网络用户提供所需的各种服务软件和有关规程的集合。它是网络的心脏和灵魂，是向网络计算机提供服务的特殊的操作系统。它在计算机操作系统下工作，使计算机操作系统增加了网络操作所需要的能力。

网络操作系统与运行在工作站上的单用户操作系统（如 Windows 98 等）或多用户操作系统由于提供的服务类型不同而有差别。一般情况下，网络操作系统是以使网络相关特性达到最佳为目的的，如共享数据文件、软件应用以及共享硬盘、打印机、调制解调器、扫描仪和传真机等。一般计算机的操作系统，如 DOS 和 OS/2 等，其目的是让用户与系统在此操作系统上运行的各种应用之间的交互作用最佳。

1.2 网络操作系统的分类

构筑计算机网络的基本目的是共享资源。根据共享资源的方式不同，网络操作系统分为两种不同的机制。如果网络操作系统软件相等地分布在网络上的所有节点，这种机制下的网络操作系统称之为对等式网络操作系统；如果网络操作系统的主要部分驻留在中心节点，则称为集中式网络操作系统。集中式网络操作系统下的中心节点称为服务器，使用由中心节点所管理资源的应用称为客户。因此，集中式网络操作系统下的运行机制就是人们平常所谓的“客户 / 服务器”方式。因为客户软件运行在工作站上，所以人们有时将工作站称为客户。其实只有使用服务的应用才能称为客户，向应用提供服务的应用或系统软件才能称为服务器。

对等式网络操作系统有多种，如 Novell 公司的 Personal Netware，Invisible Software 公司的 Invisible LAN3.44，Microsoft 公司的 Windows for Workgroup 3.11 等。用户对对等式网络期待的是比客户/服务器更容易操作，安装要尽量简单，管理更加方便，具有内建的生产工具，并具有一定的安全级别，以防止敏感性数据受损害。

集中式网络操作系统也有多种，如 Novell 公司的 Netware 2.X、3.X 和 4.1，Microsoft Windows NT Advanced Server 3.1，OS / 2 LAN Server Advanced 3.0 和 Banyan Vines 等都属于集中式网络操作系统之列。这种以客户/服务器方式操作的网络操作系统，由于顺应 20 世纪 90 年代的计算模式，其发展非常迅速。网络操作系统的功能比以前传统上只提供文件和打印共享的系统有了很大提高。例如 Novell 公司的 4.X 不再将网络看成一组无联系的服务器和服务，而是将其看作单个实体，同时还增加了完全符合 X.500 原理的目录服务等重要功能。

1.3 网络操作系统的基本功能

网络操作系统与通常的操作系统有所不同，它除了具有通常操作系统应具有的处理器管理、存储器管理、设备管理和文件管理功能外，还应具有以下功能。

（1）提供高效、可靠的网络通信能力。

网络通信包括机器间的通信和网络间的通信。机器之间通信的主要功能是为联网的计算机之间提供无差错的、透明的端到端数据传输服务。例如，为通信双方建立和拆除通信链路，对传输过程中的数据进行差错检测和纠正，并为传输数据单元进行路由选择和流量控制等。这些功能通常是由数据链路层、网络层、传输层以及链路或物理硬件的驱动程序等共同完成。进程间通信主要功能是为主机与网络应用有关的通信进程之间提供可靠的联系、对话同步、信息互通和互操作等服务，由高层协议软件及其编程应用接口 API 来完成。

（2）共享资源管理。

采用有效的方法统一管理网络中的共享资源，协调各用户对共享资源的使用，使用户在访问共享资源时能像访问本地资源一样方便。如远程终端系统、文件传送系统、分布数据管理系统等，能透明地访问各个资源所在的服务器和主机，以实现它们之间的交互操作过程。

（3）提供多种网络服务功能。

网络操作系统在提供网络通信和对资源管理能力的基础上，还要求尽可能多地向用户提供各种直接面向应用的服务，例如，远程作业录入并进行处理的服务功能，文件传输服务功能，电子邮件服务功能，远程打印服务功能等。

（4）提供基本的网络管理。

对计算机网络通信过程和通信资源的管理，是由专门的网络管理系统来完成的。这里所说的网络管理，是针对网络共享资源的使用管理，最基本的是资源的安全管理。网络操作系统是通过访问控制来确保用户对资源的可用性，通过存取控制来确保存/取数据的安全性。另外，还通过容错技术来保证系统故障时数据资源和软件资源的安全性。网络操作系统提供了丰富的网络管理工具，其网络管理能力还包括网络性能分析、网络状态监控、存储管理以及对共享资源所在设备的故障进行监测、对使用情况进行统计，以及为提高系统性能和计费而提供必要的信息。

（5）提供网络对用户开放的应用程序接口。

网络操作系统要能向用户提供不同层次上的、方便的、有效地取得网络通信的服务，网络应用的编程接口，以改善用户界面，如命令接口、菜单、窗口等。

为防止一次有一个以上的用户对文件进行访问，一般网络操作系统都具有文件加锁功能。如果系统没有这种功能，用户将不会正常工作。文件加锁功能可跟踪使用中的每个文件，并确保一次只能一个用户对其进行编辑。文件也可由用户的口令加锁，以维持专用文件的专用性。

1.4 常用操作系统的功能简介

目前局域网中主要存在以下几类网络操作系统：Unix 系统、Linux 系统、Microsoft 的 Windows 系列和 Novell 的 NetWare 类等。

1.4.1 Unix

Unix 操作系统是美国 Bell 实验室的两名程序员于 1969 ~ 1970 年研制出来的一种多用户、多任务网络操作系统。Unix 操作系统是目前功能最强、安全性和稳定性最高的网络操作系统，其通常与硬件服务器产品一起捆绑销售。但由于它多数是以命令方式来进行操作的，不容易掌握，小型局域网基本不使用 Unix 作为网络操作系统，Unix 一般用于大型的网站或大型的企、事业局域网中。

Unix 有两个基本版本：美国 Bell 实验室研制开发的系统 V 和美国加州大学 Berkeley 分校发布的 BSD Unix。随着 Unix 的发展，还产生了许多其他商业版本，如 Solaris、SCO Unix、Digital、Unix、HP Unix 等。经过多年的发展，已经成为一个成熟的主流操作系统。

Unix 系统的功能主要体现在：实现网络内点到点的邮件传送、文件管理、用户程序的分配和执行。Unix 支持网络文件系统（NFS）对于熟悉 DOS、Windows 的用户来讲，必须购买并安装相应的 NFS 软件，才能透明、方便地访问 Unix 服务器上的目录资源。

1.4.2 Linux

Linux 是芬兰赫尔辛基大学的学生李纳斯 · 托沃兹（Linus.Torvalds）开发的具有 Unix 操作系

统特征的新一代网络操作系统。Linux 操作系统最大的特征在于其源代码是向用户完全公开的，任何一个用户可根据自己的需要修改 Linux 操作系统的内核，所以 Linux 操作系统的发展速度非常迅猛。

Linux 操作系统具有如下特点。

（1）可完全免费获得，不需要支付任何费用。

（2）可在任何基于 X86 的平台和 RISC 体系结构的计算机系统上运行。

（3）可实现 Unix 操作系统的所有功能。

（4）具有强大的网络功能。

（5）完全开放源代码。

目前也有中文版本的 Linux，如 REDHAT（红帽子）、红旗 Linux 等。在国内得到了用户充分的肯定，主要体现在它的安全性和稳定性方面，它与 Unix 有许多类似之处。目前这类操作系统仍主要应用于中、高档服务器中。

1.4.3　Windows

Windows 操作系统是微软公司开发的一种界面友好、操作简便的网络操作系统。该系统不仅在个人操作系统中占有绝对优势，在网络操作系统中也具有非常强劲的力量。Windows 操作系统其客户端操作系统有 Windows 95/98/ME、Windows NT、Windows 2000、Windows XP 和 Windows Server 2003 等。Windows 操作系统其服务器端产品包括 Windows NT Server、Windows 2000 Server 和 Windows Server 2003 等。

微软的网络操作系统一般只是用在中低档服务器中，高端服务器通常采用 Unix、Linux 或 Solaris 等非 Windows 操作系统。

1.4.4　NetWare 类

NetWare 操作系统虽然远不如早几年那么风光了，在局域网中早已失去了当年雄霸一方的气势，但是 NetWare 操作系统仍以对网络硬件的要求较低（工作站只要是 286 机就可以了）而受到一些设备比较落后的中、小型企业，特别是学校的青睐。人们一时还忘不了它在无盘工作站组建方面的优势，还忘不了它那毫无过分需求的大度。且因为它兼容 DOS 命令，其应用环境与 DOS 相似，经过长时间的发展，具有相当丰富的应用软件支持，技术完善、可靠。目前常用的版本有 3.11、3.12 和 4.10，V4.11，V5.0 等中英文版本，NetWare 服务器对无盘站和游戏的支持较好，常用于教学网和游戏厅。目前这种操作系统市场占有率呈下降趋势，这部分的市场主要被 Windows NT/2000 和 Linux 系统瓜分了。

总的来说，对特定计算环境的支持使得每一个操作系统都有适合于自己的工作场合，这就是系统对特定计算环境的支持。例如，Windows 2000 Professional 适用于桌面计算机，Linux 目前较适用于小型的网络，而 Windows 2000 Server 和 Unix 则适用于大型服务器应用程序。因此，对于不同的网络应用，需要我们有目的选择合适的网络操作系统。

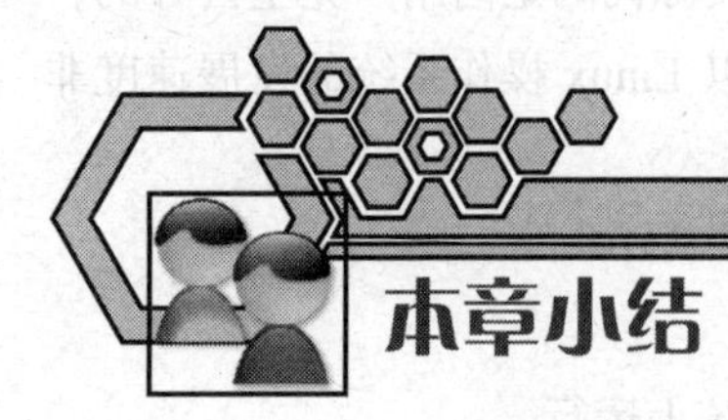

本章小结

网络操作系统是使网络中的各种资源有机地连接起来，提供网络资源共享、网络通信功能和网络服务功能的操作系统，是为网络用户提供所需的各种服务软件和有关规程的集合。

网络操作系统是建立在主机操作系统基础上的，用于管理网络通信和资源共享，协调各主机上任务运行，并向用户提供统一、有效的网络接口的软件集合。网络操作系统是用户或用户程序与主机操作系统之间的接口，网络用户只有通过网络操作系统，才能得到网络提供的各种服务。

构筑计算机网络的基本目的是共享资源。根据共享资源的方式不同，网络操作系统分为两种不同的机制：对等式网络操作系统和集中式网络操作系统。

网络操作系统的新特征是开放性、一致性和透明性。

常用的网络操作系统有 Unix 系统、Linux 系统、Microsoft 的 Windows 系列和 Novell 的 NetWare 类等。

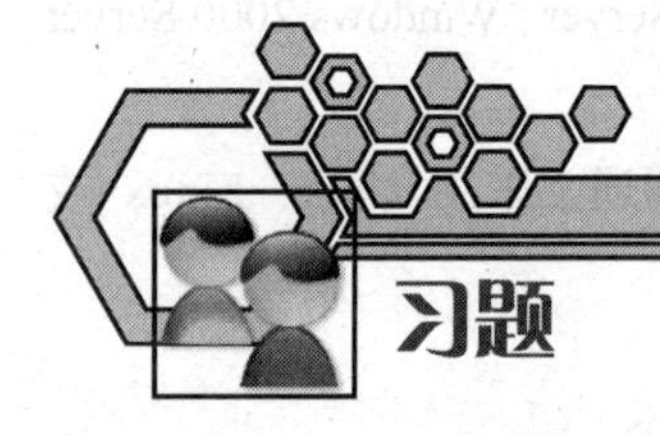

习题

1. 什么是网络操作系统，它具有哪些基本功能？
2. 常用的网络操作系统有哪些？
3. 网络操作系统和分布式操作系统有什么异同？

第2章

Windows Server 2003 网络操作系统

2.1 Windows Server 2003 的简介与安装

Windows Server 2003 是微软公司（以下称微软）发布的新一代网络和服务器操作系统。该产品最初叫做“Windows .NET Server”，后改成“Windows .NET Server 2003”，最终被改成“Windows Server 2003”，于 2003 年 3 月 28 日发布，并在同年 4 月底上市。

该操作系统延续微软的经典视窗界面，同时作为网络操作系统或服务器操作系统，力求高性能、高可靠性和高安全性是其必备要素，尤其是日趋复杂的企业应用和 Internet 应用，对其提出了更高的要求。微软的企业级操作系统中，如果说 Windows 2000 全面继承了 NT 技术，那么 Windows Server 2003 则是依据.NET 架构对 NT 技术作了重要发展和实质性改进，凝聚了微软多年来的技术积累，并部分实现了.NET 战略，或者说构筑了.NET 战略中最基础的一环。

Windows Server 2003 是在 Windows 2000 经过考验的可靠性、可伸缩性和可管理性的基础上构建的，为加强连网应用程序、网络和 XML Web 服务的功能（从工作组到数据中心）提供了一个高效的结构平台。可为快速开发互连解决方案提供强大的应用程序平台，并为随时随地增强的通信和协作提供信息工作的基础结构。

Windows Server 2003 是一个多任务操作系统，它能够按照用户的需要，以集中或分布的方式处理各种服务器角色。其中的一些服务器角色包括文件和打印服务器、应用程序服务器、邮件服务器、终端服务器、远程访问/虚拟专用网络（VPN）服务器、目录服务器、域名系统（DNS）、动态主机配置协议（DHCP）服务器和 Windows Internet 命名服务（WINS）、流媒体服务器等。

2.1.1 Windows Server 2003 的家族与特点

1. Windows Server 2003 家族成员

Windows Server 2003 有多种版本，每种都适合不同的商业需求，表 2-1 为各个家族成员的基本情况。

表 2-1 Windows Server 2003 家族成员简介

产　品	描　述
Windows Server 2003 Web 版	标准的英文名称：Windows Server 2003 Web Edition Windows Server 2003 Web 版用于 Web 服务和托管，是 Windows 操作系统系列中的新产品： ● 用于构建和存放 Web 应用程序、网页和 XML Web Services ● 主要使用 IIS 6.0 Web 服务器 ● 提供快速开发和部署使用 ASP.NET 技术的 XML Web Services 和应用程序 ● 支持双处理器，最低支持 256MB 的内存，最高支持 2GB 的内存 ● 便于部署和管理
Windows Server 2003 标准版	标准的英文名称：Windows Server 2003 Standard Edition Windows Server 2003 标准版是一个可靠的网络操作系统，可迅速方便地提供企业解决方案，这种灵活的服务器是小型企业和部门应用的理想选择。 ● 销售目标是中小型企业 ● 支持文件和打印机共享 ● 提供安全的 Internet 连接 ● 允许集中的应用程序部署 ● 支持 4 个处理器 ● 最低支持 256MB 的内存，最高支持 4GB 的内存
Windows Server 2003 企业版	标准的英文名称：Windows Server 2003 Enterprise Edition Windows Server 2003 企业版是为满足各种规模的企业的一般用途而设计的。它是各种应用程序、Web 服务和基础结构的理想平台，它提供高度可靠性、高性能和出色的商业价值。 ● Windows Server 2003 企业版支持高性能服务器，并且可以群集服务器，以便处理更大的负荷。通过这些功能实现了可靠性，有助于确保系统即使在出现问题时仍可用 ● 在一个系统或分区中最多支持 8 个处理器，8 节点群集，最高支持 32GB 的内存 ● 可用于基于 Intel Itanium 系列的计算机
Windows Server 2003 数据中心版	标准的英文名称：Windows 2003 Data Center Edition ● 针对要求最高级别的可伸缩性、可用性和可靠性的大型企业或国家机构等而设计的，是最强大的服务器操作系统 ● 分为 32 位版与 64 位版： 32 位版支持 32 个处理器，支持 8 点集群；最低要求 128M 内存，最高支持 512GB 的内存； 64 位版支持 Itanium 和 Itanium2 两种处理器，支持 64 个处理器与支持 8 点集群；最低支持 1GB 的内存，最高支持 512GB 的内存

2. Windows Server 2003 的特点

Windows Server 2003 是一个全面的、完整的和可靠的服务器操作系统，它减少了成本，增加了计算操作的效率，帮助 IT 人员事半功倍。Windows Server 2003 系列的主要优点如下。

（1）便于部署、管理和使用。由于具有熟悉的 Windows 界面，Windows Server 2003 非常易于使用。精简的新向导简化了特定服务器角色的安装和例程服务器管理任务，即便没有专职管理员的服务器，管理起来也很简单。另外，管理员拥有多种为使部署 Active Directory 更为简便而设计的新功能和改进功能。大型的 Active Directory 副本可以从备份媒体部署，而通过使用 Active Directory 迁移工具（ADMT）（它复制密码并完全支持脚本语言），从早期的服务器操作系统（例如 Microsoft Windows NT）升级则更简单。新功能（如重命名域和重新定义架构的功能）使维护 Active Directory 变得更加简单，并赋予管理员更好的灵活性以处理可能出现的组织更改。另外，交叉林信任使得管理员可以将 Active Directory 目录林连接起来，从而既可以提供自治，又无需牺牲集成。最后，改进的部署工具（如远程安装服务）帮助管理员快速创建系统映像并部署服务器。

（2）安全的基础结构。要想保持企业的竞争力，高效、安全的计算机连网处理比以往任何时候都更重要。Windows Server 2003 使单位可以利用现有 IT 投资的优势，并通过部署关键功能（如 Microsoft Active Directory 服务中的交叉林信任以及 Microsoft .NET Passport 集成）将这些优势扩展到合作伙伴、顾客和供应商。Active Directory 中的标识管理的范围跨越整个网络，从而帮助确保整个企业的安全。加密敏感数据非常简单，而且软件限制策略可用于防止由病毒和其他恶意代码造成的破坏。Windows Server 2003 是部署公钥结构（PKI）的最佳选择，而且其自动注册和自动续订功能使在企业中部署智能卡和证书非常简单。

（3）企业级可靠性、可用性、可伸缩性和性能。通过一系列新功能和改进功能（包括内存镜像、热添加内存以及 Internet 信息服务（IIS）6.0 中的状态检测），可靠性得到了增强。为了获得更高的可用性，Microsoft 群集服务目前支持高达 8 节点的群集以及位置上分开的节点。提供了更好的可伸缩性，可以支持从单处理器到 32 路系统的多种系统。总之，Windows Server 2003 更快：其文件系统性能比以往的操作系统好 140%，并且 Active Directory、XML Web 服务、终端服务和网络方面的性能也显著增快。

（4）增强和采用最新技术，降低了 TCO。Windows Server 2003 提供许多技术革新以帮助单位降低所属权总成本（TCO）。例如，Windows 资源管理器使管理员可以设置服务器应用程序的资源使用情况（处理器和内存）并通过组策略设置管理它们；附加于网络的存储帮助合并文件服务；其他改进包括对非唯一内存访问（NUMA）、Intel 超线程技术和多路径输入/输出（I/O）的支持，而所有这些都将有利于"按比例增加"服务器性能。

（5）便于创建动态 Intranet 和 Internet Web 站点。IIS 6.0 是 Windows Server 2003 中包含的 Web 服务器，它提供增强的安全性和可靠的结构（该结构提供对应用程序的孤立并极大地提高了性能）。其结果是获得了更高的总体可靠性和运行时间。而且 Microsoft Windows 媒体服务使得生成具有动态内容编程以及更快、更可靠性能的流式媒体解决方案变得容易。

（6）用 Integrated Application Server 加快开发速度。Microsoft .NET 框架是集成在 Windows Server 2003 操作系统中的。Microsoft ASP.NET 帮助生成高性能的 Web 应用程序。由于有了.NET-connected 技术，开发人员将可以从编写单调的错综复杂的代码中解脱出来，并且可以用已经掌握的编程语言和工具高效率地工作。Windows Server 2003 提供许多提高开发人员生产效率和应用程序价值的功能，现有的应用程序可以被简便地重新打包成为 XML Web 服务，UNIX 应用程序可以被简便地集成或迁移，并且，开发人员可以通过 ASP.NET 移动 Web 窗体控件和其他工具快速生成与移动有关的 Web 应用程序和服务。

（7）便于查找、共享和重新利用 XML Web 服务。Windows Server 2003 包含了名为企业通用描述、发现与集成（Enterprise Universal Description，Discovery and Integration，UDDI）的服务。这一基于标准的 XML Web Services 的动态弹性基础结构可让组织运行自己的 UDDI 目录，用于在内部或外部网络更方便地搜索 Web Service 及其他编程资源。开发人员可以简便快速地发现并重新使用组织内的 Web Service。IT 管理人员可以分类和管理网络中的编程资源。企业 UDDI 服务也帮助企业建立更智能，更可靠的应用。

（8）稳定的管理工具。新的组策略管理控制台（GPMC）预计可作为外接组件使用，它使管理员可以更好地部署并管理那些自动调整关键配置区域（如用户的桌面、设置、安全和漫游配置文件）的策略。管理员可以用一套新的命令行工具使管理功能脚本化和自动化，如果需要，大多数管理任务都能从命令行完成。对 Microsoft 软件更新服务（SUS）的支持帮助管理员使最新系统更新自动化，并且卷影像复制服务将改进备份、还原和系统区域网（SAN）管理性任务。

（9）降低支持成本，增强用户功能。由于有了新的影像复制功能，用户无需得到专业人员的价格不菲的帮助，即可立即检索到以前版本的文件。分布式文件系统（DFS）和文件复制服务（FRS）的增强为用户提供了一种一致的方法，使其无论身在何处都能访问其文件。对于需要高级别安全性的远程用户，远程访问连接管理器可以被配置为给予用户对虚拟专用网络（VPN）的访问权，而不必要这些用户了解技术连接配置信息。

2.1.2 Windows Server 2003 的新增功能

相对于 Windows 2000，Windows Server 2003 系列做了很多改进，特别是改进的脚本和命令行工具。表 2-2 所示为 Windows Server 2003 的新增功能及描述。

表 2-2　Windows Server 2003 的新增功能简介

功　能	描　述
ADMT2.0 版本	ADMT 2.0 现在允许从 Windows NT 4.0 域到 Windows 2000 和 Windows Server 2003 域，或者从 Windows 2000 域到 Windows Server 2003 域的口令的迁移
重命名域	支持对当前森林中域的 DNS 名称与 NetBIOS 名称的更改，并且保证了森林仍然是“结构良好”的。管理员在活动目录部署后调整结构时有了更大的灵活性。可以对最初的设计进行修正，这使得企业在发生合并或重组时更容易改变现有的目录结构
组策略的改进	微软的组策略管理控制台（GPMC）提供了一个管理所有与组策略相关任务的工具。GPMC 使得管理员可以在一个森林中的多个站点或域中来管理组策略，所有这些操作都通过一个支持拖曳功能的简化的用户界面（UI）进行。它包括一些新的功能比如对于活动目录对象（GPO）的备份、恢复、导入、复制和报告。这些操作是完全脚本化的，从而使管理员可以实现自定义和自动的管理。这些特性也可以使组策略更加易用，帮助你更加经济高效地管理企业
跨森林验证	跨森林验证使得在用户账户位于一个森林而计算机账户位于另一个森林的情况下能够安全地访问资源。这个特性允许用户在不牺牲单一登录机制的前提下通过使用 Kerberos 或者 NTLM 来安全地访问另一个森林中的资源，而由于只存在一个需要维护的用户 ID 和口令，管理也被大大简化了

续表

功 能	描 述
支持更大的集群	Windows Server 2003 数据中心版所最大支持的节点数目已从 Windows 2000 的 4 节点增加到 8 个节点。Windows Server 2003 企业版所最大支持的节点数目已从 Windows 2000 的 2 节点增加到 8 个节点。通过增加服务器集群的节点数目，管理员在部署应用和提供容错策略时有了更多的选择以匹配商务需求和风险要求。像传统的节点与/或应用失效转移一样，大的服务器集群提供了更高的灵活性以建立多站点、地理分散的集群来提供容错能力
64 位服务	服务器集群完全支持运行 64 位 Windows Server 2003 的计算机。应用可以受益于 64 位 Windows Server 2003 操作系统增加的内存地址，也能够受益于灾难转移所提供的高可用性
增强的分布式文件系统（DFS）	DFS 可以帮助你在多重物理系统之外创建逻辑文件系统，便于用户使用。通过 DFS 用户可以创建单一的在组、部门或企业内的包括多重文件服务器的文件共享目录树，使用户能够轻松地寻找分布在网络任何地方的文件或文件夹。使用活动目录服务，DFS 共享可以作为卷对象发布并被委派管理。DFS 通过指定的路径，利用最近的活动目录站点计数发送到距离文件服务器最近的客户端。Windows Server 2003 系统提供了多重的 DFS 根
网际协议 version 6（IPv6）	IPv6 是 TCP/IP 协议网络层协议的下一版。IPv6 解决了 IPv4 中的现存的有关地址损耗、安全、自动配置、延展性等问题。Windows Server 2003 提供的 IPv6 协议驱动具有很高的产品质量、有效性、广泛的 API 支持（Windows Sockets，remote procedure call [RPC]，and IPHelper）以及 IPv6 系统元件。同时 IPv6 为 IPv6/IPv4 共存技术例如 6-4 及 Intra-site Automatic Tunnel Addressing Protocol（ISATAP）
网际协议安全（IPSec）over NAT	The difficulty of using 跨越 NAT 使用基于 IPSec 的 VPN 或 IPSec 保护应用程序的困难已经被消除了。Windows Server 2003 允许 二层隧道协议（L2TP）over IPSec（L2TP/IPSec）或 IPSec 连接通过 NAT。这种能力基于最新的 IETF 标准作业。管理员也可以使用这个特性在没有向 VPN 服务器要求的情况下，安全地进行周围网络 Microsoft Exchange 服务器与内部网运行 Exchange 服务器的交换，以及安全进行周围网络应用服务器与在 Internet 上的伙伴应用服务器的交换
Internet 连接防火墙	Windows Server 2003 将使用基于软件的防火墙以提供 Internet 安全，称其为 Internet 连接防火墙（ICF）。ICF 可为直接连到 Internet 上的计算机和为位于 Internet 连接共享主机（ICS）后面的计算机提供保护

2.1.3 Windows Server 2003 的安装

要在实际应用环境中体验 Windows Server 2003 操作系统带来的强大功能和性能提升，必须在计算机系统上安装 Windows Server 2003 操作系统。

1. Windows Server 2003 安装的系统要求

任何一个操作系统，在安装之前都必须要对其硬件需求有个了解，表 2-3 所示为 Windows Server 2003 安装的最低系统要求。

表 2-3 Windows Server 2003 安装的系统要求

要 求	标 准 版	企 业 版	64 位企业版	数据中心版	64 位数据中心版	Web 版
最低 CPU 速度	133MHz	133MHz	733MHz	400MHz	733MHz	133MHz
推荐 CPU 速度	550MHz	733MHz	733MHz	733MHz	733MHz	550MHz
最小 RAM	128MB	128MB	128MB	512MB	512MB	128MB

续表

要　求	标　准　版	企　业　版	64 位企业版	数据中心版	64 位数据中心版	Web 版
推荐最小 RAM	256MB	256MB	256MB	1GB	1GB	256MB
最大 RAM	4GB	32GB	64GB	64GB	128GB	2GB
多处理器支持	4	8	8	8～32	8～32	1 或 2
安装所需磁盘空间	1.5GB	1.5GB	2GB	1.5GB	2GB	1.5GB
显示设备	仅支持 PCI 和 AGP 总线结构的显示适配器，要求最低 640*480VGA 分辨率					

2. 从光盘安装 Windows Server 2003 的准备工作

（1）准备好 Windows Server 2003 Enterprise Edition 简体中文标准版安装光盘。系统安装推荐使用 Windows Server 2003 简体中文企业版。

（2）选择安装方式：Windows Server 2003 支持多种安装方式。

① 光盘启动安装：将删除计算机的操作系统，或者在没有安装操作系统的硬盘或分区上进行安装。

② 复制文件到硬盘安装。

③ 升级安装：意味着将 Windows Server 2003 安装在现有的操作系统上。

（3）确定安装分区的文件系统格式：如果安装 Windows Server 2003 计算机的角色为域控制器，则安装分区的格式只能选择 NTFS 格式，而不能选择 FAT32 格式。如果不充当域控制器，则可以根据系统的需求确定分区的文件系统格式。

（4）确定许可证方式：Windows Server 2003 支持两种许可证方式。

每服务器（Per Server）：若安装时不能确定要使用的模式，则应当将该服务器产品设置为"每服务器"方式。该方式下，每个对服务器的访问都需要一个 CAL（Client Access License，客户访问许可协议）。由于被访问服务器允许的连接是固定的，选择了"每服务器"方式，设置了支持的连接数量后，就表示该服务器允许的同时连接数不能超过所设置的数量。

每客户（Per Seat）：每一台访问 Windows Server 2003 的客户机，都要拥有自己的 CAL 访问许可协议。如果公司安装 Windows Server 2003 的服务器不止一台，就应该选择"每客户"方式的许可证方式。

可以一次性的将许可协议从"每服务器"方式转换为"每客户"方式，但是不能从"每客户"方式转换到"每服务器"方式。

（5）设置 BIOS：开机自检时，按 Delete 键进入系统 BIOS 界面，将光驱设为第一启动盘，保存设置。

3. 安装 Windows Server 2003

（1）将 Windows Server 2003 安装光盘插入光驱，光盘将自动引导系统启动，开始安装，出现如图 2-1 所示的硬件检测屏幕，按 F6 键可以跳过。

（2）加载必要的驱动后，进入如图 2-2 所示的安装与恢复屏幕，按 Enter 键，开始安装 Windows Server 2003。

图 2-1　硬件检测屏幕

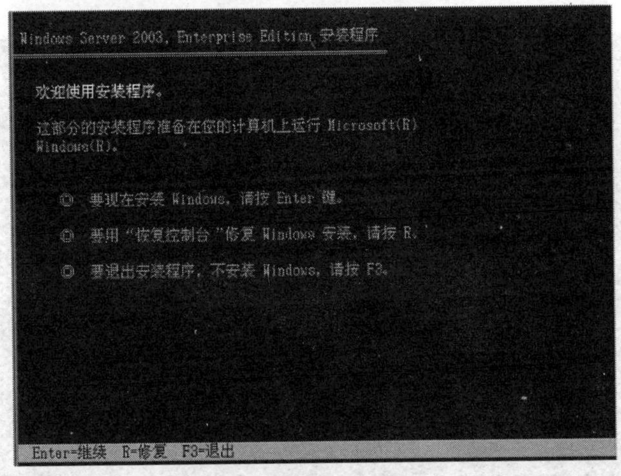

图 2-2　安装与恢复屏幕

（3）屏幕上出现许可协议，查看许可协议的所有内容，选中“我接受这个协议”，或按 F8 键，同意许可协议后可进行下一步的操作。计算机将搜索系统中已安装的操作系统，并询问用户将操作系统安装到系统的哪个分区中。如果是第一次安装系统，则需要对磁盘进行分区，出现“选择安装磁盘分区”界面，用户可以选择删除现有分区、创建分区等操作。选定需要安装的分区，按 Enter 键确认安装，如图 2-3 所示。对含有未划分的空间的磁盘，按 C 键创建分区。输入分区大小，按 Enter 键，推荐分区大小在 4GB 以上。

（4）按 Enter 键继续将系统安装到 C 盘，系统提示使用 NTFS 格式或者 FAT32 格式来格式化硬盘，建议格式化为 NTFS 格式；对于已经格式化的硬盘，系统会询问用户是保持现有的分区格式还是重新将分区修改为 NTFS 或 FAT32 格式的分区，建议修改为 NTFS 格式分区，如图 2-4 所示。

（5）格式化分区，然后 Windows 安装程序开始复制安装必须的文件，如图 2-5 所示。

（6）复制文件完毕后将提示正在初始化 Windows 的配置，然后提示重新启动，进入图形化安装界面，如图 2-6 所示。接着将出现全新的 Windows 安装界面，界面会提示现在的 Windows 安装阶段，如图 2-7 所示。

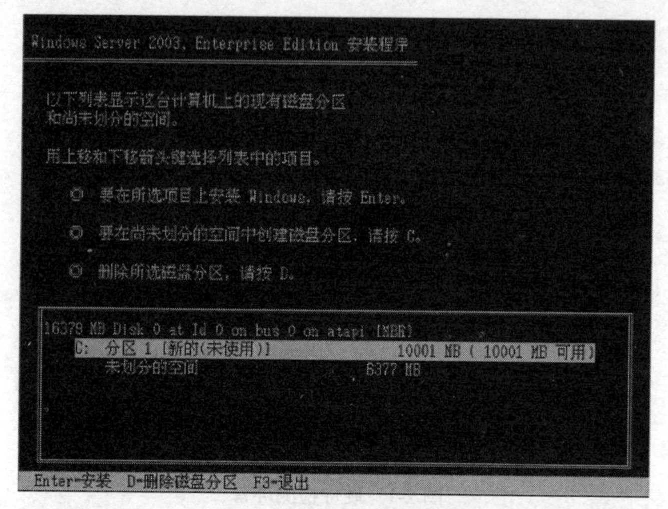

图 2-3 选择安装磁盘分区

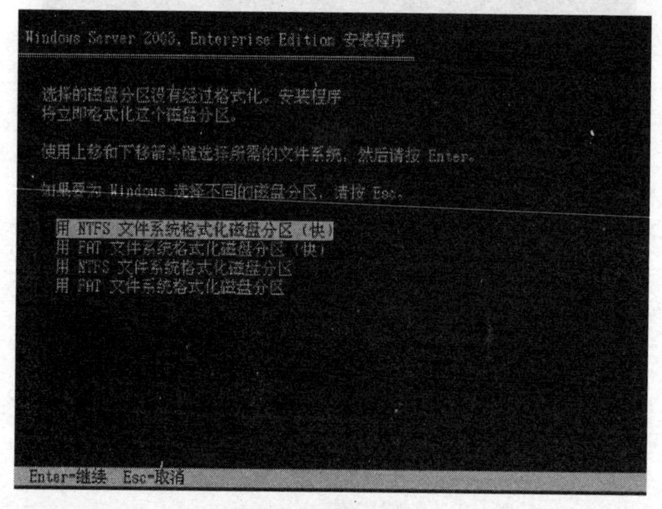

图 2-4 格式化磁盘

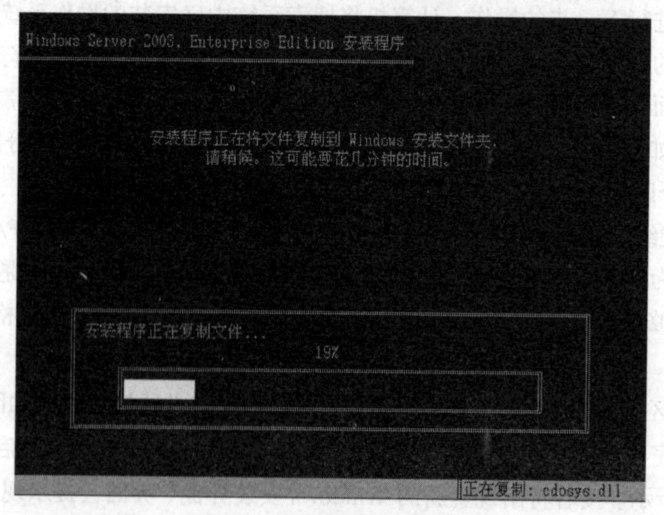

图 2-5 复制系统安装文件

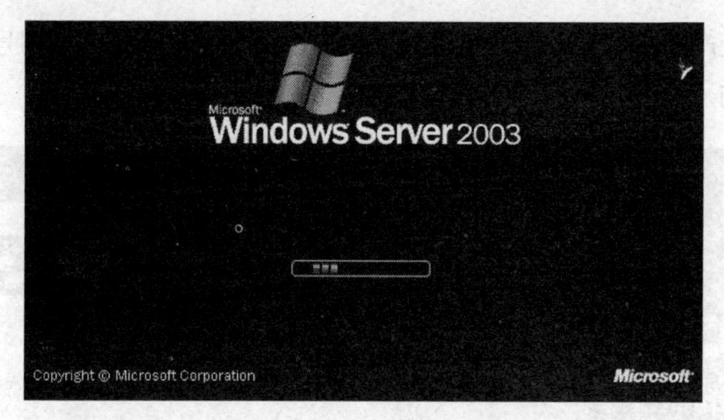

图 2-6　启动

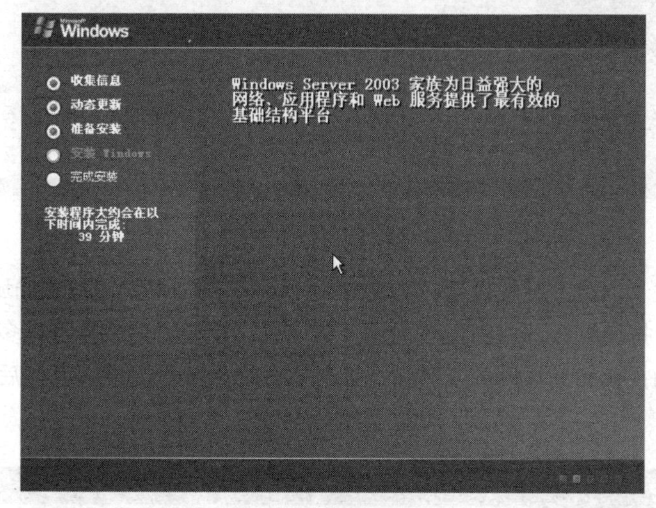

图 2-7　系统说明

（7）等待一段时间，提示设置区域和语言选项，如果想更改区域设置，请单击“自定义”按钮，在弹出的窗口中选择想要的区域，确定后退回到主安装界面。这里默认选择的就是“中国”，所以直接单击“下一步”按钮继续，输入单位信息，如图 2-8 所示，单击“下一步”按钮。

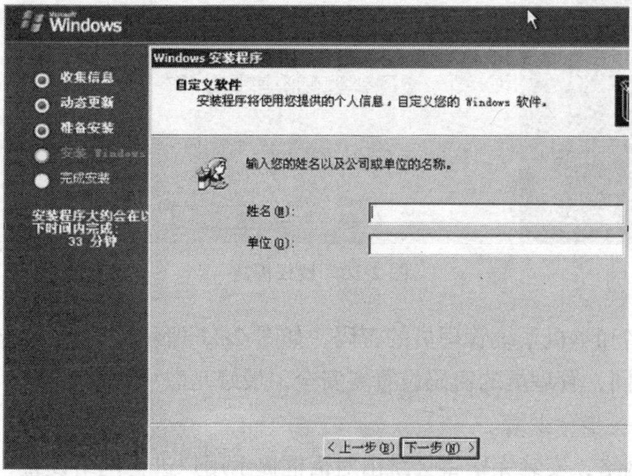

图 2-8　公司或单位名称

（8）接下来输入产品序列号，在光盘的封套或者说明书中找到这个序列号，输入到图 2-9 所示的“产品密钥”输入框中，单击“下一步”继续。

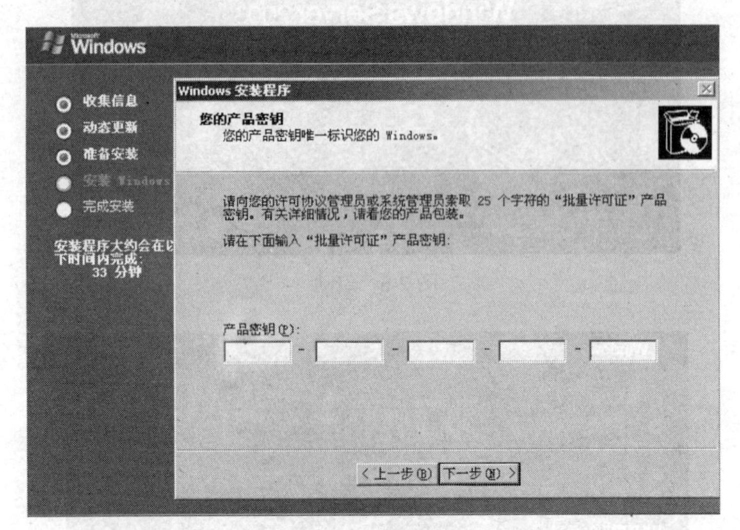

图 2-9　产品密钥

（9）接下来是关于网络方面的设置，如图 2-10 所示，对于单机用户和局域网内客户端来说，直接单击“下一步”按钮继续即可；但对于服务器来说，要设置此服务器供多少客户端使用，此时需要参考说明书的授权和局域网的实际情况，输入客户端数量。设置完毕后，单击“下一步”继续。

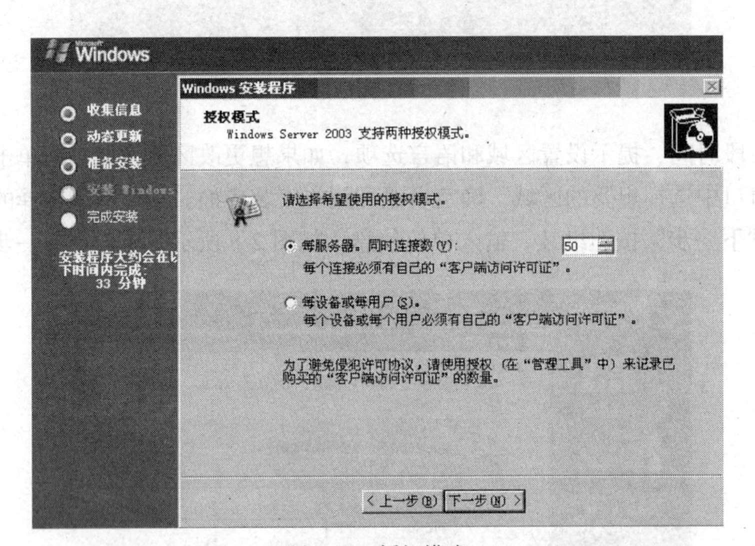

图 2-10　授权模式

（10）设置主机名和本机系统管理员的密码，如图 2-11 所示，计算机的名称不能与局域网内其他计算机的名称相同，管理员的密码设置要安全，最好是数字、大写字母、小写字母、特殊字符相结合，单击“下一步”继续。

（11）开始安装网络，安装完毕将会跳出对话框提示用户进行网络设置，如图 2-12 所示，在这里可以选择“典型设置”，安装完毕后可进行调整。

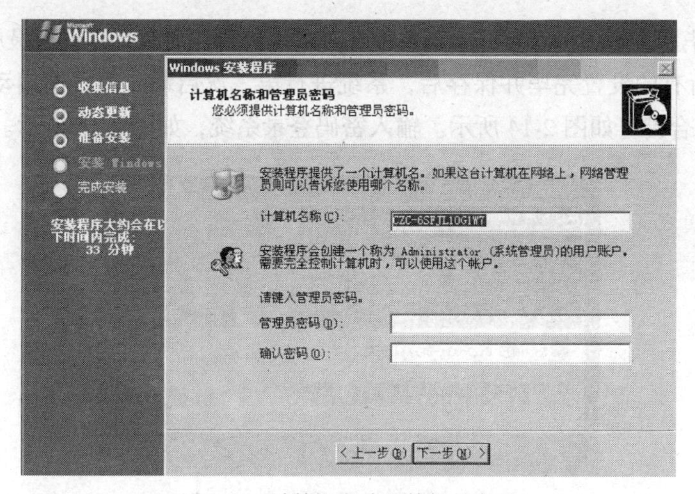

图 2-11　计算机名称和管理员密码

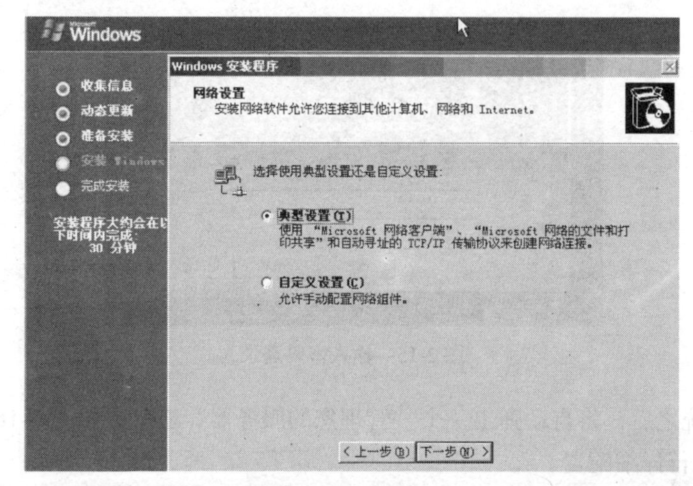

图 2-12　网络设置

（12）在设置工作组或计算机域的时候，如图 2-13 所示，不论是单机还是局域网服务器，最好选中第一项，当把系统安装完毕后再进行详细的设置。

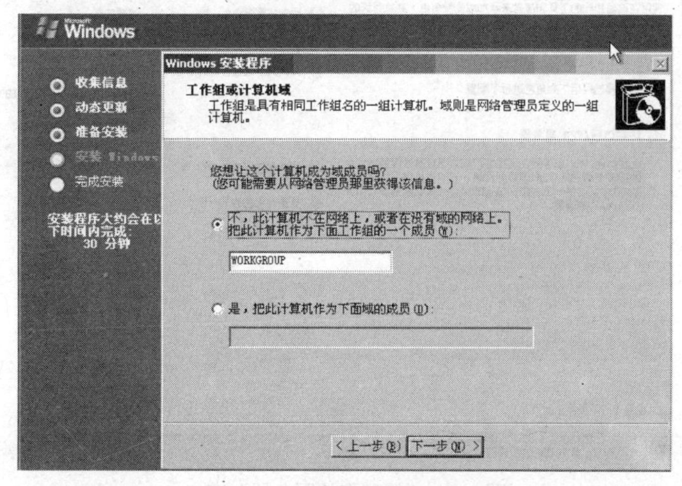

图 2-13　工作组或计算机域设置

（13）设置完毕后，系统将安装开始菜单项、对组件进行注册等，并进行最后的设置，这些都无需用户参与，所有的设置完毕并保存后，系统进行第二次启动。第二次启动时，用户需要按“Ctrl+Alt+Del”组合键，如图 2-14 所示。输入密码登录系统，如图 2-15 所示。

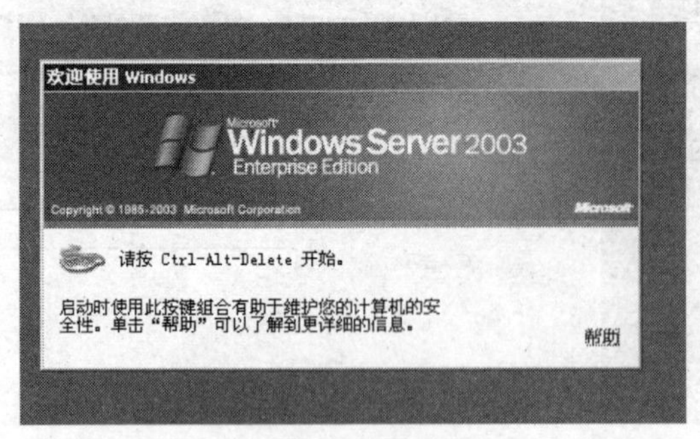

图 2-14　安装完成

图 2-15　输入密码登录

（14）进入系统之后，将自动弹出一个“管理您的服务器”窗口，如图 2-16 所示。这里需要根据自己的需要进行详细配置。

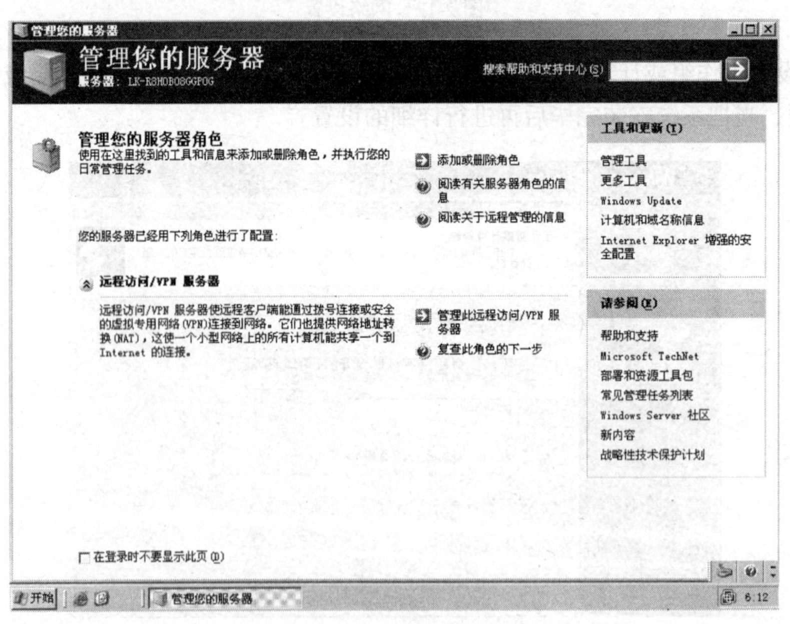

图 2-16　“管理您的服务器”窗口

至此，Windows Server 2003 操作系统安装完成。多数设备驱动程序也自动安装完成，对于没有完成的设备驱动程序，可使用随机驱动光盘或从网络上下载驱动程序安装。服务器的设备和其他应用程序和软件的安装将在后续章节中介绍。

2.2 Windows Server 2003 的基本配置

2.2.1 系统属性配置

对于 Windows Server 2003 操作系统来说，系统属性的配置是非常重要的。这直接决定着它以何种状态运行和能否正常地运行。通过系统属性设置可以优化系统性能，增强用户对网络中计算机的控制和管理。只有系统管理员才能进行本节的相关设置。

1. 修改计算机名

在 Windows Server 2003 操作系统中，用户通过计算机名管理和访问计算机上的资源，用户可以根据需要修改计算机名、计算机所属的工作组或域。具体操作步骤如下。

（1）右击“我的电脑”，从弹出的快捷菜单中单击“属性”命令，打开“系统属性”对话框，单击“计算机名”标签，打开“计算机名”选项卡，如图 2-17 所示。

（2）单击“更改”按钮，打开“计算机名称更改”对话框，如图 2-18 所示，在“计算机名”文本框中输入新的计算机名；在“隶属于”选项区域中选择工作组或域，输入指定的工作组或域的名称，单击“确定”按钮。计算机名称更改后，需要重新启动计算机才会生效。

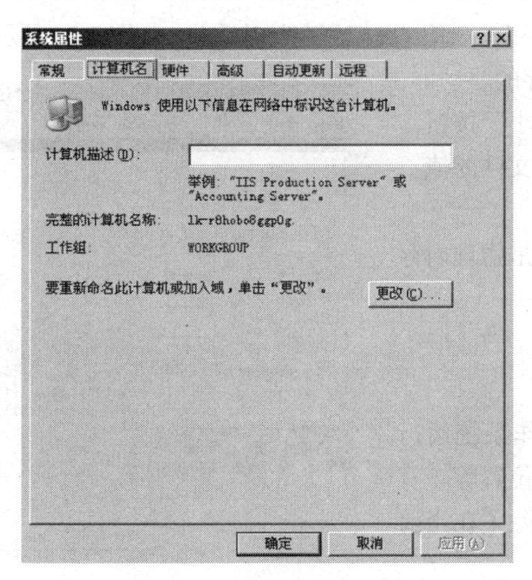

图 2-17 “计算机名”选项卡

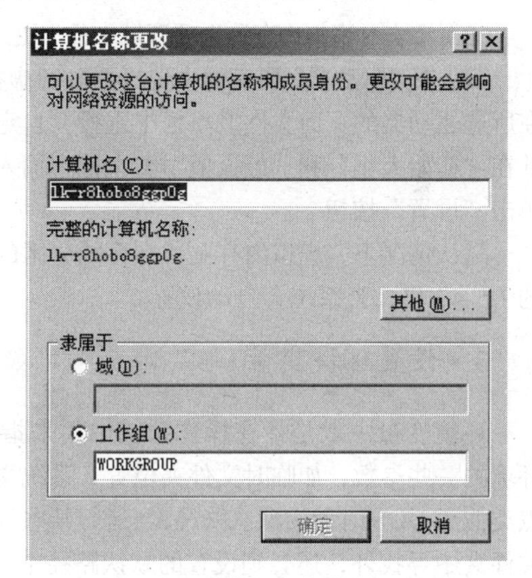

图 2-18 “计算机名称更改”对话框

2. 配置虚拟内存选项

Windows Server 2003 操作系统使用虚拟内存来运行所需内存大于计算机物理内存的应用程序，虚拟内存是物理磁盘上的一部分硬盘空间，用于模拟内存，优化系统的性能，使系统更好地工作。

虚拟内存以特殊文件形式存放在硬盘驱动器上，也称页面文件。用于存放不能装入物理内存的程序和数据，系统在需要时自动将数据从页面文件移动到物理内存或从物理内存移动到页面内存，以便为新程序腾出空间。

用户可以根据需要调整虚拟内存的大小，具体操作步骤如下。

（1）右击“我的电脑”，从弹出的快捷菜单中单击“属性”命令，打开“系统属性”对话框，单击“高级”标签，打开“高级”选项卡，如图 2-19 所示。

（2）单击“性能”选项区域中的“设置”按钮，打开“性能选项”对话框，如图 2-20 所示。

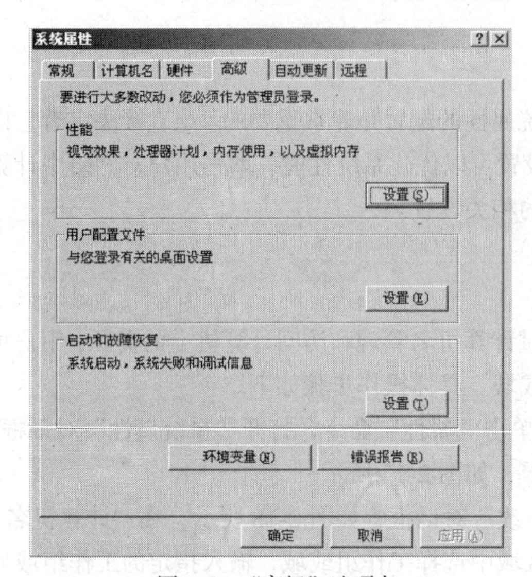

图 2-19 “高级”选项卡

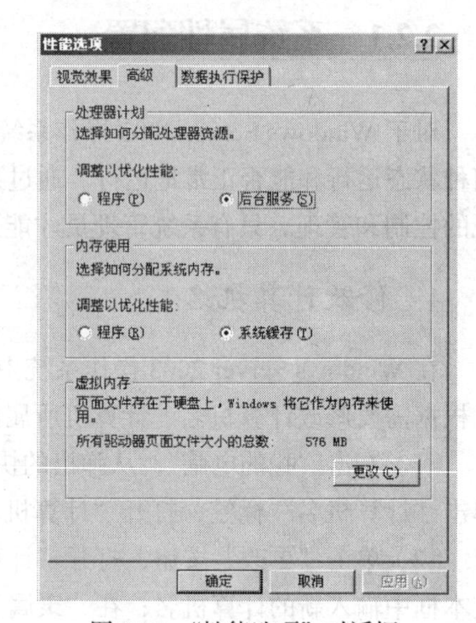

图 2-20 “性能选项”对话框

（3）单击“虚拟内存”选项区域中的“更改”按钮，打开“虚拟内存”对话框，如图 2-21 所示。

（4）在“驱动器”列表框中选择要驻留虚拟内存的驱动器，在所选驱动器的页面文件大小框中选择“自定义大小”按钮，并在“初始大小”和“最大值”文本框中输入页面文件的值，单击“设置”按钮。

默认情况下，虚拟内存驻留在系统分区的大小是物理内存的 1.5～3 倍，且系统会自动设置。

3. 设置环境变量

环境变量一般是指在操作系统中用来指定操作系统运行环境的一些参数，如临时文件夹位置、系统文件夹位置等。有点类似于 DOS 时期的默认路径，当运行某些程序时除了在当前文件夹中寻找外，还会到设置的默认路径中去查找。

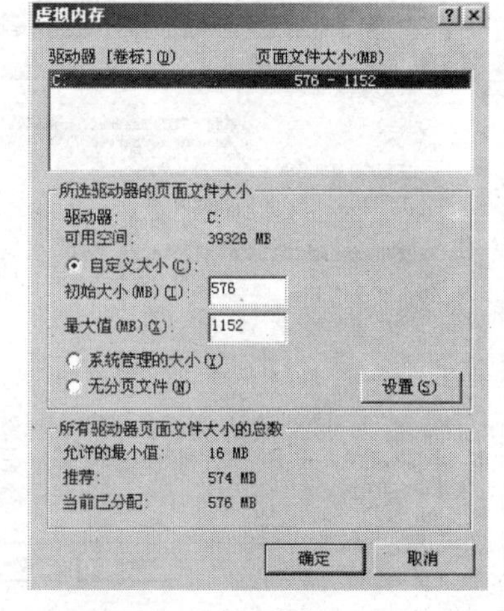

图 2-21 “虚拟内存”对话框

环境变量用来定义系统工作环境，包含关于系统及当前登录用户的环境信息，一些软件程序使用此信息确定在何处放置文件。环境变量分为如下 3 类：

（1）Autoexec.bat：计算机启动过程中最先执行的文件，对所有用户最先生效；

（2）系统变量：定义操作系统中使用的信息，应用于整个系统，对所有用户都生效；

（3）用户变量：用于每个特定的登录用户，不同用户其用户环境变量不同。3 类环境变量的加载顺序是：Autoexec.bat、系统变量、用户变量，后者覆盖前者。

在 Windows Server 2003 操作系统中，用户可根据需要设置环境变量，具体操作步骤如下。

（1）打开如图 2-19 所示的“系统属性”的“高级”选项卡，单击“环境变量”按钮，打开如图 2-22 所示的“环境变量”对话框。

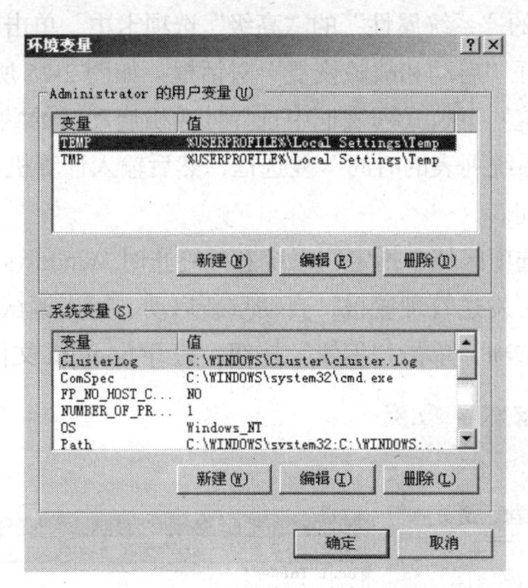

图 2-22 “环境变量”对话框

（2）对话框中分别列出了当前用户的用户变量和系统变量。

要新建环境变量，在“用户变量”或者“环境变量”选项区域中单击“新建”按钮，打开“新建用户变量”或者“新建系统变量”对话框，输入变量名和变量值即可，如图 2-23 所示。

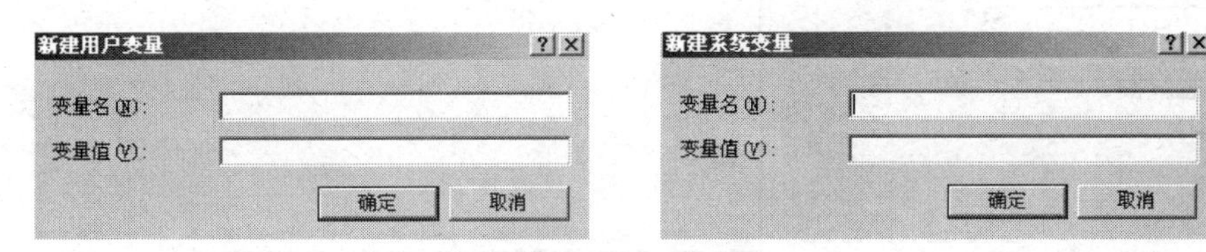

图 2-23 新建环境变量

要修改环境变量的值，在“用户变量”或者“环境变量”选项区域中单击“编辑”按钮，打开“编辑用户变量”或者“编辑系统变量”对话框，修改变量名和变量值即可，如图 2-24 所示。

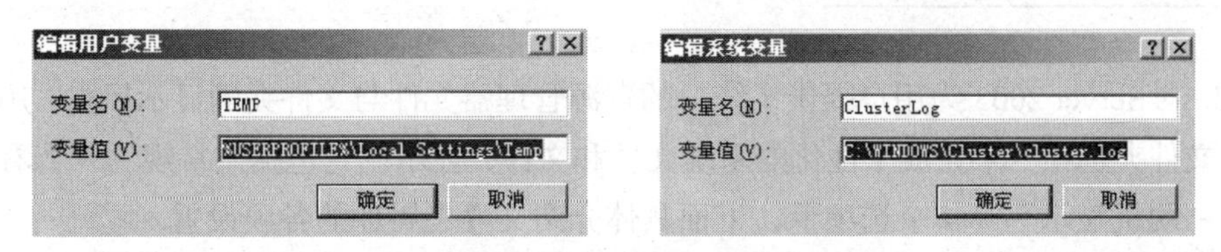

图 2-24 编辑环境变量

删除用户变量和系统变量，只需选定要删除的变量，单击相应的“删除”按钮即可。

（3）环境变量设置完毕，单击“确定”按钮后，在“系统属性”对话框中单击“应用”按钮应用设置。

4. 启动和故障恢复设置

启动和故障恢复选项可指定计算机启动时的默认操作系统以及系统意外停止时将执行的应用程序。配置启动和故障恢复策略的具体操作步骤如下。

（1）在如图 2-19 所示的“系统属性”的“高级”选项卡中，单击“启动和故障恢复”选项区域中的“设置”按钮，打开“启动和故障恢复”对话框，如图 2-25 所示。

（2）在“默认操作系统”下拉式列表框中选择计算机启动时的默认操作系统。

（3）选中“显示操作系统列表的时间”复选框，然后输入计算机在自动启动默认操作系统之前显示操作系统列表的时间。

（4）在“系统失败”选项区域中指定在系统意外终止时 Windows 所要采取的故障恢复操作，包括将事件写入系统日志、发送管理警报、自动重新启动、写入调试信息等。

（5）要手动编辑启动选项，单击“编辑”按钮，打开 boot.ini 文件，如图 2-26 所示。

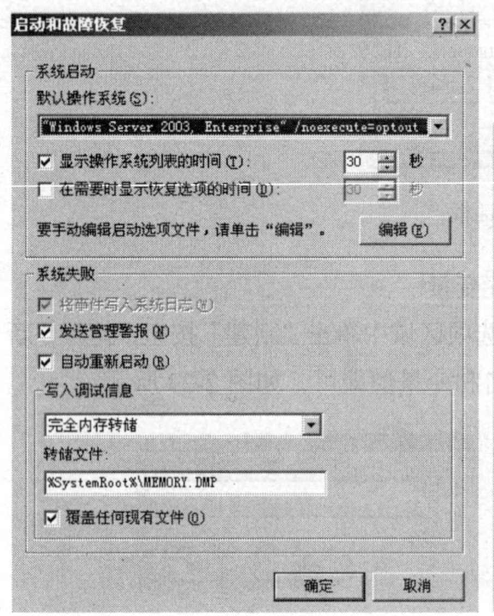

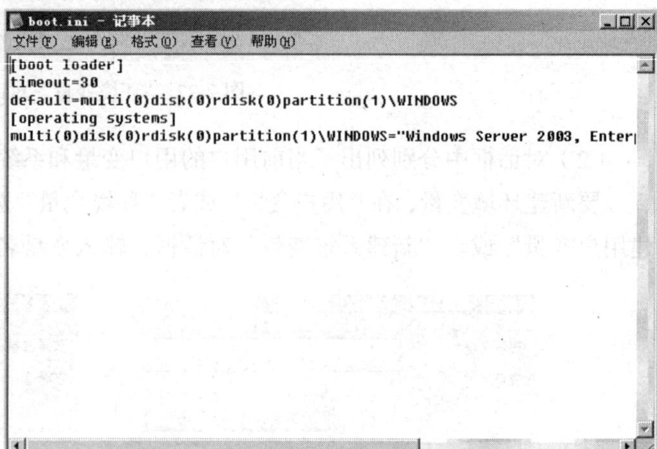

图 2-25 “启动和故障恢复”对话框　　　　图 2-26 boot.ini 文件

用户不要轻易直接修改 boot.ini 文件，修改错误将导致系统不能正常启动。

2.2.2 文件夹选项配置

Windows Server 2003 为用户提供了统一的资源管理器文件与文件夹的显示风格，用户可以通过设置“文件夹选项”来完成个性化的系统文件和文件夹显示。它包括“常规”、“查看”、“文件类型”与“脱机显示”等 4 个选项卡，下面具体介绍文件夹属性的各项设置。

1. “常规”属性的设置

文件夹的常规属性包括文件夹的显示风格、浏览文件夹的方式、打开项目的方式等。具体设置步骤如下。

（1）通过“开始”菜单打开“控制面板”窗口，双击“文件夹选项”图标，打开“文件夹选项”对话框，或者在资源管理器的菜单栏中选择“工具”→“文件夹选项”命令，在弹出的“文件夹选项”对话框中选择打开“常规”选项卡，如图 2-27 所示。

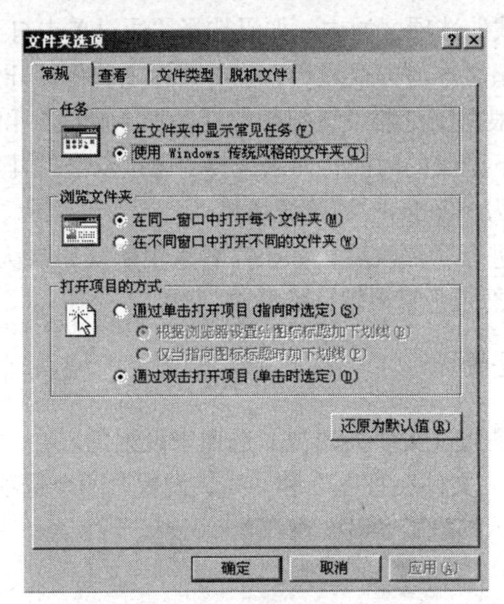

图 2-27　“文件夹选项”页面

（2）在“任务”选项区域内，如果选择“使用 Windows 传统风格的文件夹”单选按钮，文件夹将以传统风格显示；如果选择“在文件夹中显示常见任务”单选按钮，则资源管理器在显示文件夹的同时，窗口的左侧也会显示系统任务和文件夹的常见任务，如图 2-28 所示。

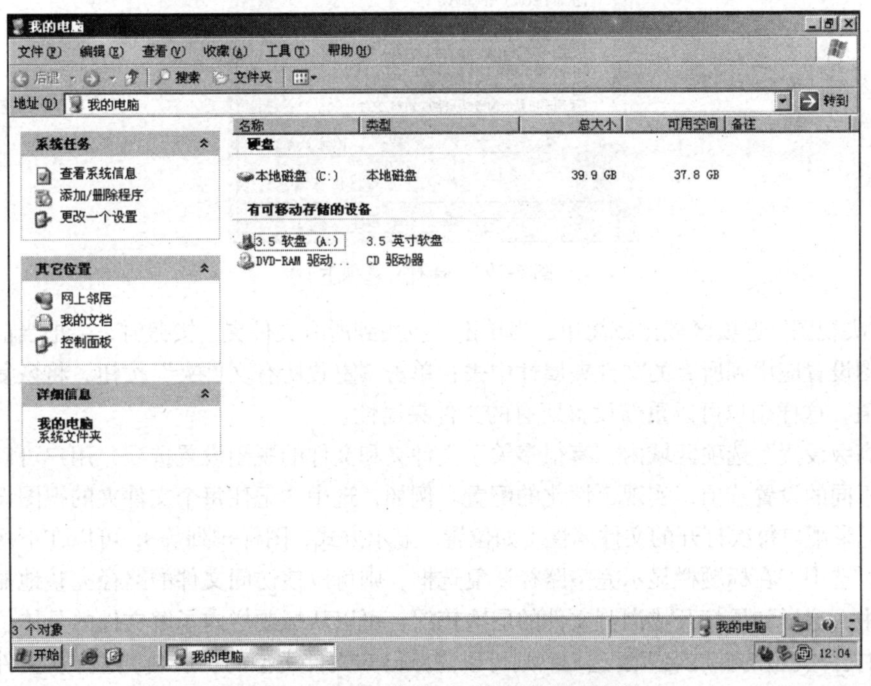

图 2-28　显示常见任务选项的资源管理器窗口

（3）在“浏览文件夹”选项区域内，如果选中“在同一窗口中打开每个文件夹”单选按钮时，则在“资源管理器”中打开文件夹时只出现一个窗口，而不会出现多个窗口。这样就不会每打开一个文件夹出现一个窗口，导致在屏幕上出现很多窗口了；如果选中“在不同窗口中打开不同的文件夹”单选按钮，则在“资源管理器”中每打开一个文件夹都会弹出相应的窗口，这样用户打开文件夹的数量就对应于窗口的数量。

（4）在“打开项目的方式”选项区域内，如果选择“通过单击打开项目（指向时选定）”单选按钮时，窗口内的图标将以超文本的方式显示，单击图标之后将打开文件夹（文件）、启动应用程序，关联的两个单选按钮“根据浏览器设置给图标标题加下画线”和“仅当指向图标标题时加下画线”则用于设置图标出现下画线的时间；如果选择“通过双击打开项目（单击时选定）”单选按钮，则对鼠标的操作将表现为 Windows 的传统风格。

（5）在对上述设置选项进行了更改后，如果需要采用系统的默认常规选项，可以单击“还原为默认值”按钮，使窗口的图标还原为默认的常规属性。

2. “查看”属性的设置

文件夹的查看属性主要是通过文件夹的视图选项来设置的。在“文件夹选项”对话框中选择“查看”选项卡，该选项卡由“文件夹视图”和“高级设置”两个选项区域组成，如图 2-29 所示。

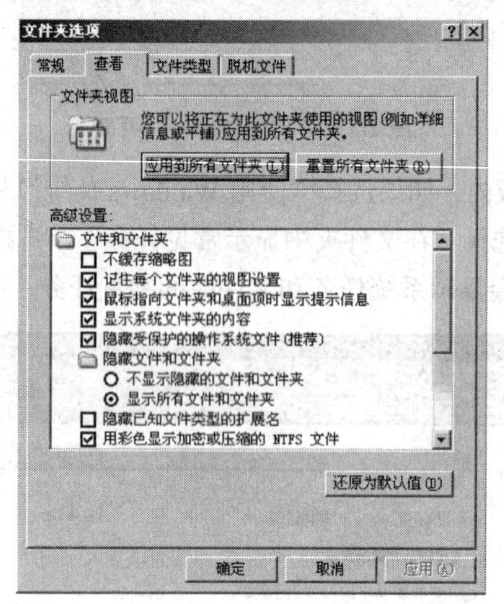

图 2-29 “查看”选项卡

“文件夹视图”选项区域比较简单，当单击“应用到所有文件夹”按钮时，会把当前打开的文件夹的视图设置应用到所有的文件夹属性中去；单击“重置所有文件夹”按钮，将恢复文件夹视图的默认值，这样用户可以重新设置所有的文件夹属性。

在“高级设置”选项区域内，有很多关于文件夹和文件的视图设置选项，用户可以根据个人需要选择不同的设置选项，实现个性化的配置。例如，选中“记住每个文件夹的视图设置”复选框，可以记录用户每次打开的文件属性（如位置、显示方式、图标排列等），可以在下次打开文件夹时使用；选中“在标题栏显示完整路径”复选框，则可以使访问文件的路径完整地显示在窗口的标题栏中，这样如果打开或浏览文件的层次较深，可以从标题栏内了解文件的具体位置；选中“隐藏已知文件类型的扩展名”复选框，则可以隐藏已知文件类型的扩展名，这样从文件名的显示中就无法判断文件的类型，防止恶意更改文件类型，增强文件数据的安全性；如果选中“在文件夹提示中显示文件大小信息”复选框，这时当把鼠标放在文件夹图标上时出现的提示信息会显示包含的文件大小，有助于用户了解磁盘空间的具体使用情况。

3. “文件类型”属性的设置

“文件夹选项”的文件类型属性主要记录了在 Windows 中登记的应用程序文件。一般情况下，在 Windows Server 2003 中安装了一个应用程序时，系统都会登记注册该程序并根据程序的功能与具有相应扩展名的文件进行关联。在与文件关联之后，直接双击被关联的文件就可以打开应用程序对文件进行编辑处理。用户也可以新建或修改文件与应用程序的关联。

下面介绍具体的操作步骤。

（1）打开“文件夹选项”对话框，选择“文件类型”选项卡，如图 2-30 所示。

（2）在“文件类型”选项卡的“已注册的文件类型”列表框中列出了已经在系统中注册过的文件类型与文件所使用的扩展名之间的关联关系。在列表框中选定一个文件类型，选项卡下方的“详细信息”选项区域中就会列出此类型文件的详细信息，包括文件的打开方式和一些高级设置等。

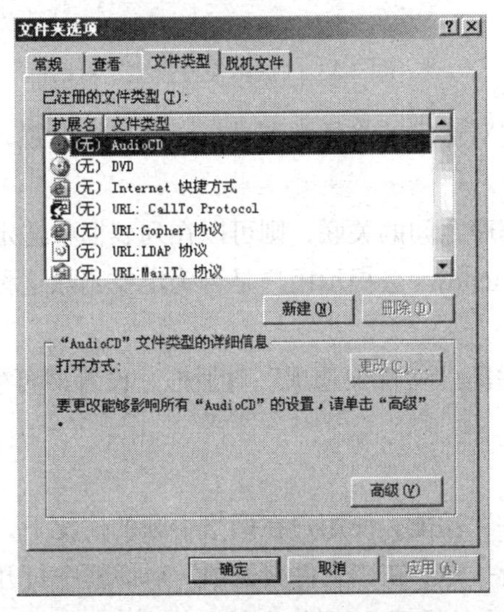

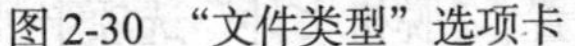

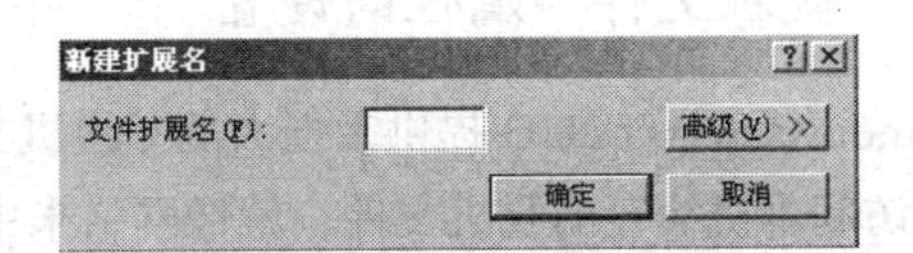

图 2-30 “文件类型”选项卡　　　　图 2-31 “新建扩展名”对话框

（3）如果用户要创建文件的关联或者注册新的文件类型，可以单击“新建”按钮，打开“新建扩展名”对话框。再单击“高级”按钮，打开扩展的“新建扩展名”对话框，如图 2-31 所示。

在该对话框的“文件扩展名”文本框中输入要新建关联的文件扩展名，在“关联的文件类型”下拉列表中可以选定文件类型。设置完毕后，单击“确定”按钮，这样在“已注册的文件类型”列表框中就可以看到新建的文件类型。

（4）如果要更改已建立关联的文件打开方式，即用其他应用程序来打开当前类型的文件，可以在“已注册的文件类型”列表框中先选定要更改的文件类型，然后在选项卡下方的详细信息框中单击“更改”按钮，打开“打开方式”对话框，如图 2-32 所示。

“打开方式”对话框中列出了系统中已安装的应用程序，包括用来打开选定文件类型的“推荐的程序”。从中选择想要用来打开文件的应用程序即可，如果要使用的应用程序没有列出来，还可以单击“浏览”按钮，在“打开方式...”对话框中选择。最后单击“确定”按钮使设置生效。

（5）如果在设置完文件类型关联之后要修改设置，可以在“已注册的文件类型”列表框中先选中要修改设置的文件类型，在“文件类型”选项卡下方的详细信息框中单击“高级”按钮，打开“编辑文件类型”对话框，如图 2-33 所示。

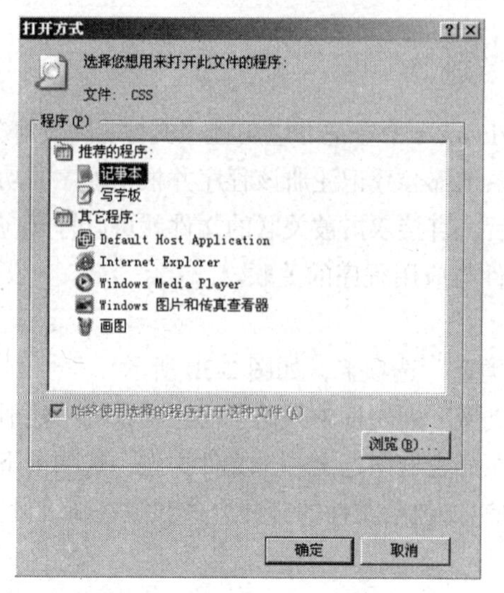

图 2-32 “打开方式”对话框

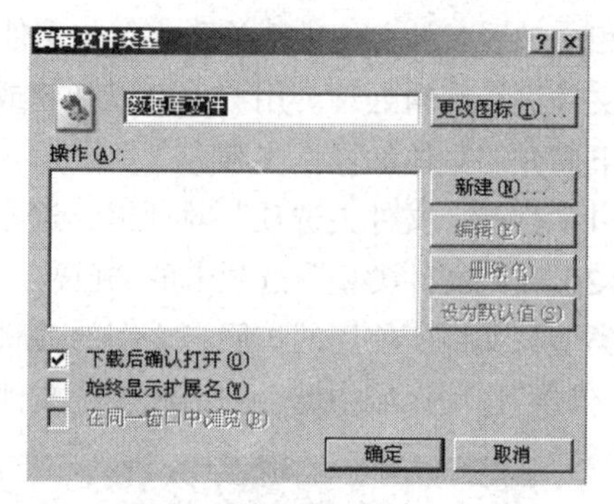

图 2-33 “编辑文件类型”对话框

在“编辑文件类型”对话框中，可以根据需要对选定的文件类型进行一些高级设置，如更改图标、编辑操作等。

（6）如果要删除列表框中的文件类型与应用程序之间的关联，则可以在列表框中选定一种文件扩展名及文件类型，然后单击“删除”按钮，Windows 会提示用户是否确定要删除这种文件扩展名，单击“是”按钮即可从系统中删除该关联。

（7）设置完文件类型后，单击“确定”按钮关闭“文件夹选项”对话框，设置即可生效。

4. “脱机文件”属性的设置

Windows Server 2003 提供了强大的“脱机文件”功能，使用户在网络中断的情况下，仍然能够暂时访问本机缓存的脱机文件，就像网络未中断一样。在“文件夹选项”对话框中打开“脱机文件”选项卡，就可以对“脱机文件”功能进行相应的设置。“脱机文件”选项卡如图 2-34 所示。

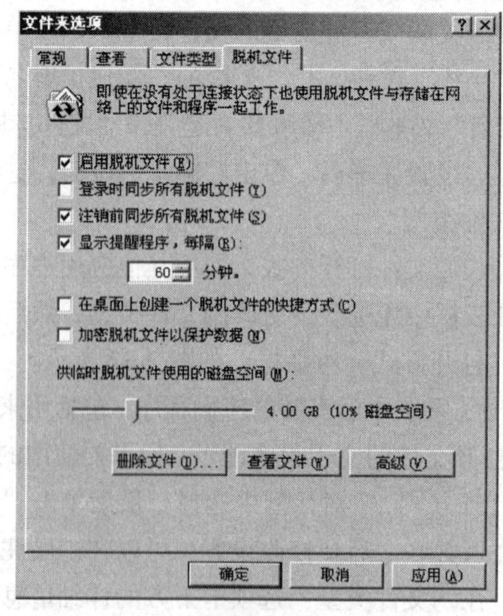

图 2-34 “脱机文件”选项卡

在该选项卡中，可以对“脱机文件”功能进行相关设置，具体内容会在后续章节中详细介绍。例如，选中“启用脱机文件”复选框，即可使用 Windows Server 2003 的脱机文件设置；选中“显示提醒程序，每隔”复选框，则每隔一段时间系统就会提醒用户计算机处于脱机状态；选中“在桌面上创建一个脱机文件的快捷方式”复选框，用户只需单击桌面上创建的快捷方式图标，就能以脱机方式浏览文件或网页。在“供临时脱机文件使用的磁盘空间”选项区域中拖动滑块可以改变保存脱机文件的磁盘空间，同时，这部分空间的大小以及占磁盘空间的百分比都将显示出来。

2.2.3　电源选项配置

对于作为服务器的计算机来说，完善的电源管理有利于保证系统安全、稳定地运行。系统管理员在对服务器的性能进行优化时，很重要的一项操作就是管理计算机的电源，配置适合本地服务器运行的电源管理方案。

1. 电源管理功能的增强

Windows Server 2003 提供了基于“高级配置和电源接口”（ACPI）的电源管理技术，大大增强了用户对系统电源的管理。通过 ACPI 技术，可以在不使用计算机时，将它设置为休眠或挂起状态，而在需要时能快速地启动并节省电源能量。ACPI 增强了计算机的电源管理功能。如可以从低耗能状态唤醒计算机运行病毒检测程序或进行其他工作等。ACPI 技术为 Windows Server 2003 提供了对电源管理和即插即用功能的直接控制，而在以往的操作系统中这些功能都是由 BIOS 进行控制的。通过 ACPI 技术可以进行多个领域的管理，包括以下几项。

（1）系统电源管理：可以设置使计算机开始和结束系统睡眠状态的机制，同时提供允许任何设备唤醒计算机的一般机制。

（2）设备电源管理：描述了主板设备及其用电状态、设备所连接的电力来源以及将设备置入不同用电状态的控件，并允许操作系统将设备置于某种基于应用程序用途的低耗电状态。

（3）处理器电源管理：在处理器空闲但尚未进入睡眠状态时，可以使用描述性的命令将处理器置入低耗电状态。

（4）电池管理：可以将电池管理的策略从 APM BIOS 转换到 ACPI BIOS，还能设置电池电量不足和电池电量警告的界限，并能计算电池的剩余容量和寿命。

在 ACPI 技术的支持下，应用程序可以提醒操作系统，如果它正在进行一次时间较长的运算或正在播放一部影片，计算机不能转换到低电能状态。而操作系统也可以提醒应用程序，如果它正在使用电池电源，应该尽量避免进行如压缩文件夹这样耗电的后台操作。

2. 电源使用方案配置

Windows Server 2003 提供了多种电源使用方案和节能设置，系统管理员可以根据实际需要配置电源管理方案，具体的操作步骤如下。

（1）通过“开始”菜单打开“控制面板”窗口，双击“电源选项”图标，系统将打开“电源选项属性”对话框，如图 2-35 所示。

（2）在“电源使用方案”选项卡中，系统管理员可以通过“电源使用方案”下拉列表选择一种电源管理方案。但是作为服务器的计算机应避免使用节省电源的方案，通常应选择“一直开着”

的电源方案，以保证服务器的不间断运行和用户的正常访问。在选择了“一直开着”的电源方案后，系统管理员还可以对选项卡下方的选项进行个别调整。如可以在保证服务器的服务程序运行过程中关闭显示器等。

（3）选择“高级”选项卡，如图 2-36 所示。如果希望在任务栏显示电源管理图标，可以选中“总是在任务栏上显示图标”复选框。如果希望在计算机从睡眠状态恢复时提示输入密码，可以选中“在计算机从睡眠状态恢复时，提示输入密码”复选框。另外，为了防止不小心按下计算机的电源按钮或蓄意破坏所进行的强制按下电源按钮的情况，系统管理员可以在“在按下计算机电源按钮时”下拉列表中选择“问我要做什么”、“休眠”或“待机”选项，以保护服务器的正常运行。

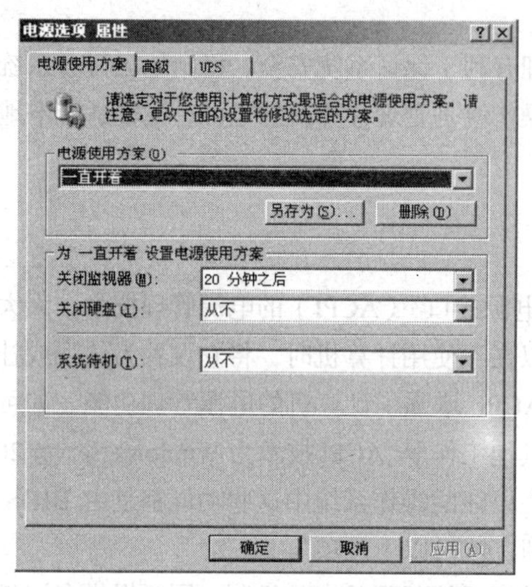

图 2-35 “电源选项属性”对话框

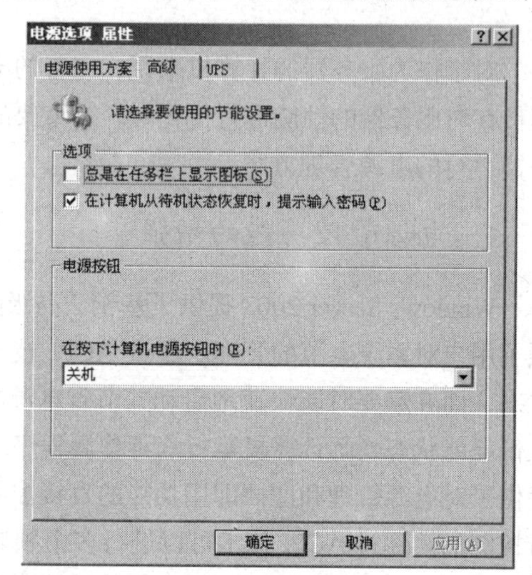

图 2-36 “高级”选项卡

（4）对于网络服务器，一个性能优越的 UPS 电源是其最基本的配置。因为如果没有 UPS 电源的支持，很容易导致服务器中数据的丢失、系统文件毁坏或操作系统无法启动等严重后果，一旦服务器中的服务程序无法正常运行，那么对用户提供的诸如 DNS、WINS 等服务和域管理等功能也将无从谈起。Windows Server 2003 进一步增强了 Windows Server 2000 中的 UPS 管理功能，使系统管理员可以更方便地对 UPS 进行功能设置与管理。在“电源选项属性”对话框中选择 UPS 选项卡，如图 2-37 所示。

（5）在 UPS 选项卡中，系统管理员可以很方便地对 UPS 进行管理与配置，设计出适合本机使用的电源应急方案。要配置 UPS 电源，需要单击“配置”按钮打开“UPS 配置”对话框，如图 2-38 所示。

在“UPS 配置”对话框中，系统管理员可以启用电源中断的通知功能。这样，当服务器正在使用的交流电出现停电情况时，系统能够自动将计算机的电源切换为 UPS 电源，并且在设定的时间内发出通知。另外，系统管理员可以选中“严重警报前，电池使用的分钟数”复选框，并设定计算机使用 UPS 电源之后多长时间发出警报，也可以选中“当出现警报时，运行这个程序”复选框，然后通过单击“配置”按钮指定要运行的应用程序，使系统在发出警报时自动运行某个特定程序，以便对当前系统中正在运行的程序作保护性处理。

（6）如果希望启用休眠功能，可以选中“休眠”选项卡中的“启用休眠支持”复选框。

（7）设置完毕后，单击“确定”按钮即可保存设置。

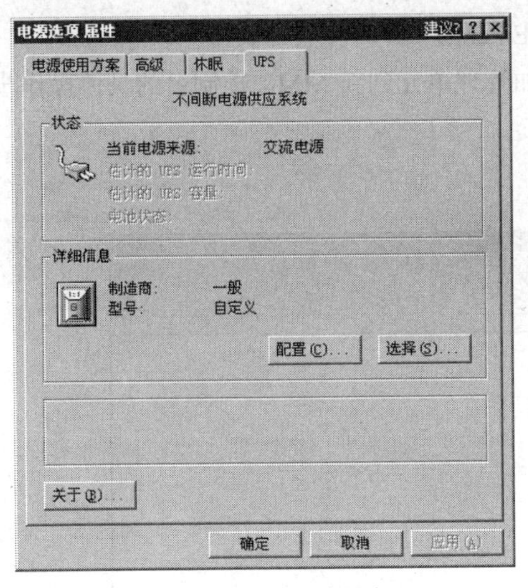

图 2-37　UPS 选项卡

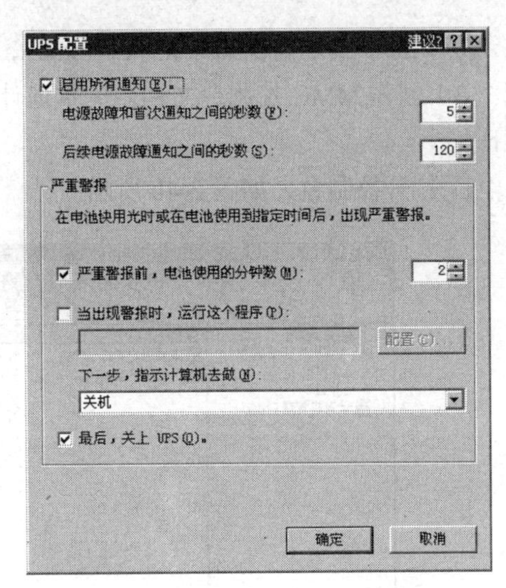

图 2-38　“UPS 配置”对话框

2.2.4　管理控制台

Microsoft 管理控制台（MMC）集成了用来管理网络、计算机、服务及其他系统组件的管理工具。可以使用 Microsoft 管理控制台创建、保存并打开管理工具，这些管理工具用来管理硬件、软件和 Windows 系统的网络组件。

1. 管理控制台介绍

MMC 可以运行在各种 Windows 9x 和 Windows NT 操作系统上，以及 Windows XP Home Edition、Windows XP Professional 和 Windows Server 2003 家族的操作系统上。

MMC 不执行管理功能，但集成管理工具。可以添加到控制台的主要工具类型称为管理单元，其他可添加的项目包括 ActiveX 控件、网页的链接、文件夹以及任务板视图和任务。

使用 MMC 有两种方法：在用户模式中使用已有的 MMC 控制台管理系统，或在作者模式中，创建新控制台或修改已有的 MMC 控制台。

控制台树显示控制台中可以使用的项目。右边的窗格包括详细信息窗格，列出这些项目的信息和有关功能。随着单击控制台树中的不同项目，详细信息窗格中的信息也将变化。详细信息窗格可以显示不同的信息，包括网页、图形、图表、表格和列。

每个控制台都有自己的菜单和工具栏，与主 MMC 窗口的菜单和工具栏分开，这有利于用户执行任务。

2. 管理控制台的操作

管理控制台的操作主要包括打开 MMC 和创作 MMC 控制台文件。

（1）打开 MMC。执行下面任一操作可以打开 MMC。

① 依次单击“开始”|“运行”，键入“mmc”，然后单击“确定”按钮，如图 2-39 所示。

图 2-39　“运行”对话框

② 在命令提示符窗口中键入“mmc”，然后按 Enter 键。

（2）创作 MMC 控制台文件。为本地计算机添加管理单元到新 MMC 控制台的具体操作步骤如下。

① 打开控制台，如图 2-40 所示。

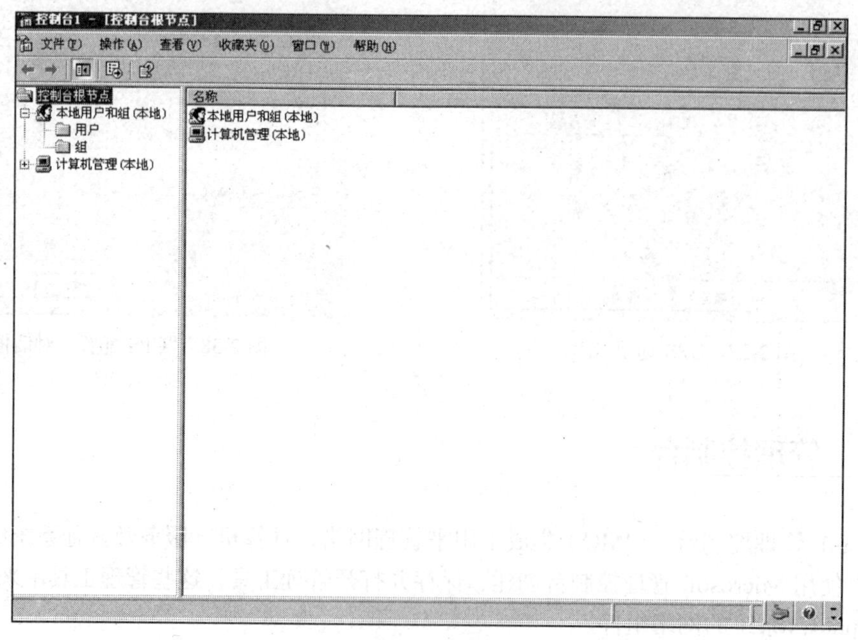

图 2-40　控制台

② 在“文件”菜单上，单击“添加/删除管理单元”，然后单击“添加”，如图 2-41 所示。

③ 在“管理单元”下，可以选择要添加的管理单元。如图 2-42 所示，如要添加本地计算机管理，选中“计算机管理”单元，单击“添加”按钮，弹出图 2-43 所示的“计算机管理”对话框，选择需要这个管理单元管理的计算机。可以选择本地计算机或另一台计算机进行管理。此处选择“本地计算机（运行该控制台的计算机）”，然后单击“完成”按钮。

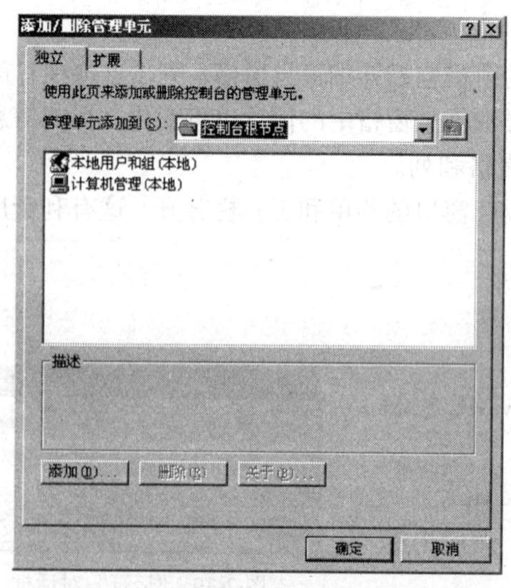

图 2-41　“添加/删除管理单元”对话框

图 2-42　“添加独立管理单元”对话框

在控制台中添加了“计算机管理”单元后，就可以在控制台中对想要管理的计算机进行管理。

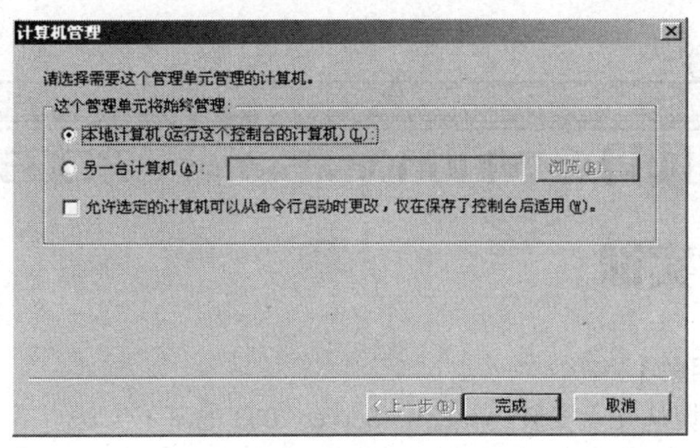

图 2-43　“计算机管理”对话框

3. 保存 MMC 控制台文件

打开的 MMC 控制台，单击“文件”菜单上的“保存”，输入文件名，单击“保存”，如图 2-44 所示。

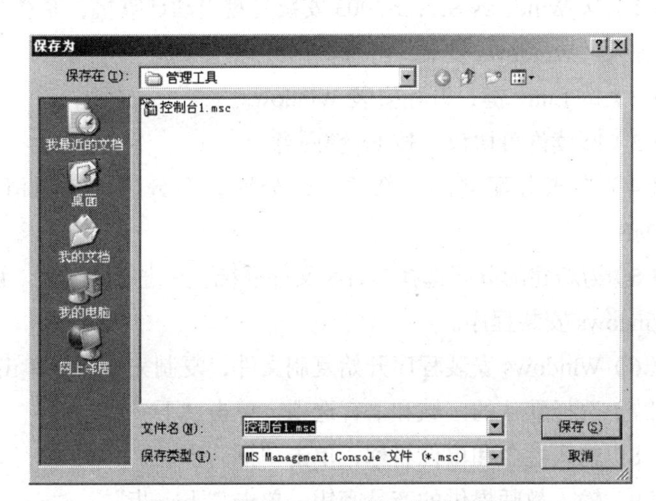

图 2-44　保存 MMC 控制台文件对话框

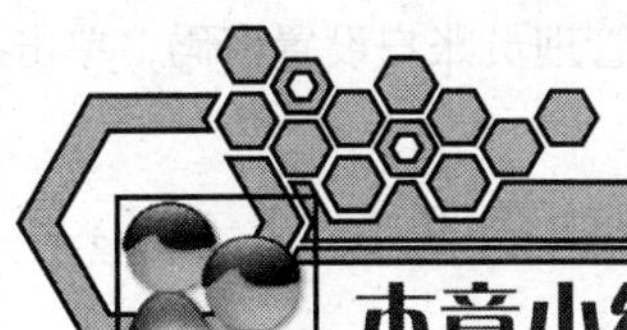

本章小结

服务器的安装是 Windows 服务器维护与管理的基本任务。在本章中，对 Windows Server 2003 安装的硬件环境要求和安装前的各项准备工作进行了详细的讲述，介绍了 Windows Server 2003 的安装过程和基本配置。学生通过相关知识的学习和实训，重点掌握安装前的各项准备工作的含义，能独立安装 Windows Server 2003 并根据具体要求进行基本的配置。

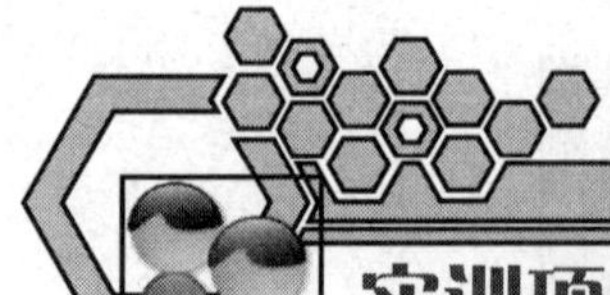

实训项目：Windows Server 2003 的安装与配置实训

【实训目的】

掌握从光盘安装 Windows Server 2003 的基本方法。

【实训环境】

硬件配置符合 Windows Server 2003 操作系统安装要求的 PC。

【实训内容】

1．从光盘安装 Windows Server 2003，总结与 Windows 2000 Server 安装过程的异同。

（1）从 Windows Server 2003 安装光盘启动计算机，系统开始装载文件，根据提示进入“Windows 安装”界面。

（2）按 Enter 键，开始安装 Windows。

（3）阅读许可协议，按 F8 键同意。

（4）在未分配空间上新建一个分区，在分区大小里清除默认大小，输入 4000MB。

（5）为新建的分区选择 NTFS 文件系统，并进行格式化。计算机重新启动，进入 Windows 安装程序。

（6）Windows 安装程序开始复制文件，复制完毕后，单击“下一步”。

（7）选择默认的区域和语言选项，单击“下一步”。

（8）输入姓名和单位名称，单击“下一步”。

（9）输入教师提供的产品密钥，单击“下一步”。

（10）选择“每服务器”授权模式，同时连接数为 15。单击“下一步”。

（11）输入教师为本机提供的计算机名称，为系统管理员账户设置密码，单击“下一步”。

（12）为 Windows 计算机设置正确的日期、时间和时区。单击“下一步”。

（13）选择默认的“典型”设置，单击“下一步”。

（14）选择加入“工作组”，使用默认的工作组名称 WORKGROUP，单击“下一步”。

（15）系统完成后续的安装，重新启动计算机，输入管理员账户和密码登录系统。

2．Windows Server 2003 基本属性配置

（1）修改计算机名为“t+计算机编号”，工作组为 WORKGROUP。

（2）虚拟内存设置在 D:盘，大小为 2000MB。

（3）建立目录 D:\temp，将用户与系统的环境变量 TMP 与 TEMP 都设置为 D:\temp。

（4）设置计算机启动时等待计算机自动启动默认操作系统的时间为 10s。

（5）将百度网作为主页，将 Internet 临时文件夹设置在 D:\temp 目录中，删除临时文件，清除历史记录；安全级别设置为中；清除表单和密码；不使用代理服务器。

（6）设置在浏览网页时禁止播放网页中的动画、声音和视频，禁用脚本调试。

3．创建一个用户控制台，集成管理本地用户和磁盘管理（本地），并将磁盘管理添加到收藏夹中。

4．结束实训。

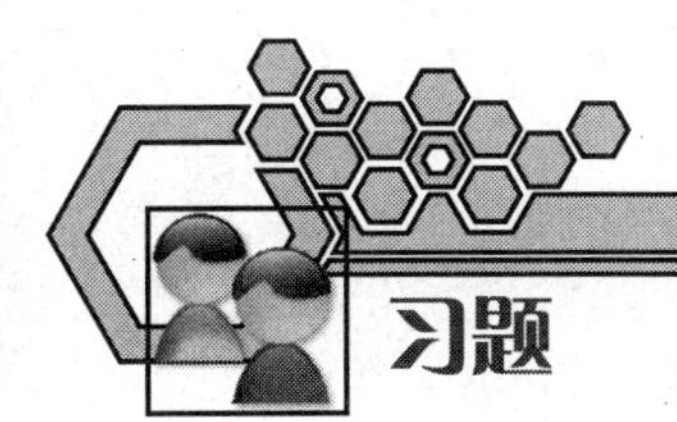

习题

1．Windows Server 2003 支持的文件系统有哪几种？

2．如何从硬盘安装 Windows Server 2003 简体中文企业版？

3．Windows Server 2003 的管理控制台有何作用？

4．如何创建一个新的控制台？

第二部分

系统管理篇

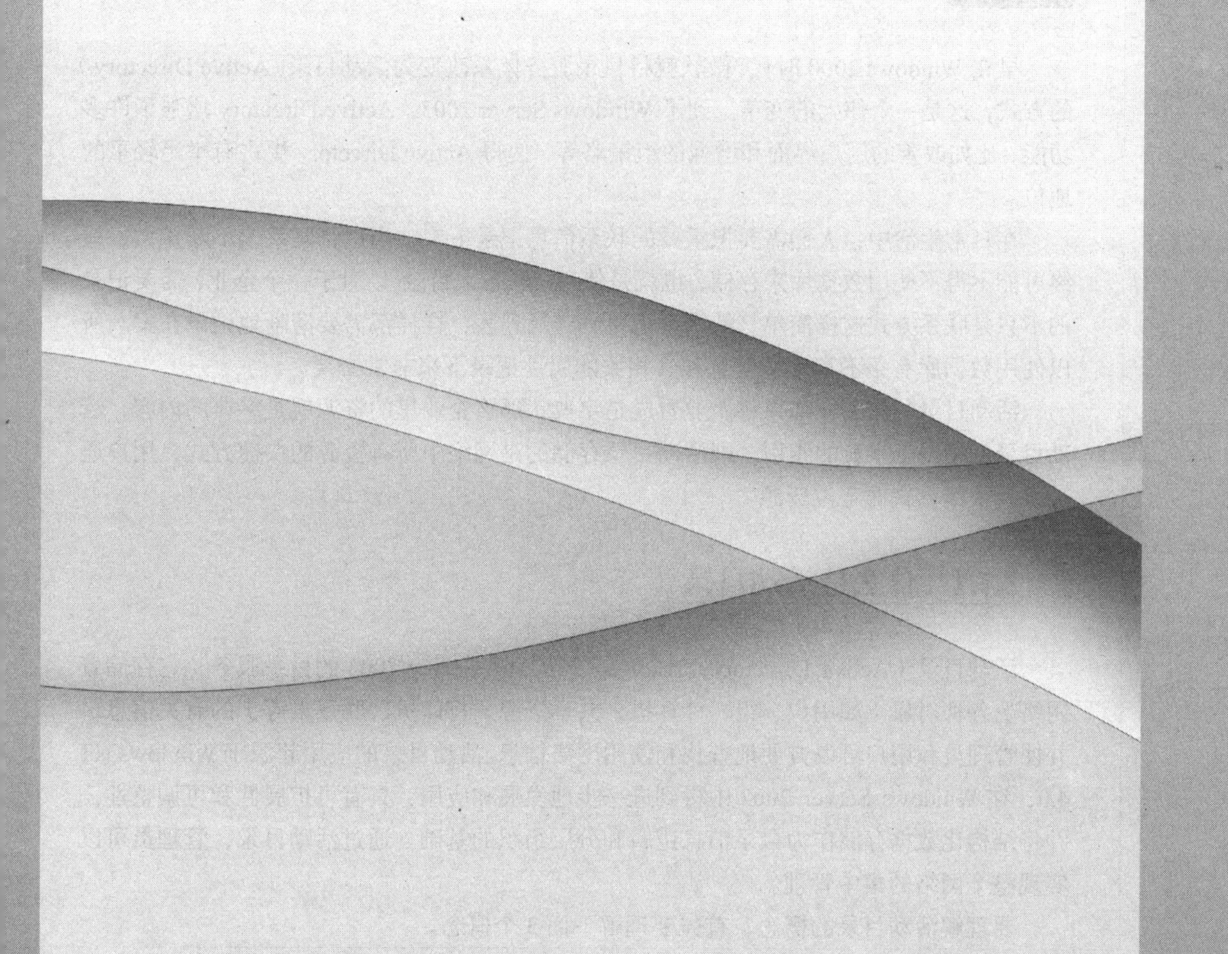

第3章 域与活动目录

3.1 活动目录的简介

早在 Windows 2000 时代，微软就将目录服务体系改变为活动目录（Active Directory）的方式，这是一个伟大的变革。到了 Windows Server 2003，Active Directory 增强了许多功能，比如改善的用户界面和增强的组策略等，使得 Active Directory 更占有举足轻重的地位。

在日常生活中，人们需要把重要的联系信息记录下来，当这张联系表不断扩大，最终可能不得不使用数据库来存储，也就是使用“联系人目录”。对于一个企业，需要记录的不只是联系方式这样简单，从库存清单到产品列表，样样都需要清晰地记录在案。所以使用数据库有条不紊地将信息和其相关的属性记录下来非常必要。

活动目录的作用：如果将企业看成是字典，那么企业里的资源就是字典的内容，活动目录就相当于字典的索引，即活动目录存储的是网络中所有资源的快捷方式，用户通过寻找快捷方式而定位资源。

3.1.1 什么是活动目录

活动目录（Active Directory，AD）是 Windows Server 2003 的目录服务，它存储着网络上各种对象（如用户、组、计算机、共享资源、打印机、联系人等）的有关信息，并使管理员和用户可以方便地查找和使用网络信息。活动目录的应用起源于 Windows NT 4.0，在 Windows Server 2003 中得到进一步地发展和应用，具有可扩展性和可调整性，并将结构化数据存储作为目录信息逻辑和分层组织的基础。通过活动目录，管理员可以实现整个网络的集中管理。

要理解活动目录的概念，首先要理解下面 3 个概念。

目录：是用来存储各种对象的物理容器，它管理的对象可以是域、组、计算机、文件目录、打印机等。

文件目录：用于记录文件的有关信息。如文件的尺寸、名称、存放地址、修改信息、创建日期等数据。

目录服务：是使用户能够方便、快捷地在目录中查找所需数据的服务，如生活中的电话查号台、天气预报查询等。在网站中提供的信息搜索功能，都是目录服务。目录服务的目的就在于使目录中所有的信息和资源能够充分发挥作用。

活动目录是一个分布式的目录服务，信息可以分散在多台不同的计算机上，保证用户能够快速访问。其“活动”特性主要体现在以下3个方面。

（1）活动目录中对象的数目没有限制。在 Windows Server 2003 的活动目录中可以认为对象的数目是没有限制的，可以是十万、百万甚至更多。

（2）活动目录中对象的属性可以增加。对象的属性是用来描述对象的，活动目录对象的管理实际上就是对对象属性进行管理，而对象的属性是可能发生变化的。例如，将“联系方式”当作对象进行管理，其属性包括通信地址、电话、传真、手机、电子邮件、MSN 等。随着时间的推移，联系方式会增加更多内容，因此在管理对象时，无法预计对象属性会产生什么变化。为了解决这个问题，管理员可以通过修改活动目录架构来增加一个属性，然后活动目录的用户就可以在活动目录中使用这个属性了。

在 Windows Server 2003 中活动目录对象的属性可以增加，不可以减少，但可以禁用。

（3）可以方便地添加或删除域。在 Windows Server 2003 中利用活动目录可以方便地创建域、域树、域林的逻辑结构。对于域树来说，如果把域树中的某个子域删除将不会影响其他子域和父域的运行，还可以在子域下再创建其他子域。因此，活动目录在组织资源时非常灵活。

下面介绍几个与活动目录相关的概念。

活动目录对象：在活动目录中可以被管理的一切资源都称为活动目录对象，如用户、组、计算机账号、共享文件夹等。活动目录的资源管理就是对这些活动目录对象的管理，包括设置对象的属性、对象的安全性等。每一个对象都存储在活动目录的逻辑结构中，可以说活动目录对象是组成活动目录的基本元素。

活动目录架构：架构（Schema）就是活动目录的基本结构，是组成活动目录的规则。活动目录架构包括对象类和对象属性。其中，对象类用来定义在活动目录中可以创建的所有可能的目录对象，如用户、组、组织单位等；对象属性用来定义每个对象可以有哪些属性来标识该对象，如用户可以有登录名、电话号码等属性。也就是说，活动目录架构用来定义数据类型、语法规则、命名约定和其他更多内容。活动目录的架构存储在活动目录中称为架构表的地方，当需要扩展时只要在架构表中进行修改即可。但要注意，活动目录架构的扩展和变更要符合编程和管理的规则。

活动目录组件：使用组件建立起一个符合用户企业或组织要求的目录结构。用户企业或组织的逻辑结构可以由如下的组件构成：域（domain）、组织单位（OU）、域树（tree）、域林（forest）；

用户可以使用如下组件来建立符合用户企业或者组织的物理结构的网络：站点（site）、域控制器（DC）。

3.1.2 域、域树和域林（活动目录的逻辑结构）

在活动目录中有很多资源对象，要对这些资源对象进行很好的管理，就必须把它们有效地组织起来，活动目录的逻辑结构就是用来组织资源的。

活动目录的逻辑结构包括域（Domain）、域树（Domain Tree）、域林（Forest）。

（1）域。域是 AD 中逻辑结构的核心。在 Windows 2003 中，域是一个通过共享区域来存储安全信息的连网计算机的集合。域提供了集中化的方法来管理网络资源。一台计算机上的用户如果被分配了适当的权限，就可以访问域里其他计算机上的共享资源。域的概念与工作组相似，但是域提供了许多非常有用的功能。

① 单一登录。域为用户提供了一次单独登录的流程，以便访问各种网络资源。所有的用户账户都被存储在一个集中。

② 单一用户账户。任何用户只要在域中有一个账户，就可以漫游网络，访问各台计算机上的资源。而工作组里的用户在每台他们要访问的计算机上都要有一个单独的账户。

③ 集中化管理。域提供了集中化管理。所有用户账户和资源的信息都可以在域里的某个位置（域控制器）统一管理。

④ 可伸缩性。域可以成为超大规模网络。

（2）域树。一个域可以是其他域的子域或父域，这些子域、父域构成了一棵树——域树。域树实现了连续的域名空间，域树上的域共享相同的 DNS 域名后缀。域树的第一个域是该域树的根（root），域树中的每一个域共享共同的配置、模式对象、全局目录（Global Catalog）。

（3）域林。域林（森林）由一个或多个没有形成连续名字空间的域树组成。它与上面所讲的域树最明显的区别就在于域林中的域树不共享连续的命名空间。域林中的每一域树拥有它自己的唯一的命名空间。但域林中的所有域树仍共享同一个表结构、配置和全局目录。域林中的所有域树通过 Kerberos 信任关系建立起来，所以每个域树都知道 Kerberos 信任关系，不同域树可以交叉引用其他域树中的对象。在域林中创建的第一棵域树缺省地被创建为该森林的根树（Root Tree）。

3.1.3 活动目录中的组织单元

Windows Server 2003 域中的“容器”不代表任何实体，其内部可以包含多个对象或者其他容器。例如，某个组可以包括多个用户对象，因为它是这些用户属性的集合。

组织单元（Organizational Unit，OU）是活动目录中包含的一个特殊容器，它包括域中一些用户、计算机和组、文件与打印机等资源。容器中可以包含其他容器，组织单元自然可以包含其他组织单元，但组织单元不能包含其他域中的对象。

与一般容器仅能容纳对象不同，组织单元不仅可以包含对象，而且具有“组准则”功能。换句话说将若干对象人为地放在一个“容器”中，如果这个容器被赋予特定的“组准则”，则这个容器就可以被称为“组织单元”。

一个域可能非常大或者非常复杂，复杂到域管理员很难从一个制高点来管理所有的对象，域管理员通过划分组织单元可以将一个个组织单元管理工作（如账号管理）托付给指定的用户或者组，这被称为“委派控制”；域管理员还可以对一个个组织单元实施不同的安全设置或者环境配置（如财务部门要求复杂的账号密码策略），这被称为实施“组策略”。组织单元与一般容器不同之处就在于，组织单元不仅可以包含对象，而且可以进行策略设置和委派管理。

组织单元是活动目录中最小的管理单元，如果一个域中的对象数目非常多时，可以用组织单元把一些具有相同管理要求的对象组织在一起，这样就可以实现分级管理了。而且作为作为域管理员还可以制定某个用户去管理某个 OU，管理权限可视情况而定，这样可以减轻管理员的工作负担。

组织单元可以和公司的行政机构相结合，这样可以方便管理员对活动目录对象的管理，而且组织单元可以像域一样做成树桩的结构，即一个 OU 下面还可以有子 OU。

在规划组织单元时可以根据两个原则：地点和部门职能。如果一个公司的域由北京、上海和广州 3 个地点组成，而且每个地点都有 3 个部门，则可以按图 3-1 所示来组织域中资源。在 Windows Server 2003 的活动目录中组织单位用圆形来表示。

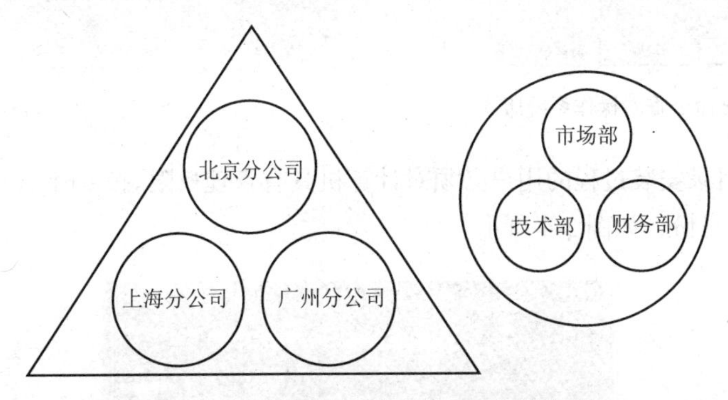

图 3-1　活动目录的逻辑结构——组织单元

组织单元具有继承性，子单元能够继承父单元的访问许可权。域管理员可使用组织单位来创建管理模型，该模型可调整为任何尺寸。而且，域管理员可授予用户对域中所有组织单位或单个组织单位的管理权限。

3.2 活动目录服务器的安装

活动目录是 Windows Server 2003 非常关键的服务，它不是孤立的，而是与许多协议和服务有着非常紧密的联系，并涉及整个操作系统的结构和安全。因此，安装活动目录前必须完成一系列的策划和准备工作。

1. 文件系统与网络协议

计算机必须安装 Windows Server 2003 操作系统；必须有 NTFS 磁盘分区或卷用于保存 SYSVOL 文件，最小 250MB 的可用磁盘空间；计算机须安装网卡并连入网络，运行 TCP/IP 和 DNS 服务，并有一个静态的 IP 地址。

① 有很多方法可以验证操作系统的版本信息，比如选择“开始”菜单或者按 Ctrl+Alt+Del 组合键等。但这些方法只能简单查看操作系统的版本，要想获得操作系统版本号，可以使用 Windows 系统上通用的 winver 命令。在计算机上依次选择“开始”→“运行”命令，在弹出的“运行”对话框中输入 winver 命令，如图 3-2 所示。

Windows Server 2003 正式版与测试版功能上有很多不同，正式版与测试版就是靠版本号来区分，正版的版本号是 3790，如图 3-3 所示。

图 3-2　用 winver 命令查看操作系统版本

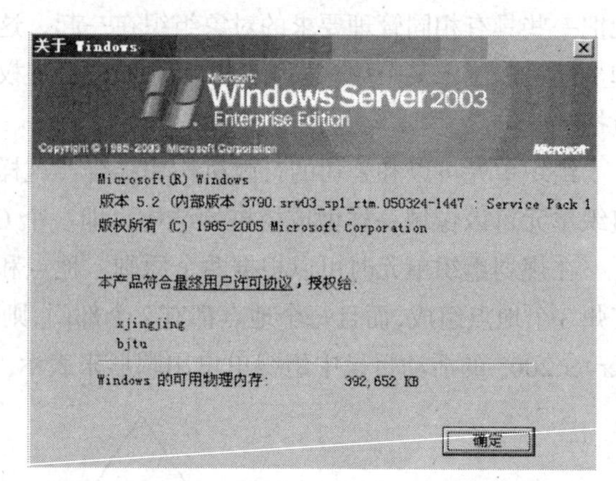

图 3-3　“关于 Windows”对话框

② 执行活动目录安装过程的用户必须对计算机具有管理权限。按 Ctrl+Alt+Del 组合键可以查看当前登录的用户身份，如图 3-4 所示。

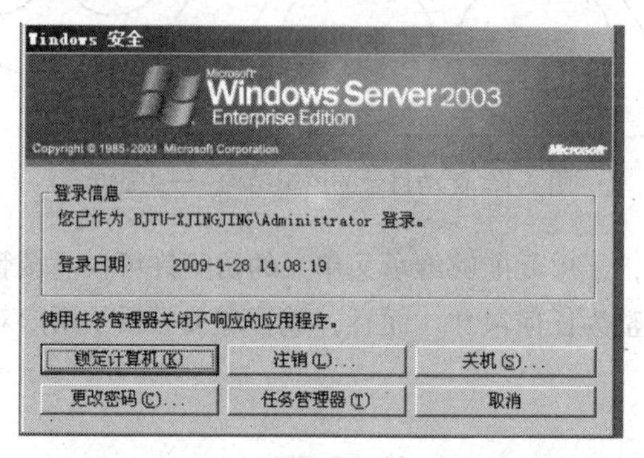

图 3-4　查看当前登录计算机用户的身份

③ 在“计算机管理”控制台下单击“磁盘管理”，如图 3-5 所示，在右边窗口中可以看到该计算机具有一个 NTFS 分区，而且有足够的剩余空间。

如果计算机上没有一个 NTFS 的磁盘分区，不要在磁盘管理器中格式化，因为这种操作会造成数据丢失。可以在命令行窗口中利用 convert 命令，将现有 FAT 磁盘分区转换为 NTFS 分区，如图 3-6 所示。

如果要转换的磁盘分区中没有系统文件，马上执行转换；如果要转换的磁盘分区中有系统文件，则系统会提示转换不立即执行，在下一次重新启动操作系统时会自动执行转换。

④ 计算机必须安装了 TCP/IP，而且配置了 DNS 选项。

在“Internet 协议（TCP/IP）属性”对话框中为计算机设置 IP 地址、子网掩码及 DNS 服务器地址，如图 3-7 所示。

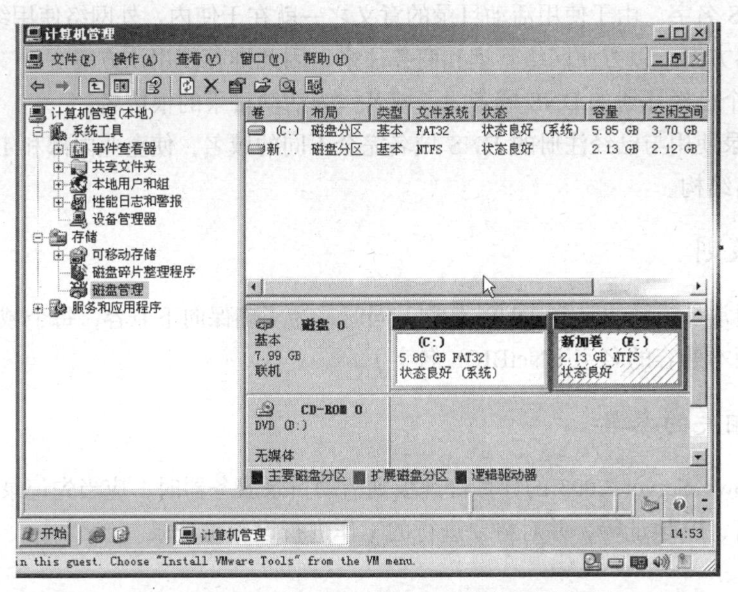

图 3-5　查看计算机的磁盘分区及剩余空间情况

图 3-6　利用 convert 命令把 FAT 分区转换成 NTFS 分区

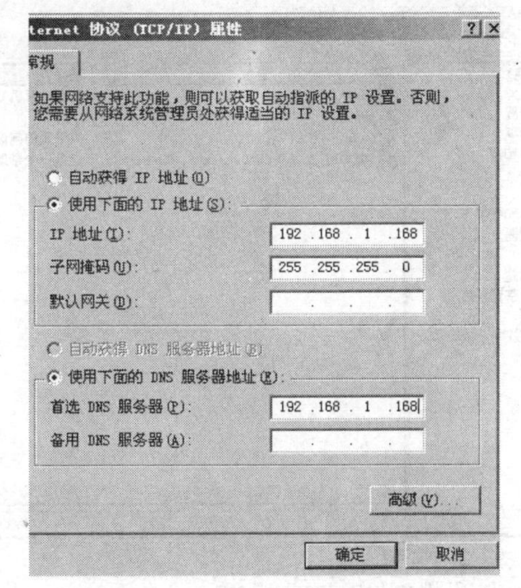

图 3-7　设置 TCP/IP 属性

2. 规划域结构

活动目录可包含一个或多个域，只有合理地规划目录结构，才能充分发挥活动目录的优越性。选择根域最为关键，根域名字的选择可以有以下几种方案。

① 使用一个已经注册的 DNS 域名作为活动目录的根域名，使得企业的公共网络和私有网络使用同样的 DNS 名字。由于使用活动目录的意义之一就在于使内、外网络使用统一的目录服务，采用统一的命名方案，以方便网络管理和商务往来，因此推荐使用该方案。

② 使用一个已经注册的 DNS 域名的子域名作为活动目录的根域名。

③ 活动目录使用与已经注册的 DNS 域名完全不同的域名，使企业内部和 Internet 上呈现出两种不同的命名结构。

3. 域名策划

目录域名通常是该域的完整 DNS 名称，同时，为了确保向下兼容，每个域还应当有一个与 Windows 以前版本兼容的名字（NetBIOS 名字）。

4. 记录相关的参数

在将 Windows Server 2003 的计算机升级到活动目录服务器时，应当先记录计算机的相关参数，如计算机名、IP 地址等，并对将要进行的工作进行设置与记录。

3.2.1 创建第一个域

Windows Server 2003 提供了一个活动目录安装向导来进行活动目录的安装，在活动目录安装完成后计算机会发生一些变化。为了验证这些变化，在安装活动目录之前，在“计算机管理”控制台下创建一个本地账号 ann，如图 3-8 所示。

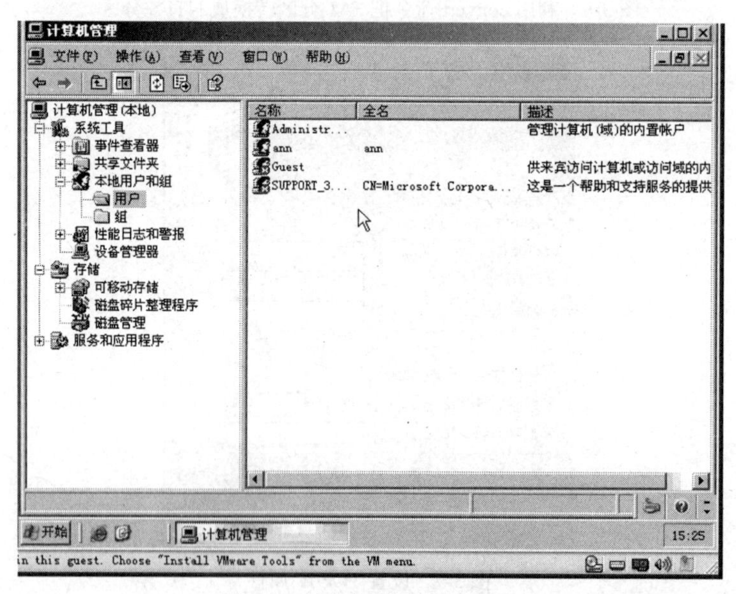

图 3-8　创建本地用户账户 ann

创建一个域的步骤如下。

（1）在计算机上打开“运行”窗口，在“打开”文本框中输入 dcpromo 命令，如图 3-9 所示。

（2）单击“确定”按钮，弹出“Active Directory 安装向导”对话框，如图 3-10 所示。

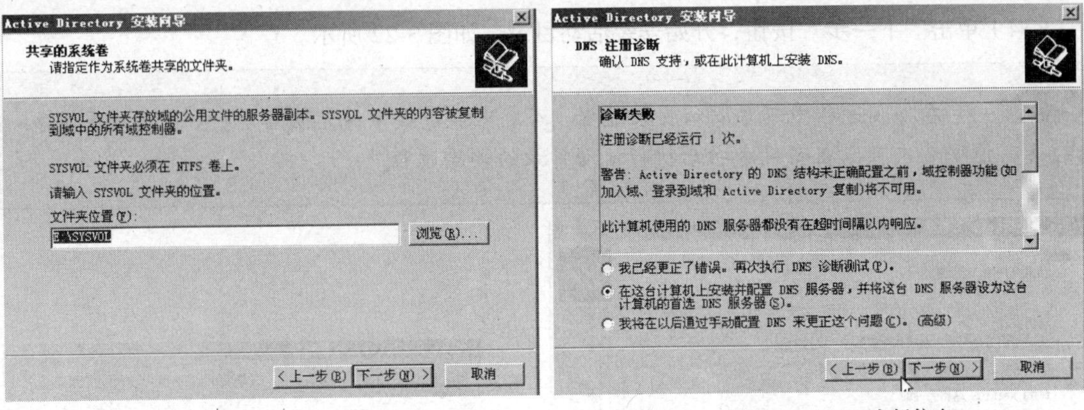

图 3-17　指定 SYSVOL 文件夹的位置

图 3-18　DNS 诊断信息

如果域中的成员服务器比较少，建议由域控制器来维护该 DNS 区域，即这台计算机既是域控制器又是 DNS 服务器，这样管理和维护起来比较方便。如果域中的成员服务器比较多，为了提高对用户的响应速度，可以由一台单独的计算机维护该域的 DNS 区域。

（11）单击“下一步”按钮，弹出“权限”向导页。权限主要是用来兼容旧版本的域，如在域中还有其他旧版本的 Windows 服务器（如 Winnt），则选择“与 Windows 2000 服务器之前的版本相兼容的权限”；如果没有，则选择“只与 Windows2000 服务器相兼容的权限”，这个在域管理中就是 Mix Mode 和 Natvie Mode，Mix Mode 表示兼容以前版本，Native Mode 表示只与 Windows 2000 兼容。Mix Mode 可以提升到 Native Mod，而 Native Mode 则没有办法降级为 Mix Mode 的，所以要慎重选择。此处选择“与 Windows 2000 服务器之前的版本相兼容的权限”，如图 3-19 所示。

（12）单击“下一步”按钮，弹出“目录服务恢复模式的管理员密码”向导页，当计算机出现需要恢复情况的时候，需要用这个密码，如图 3-20 所示。

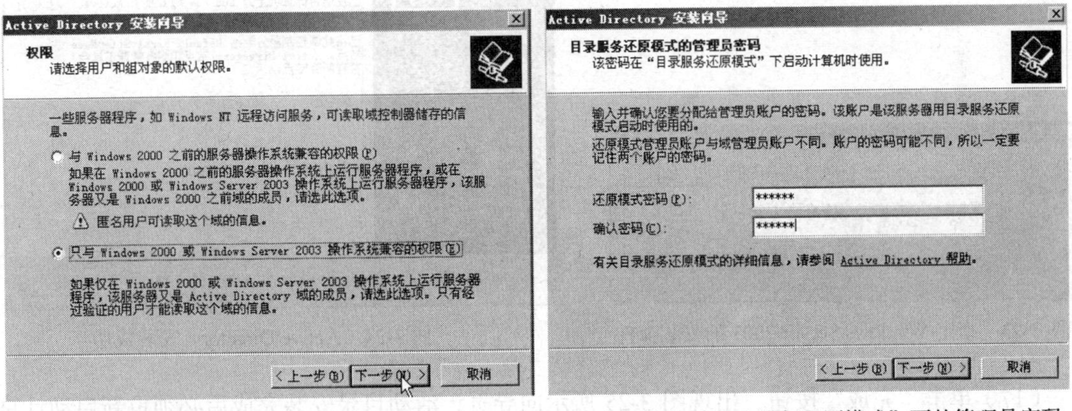

图 3-19　选择用户和组对象的默认权限

图 3-20　指定“目录服务还原模式”下的管理员密码

目录服务还原模式是当活动目录发生损坏无法正常启动时对活动目录进行修复的模式，只有 Administrator 账号才可以执行活动目录的修复。此处设置的密码即为 Administrator 账号进入活动目录还原模式的密码，与 Administrator 账号正常登录所使用的密码没有任何关系。

（13）单击“下一步”按钮，弹出“摘要”向导页。在此会给出以上各步骤配置的一些详细情况，如果需要修改单击“上一步”，如图 3-21 所示。

（14）单击“下一步”按钮，开始安装活动目录，如图 3-22 所示。

在安装过程中不要取消安装过程，否则可能造成系统无法启动。如果确实需要取消安装，可以在安装成功后执行活动目录的删除过程。

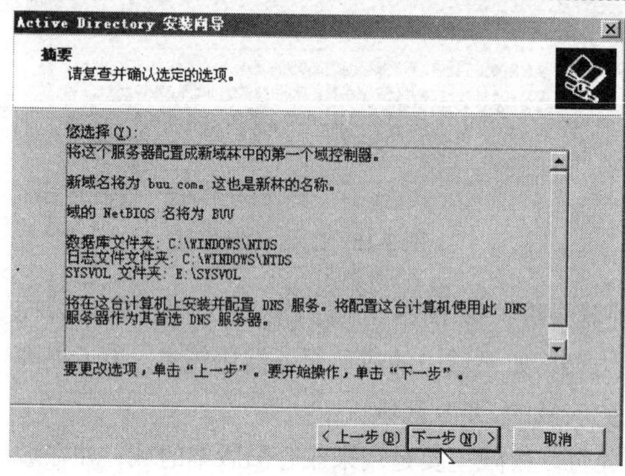

图 3-21　复查并确认选定的选项

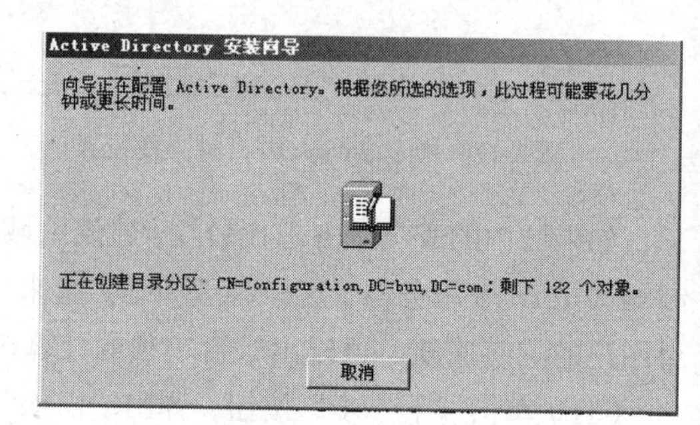

图 3-22　开始执行 Active Directory 的安装

（15）在安装过程中需要提供 Windows Server 2003 的安装文件，如图 3-23 所示，单击“浏览”按钮选择安装文件的位置，然后单击“确定”按钮即可。

（16）根据计算机的配置不同，活动目录的安装过程可能需要几分钟或几十分钟的时间，安装完成后会看到图 3-24 所示的向导页，显示活动目录安装成功。

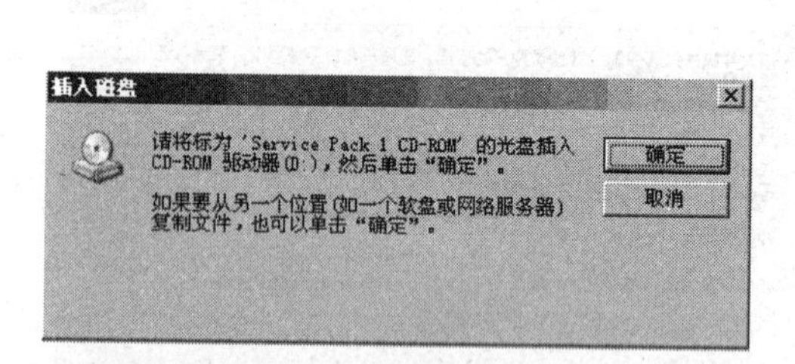

图 3-23　指定 Windows Server 2003 的安装文件

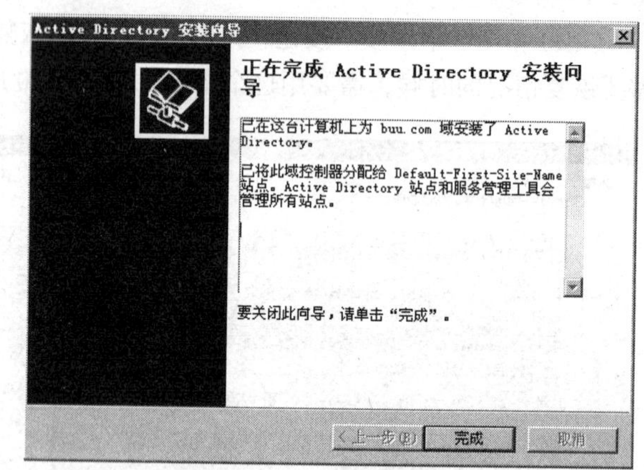

图 3-24　Active Directory 安装成功

（17）单击“完成”按钮，出现图 3-25 所示向导页，活动目录安装完成后必须重新启动计算机才会生效。

（18）安装完成后查看域控制器的计算机。安装域控制器后的计算机名会发生变化，在域控制器上选择“我的电脑”→“属性”，在弹出的“系统属性”对话框中单击“计算机名”标签，可以查看当前域控制器的计算机名，如图 3-26 所示。

把一台计算机提升为域控制器以后，原有的本地用户和组账号变成域中的用户和组账号。在域控制器上使用“Active Directory 用户和计算机”工具来管理用户和组账号。在域控制器上选择“开始”→“程序”→“管理工具”→“Active Directory 用户和计算机”命令，在控制台下打开 Users 容器，在这里可以看到步骤（1）中创立的用户 ann，如图 3-27 所示。

图 3-25　重新启动计算机提示向导页

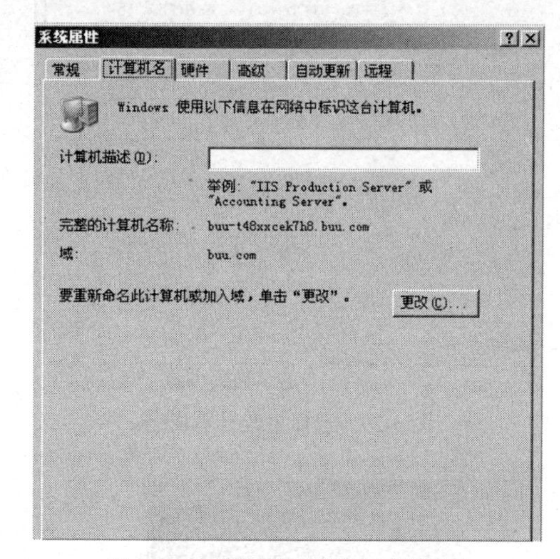

图 3-26　查看域控制器的计算机名

（19）把计算机加入到域。作为客户机，要登录到域，首先必须确保能连接到服务器，在“我的电脑”上右击，选择“属性”，如图 3-28 所示。

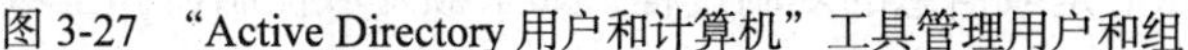

图 3-27　“Active Directory 用户和计算机”工具管理用户和组

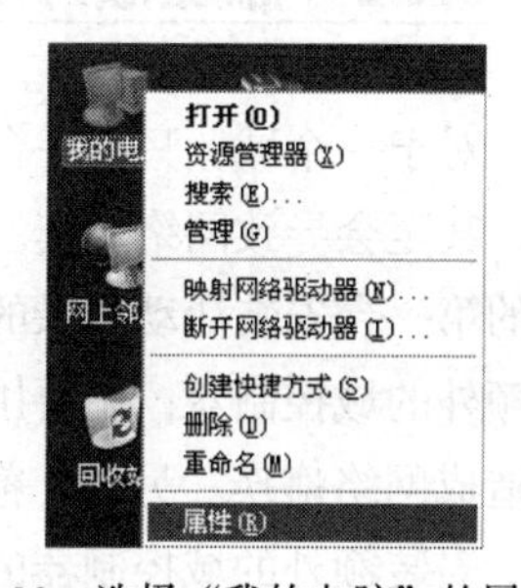

图 3-28　选择“我的电脑”的属性

选择计算机名，单击“更改”，如图 3-29 所示。

在“隶属于”中，输入刚才配置过的域名，单击“确定”，如图 3-30 所示。

这个时候弹出对话框，需要输入用户名和密码，通常输入管理员用户名和密码即可，如图 3-31 所示。

验证完后 Windows 会弹出图 3-32 所示对话框，提示用户成功加入域，按“确认”按钮后，重启计算机，完成更改。

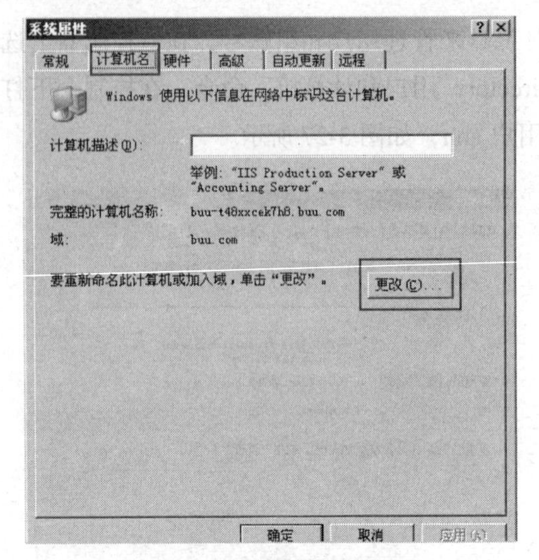

图 3-29　选择更改计算机名

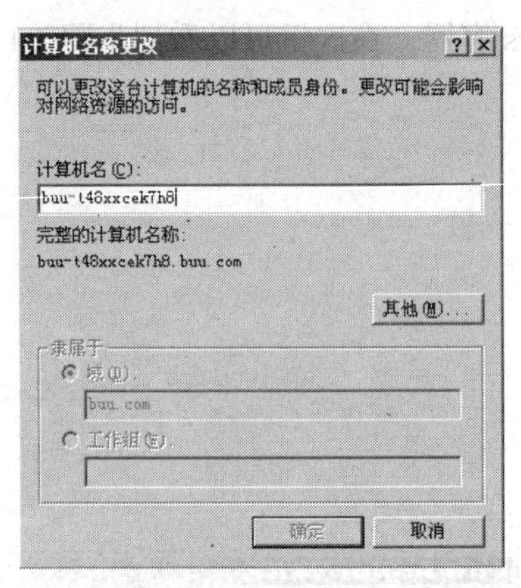

图 3-30　指定该计算机要加入的域的名称

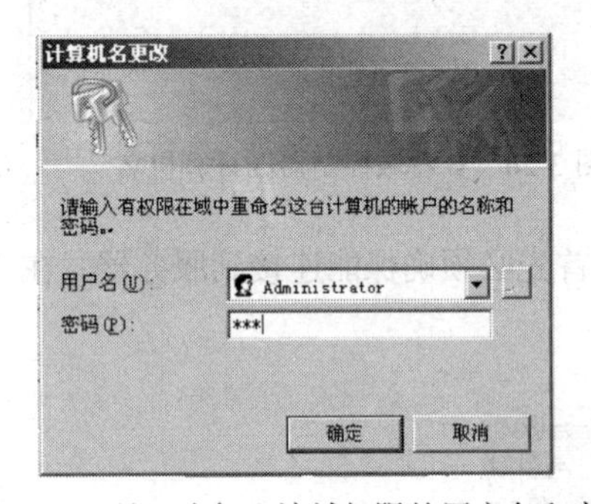

图 3-31　输入有加入该域权限的用户名和密码

图 3-32　重新启动计算机提示对话框

3.2.2　添加额外的域控制器

对于一个域，只有一台域控制器是不可靠的，一旦域控制器出现故障，网络应用就会受到影响，甚至会导致网络瘫痪。因此，至少要有两台域控制器，才能确保网络的相对安全可靠。网络中的第一台安装活动目录的服务器通常会默认设置为主域控制器，其他域控制器（可以多台）称为额外的域控制器，主要用于主域控制器出现故障时及时接替工作，继续提供各种网络服务，不致造成网络瘫痪。另外，额外的域控制器还可以起到备份数据的作用。

安装额外的域控制器的过程实际上是域信息的复制过程，如果额外域控制器和主域控制器通过网络直接相连，可以通过网络进行域信息的复制。

（1）选择好额外的域控制器计算机，单击"开始"→"运行"，在弹出的对话框中输入 dcpromo 命令，安装向导运行至"域控制器类型"窗口时，需要选择"现有域的额外域控制器"单选按钮，将该计算机设置为域外控制器，如图 3-33 所示。

（2）单击"下一步"按钮，在"网络凭据"窗口中，输入拥有将计算机升级为域控制器权限的用户名和密码，如图 3-34 所示。

（3）单击"下一步"按钮，在"额外的域控制器"向导页中输入现有域的 DNS 全名，如图 3-35 所示。

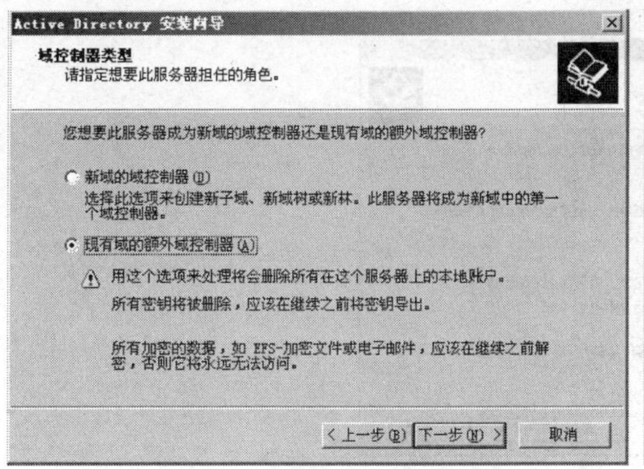

图 3-33　“域控制器类型”窗口

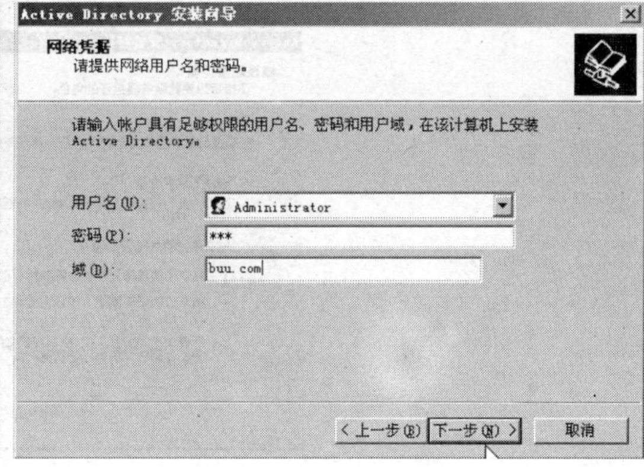

图 3-34　“网络凭据”窗口

（4）选择活动目录数据库和日志安装位置、SYSVOL 文件夹的位置、活动目录还原模式的密码等信息，当安装向导运行至“摘要”向导页，选择“下一步”。单击“下一步”按钮，开始从当前的域控制器复制域信息进程，如图 3-36 所示。

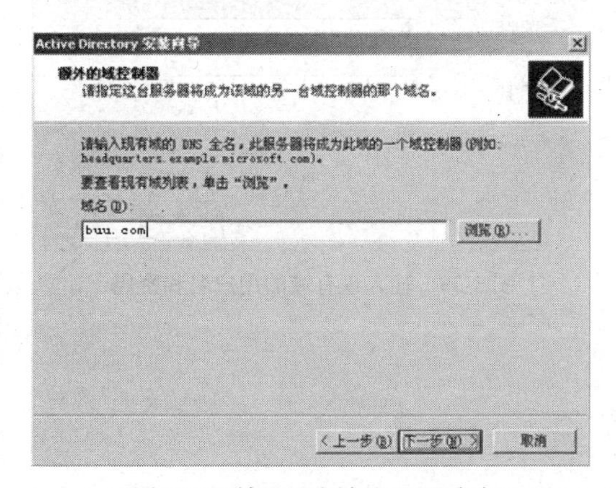

图 3-35　输入现有域的 DNS 全名

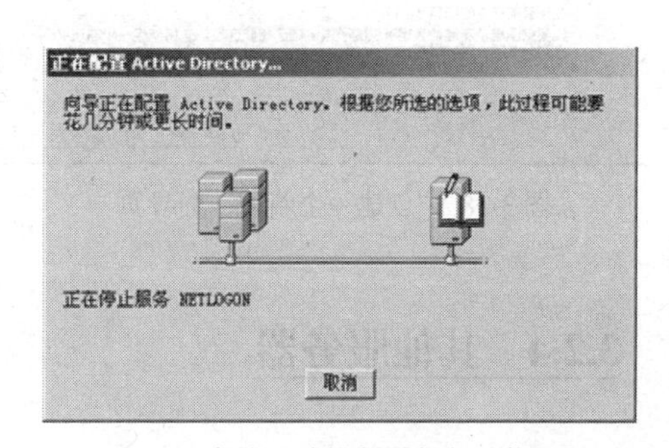

图 3-36　从当前的域控制器复制域信息进程

（5）安装完成后重新启动计算机，这台计算机就成为现有域的域控制器了。

3.2.3　创建子域

根据网络设计的要求，需要在现有域下安装一个子域，从而形成域树的逻辑结构。下面介绍在现有域 buu.com 下安装子域 beijing.buu.com 的过程。

（1）在一台安装有 Windows Server 2003 操作系统的计算机上选择“开始”→“运行”命令，在弹出的对话框中输入 ntbackup 命令开始活动目录的安装过程。在“域控制器类型”向导页中选中“新域的域控制器”　单选按钮，如图 3-37 所示。

（2）单击“下一步”按钮，在“创建一个新域”向导页中选中“在现有域树中的子域”单选按钮，如图 3-38 所示。

（3）单击“下一步”按钮，在如图 3-39 所示“网络凭据”窗口中，输入现有域的用户名和密码。单击“下一步”按钮，弹出“子域安装”向导页，输入父域的 DNS 全名 buu.com，同时制定子域的名称 beijing。

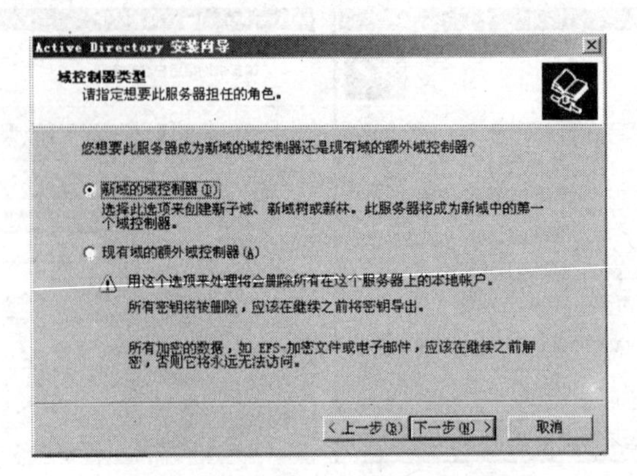

图 3-37 “域控制器类型”向导页

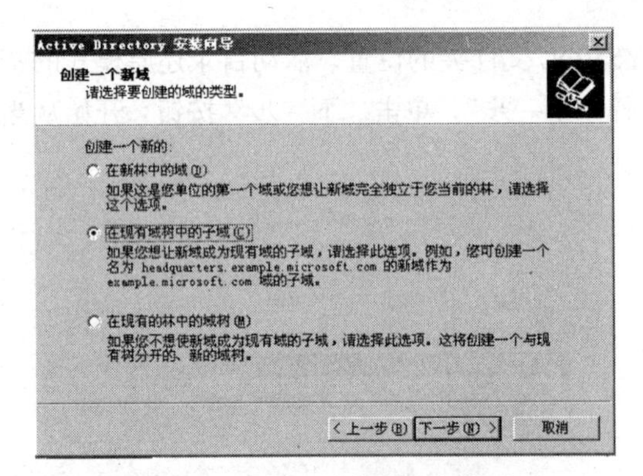

图 3-38 “创建一个新域”向导页

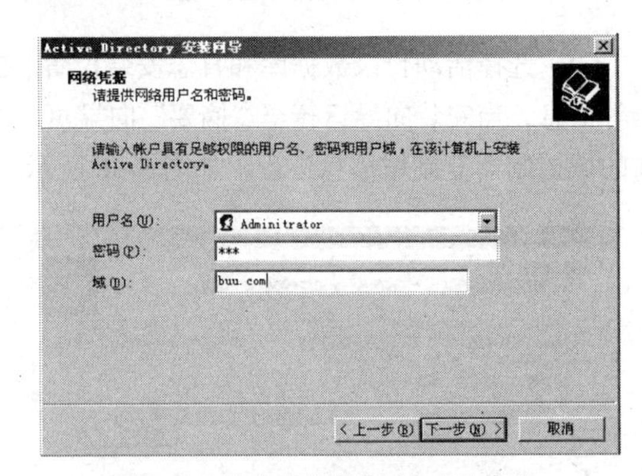

图 3-39 输入现有域的用户名和密码

3.2.4 其他服务器

根据对网络管理的要求，有时候需要在活动目录中安装其他服务器，即创建新的域树，从而形成一个目录林中有多棵域树的结构。

在活动目录的安装里，多次介绍了域控制器的安装和 DNS 服务器有密切的关系，在 buu.com 服务器上创建新的 DNS 域 information.com，具体操作步骤如下。

（1）选择“开始”→“管理工具”→DNS 选项，弹出 DNS 管理窗口，如图 3-40 所示，展开左部的列表，右击“正向查找区域”，选择“新建区域”命令。

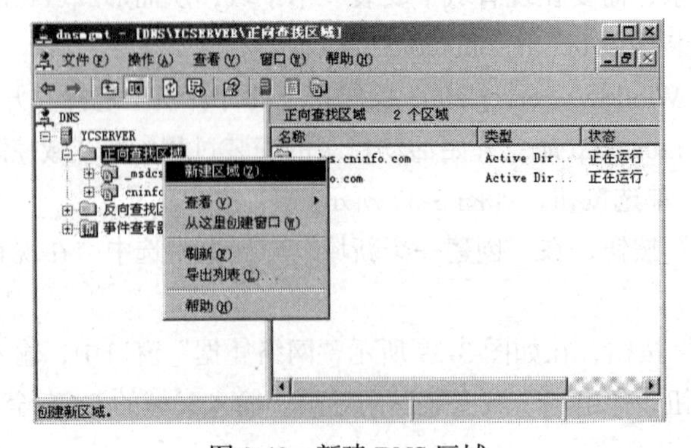

图 3-40 新建 DNS 区域

（2）在“欢迎使用新建区域向导”窗口中，单击“下一步”按钮；在“区域类型”窗口中，选择“主要区域”单选按钮，单击“下一步”按钮，如图 3-41 所示。

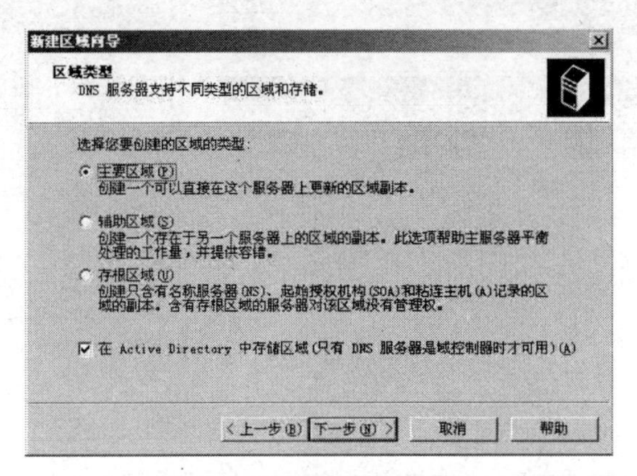

图 3-41　“区域类型”窗口

（3）如图 3-42 所示，根据需要选择如何复制 DNS 区域数据，这里选择第二项“至 Active Directory 或 buu.com 中的所有 DNS 服务器”，单击“下一步”按钮。

（4）如图 3-43 所示，输入 DNS 区域名称 information.com，单击“下一步”按钮；选择“只允许安全的动态更新”或者“允许非安全和安全动态更新”单选按钮中的任一个，不要选择“不允许动态更新”单选按钮，单击“下一步”按钮。

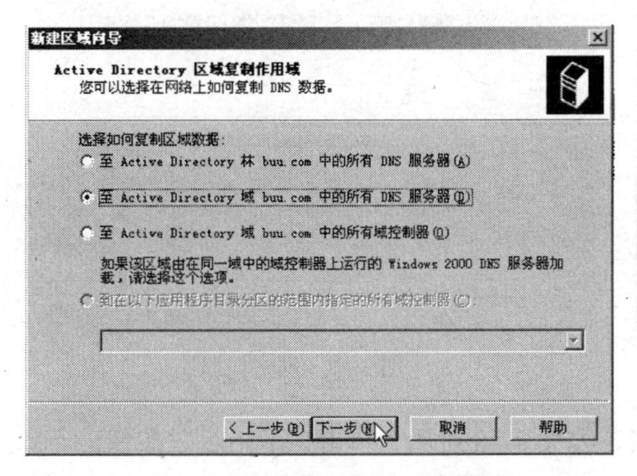

图 3-42　选择如何复制区域数据

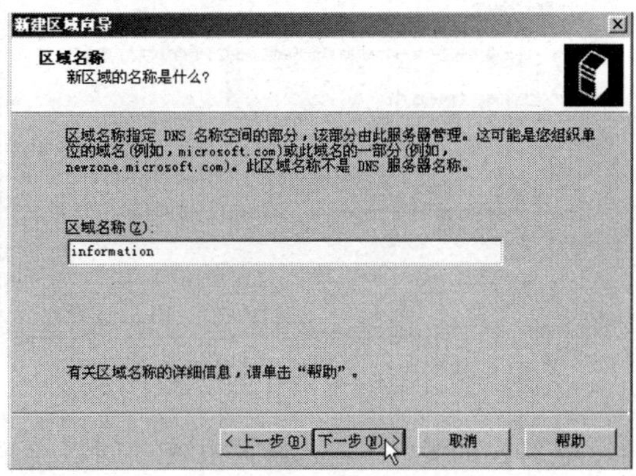

图 3-43　“区域名称”窗口

（5）单击“完成”按钮，在 DNS 管理窗口中，可以看到已经创建的 DNS 域 information.com，如图 3-44 所示。

在 DNS 服务器上做好相应的准备后，在另外一台服务器上设置 information.com 域树的域控制器，具体的操作步骤如下。

（1）首先确认在这台服务器上的“本地连接”属性中，TCP/IP 协议的“首选 DNS 服务器”指向了服务器 buu.com，即 192.168.1.7，如图 3-45 所示。

（2）在“开始”→“运行”对话框中，输入 dcpromo 命令，弹出活动目录安装向导；参照上述活动目录的安装的方法，创建一个新域，新域的类型选择“在现有的林中的域树”，单击“下一步”按钮，如图 3-46 所示。

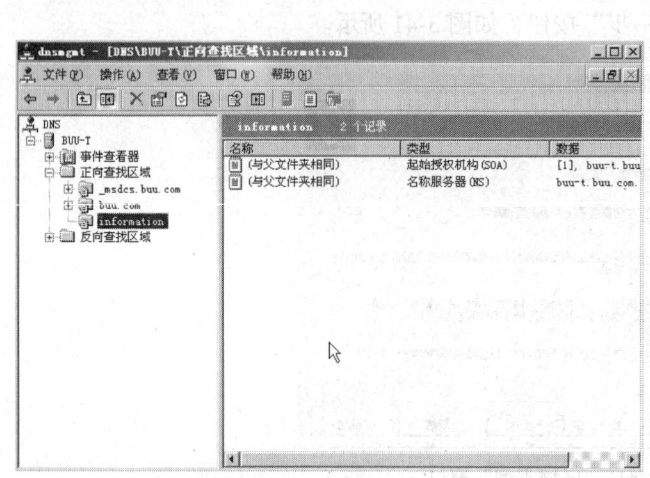

图 3-44　information.com DNS 域已经创建

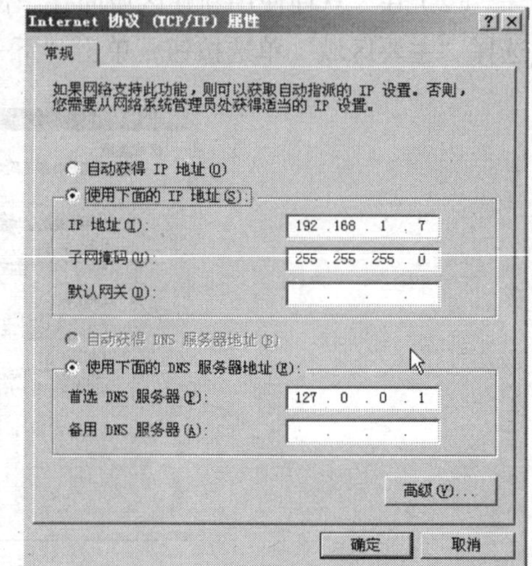

图 3-45　TCP/IP 属性

（3）输入已有域树根域的域名，管理员的账户、密码，此处已有域树的根域的域名为 buu.com，单击"下一步"按钮，如图 3-47 所示。

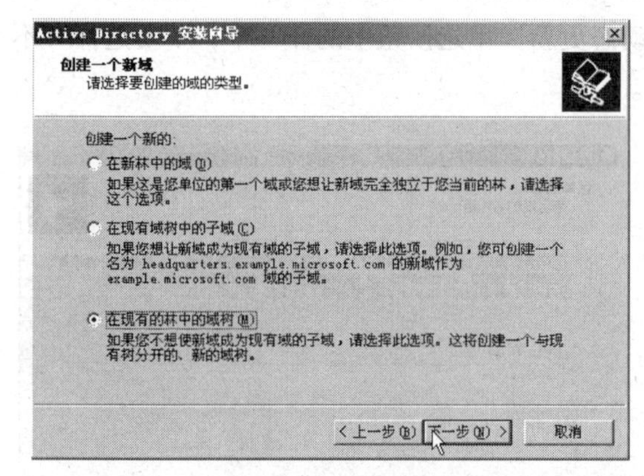

图 3-46　选择"在现有的林中的域树"

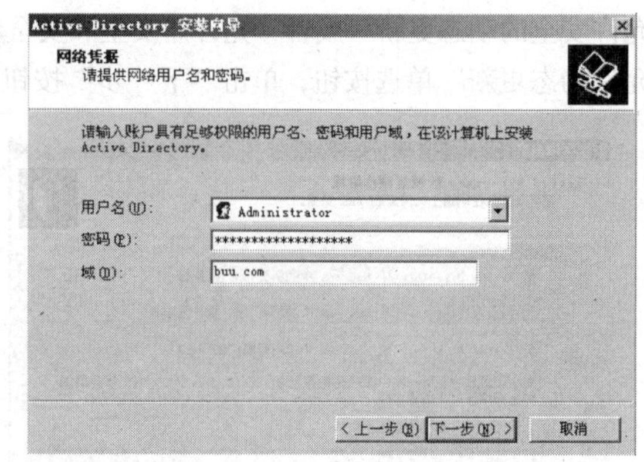

图 3-47　网络凭据

在弹出的窗口中输入新树根域的 DNS 全名，如图 3-48 所示，单击"下一步"按钮。

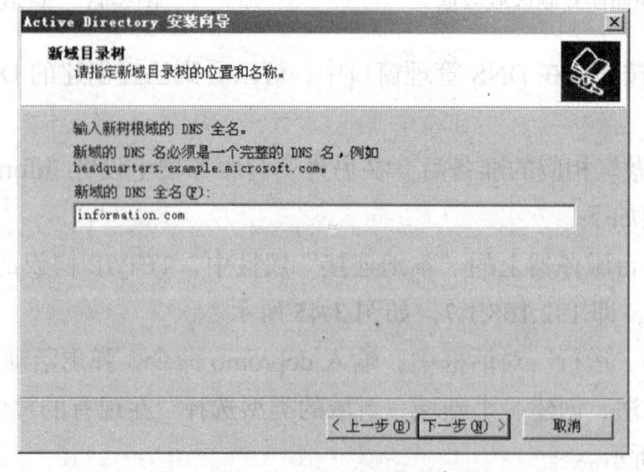

图 3-48　新域目录树

（4）输入新域的 NetBIOS 名，默认值为“information”，单击“下一步”按钮。后续步骤和创建域林中的第一个域控制器的步骤类似，不再赘述。

安装完毕后重新启动计算机，用管理员账户登录，单击“开始”→“管理工具”→“Active Directory 域和信任关系”菜单项打开窗口，可以看到已经存在 information.com 域，如图 3-49 所示。

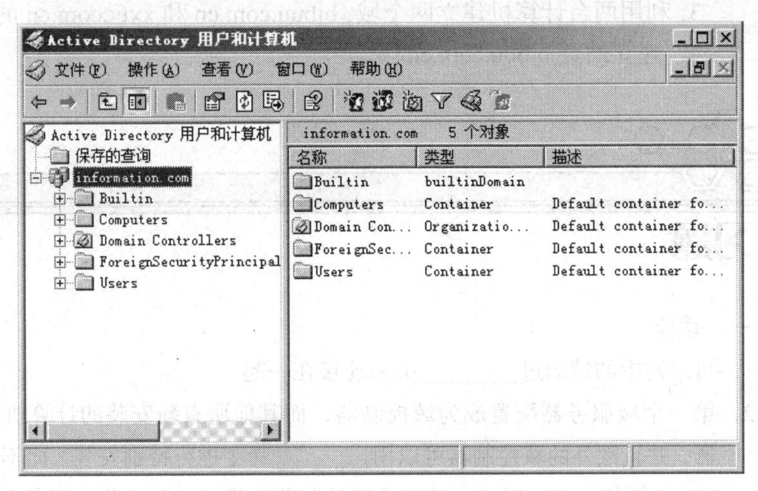

图 3-49　information.com 域

本章小结

本章介绍了 Windows Server 2003 活动目录的基本概念，并通过实例说明如何搭建活动目录的域的结构、如何添加额外域控制器以及如何创建子域，力求读者能对活动目录有一个全面的理解，并且能够应用于企业实际的网络管理。

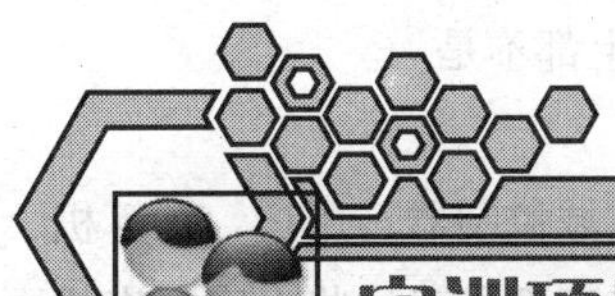

实训项目：活动目录的安装与管理实训

【实训目的】

通过实训，使学生掌握正确安装与配置 Active Directory 的方法与步骤，进一步理解和运用目录服务知识。

【实训环境】

硬件配置符合 Windows Server 2003 操作系统安装要求的 PC 机。

【实训内容】

1．安装和管理 Active Directory。

使用“配置您的服务器向导”安装 Active Directory，类型为“新域的域控制器”，域名为 bjbuu.com.cn，NetBIOS 名为 bjbuu，其他保持默认，安装完成，重新启动计算机。

2. 添加用户账户和组：使用“Active Directory 用户与计算机”创建域组 teacher（设置主要组）和 student，创建域用户 teacher1、teacher2 属于 teacher，student1、student2 属于 student。teacher1 为域控制器管理员。

3. 利用两台计算机建立两个域，bjbuu.com.cn 和 xxtx.com.cn 的双向信任关系。

4. 建立站点 bjbuu.com.cn。

习题

一、填空

1. 目录树中的域通过________关系连接在一起。
2. 第一个域服务器配置成为域控制器，而其他所有新安装的计算机都成为成员服务器，并且额外的域控制器可以用________命令进行特别安装。而不像安装 Windows NT4.0 那样，安装时就要确定是域控制器还是成员服务器，两者之间不可转换。

二、选择

1. 下列属于 Windows 2003 活动目录的集成性的管理内容是（　　）

   A. 用户和资源管理　　B. 基于目录的网络服务

   C. 基于网络的应用管理　　D. 基于共享资源的服务

2. 用户账号中包含有（　　）

   A. 用户的名称　　B. 用户的密码

   C. 用户所属的组　　D. 用户的权利和权限

3. 通过哪种方法安装活动目录（　　）

   A. “管理工具”/“配置服务器”　　B. “管理工具”/“计算机管理”

   C. “管理工具”/“Internet 服务管理器”　　D. 以上都不是

三、问答

活动目录实际上是一个网络清单，包括网络中的域、域控制器、用户、计算机、联系人、组、组织单位及网络资源等各个方面的信息，使管理员对这些内容的查找更加方便。要查找目录内容，该如何操作？

第4章 用户和组的管理

4.1 用户的管理

用户账户是用来登录到计算机或者访问网络资源的凭证，它是用户在 Windows Server 2003 操作系统中的唯一标识，包括账户名和密码。任何用户要登录到 Windows Server 2003 计算机或者网络访问网络资源都必须拥有一个合法的用户账户。

用户账户用来记录用户的用户名、口令、隶属的组、可以访问的网络资源以及用户的个人文件和设置。每个用户都应在域控制器中有一个用户账户，才能访问服务器，使用网络上的资源。

4.1.1 用户账户的类型

Windows Server 2003 网络服务器有两种工作模式：工作组模式（对等模式）和与模式（集中式模式）。对应这两种工作模式，用户账户也有两种类型：本地用户账户和域用户账户。

1. 本地用户账户

本地用户账户指的是在安装了 Windows Server 2003 各个版本的计算机本地安全目录数据库中建立的账户。用户使用这类账户只能登录到特定的计算机，获得该计算机内的资源访问权限。此类账户通常在工作组网络中使用。例如：当工作组中 A 计算机上的某个用户访问 B 计算机中的资源时，B 计算机就会要求该用户提供在 B 计算机本地目录数据库中建立的账户。输入后，在 B 本地目录数据库中进行验证。经验证成功后，才能访问 B 计算机中允许访问的资源。如果该工作组中有 10 台计算机，A 计算机的这个用户要访问各台计算机上的资源，则应当在其他 9 台计算机上为其分别建立账户。

本地用户账户驻留在本地计算机的安全账户管理数据库（SAM）中，只能用来登录到本地计算机上，访问本地计算机上的资源。本地用户账户可以在任何一台运行 Windows Server 2003 操作系统的非域控制器的计算机上创建。本地用户账号通过“计算机管理”中的“本地用户和组”工具创建和管理。默认情况下只有本地管理员组和超级用户组能够创建本地用户账户。

2. 域用户账户

域用户账户驻留在域控制器上的活动目录（Active Directory）数据库中，用于登录到域中任何一台计算机，可以访问域中所有计算机上的资源。管理员可以在域中任何一台运行 Windows 2000、Windows XP 和 Windows Server 2003 操作系统的计算机上创建域用户账户。域用户账户通过“Active Directory 用户和计算机”创建和管理。

表 4-1 本地账户和域账户对比

	可以创建此类账号的计算机	作用范围	SAM 的位置	SID
本地用户账号	独立的服务器、成员服务器或者基于 Windows 的其他计算机	创建该账号的计算机上，并且唯一	本机	有
域用户账号	DC（域控制器）	可以从域中任何一台计算机上登录，访问域中资源。域中唯一	DC（域控制器）	有

4.1.2 本地用户账户的管理

管理员可在任何运行 Windows Server 2003 操作系统的计算机（非域控制器）上创建本地用户账户，本地用户账户驻留在本地计算机的安全账户管理数据库（SAM）中，只能用来登录到本地计算机执行系统管理任务和访问本地计算机上的资源。本地用户账户管理包含重置账户密码，修改账户名称，删除、禁用和激活用户账户，指定用户登录脚本和主文件夹等系统管理工作。

1. 创建本地用户账户

本地用户账户只能用来登录到本地计算机上，并不意味着用户不能通过网上邻居或者 UNC 路径访问网络中其他计算机上的资源。本地用户账户通过登录其他网上邻居或者 UNC 路径访问其他计算机资源时，要求用户输入用户名和密码，此时输入的用户名和密码是对方（即驻留资源计算机）的用户名和密码，在访问网络资源过程中实际上仍然使用的是对方本地用户账户，而不是当前登录的用户账户。

本地用户账户通过“计算机管理”中的“本地用户和组”创建，默认情况下，只有 Administrators 组和 Power Users 组员才能创建本地用户账户。创建本地用户账户的步骤如下。

（1）单击“开始”菜单，打开“控制面板”，选择“管理工具”，如图 4-1 所示。

单击“计算机管理”，打开“计算机管理”控制台，如图 4-2 所示。

（2）在“计算机管理”控制台中，扩展“系统工具”、“本地用户和组”，右击“用户”，在弹出的快捷菜单中单击“新用户”选项，如图 4-3 所示。

（3）在“新用户”对话框中输入用户名、全名、用户描述信息、密码和确认密码，并指定用户密码选项，然后单击“创建”按钮，如图 4-4 所示。

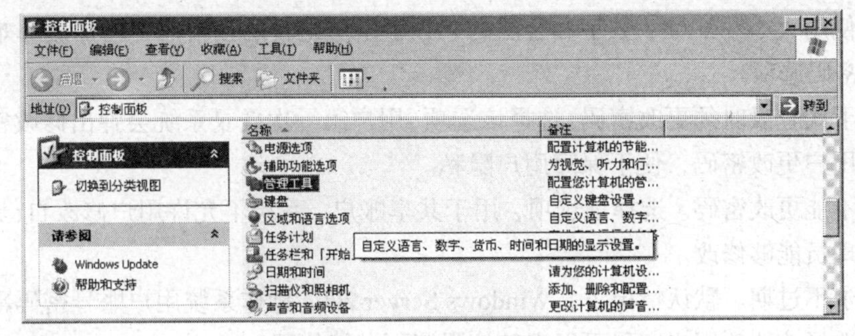

图 4-1　打开“管理工具”

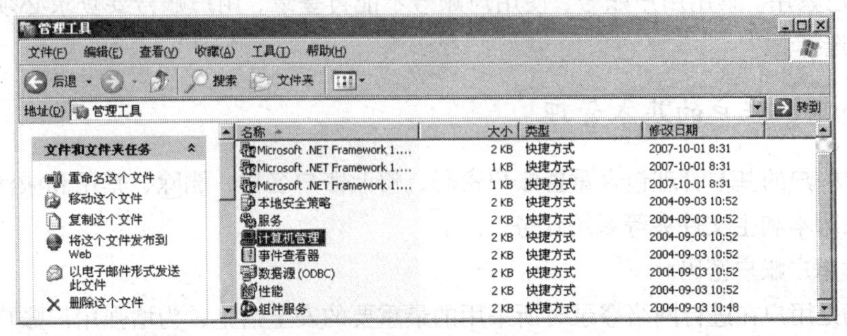

图 4-2　打开“计算机管理”

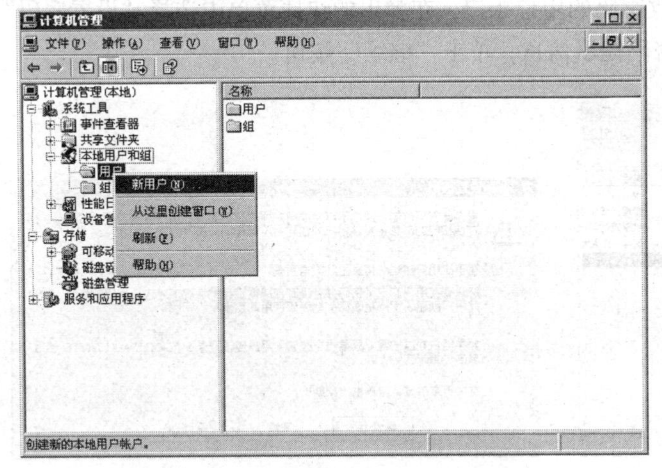

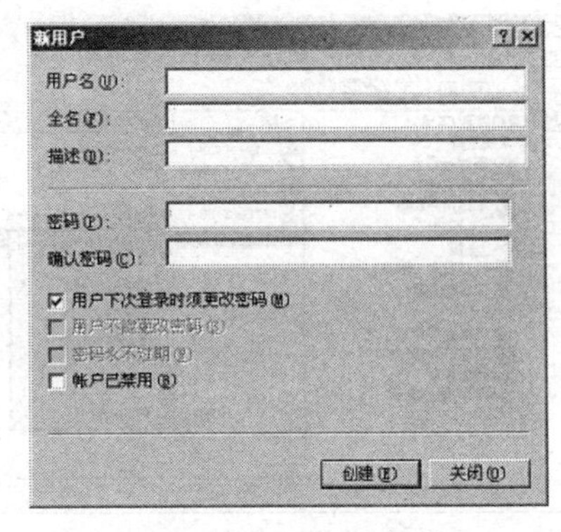

图 4-3　在“计算机管理”窗口创建新用户　　　　图 4-4　“新用户”对话框

① 用户名命名规则。在命名用户名时，需要遵循以下规则。

- 用户名不能与被管理的计算机的其他用户或组名称相同。
- 用户名最多可包含 20 个字符，不区分大小写，可以使用中文，但不能使用以下特殊字符。

" / \ [ ] : ; | = , + * ? < >。

- 用户名不能只由句点（。）和空格组成。

② 用户密码命名规则。

- Administrator 账户必须设置口令来防止使用空白密码的该账户被非法使用。
- 在密码属性中可以设置用户账户登录中是否需要每次更改密码。

- 尽量使用大小写字母、数字和合法的非数字字母组合的强密码，增加破译难度。

③ 账号密码选项。

- 用户下次登录时须更改密码。选择该选项，用户第一次登录系统会弹出修改密码对话框，要求用户更改密码，便于保障用户隐私。
- 用户不能更改密码。选择该选项，用于共享账户，系统不允许用户修改自己的密码，只有管理员能够修改。
- 密码永不过期。默认情况下，Windows Server 2003 操作系统用户账号密码默认 42 天过期，选择该选项用户密码可以突破该限制而继续使用。
- 账号已禁用。禁用用户账号，使用户账号不能再登录，用户账号要登录必须清除对该选项的选择。

2. 本地用户账户的基本管理

本地用户账户的基本管理包含重置账户密码，修改账户名称，删除、禁用和激活用户账户，指定用户登录脚本和主文件夹等系统任务。

（1）修改用户账户密码。

用户密码是用户在进行网络登录时所采用的最重要的安全措施，为增强用户账户安全性，建议用户定期修改密码。要修改用户账户密码，可在“计算机管理”控制台中扩展“本地用户和组”文件夹，在“用户”目录中右击要修改密码的用户账户，在弹出的快捷菜单中选择“设置密码”，如图 4-5 所示。弹出图 4-6 所示设置密码提示信息，单击“继续”按钮。

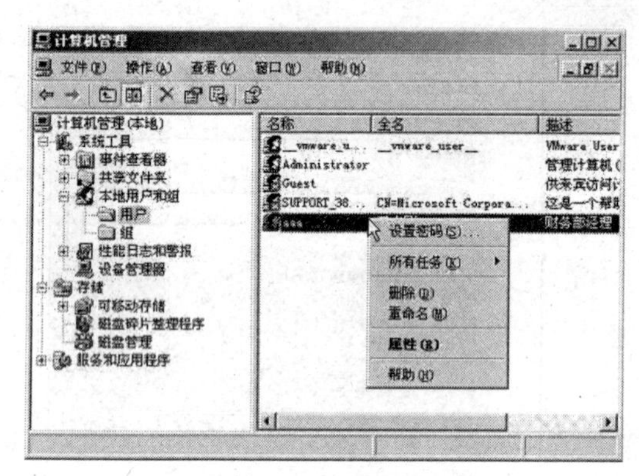

图 4-5　打开“设置密码”

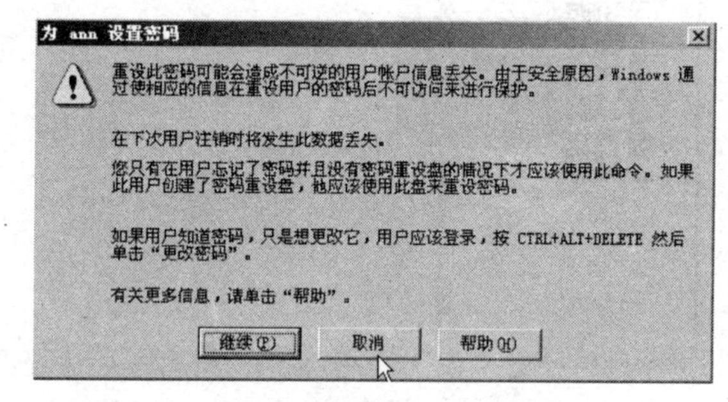

图 4-6　设置用户密码警告

打开图 4-7 所示的“设置密码”对话框，在“新密码”和“确认密码”，文本框中输入要设置的新密码，按“确定”按钮。弹出图 4-8 所示提示信息，提示密码已经修改。

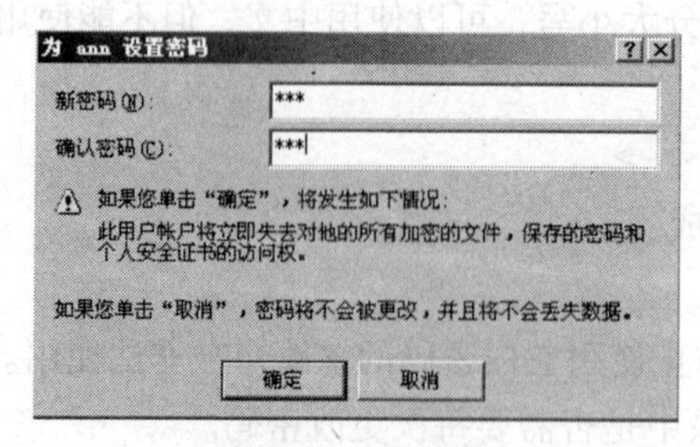

图 4-7　设置密码

图 4-8　密码已设置

（2）修改用户账户名称。

Windows Server 2003 操作系统管理员默认的账户是 Administrator，为了网络的安全应该重新设置账户名称，其他用户有时也需要修改账户名称。

要修改用户账户名称，在“计算机管理”控制台中扩展“本地用户和组”，在“用户”目录中右击需要修改名称的用户账户，从弹出的快捷菜单中单击“重命名”命令，如图 4-9 所示。用户名显示出光标，如图 4-10 所示，可以修改，此处将其修改为“an”。

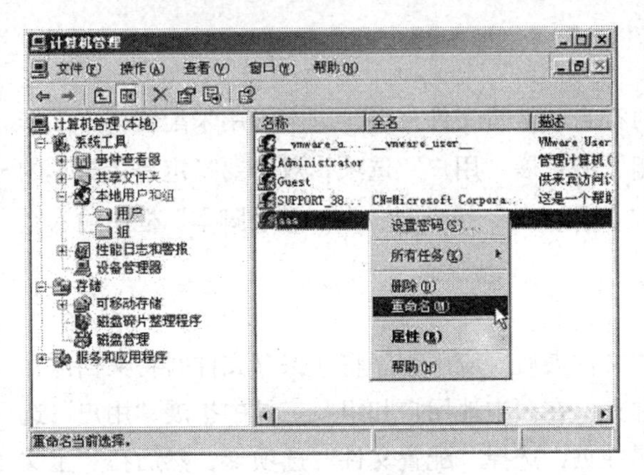

图 4-9　打开用户“重命名”

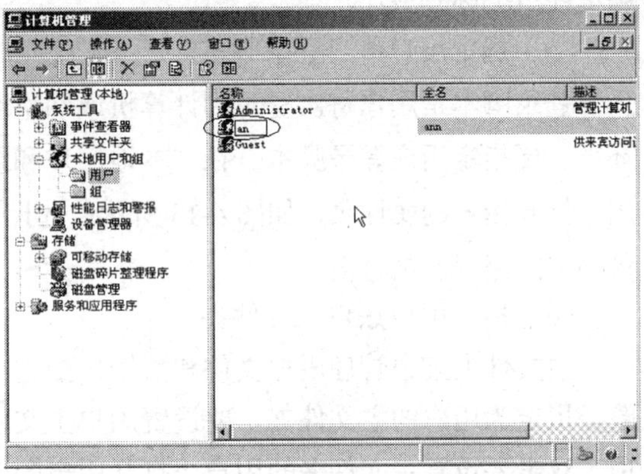

图 4-10　重命名为“an”

（3）禁用和激活用户账户。

如果某个用户账户暂时不使用，可以将其禁用。禁用用户账户的目的是防止其他用户使用此账户进行域登录。管理员可以激活用户账户让用户能够重新登录。

要禁用用户账户，在“计算机管理”控制台中扩展“本地用户和组”，在“用户”目录中双击要禁用的用户账号打开用户属性页，在用户属性页的“常规”选项卡中选择“账户已禁用”选项，如图 4-11 所示。

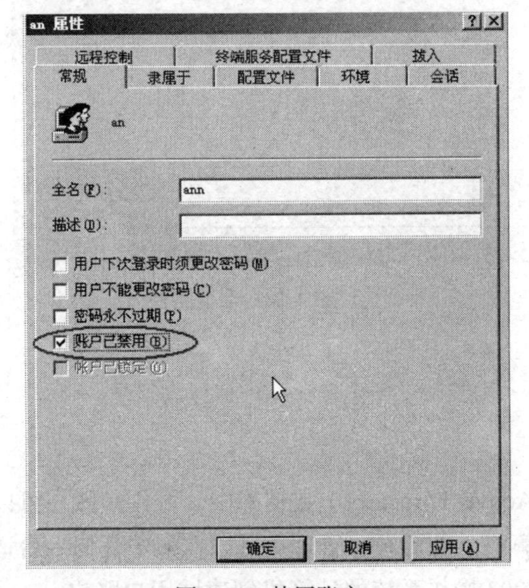

图 4-11　禁用账户

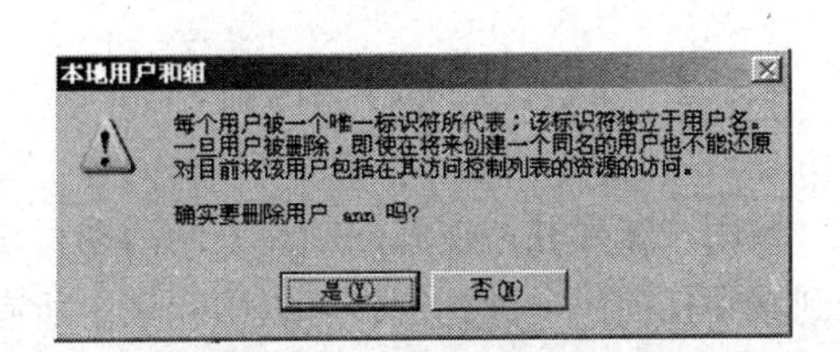

图 4-12　删除提示信息

要激活已禁用的用户账户，按上述相同的步骤，清除“账户已禁用”复选框即可。

（4）删除用户账户。

当系统中的某个用户账户不再使用时需要从系统中删除该用户账户，以便更新系统的用户信息。

要删除一个用户账户，在“计算机管理”控制台中扩展“本地用户和组”，在“用户”目录中右击要删除的用户账户，然后单击“删除”按钮，弹出图 4-12 所示的删除用户提示信息，单击“是”确定即可删除相应用户账户。

（5）指定用户账户登录脚本。

登录脚本是用户每次登录到计算机或网络时都自动运行文件，登录脚本可用来配置用户工作环境。要指定用户登录脚本，在“本地用户和组”中扩展“用户”选项，双击要指定登录脚本的用户打开用户的属性页，如图 4-13 所示，选择“配置文件”选项卡，在“登录脚本”框中输入登录脚本的路径及文件名。

（6）指定用户账户主文件夹。

主文件夹集中管理用户文件和数据，指定主文件夹后，应用程序将在保存文件时将文档保存路径指定为用户的主文件夹。要设置用户主文件夹，在“本地用户和组”工具中扩展“用户”选项，双击要设置主文件夹的用户，打开用户的属性页，选择“配置文件”选项卡，然后在“主文件夹”框中输入主文件夹的路径，如图 4-14 所示。

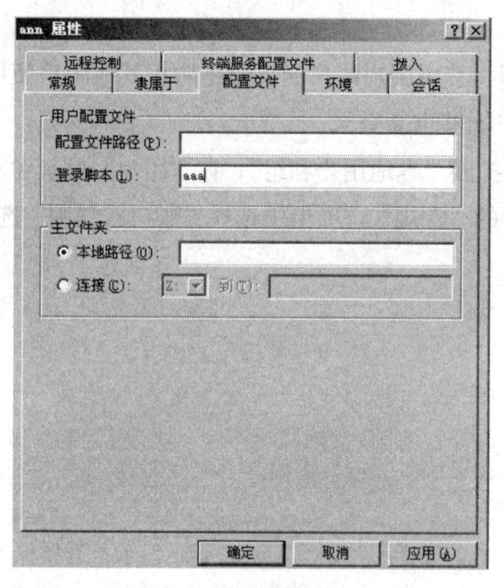

图 4-13　登录脚本

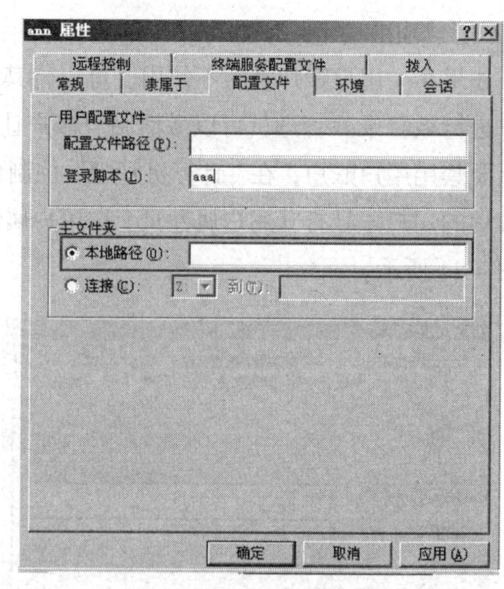

图 4-14　本地路径

4.1.3　域用户账户的管理

域用户账号驻留在域控制器上的活动目录（Active Directory）数据库中，域用户账户可以登录到域中任何一台计算机，可以访问域中所有计算机上的资源。管理员可以在域中任何一台运行 Windows 2000、Windows XP 或 Windows Server 2003 操作系统的计算机创建域用户账户。

使用域账户能够登录到域中任何一台计算机，访问域中所有计算机上的资源，当用户通过网上邻居或 UNC 路径访问域中其他计算机资源时，不需要用户再输入用户名和密码进行身份验证。域用户身份验证是在登录时由域控制器完成的，用户登录到域之后，访问域中的资源不必再进行身份验证。

1. 创建域账户

域用户账户通过“Active Directory 用户和计算机”管理工具创建，默认情况下，只有域中的 Administrators 组、Account Operators 组和 Enterprise Admins 组成员能够创建域用户账号，要创建域用户，执行下列步骤。

（1）单击“开始”菜单，打开“控制面板”，选择“管理工具”，打开“Active Directory 用户和计算机”，如图 4-15 所示。

（2）在“Active Directory 用户和计算机”控制台树中，选中“Users”项，单击鼠标右键，在弹出的快捷菜单中选择“新建”命令。在激活的下级菜单中，选中“用户”，如图 4-16 所示。

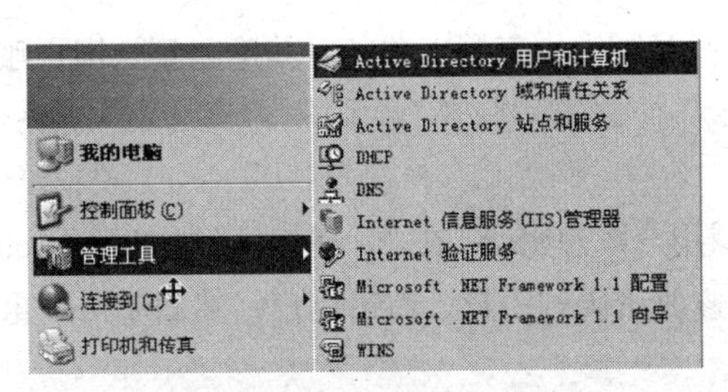

图 4-15　打开 AD 用户和计算机

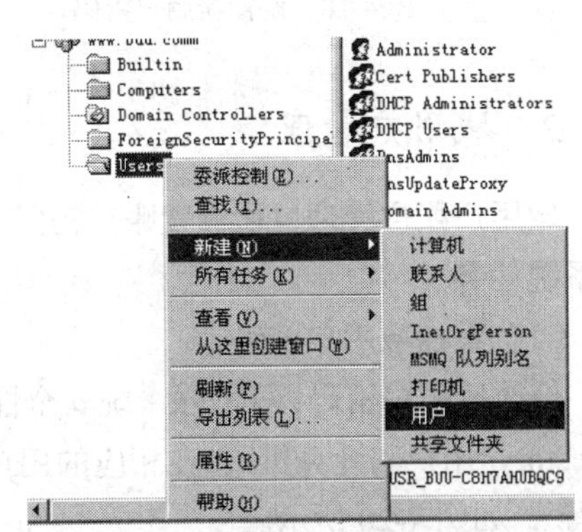

图 4-16　新建用户

（3）在新用户对话框中，输入姓和名信息，如图 4-17 所示。默认情况下用户全名由用户姓加名构成。在“用户登录名”框中，输入用户登录名称，单击下拉列表选择用户的 UPN 后缀，然后单击“下一步”按钮。

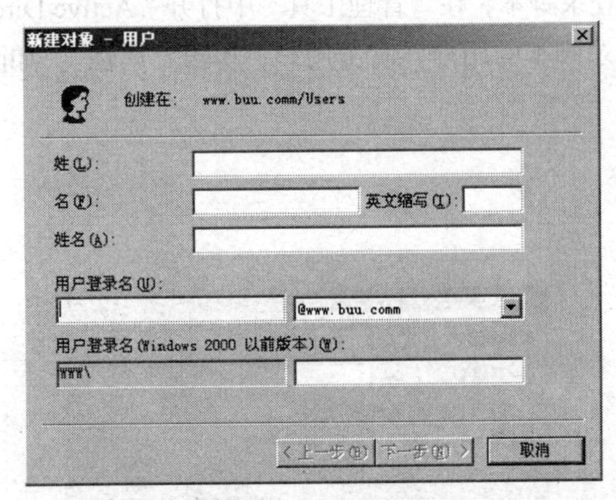

图 4-17　输入新用户信息

（4）在“密码”和“确认密码”中，输入用户密码，还可以对用户密码的性质进行设置，比如选中“密码永不过期”。单击“下一步”按钮，如图 4-18 所示。

弹出如图 4-19 所示的对话框，单击“上一步”按钮，可以返回前一个窗口进行修改；单击“完成”按钮，完成任务。

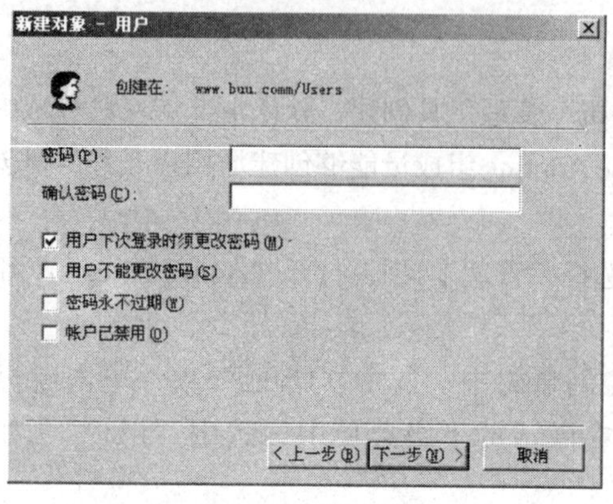

图 4-18 设置新用户密码

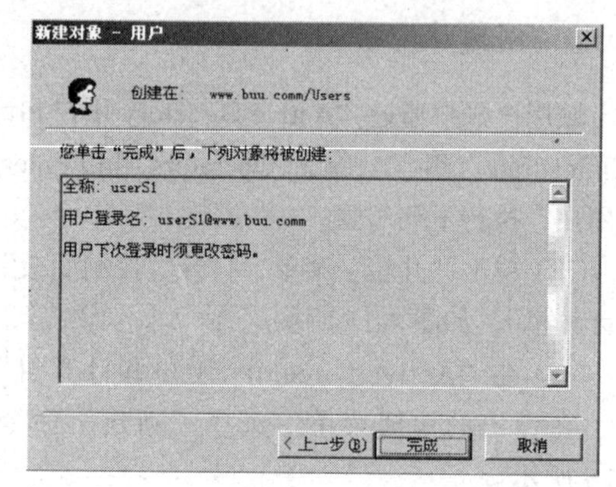

图 4-19 完成新建用户

2. 域用户管理

域用户账户管理包括重置账户密码，指定用户登录脚本，复制、移动、禁用和删除用户账户等系统任务。

（1）重设域用户密码。

修改域用户密码，可增强系统安全性。要修改域用户账户密码，在“管理工具”中打开“Active Directory 用户和计算机”，在相应的用户中找到要修改密码的用户，右击用户，然后单击“重设密码”，如图 4-20 所示。

弹出图 4-21 所示对话框，输入“新密码”和“确认密码”，单击“确定”按钮，完成密码重置。

（2）指定域用户登录脚本。

登录脚本是用户每次登录到计算机或网络时都自动运行的文件，登录脚本可用来配置用户的工作环境。要指定域用户登录脚本，在“管理工具”中打开“Active Directory 用户和计算机”，在相应的目录中找到指定登录脚本的用户，右击用户，单击“属性”，如图 4-22 所示。

图 4-20 打开“重设密码”窗口

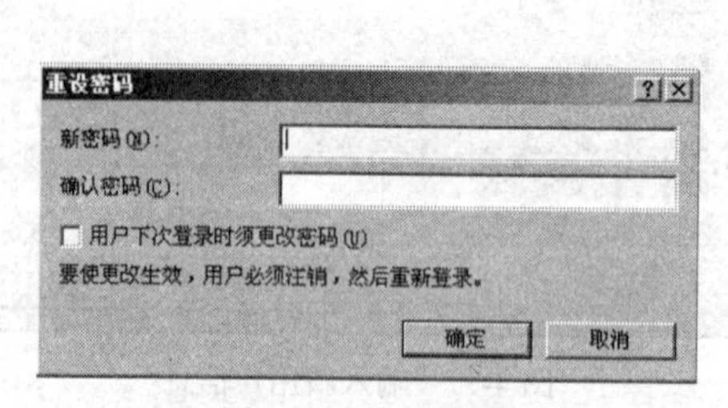

图 4-21 重设密码

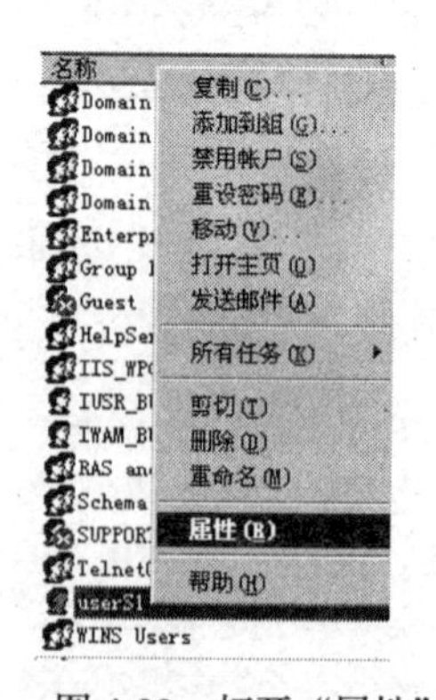

图 4-22 打开“属性”

弹出图 4-23 所示对话框，打开“配置文件”选项卡，在登录脚本框中输入登录脚本名称。

（3）复制域用户账号。

如果网络上拥有许多性质相同的账户，可先建立一个用户账户，再使用“复制”账户的功能复制和建立这些账户。复制域用户账户时，系统会自动将源用户账户部分属性信息复制给目的用户账户（比如组成员资格、登录时间和登录计算机限制等），从而减轻管理员用户账户初始化的工作，加快账户创建效率。

要复制域用户账户，在“管理工具”中打开“Active Directory 用户和计算机”，在相应的目录中找到要复制的用户，右击用户，在弹出的快捷菜单中单击“复制”，如图 4-24 所示。

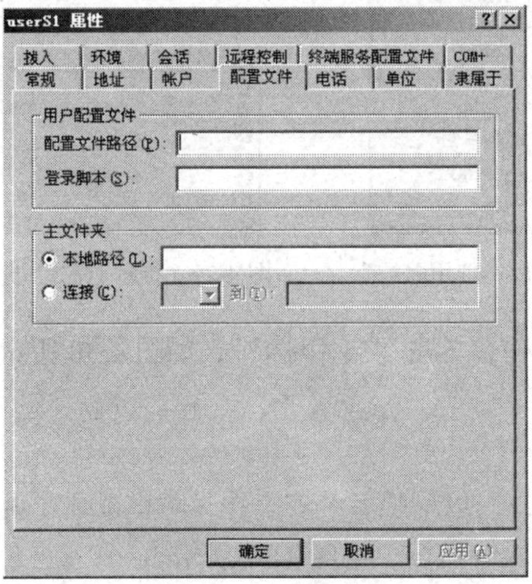

图 4-23　登录脚本

图 4-24　打开“复制”

弹出图 4-25 所示对话框，输入新用户账户姓名、登录名称等信息。

（4）移动域用户账户。

管理员可根据需要在“Active Directory 用户和计算机”窗口中自由移动域用户账户，要移动域用户账户，在“管理工具”中打开“Active Directory 用户和计算机”，在相应的目录中找到要移动位置的用户，右击用户，单击“移动”，如图 4-26 所示。

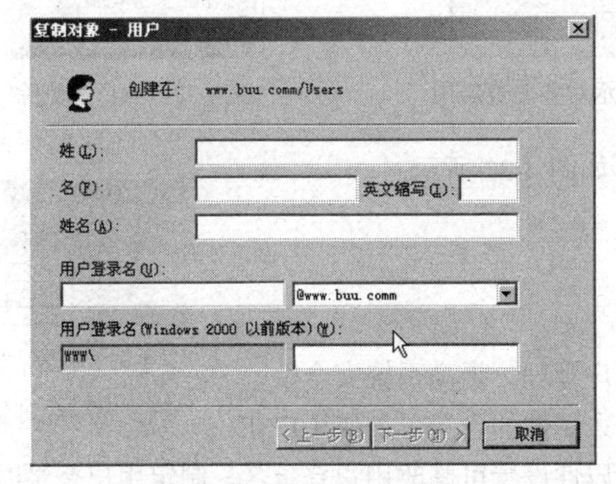

图 4-25　复制对象-用户

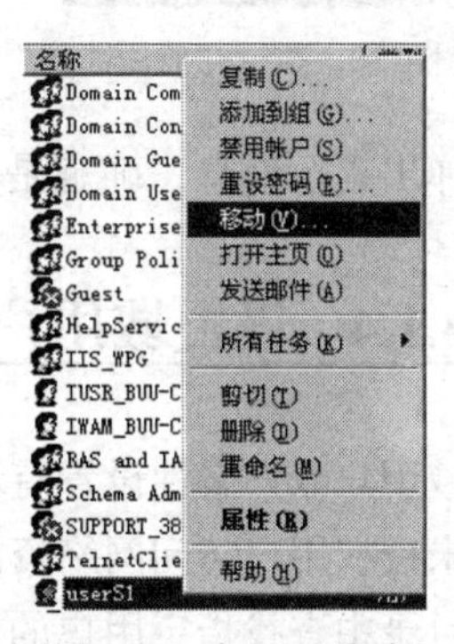

图 4-26　打开“移动”

弹出图 4-27 所示对话框，指定用户将移动到目标文件夹位置。

（5）禁用和启用域用户账户。

禁用用户账户可暂停用户账户登录操作，如果要让禁用的用户账户重新能够登录必须启用用户账户。要禁用域用户账户，在“管理工具”中打开“Active Directory 用户和计算机”，在相应的目录中找到要禁用的用户账户，右击用户，从弹出的快捷菜单中单击“禁用账户”，如图 4-28 所示。

弹出图 4-29 所示对话框，提示用户被禁用。

图 4-27　将对象移到容器

图 4-28　执行“禁用账户”

图 4-29　提示对象已被禁用

要启用某个被禁用的用户账户，执行相同的操作，单击“启用账户”，如图 4-30 所示。

弹出图 4-31 所示对话框，提示用户被启用。

（6）删除域用户账户。

域用户不再在域中登录时，必须删除域用户账户，以增强系统安全性，防止系统产生安全隐患。要删除域用户账户，右击用户，然后单击“删除”命令，如图 4-32 所示。

图 4-30　执行“启用账户”

图 4-31　提示对象已被启用

图 4-32　执行“删除”

弹出提示信息，确定是否要删除此对象，如图 4-33 所示。

图 4-33　提示“是否确定删除此对象”

4.1.4　设置域用户账户属性

域用户账户属性设置有利于管理员加强用户管理，提高系统安全性，阻止未授权用户访问网络资源。域用户账户个人属性的设置可加快用户在活动目录中查找指定用户的效率。域用户账户属性设置可修改用户登录名，制定用户登录时间，限制用户登录的计算机和制定用户账户失效期。

要设置域用户账户属性，在“管理工具”中打开“Active Directory 用户和计算机”，找到相应用户，右击用户，在弹出的快捷菜单中单击“属性”即可打开用户属性页，如图 4-34 所示。在此设置用户个人属性。

属性对话框中包括“常规”、“隶属于”、“账户”、“配置文件”、“地址”、“电话”、“单位”、“拨入”、“会话”、“终端服务配置文件”和“COM+”等选项卡。

（1）修改域用户登录名称。

用户登录名称是用户用来登录到计算机或网络，并访问网络资源时输入的用户名。登录名称作为用户账号属性保存在活动目录数据库中。

要修改域用户登录名称，执行下列步骤。

单击“开始”→“控制面板”→“管理工具”→“Active Directory 用户和计算机”，找到要修改登录名称的用户，右击该用户，在弹出的快捷菜单中选择“属性”，如图 4-35 所示。

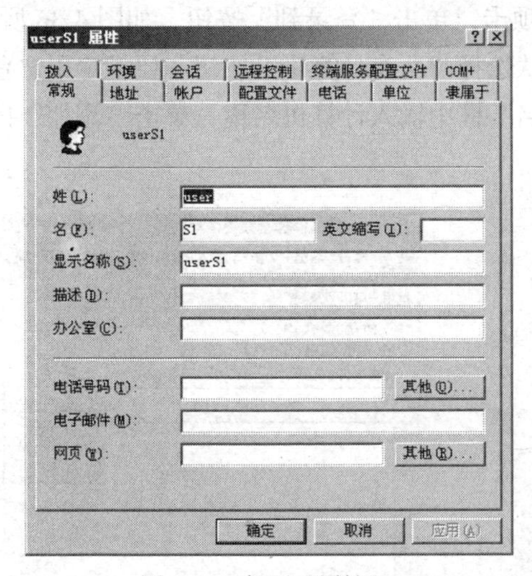

图 4-34　打开“属性”

图 4-35　打开　“属性”

在用户“属性”对话框中，打开“账户”选项卡，在登录名称框中输入用户登录名称，选择用户登录名称的 UPN 后缀，如图 4-36 所示。

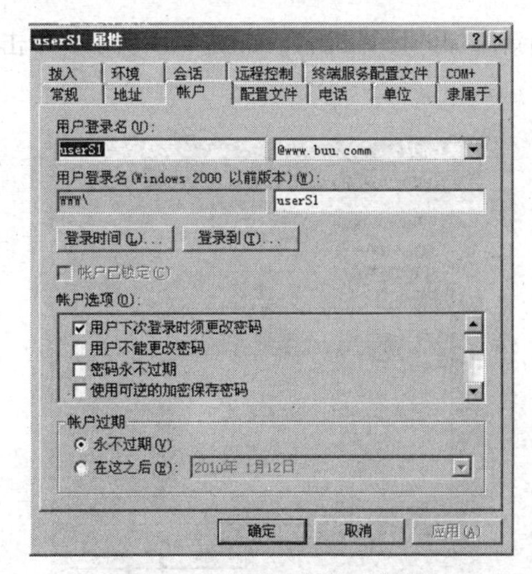

图 4-36　修改用户登录名称

（2）用户登录时间。

登录时间指定用户何时可以在网络中登录，何时拒绝用户在网络中登录。默认情况下 Windows Server 2003 允许域用户任何时候都可以登录到网络中，访问网络中的资源。为增强系统安全性，加强对网络资源管理，管理员可以根据需要限制用户的登录时间。

要设置用户登录时间，选择“账户”选项卡，如图 4-36 所示，单击“登录时间”按钮。打开修改登录时间界面，用鼠标选取允许登录的时间，单击“允许”按钮；用鼠标选取拒绝登录时间，单击“拒绝”按钮，如图 4-37 所示。

（3）限制用户登录计算机。

默认情况下，Windows Server 2003 操作系统允许域用户登录到域中任何一台计算机，访问域中所有资源。为加强系统管理，管理员可以根据需要限制用户只能登录到域中指定的计算机。要限制用户登录到指定计算机，需选择“账号”选项卡，单击“登录到”按钮，如图 4-36 所示。

在弹出的“登录工作站”对话框中，系统默认选择“所有计算机”按钮。要指定用户登录的计算机，选择“下列计算机”按钮，在“计算机名”框中输入计算机名称，单击“添加”按钮，如图 4-38 所示。

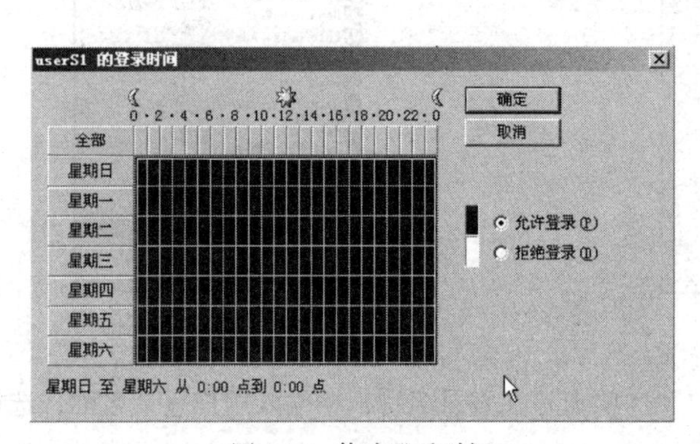

图 4-37　修改登录时间

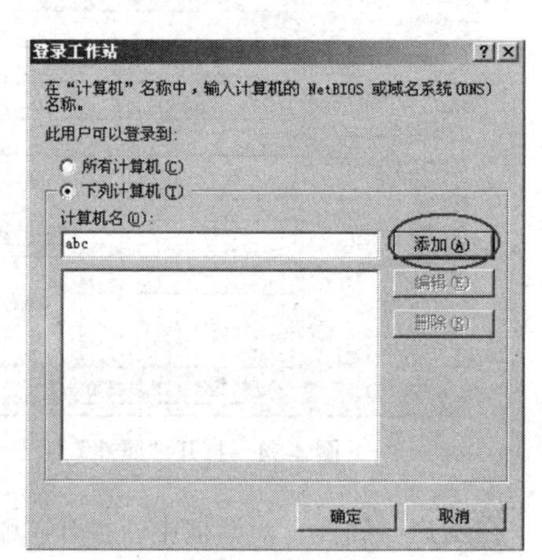

图 4-38　打开“添加”

在弹出窗口中可以看到新添加的计算机名，如图 4-39 所示，单击“确定”按钮，选择登录的计算机。

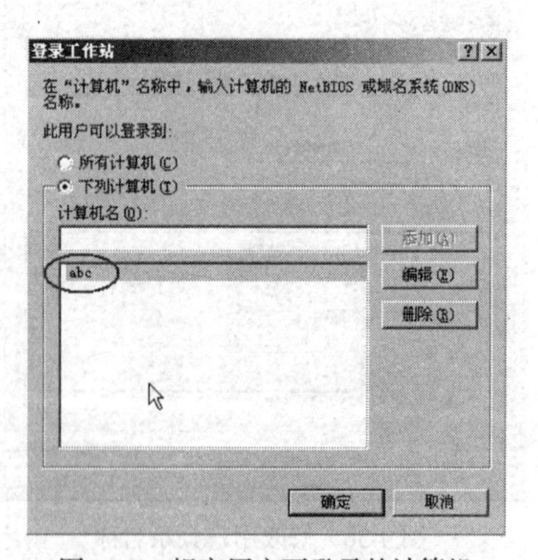

图 4-39　规定用户可登录的计算机

（4）设置账户失效日期。

默认情况下，创建域用户账户之后，用户可以一直使用该账户在网络中登录。但在商业应用环境中，企业中可能存在临时员工，一旦其工作任务完成或项目结束就将离开企业，为确保网络安全，必须保证这些用户离开企业后用户账户不能再用来登录网络。管理员可为此类用户账户设置失效日期，一旦用户账户超过失效日期限制，将不能再登录网络。

要设置账户失效日期，选择“账户”选项卡，在“账户过期”中选择“在这之后”选项，输入账户失效日期，如图 4-40 所示。

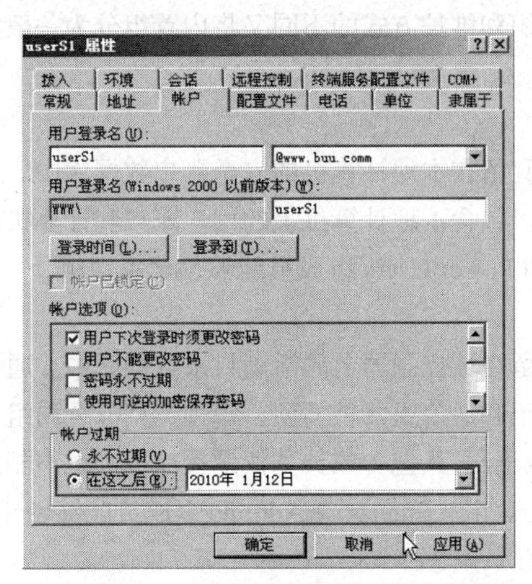

图 4-40　设置“账号失效日期”

4.2 组的管理

组是 Windows Server 2003 从 Windows NT 系统集成下来的安全管理形式，是具有相同特点及属性的用户的集合，是指活动目录或本地计算机对象的列表，对象包含用户、联系人、计算机和其他组等。在 Windows Server 2003 中，组可以用来管理用户和计算机对网络资源的访问，如活动目录对象及其属性、网络共享、文件、目录、打印机队列，还可以筛选组策略。使用组，方便了管理访问目的和权限相同的一系列用户和计算机账户。

4.2.1 组的概念

组是多个用户、计算机账户、联系人和其他组的列表，属于特定组的用户或计算机称为组的成员。使用组可同时为多个用户账户或计算机账户指派一组公共的资源访问权限和系统管理权利，而不必单独为每个账户指派权限和权利，从而简化管理，提高效率。

1. 组具有的功能

（1）简化管理。通过为组指派资源访问权限，可将相同的资源访问权指派给该组的所有成员，而不必单独为每个用户指派访问权限，这就大大减轻了管理员的用户账户管理工作。

（2）委派权限。域管理员可以使用组策略指派执行系统管理任务的权限给组，向组添加用户，用户将获得赋予给该组的系统管理任务的权限。

（3）分发电子邮件列表。Windows Server 2003 向组的电子邮件账户发送电子邮件时，该组中所有用户都将收到该邮件。

2. 组类型

根据使用范围和成员资格将组分为本地组和域组；根据创建方式不同将组分为内置组和用户自定义组；根据成员资格组织和维护方式的不同又将内置组分为一般内置组（简称内置组）和特殊内置组。

（1）本地组。

基于本地计算机实现，驻留在本地计算机的安全账户数据库中。通过“计算机管理”中“本地用户和组”工具创建，可以包含本地计算机上的用户账户和计算机所属域的用户账户。默认情况下只有 Administrators 组和 Power Users 组成员能够创建本地组。

（2）域组。

基于活动目录实现，驻留在域控制器上的活动目录数据库中。通过“Active Directory 用户和计算机”工具创建，有安全组和通信组两种类型，每种类型分全局组、域本地组和通用组三个作用域。根据组的类型和作用域不同，其包含成员和资源授权范围也不相同。默认情况下只有 Domain Admins 组、Account Operators 组和 Enterprise Admins 组成员能够创建域组。

（3）内置组。

在安装 Windows Server 2003 操作系统和活动目录过程中，由系统自动创建的组，有一组由系统事先定义好的执行系统管理任务的权限。管理员可根据自己需要向内置组添加成员或删除内置组成员。管理员可以重命名内置组，但不能删除内置组。

（4）特殊内置组。

内置组的一种，简称特殊组，其成员由系统自动维护，管理员不能修改特殊内置组的成员。比如，当用户登录到一台计算机上的时候，会自动成为该计算机上交互式特殊组成员；当用户连接到网络中某台计算机的共享文件夹时，会自动成为该计算机上 Network System 特殊组成员。

4.2.2 创建本地组和管理本地组

本地组在非域控制器的计算机上创建，创建后驻留在本地计算机上的安全账号管理数据库中。只能授予本地组访问本地计算机的资源的权限和管理本地计算机的系统权力。本地组通过“本地用户和组”管理工具创建，默认情况下，只有 Administrators 组和 Power User 组成员能够创建本地组。本地组的管理包含向组添加成员，删除组中存在的成员，重命名组名称和删除已存在的组。

1. 创建本地组

本地组可以在任何一台运行 Windows Server 2003 操作系统的非域控制器的计算机上创建。要在本地计算机上创建本地组，执行下列步骤。

（1）依次选择“开始”→“控制面板”→“管理工具”→“计算机管理”命令，打开“计算机管理”窗口，扩展“系统工具”→“本地用户和组”，右击“组”文件夹，在弹出的快捷菜单中单击“新建组”，如图 4-41 所示。

（2）在“新建组”对话框中输入组名称和关于该组的描述信息，单击“添加”按钮可以添加成员，如图 4-42 所示。添加完成后，单击“创建”按钮，可创建本地组，然后单击“关闭”按钮。

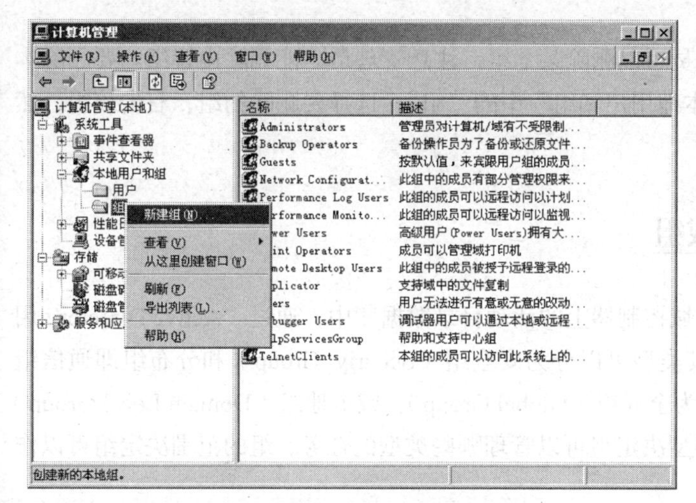

图 4-41　打开“新建组”

图 4-42　输入新建组信息

2. 管理本地组

（1）向本地组中添加或删除成员。

组的主要功能之一是对用户账户、计算机账户和其他对象进行组织和管理，向组授权，组中用户将自动获得赋予该组的权限。

要向本地组添加成员，打开“计算机管理”，扩展“本地用户和组”中的“组”选项，双击相应“组”，然后单击“添加”按钮，输入用户账号、计算机账号或相应对象名称，或者通过“高级”按钮查找用户，然后单击“确定”按钮，如图 4-43 所示。

同样的，要删除本地组中已存在的成员，打开“计算机管理”，扩展“本地用户和组”中的“组”选项，选择要删除成员的组，双击该组，选择相应要删除的成员，然后单击“删除”按钮。

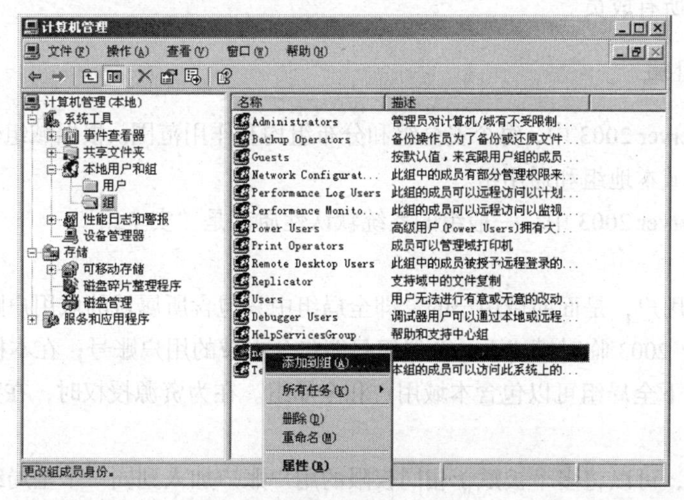

图 4-43　执行将用户添加到组

（2）重命名本地组。

管理员可根据需要重命名本地组，要重命名本地组，打开“计算机管理”，扩展“本地用户和组”中的“组”选项，选择要重命名的组，右击该组，然后单击“重命名”，输入组的新名称。

（3）删除本地组。

当系统不再需要某个组时，管理员可以删除某个组，注意管理员不能删除内置组。要删除本地组，打开“计算机管理”，扩展“本地用户和组”中的“组”，选择要删除的组，右击该组，然后单击“删除”命令即可。

4.2.3 创建域组与管理域组

域组基于活动目录事件，驻留在域控制器上的活动目录数据库中，通过“Active Directory 用户和计算机”工具创建。域组根据其类型可以分为安全组（Securiy Group）和分布组即通信组（Distribution）；根据其范围又可以分为全局组（Global Group）、域本地组（Domain Local Group）和通用组（Universal Group）。组的类型决定组可以管理哪些类型的任务，组的范围决定组可以作用的范围。

1. 域组类型

（1）分布组：分布组一般用于组织用户。使用分布组可以向一组用户发送电子邮件，由于它不能用于与安全有关的功能，不能列于资源和对象权限的选择性访问控制表（DACL）中。因此，只有在电子邮件应用程序（如 Exchange）中才用到分布组。分布组是用来通信的，负责与安全无关的事件。

（2）安全组：安全组一般用于与安全性有关的授权功能，即用于控制和管理资源的安全性。使用安全组可以定义资源和对象权限的选择性访问控制表（DACL），控制和管理用户和计算机对活动目录对象及其属性、网络共享位置、文件、目录和打印机等资源和对象的访问。安全组中的成员会自动继承其所属安全组的所有权限。

安全组具有分布组的全部功能，也可用作电子邮件实体。当向安全组发送电子邮件时，会将邮件发给安全组的所有成员。

2. 域组作用域

在 Windows Server 2003 中，每个安全组和分布组均有作用范围。根据域组作用域的不同，可以分为：全局组、域本地组和通用组。

在 Windows Server 2003 中，一般组的系统默认性质都是“安全组”。

（1）全局组。

主要用来组织用户，是面向域用户的，即全局组中只包含所属域的域用户账户。在混合模式和 Windows Server 2003 临时模式下，全局组只能包含本域的用户账号；在本机模式和 Windows Server 2003 纯模式下全局组可以包含本域用户和全局组。在为资源授权时，在整个域林（森林）范围内可见。

为了管理方便，可以将多个被赋予相同权限的用户账户加入到同一个全局组中。全局组之所以被称为全局组，是因为全局组不仅能够在创建它的计算机上使用，而且还能在域中的任何一台计算机上使用。此外，它还能在其他域中使用。

（2）域本地组。

主要用来设置管理域的资源。通过域本地组，可以快速地为本地域和其他委托域的用户账户和全局组的成员指定访问本地资源的权限。

域本地组存储在活动目录中，可以保护本域活动目录对象。在混合模式和 Windows Server 2003 临时模式下，域本地组可以包含本域和信任域的用户和全局组；在本机模式和 Windows Server 2003 纯模式下域本地组可以包含本域和信任域的用户、全局组和通用组，以及本域的域本地组。在为资源授权时，域本地组仅在本域可见。

为了管理方便，管理员通常在本域内建立域本地组，并根据资源访问的需要将合适的全局组和通用组加入到该组，最后为该组分配本地资源的访问控制权限。域本地组的成员仅限于使用本域的资源，而无法访问其他域内的资源。

（3）通用组。

通用组可以用来管理所有域内的资源。通用组在混合模式和 Windows Server 2003 临时模式下不可用，只有在本机模式和 Windows Server 2003 纯模式下可用。通用组可以包含本域和信任域用户，全局组和通用组。在为资源授权时，通用组在整个森林范围内可见。

为了大型企业的管理方便，管理员通常先建立通用组，并为该组的成员分配在各域内资源的访问控制权限。通用组的成员可以使用所有域的资源。

3. 创建域组

域组通过“Active Directory 用户和计算机”工具创建，默认情况下，Domain Admins 组、Account Operators 组和 Enterprise Admins 组成员可以创建域组，域组驻留在域控制器的活动目录数据库中，根据域组类型和作用域不同，域组包含成员范围和授权范围可以不同。具体步骤如下。

（1）单击“开始”，打开“控制面板”，选择“管理工具”，打开“Active Directory 用户和计算机”；右击要创建新组的容器或组织单元，单击“新建”，然后选择“组”，如图 4-44 所示。

（2）在“新建组”对话框中，输入组名称，选择组类型和作用域，如图 4-45 所示。

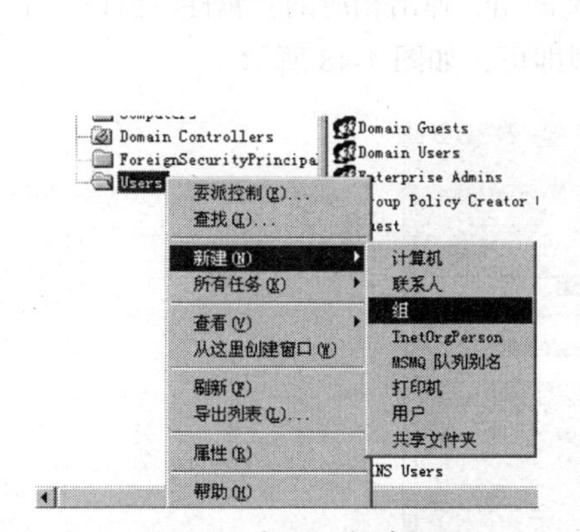

图 4-44　打开“新建组”

图 4-45　选择组类型和作用域

4. 管理域组

域组的管理包括添加、删除域组成员，重命名域组，更改域组类型和作用域等系统管理任务。

（1）添加、删除域组成员。

管理员可根据需要修改组成员，要向域组添加或删除成员，依次选择“开始”→“控制面板”→“管理工具”→“Active Directory 用户和计算机”，展开域节点，双击要修改成员的组。要向组添加成员，单击“添加”按钮，输入用户账户名称，或者通过“高级”按钮选择相应的用户，单击“确定”按钮，如图 4-46 所示。

要删除组中指定成员，选中用户账户，单击“删除”按钮，如图 4-47 所示。

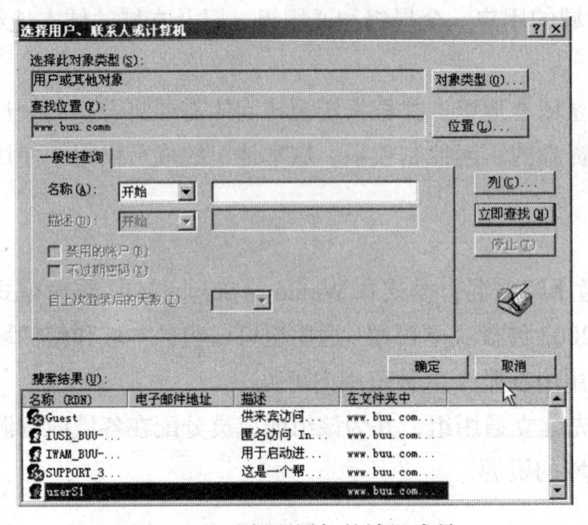

图 4-46　选择要添加的域组成员

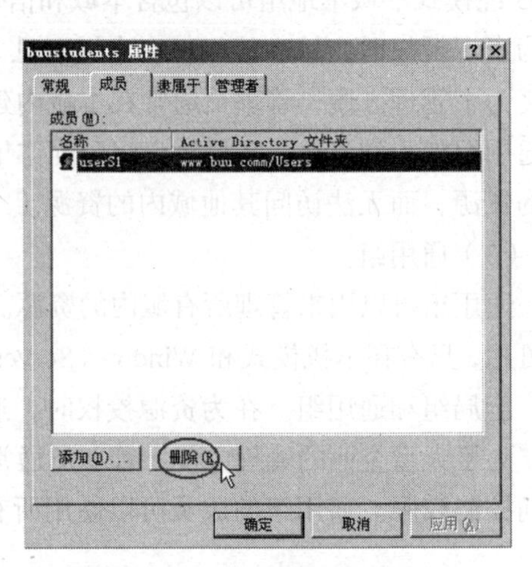

图 4-47　选择要删除的域组成员

（2）更改域组类型。

管理员可根据需要修改域组类型，将安全组转换为通信组或将通信组转换为安全组。要修改域组类型，打开“活动目录和用户计算机”控制台，展开域节点，双击要修改成员的组，弹出相应的“属性”窗口，在“常规”选项卡中的组的类型选项区域中选择域组类型即可。

（3）修改域组作用域。

Windows Server 2003 操作系统允许管理员修改域组作用域，要修改域组作用域，打开“Active Directory 用户和计算机”，展开域节点，双击要修改成员的组，弹出相应的“属性”窗口，在“常规”选项卡中的组作用域区域中选择域组新作用域类型即可，如图 4-48 所示。

图 4-48　修改域组作用域

4.2.4 内置组

默认情况下，Windows Server 2003 操作系统创建了一系列内置组，并且事先为这些内置组定义了一组执行系统管理任务的权力。管理员可将用户加入指定的内置组，用户将获得该内置组所有的管理特权，从而简化系统管理。管理员可能重命名内置组，修改内置组成员，但不能删除内置组。Windows Server 2003 操作系统常用的内置组有以下两种。

1. 普通内置组

（1）Administrators（管理员组）。本地计算机和域中都存在该组，该组具有最大系统管理权限，可执行所有系统管理任务，对域中所有的域控制器有完全控制权限。可创建、删除用户和组，修改组成员，设置系统属性，关闭系统，修改资源访问权限。

（2）Power Users（超级用户组）。仅本地计算机上存在该组，域中没有该组。该组成员可以创建、删除和修改本地用户和组，管理和维护本地组成员资格，但 Power Users 组不能修改 Administrators 组成员资格。

（3）Account Operators。仅在域中存在该组，本地计算机上没有该组。可以创建、删除和修改用户，组，计算机账户和组织单元。

（4）Backup Operators（备份操作员）。该组不受权限控制，可备份和恢复所有文件。默认情况下，要备份文件必须对文件有读权限，要恢复文件必须要对文件有写权限。该组可以登录到域控制器关闭系统。默认情况下，该组不包含任何成员。

（5）Print Operators。该组成员可以创建、删除和共享打印机，对所有打印机有管理权限，可修改打印机权限和优先级，该组没有默认成员。

（6）Domain Admins。仅域中存在该组，本地计算机没有该组。该组成员对域具有完全控制的权限，该组会自动成为域中所有计算机本地 Administrators 组成员。默认情况下，该组对域中所有的计算机有完全控制权限。该组成员可以修改系统属性，添加/删除硬件，更新硬件驱动程序，管理系统策略，备份和恢复，登录到域控制器，关闭系统。

（7）Enterprise Admins。仅域森林中的根域存在该组，对整个森林中所有的域具有完全控制的权限。默认情况下，该组自动成为域森林中所有域控制器上的 Administrators 组成员，且仅根域的 Administrator 用户账号属于该组。

（8）Schema Admins。仅域森林中的根域存在该组，负责活动目录架构的定义和修改。默认情况下，只有根域的 Administrators 账号属于该组。

（9）Remote Desktop Users。该组用户可通过终端服务远程登录到服务器，对服务器进行管理，该组没有其他默认权利，用户远程登录到服务器时，其对服务器能够执行的管理任务由该用户的管理权限来确定。

（10）Guests。该组用户是提供给没有用户名的账户，但是需要访问本地计算机内资源的用户使用，该组的成员无法永久地改变其桌面的工作环境。该组最常见的默认成员为用户账户 Guest。如果可能，应该避免使用这个组。

（11）Recplicator。Windows Server 2003 使用该组来绕过特定的安全设置。使用那些设置，可以在服务器之间复制文件。Windows Server 2003 会自动地把需要的用户放置在这个组。

（12）Users。该组员只拥有一些基本的权利，例如运行应用程序，但是它们不能修改操作系统的设置，不能更改其他用户的数据，不能关闭服务器级的计算机。Users 可以创建本地组，但只能修改自己创建的本地组。所有添加的本地用户账户自动属于该组。如果这台计算机已经加入域，则域的 Domain Users 会自动地被加入到该计算机的 Users 组中。

（13）Network Configuration Operators。该组内的用户可以在客户端执行一班的网络设置任务，例如更改 IP 地址，但是不可以安装/删除驱动程序和服务，也不可以执行与网络服务器设置有关的任务，如 DNS 服务器、DHCP 服务器的设置。

（14）Server Operators。仅域中存在该组，该组成员课交互式登录到域控制器创建、删除共享文件夹，备份和恢复文件，启动和停止服务，磁盘管理等。默认情况下无成员。

2. 特殊内置组

（1）Everyone。任何一个用户都属于这个组。注意：如果 Guest 账户被启用时，则给 Everyone 这个组指派权限时必须小心，因为当一个没有账户的用户连接计算机时，他被允许自动利用 Guest 账户连接，他将具备 Everyone 所拥有的权限。

（2）Authenticated Users。任何一个利用有效的用户账户连接的用户都属于这个组。建议在设置权限时，尽量针对 Authenticated Users 组进行设置，而不要针对 Authenticated 进行设置。

（3）Interactive。任何在本地登录的用户都属于这个组。

（4）Network。任何通过网络连接此计算机的用户都属于这个组。

（5）Anonymous Logon。任何未利用有效的 Windows Server 2003 账户连接的账户，都属于这个组。注意：在 Windows Server 2003 内，Everyone 组内并不包含 Anonymous Logon 组。

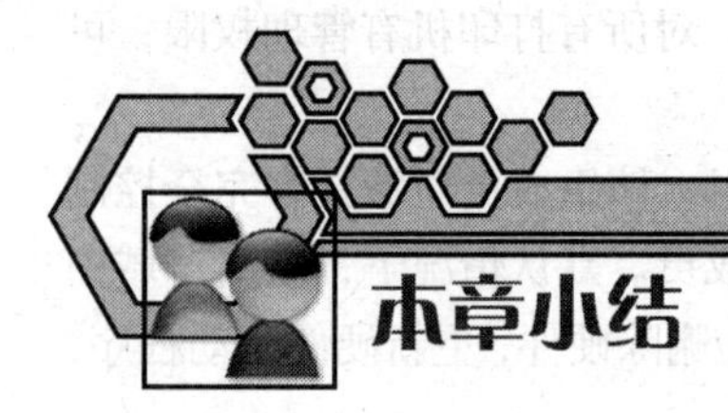

本章小结

本章介绍了 Windows Server 2003 用户管理和组管理的基本概念，并通过实例说明本地账户和域账户的管理以及域账户属性。组可以基于活动实现目录，也可基于特定计算机本地实现。前者称为域组，用来组织和管理整个域用户账户，后者称为本地组，用来组织本地计算机上的用户账户和计算机所属域的用户账户。

实训项目：Windows Server 2003 用户和组管理实训

【实训目的】

通过实训，使学生掌握 Windows Server 2003 中本地用户和域账户的创建步骤与配置方法，掌握本地组和域组的种类、创建和配置方法。

【实训环境】

装有 Windows Server 2003 操作系统的 PC 机、局域网环境。

【实训内容】

1. 本地用户和组管理

对一台服务器进行账户规划，根据本章步骤，按照规划对此服务器的账户进行创建与配置。

（1）本地组账户的创建与配置，如表 4-2 所示。

表 4-2　本地组账户

用户账户	密　码	隶 属 于	权限或设置
Administrators	内置组	Administrator，001	
Power Users	内置组	User1	不允许关闭计算机
Users	内置组	User2，User3	
MyGroup	自定义组	User2	允许本地登录，拒绝从网络访问此计算机，允许关闭系统

（2）本地用户账户创建与配置，如表 4-3 所示，账户密码请自行设定。

表 4-3　本地用户账户

用户账户	密　码	隶 属 于	权限或设置
Administrator	abc 或 123	Administrators	拒绝从网络访问此计算机
001	abc，123	Administrators	用户不能更改密码，密码永不过期
User1		Power Users	用户的主目录为 D:\test
User2		Users，MyGroup	用户的主目录为 D:\test
User3		Users	用户的主目录为 D:\test

（3）本地安全策略规划。启用“密码必须符合复杂性要求”，“密码长度最小值”为 6，“密码最长使用期限”为 30 天，“强制密码历史”为 3，“账户锁定阈值”为 3，“账户锁定时间”为 30 分钟。

2. 域用户和组管理

对一台服务器进行账户规划，根据本章步骤，按照规划对此服务器的账户进行创建与配置。

（1）域组账户的创建与配置，如表 4-4 所示。

表 4-4　域组账户

组 账 户	组作用域	组 类 型	成　员
Administrators	全局	安全组	Administrator 等

（2）域用户账户创建与配置，如表 4-5 所示。

表 4-5　　　　　　　　　　　　域用户账户

用户账户	密　码	隶　属　于	权限或设置
Administrator	空或 abc，123	Administrators	内置的最高管理员
Zhangsan	abc，123	Domain Admins	
Lisi	abc，123		漫游配置文件
Wangwu	abc，123		漫游配置文件

习题

1．用户账户的类型分为哪几类？
2．本地用户账户驻留在什么地址？可以访问哪些资源？
3．如何创建与配置本地用户？创建本地用户 a、b、c，并加入到组 abc 中。
4．Windows 2003 网络的用户账户和组账户管理的具体内容有哪些？
5．如何使用组账户进行管理？如何为组账户赋予某项权限？
6．域用户账户驻留在什么地址？如何创建域用户？

第5章 文件系统与磁盘管理

5.1 文件系统

文件系统是操作系统中负责文件管理的相关程序模块和数据结构的总称，是在硬盘上存储信息的格式。在所有的计算机系统中，都存在一个相应的文件系统，它规定了计算机对文件和文件夹进行操作处理的各种标准和机制。文件系统的功能就是完成用户需要的各种文件使用操作和文件维护操作，包括：

（1）统一管理文件的存储空间，实施存储空间的分配与回收；

（2）建立文件的逻辑结构和物理结构，提供对文件的存储方法；

（3）实现文件的按名存取，即能够把文件名映射为该文件的物理存储位置；

（4）实现文件的各种控制操作（包括文件的建立、打开、关闭、改名、撤销等）和存取操作（包括读、写、修改、复制、转存等）；

（5）实现文件信息共享，并提供可靠的文件保护措施和保密措施等。

每个操作系统都包含至少一种文件系统，Windows Server 2003 支持的文件系统包括：标准文件分配表（FAT）、增强的文件分配表（FAT32）和推荐的文件系统（NTFS）。FAT 和 FAT32 文件系统提供了与其他系统的兼容性，使 Windows Server 2003 的计算机可安装多个操作系统，支持多引导功能；NTFS 文件系统是微软基于 NT 内核操作系统特有的文件系统格式，它提供多种特有的功能。

5.1.1 FAT 文件系统与 NTFS 文件系统

1. FAT 文件系统

FAT（File Allocation Table，标准文件分配表），是以文件分配表作为基础性的数据结构，用于跟踪硬盘上每个文件的数据库，包括 FAT16 和 FAT32 两种。FAT 是一种适合小卷集，对系统安全性要求不高，需要双重引导的用户应选择使用的文件系统。

FAT16：早期 DOS、Windows 95 都使用 FAT16 文件系统，Windows 98/2000/XP 等系统均支持 FAT16 文件系统。它最大可以管理 2GB 的磁盘分区，但每个分区最多只能有 65525 个簇（簇是磁盘空间的配置单位）。随着硬盘或分区容量的增大，每个簇所占的空间将越来越大，从而导致硬盘空间的浪费。

FAT32：随着大容量硬盘的出现，从 Windows 98 开始，FAT32 开始流行。它是 FAT16 的增强版本，可以支持大到 2TB（2048GB）的分区。FAT32 使用的簇比 FAT16 小，从而有效地节约了硬盘空间。

FAT 文件系统最大的优点是适用于所有的 Windows 操作系统。另外，FAT 文件系统在容量较小的卷上使用比较好，因为 FAT 启动只使用非常少的开销。FAT 在容量低于 512MB 的卷上工作最好，当卷容量超过 1.024GB 时，效率就显得很低了。对于 400MB~500MB 以下的卷，FAT 文件系统相对于 NTFS 文件系统来说是一个比较好的选择。但是对于使用 Windows Server 2003 的用户来说，FAT 文件系统则不能满足系统的要求。

2. NTFS 文件系统

NTFS（New Technology File System）是 Windows Server 2003 推荐使用的高性能文件系统，它支持许多新的文件安全、存储和容错功能，而这些功能是 FAT 文件系统所缺少的。

NTFS 是微软 Windows NT 内核的系列操作系统支持的，一个特别为网络和磁盘配额、文件加密等管理安全特性设计的磁盘格式。它也是以簇为单位来存储数据文件，但 NTFS 中簇的大小并不依赖于磁盘或分区的大小，其设计目标就是在大容量的硬盘上能够很快地执行读、写和搜索等标准的文件操作，甚至包括像文件系统恢复这样的高级操作。簇尺寸的缩小不但降低了磁盘空间的浪费，还减少了产生磁盘碎片的可能。

NTFS 支持文件和文件夹级的访问控制，可限制用户对文件或文件夹的访问，审计文件的安全；NTFS 文件系统还支持文件压缩和文件加密功能，可节省磁盘空间并为用户提供更高层次的安全保证；NTFS 文件系统支持磁盘配额功能。

NTFS 文件系统包括了公司环境中文件服务器和高端个人计算机所需的安全特性。NTFS 文件系统还支持对于关键数据完整性十分重要的数据访问控制和私有权限。NTFS 是 Windows 2003 中唯一允许为单个文件指定权限的文件系统。

NTFS 系统的优点如下。

（1）更安全的文件保障，提供文件加密，能够大大提高信息的安全性。

（2）更好的磁盘压缩功能。

（3）支持最大达 2TB 的大硬盘，并且随着磁盘容量的增大，NTFS 的性能不像 FAT 那样随之降低。

（4）可以赋予单个文件和文件夹权限。对同一个文件或者文件夹为不同用户可以指定不同的权限。在 NTFS 文件系统中，可以为单个用户设置权限。

（5）NTFS 文件系统中设计的恢复能力无需用户在 NTFS 卷中运行磁盘修复程序。在系统崩溃事件中，NTFS 文件系统使用日志文件和复查点信息自动恢复文件系统的一致性。

（6）NTFS 文件夹的 B-Tree 结构使得用户在访问较大文件夹中的文件时，速度甚至比访问卷中较小文件夹中的文件还快。

（7）可以在 NTFS 卷中压缩单个文件和文件夹。NTFS 系统的压缩机制可以让用户直接读写压缩文件，而不需要使用解压软件将这些文件展开。

（8）支持活动目录和域。此特性可以帮助用户方便灵活地查看和控制网络资源。

（9）支持稀疏文件。稀疏文件是应用程序生成的一种特殊文件，文件尺寸非常大，但实际上只需要很少的磁盘空间，NTFS 只需要给这种文件实际写入的数据分配磁盘存储空间。

（10）支持磁盘配额。磁盘配额可以管理和控制每个用户所能使用的最大磁盘空间。

Windows 2003 安装程序会检测现有的文件系统格式，如果是 NTFS，则继续进行；如果是 FAT，会提示安装者是否转换为 NTFS。用户也可以在安装完毕后使用 Convert.exe 把 FAT 分区转化为 NTFS 分区。无论是在运行安装程序中还是在运行安装程序后，这种转换相对于重新格式化磁盘来说，都不会使用户的文件受到损害。

对于 Windows Server 2003 操作系统所在的驱动器，不能直接转换，将在下一次重新启动计算机时转换该驱动器。转换的具体操作如下：

① 依次单击“开始”→“运行”命令，在打开的“运行”对话框中输入 cmd，打开“命令提示符”窗口。

② 输入命令 convert d:/fs:ntfs/v，按回车键即可进行转换。

3. 三种文件系统的比较

操作系统对数据区的存储空间是按簇进行划分和管理的，簇是磁盘空间分配和回收的基本单位，也就是说一个文件总是占用一个或多个簇。文件所占用的最后一个簇在多数情况下会有剩余空间，但这些空间无法被利用，只能浪费掉。所以簇的大小直接影响到磁盘空间的利用效率。

在相同容量的硬盘分区里，采用 NTFS 文件系统的簇比 FAT32、FAT16 文件系统小得多，大大减少了磁盘空间的浪费。在同一个文件系统中，在一定范围内硬盘分区容量越大，簇越大，造成的浪费也越多，如表 5-1 所示。

表 5-1　　簇大小与文件系统以及磁盘容量的关系

FAT 文件系统		FAT32 文件系统		NTFS 文件系统	
磁盘大小	簇的大小	磁盘大小	簇的大小	磁盘大小	簇的大小
65MB~128MB	2KB	<256MB	0.5KB	<512MB	0.5KB
129MB~255MB	4KB	256MB~8GB	4KB	512MB~1GB	1KB
256MB~511MB	8KB	8GB~16GB	8KB	1GB~2GB	2KB
512MB~1GB	16KB	16GB~32GB	16KB	>2GB	4KB
1GB~2GB	32KB	>32GB	32KB		

5.1.2 NTFS 的权限类型与配置管理

NTFS 权限用来控制用户对该文件或文件夹的访问权。Windows Server 2003 以用户和组账户为基础实现文件系统的权限（Permission，许可）。每个文件、文件夹都有一个称作访问控制清单的许可清单，该清单列举出哪些用户或组对该资源有哪些类型的访问权限。访问控制清单中的各项称为访问控制项。文件访问许可权只能用于 NTFS 卷。

1. NTFS 文件权限的类型

Windows Server 2003 利用 NTFS 文件系统格式化的磁盘分区，通过 NTFS 权限控制用户对文件和文件夹的访问和修改，提供读取、读取和运行、写入、修改、列出文件夹目录和完全控制等 6 种标准的 NTFS 权限。

（1）读取：此权限允许用户读取文件内的数据、查看文件的属性、查看文件的所有者、查看文件的权限，但不能修改文件的内容。

（2）读取和运行：包含读能够执行的所有操作，并能运行应用程序和可执行文件。

（3）写入：包含读和运行的所有操作，可修改文件或文件夹属性和内容，在文件夹中创建文件和文件夹，但不能删除文件。

（4）修改：此权限除了拥有写、读和运行的所有权限外，还能够更改文件内的数据、删除文件、改变文件名等。

（5）列出文件夹目录：仅对文件夹有此权限，查看此文件夹中的文件和子文件夹的属性和权限，读取文件夹中的文件内容。

（6）完全控制：拥有所有 NTFS 文件的权限，即拥有上面提到的所有权限，此外，还可以修改文件权限以及替换文件所有者。

如果复制和备份文件，必须对文件有读的权限；如果创建和恢复文件，必须对文件有写的权限；如果删除和移动文件，必须对文件有修改的权限；默认情况下，Windows Server 2003 系统自动赋予每个用户（Everyone 组）对于 NTFS 文件和文件夹的完全控制权限。

2. NTFS 权限的配置管理

Windows Server 2003 操作系统利用 NTFS 文件系统格式化磁盘驱动器时，系统自动赋予 Everyone 组对于 NTFS 分区根目录的完全控制权限。管理员可根据需要修改文件或文件夹的 NTFS 权限，以控制用户对 NTFS 文件或文件夹的访问。

（1）查看文件或文件夹的 NTFS 权限。

如果用户需要查看文件或文件夹的属性，首先选定文件夹或者文件，右击打开快捷菜单，选择“属性”命令。在属性对话框中单击“安全”标签单击，打开“安全”选项卡，如图 5-1 所示。在“组或用户名称”列表框中列出了对选定的文件或文件夹具有访问许可权的组和用户。当选定了某个组或用户后，该组或用户所具有的各种访问权限将显示在权限列表中。这里选中的是 Users 组，从图 5-1 中可以看到，该组的所有用户具有对文件或文件夹的“读取和运行”、“列出文件夹目录”和“读取”的权限。在这个对话框中看到的都是 NTFS 标准权限，对于每一种标准权限都可以设置“允许”或者“拒绝”两种访问可能性，而每个选项都可以被选取（有对勾）、不选取（无对勾）或者不可编辑（有对勾且选项为灰色状态）。不可编辑的选项继承自该用户或组对该文件或文件夹所在上一级的文件夹的 NTFS 权限。

（2）修改文件或文件夹的 NTFS 权限。

当用户需要更改文件或文件夹的权限时，必须具有对它的更改权限或拥有权。用户可以在图 5-1 所示的对话框中单击“添加”按钮，单开“选择用户或组”对话框，如图 5-2 所示，在文本框中输入用户名称，单击“确定”按钮，回到图 5-1 所示对话框，为用户赋予相应的 NTFS 权限；选中某个用户，单击“删除”按钮，可清除赋予相应用户的权限。

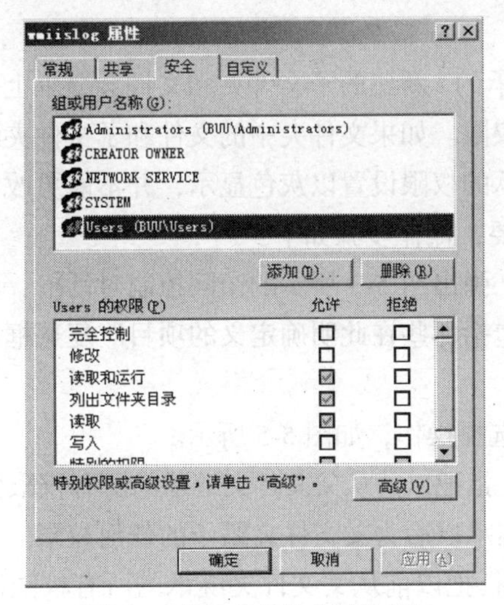

图 5-1　文件或文件夹属性窗口

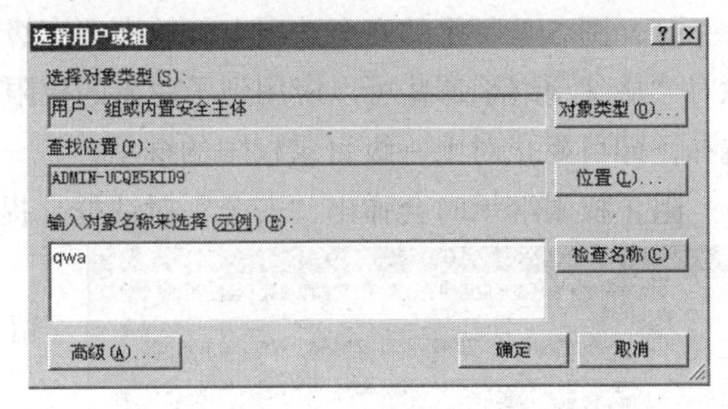

图 5-2　选择用户或组

在打开的文件或文件夹的“属性”对话框里，单击“安全”标签下的“高级”按钮，打开图 5-3 所示的访问控制对话框，可以进一步设置额外的高级访问权限。

单击“编辑”按钮，将打开选定对象的权限项目对话框，如图 5-4 所示，用户可以通过“应用到”下拉列表框选择需设定的用户或组，并对选定对象的访问权限进行更加全面地设置。

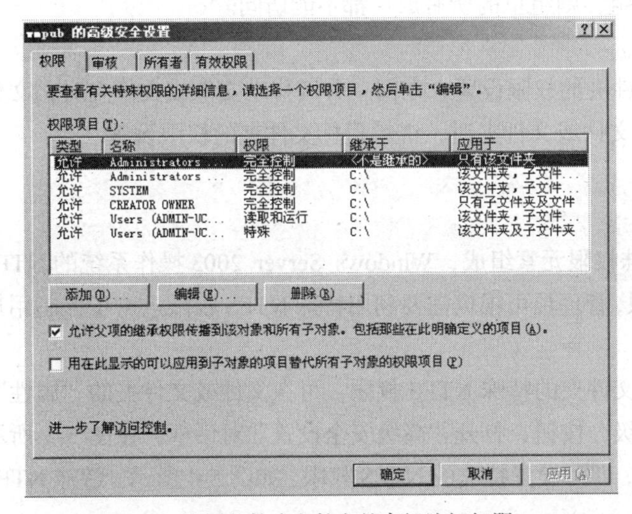

图 5-3　设置文件或文件夹的高级访问权限

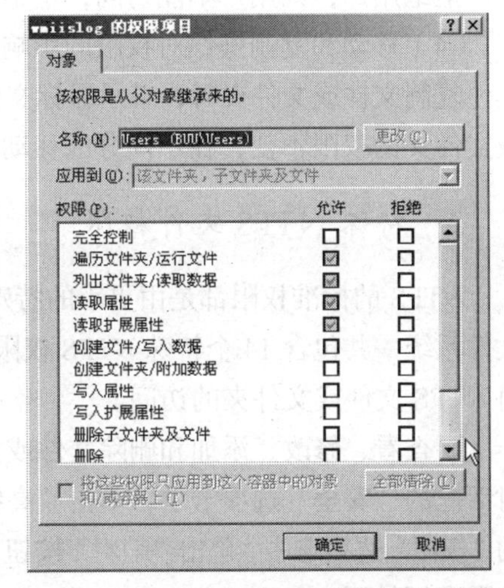

图 5-4　为用户或组设置额外的高级访问权限

（3）NTFS 权限应用的基本原则。

管理员可根据需要赋予用户或用户组访问 NTFS 文件或文件夹的权限。用户访问 NTFS 文件或文件夹时，其有效权限必须通过相应的应用原则来确定。NTFS 权限应用遵循如下原则。

① 权限的组合。

用户的有效权限是用户所属各个组权限的总和。如 USER 属于 A（读权限）、B（写权限）两个组，那么 USER 具有读写权限。

如果所属的组有一个被拒绝，此用户也会被拒绝。如 USER 属于 A（读写权限）、B（拒绝权限）两个组，那么 USER 将被拒绝。

② 阻止或允许权限的继承。

在 Windows Server 2003 操作系统中，权限是可以继承的。新建的子文件夹和文件会继承上一级目录的权限，根目录下的文件夹或文件继承驱动器的权限。如果文件夹中的文件和子文件夹继承了父文件夹的权限，在查询子文件夹权限的时候，继承的权限设置以灰色显示，并不能更改。

管理员可以手工阻止权限继承来满足应用环境的需要，操作步骤如下：

打开图 5-1 所示的安全选项卡，单击“高级”按钮，弹出图 5-3 所示的访问控制对话框，清除对“从父项继承那些可以应用到子对象的权限项目，包括那些在此明确定义的项目”复选框的选择，即可阻止对上一级目录权限的继承。

阻止权限继承时会弹出“安全”对话框，提示用户选择操作，如图 5-5 所示。

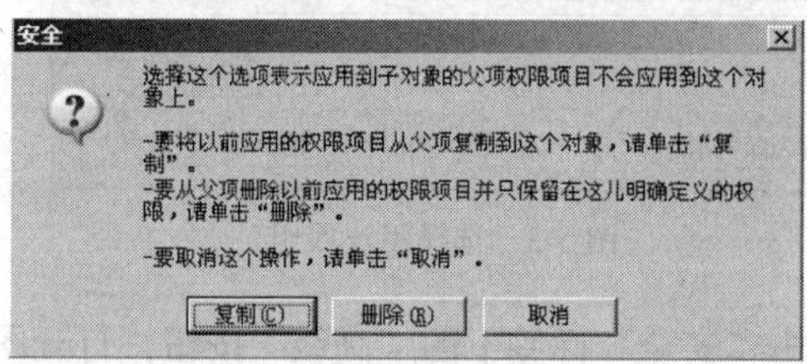

图 5-5　安全设置

复制：指把以前从父文件夹继承的所有权限保留，不再继承以后为父文件夹赋予的任何权限。

删除：指把以前从父文件夹继承的所有权限清除掉，不再继承以后为父文件夹赋予的任何权限。

③ 拒绝权永远优先于允许权。

虽然 NTFS 权限是累积的，如果一个用户同时在两个组中，这个用户应该拥有这两个组对文件权限的组合。但是，如果一个组对文件有读权限，而另一个组的对文件的读权限处于“拒绝”状态，则该用户是没有读取权利的。

拒绝用户，则用户不能访问；拒绝组，则组里的所有成员都不能访问。

（4）移动和复制操作对权限的影响。

复制文件或文件夹时，继承目标文件夹的权限设置；在同一分区移动文件或文件夹时，文件或文件夹的权限不变；在不同分区移动文件或文件夹时，继承目标文件夹的权限设置。

3. 特殊 NTFS 文件权限

NTFS 的标准权限都是由更小的特殊权限元素组成，Windows Server 2003 操作系统的 NTFS 文件系统一共包含 14 个特殊 NTFS 权限，管理员可根据需要利用特殊 NTFS 权限进一步控制用户对 NTFS 文件或文件夹的访问。

要查看、修改、添加和删除文件或文件夹的特殊 NTFS 权限，可在文件或文件夹的“属性”对话框的“安全”选项卡中，单击“高级”按钮，打开“高级安全设置”对话框，在图 5-3 所示的“权限”选项卡中，单击“编辑”按钮，即可设置特殊的 NTFS 权限，如图 5-4 所示。特殊 NTFS 权限介绍如下。

（1）完全控制。对文件的最高权力。

（2）遍历文件夹/运行文件。遍历文件夹是就文件夹而言，遍历文件夹权限使用户在对该文件夹即便没有访问权限的情况下，仍可以切换到该文件夹。

运行文件是仅就文件而言，对文件夹无效。拥有该权限的用户可以运行相应的程序。

（3）列出文件夹/读取数据。“列出文件夹”让用户可以浏览文件夹中的子文件夹和文件的名称；“读取数据”让用户可以查看文件内的数据。

（4）读取属性。查看文件和文件夹的基本属性，比如读取、隐藏、压缩。

（5）读取扩展属性。允许用户读取文件的扩展属性，扩展属性的内容依文件本身而定。例如，扩展名为.doc 的 Word 文档就具备自定义和摘要两个扩展属性；而扩展名为.txt 的文本文件就只有摘要扩展属性。

（6）创建文件/写入数据。“创建文件”允许用户在文件夹中创建文件；“写入数据”允许用户修改文件内的数据。

（7）创建文件夹/附加数据。“创建文件夹”允许用户在文件夹内创建新的子文件夹；“附加数据”允许用户在文件的后面添加数据，但不能更改现有的文件数据。

（8）写入属性。允许或拒绝用户更改文件或文件夹的基本属性，如只读、隐藏等属性。

（9）写入扩展属性。允许或拒绝用户更改文件或文件夹的的扩展属性。扩展属性由应用程序定义。

（10）删除子文件夹或文件。允许或拒绝用户删除该文件夹内的子文件夹或文件。

（11）删除。允许或拒绝用户删除本文件或本文件夹。

（12）读取权限。允许或拒绝用户查看该文件或文件夹的权限设置。

（13）更改权限。允许或拒绝用户更改该文件或文件夹的权限设置。

（14）取得所有权。允许或拒绝用户获取该文件或文件夹的所有权。

5.1.3　文件的压缩与加密

1. 文件和文件夹的 NTFS 压缩

NTFS 文件系统中的文件和文件夹都具有压缩属性，压缩文件可以节约磁盘空间。用户压缩 NTFS 文件步骤如下。

（1）打开“我的电脑”或者“资源管理器”窗口，右键单击要压缩的文件或文件夹，从快捷菜单中选择“属性”命令，弹出属性对话框。选择“常规”选项卡，单击“高级”按钮，如图 5-6 所示。

（2）在“高级属性”中可以选择压缩或者加密，但是压缩和加密只能选择一项。选中“压缩内容以便节省磁盘空间”复选框，单击“确定”回到属性对话框。

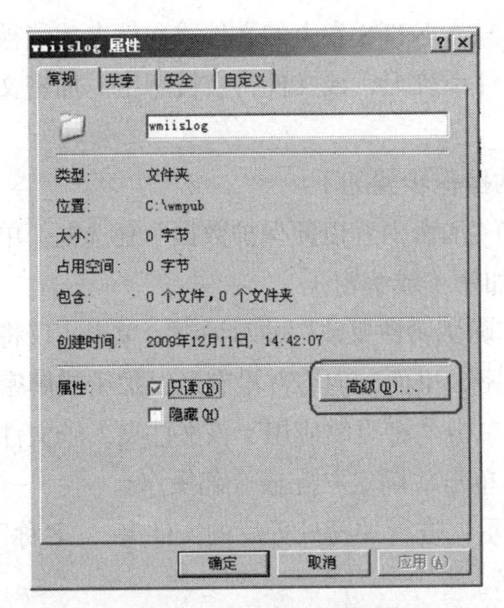

图 5-6　“高级”按钮

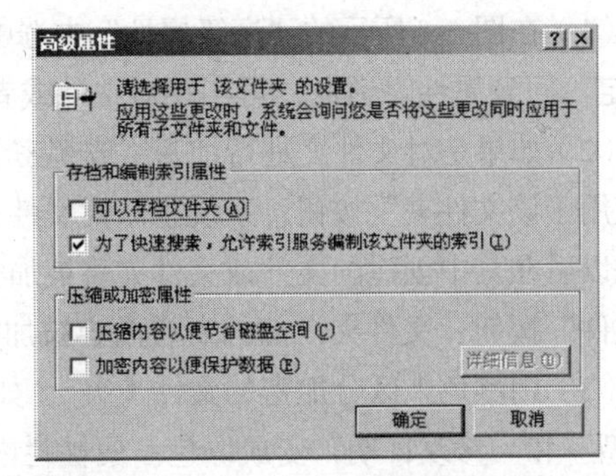

图 5-7　高级属性

（3）如果正在将文件夹设定压缩属性，系统会出现“确认属性更改”对话框，如图 5-8 所示。单击“仅将更改应用于该文件夹”单选按钮，系统只将文件夹设置为压缩文件夹，里面的内容并没有经过压缩，但是以后在其中创建的文件或文件夹将被压缩。单击“将更改应用于该文件夹，子文件夹和文件”按钮，文件夹内部的所有内容被压缩。单击“确定”按钮。

（4）单击“确定”按钮关闭属性对话框，设置生效。

为了识别和管理 Windows Server 2003 操作系统中的文件，允许用户使用颜色在资源管理器中显示压缩文件。Windows Server 2003 操作系统用蓝色显示压缩的文件或文件夹，如图 5-9 所示，选择压缩选项后的文件夹“压缩文件夹”，变成蓝色显示，属性栏内显示“C”。

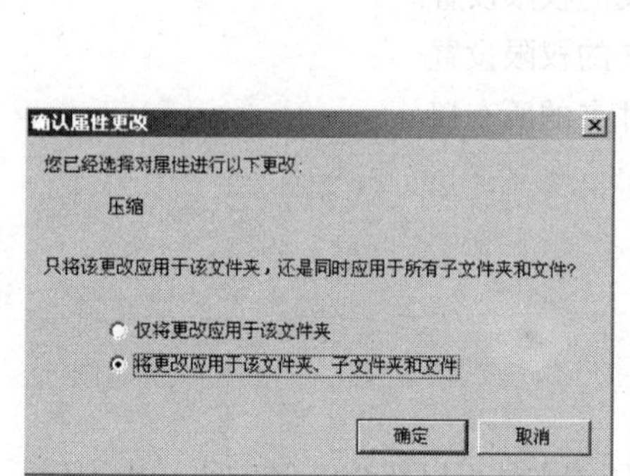

图 5-8 确认属性更改

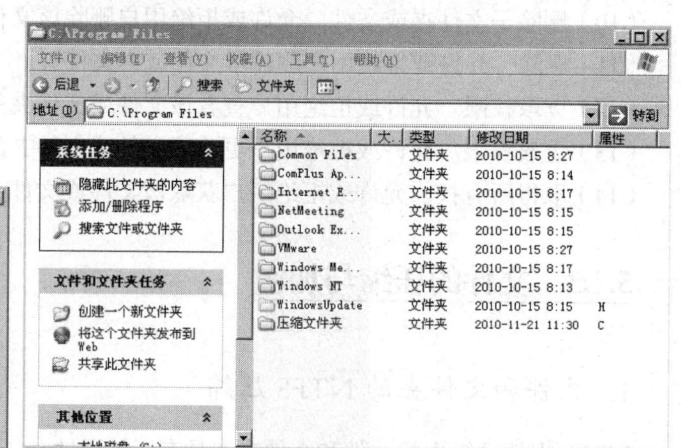

图 5-9 完成压缩后的“压缩文件夹”

2. 加密文件系统

加密文件系统（Encrypting File System，EFS）是 Windows Server 2003 操作系统的一项功能，它允许将信息以加密的形式存储在硬盘上。加密是 Windows 所提供的保护信息安全的最强的保护措施。

Windows 2000 以上版本的操作系统都配备了 EFS，只有 NTFS 卷上的文件或文件夹才能被加密，如果将加密的文件复制或移动到非 NTFS 格式的文件系统上，该文件将会被解密。加密文件夹或文件不能防止删除或列出文件和目录。

用户利用 EFS 进行加密或解密文件夹（或文件）的操作步骤如下。

（1）在图 5-7 所示的“高级属性”中选中（或取消）“加密内容以便保护数据”复选框，单击“确定”回到属性对话框，可实现对文件或者文件夹的加密（或解密）。

（2）如果是对文件夹进行加密（或解密），会出现“确认属性更改”的对话框。单击“仅将更改应用于该文件夹”按钮，系统将只对文件夹加密或解密，里面的内容并没有经过加密或解密，但是以后在其中创建的文件或文件夹将被加密或解密；单击“将更改应用于该文件夹，子文件夹和文件”按钮，文件夹内部的所有内容被加密或解密。单击“确定”完成全部操作。

（3）用颜色来区分加密的文件（夹），如图 5-10 所示，进行加密处理后的文件夹，“名称”、“类型”和“修改日期”变成绿色。属性栏内显示“AE”。

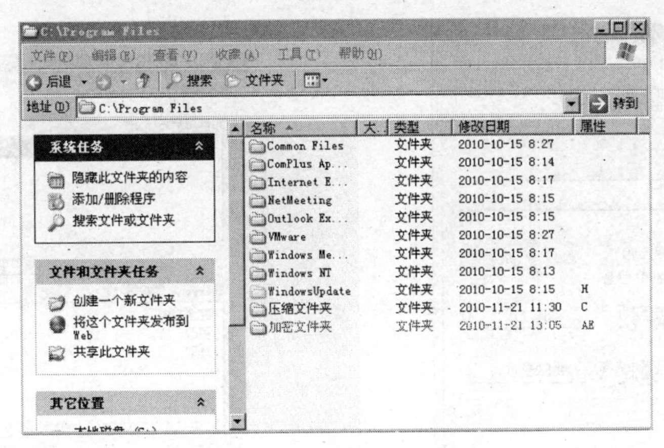

图 5-10　完成加密后的文件夹

5.1.4　共享文件夹

共享文件夹可以使用户通过远程网络位置访问其他计算机上的资源，共享文件夹可以集中管理网络资源，共享文件夹可包含文件和应用程序数据。Windows Server 2003 操作系统可共享 FAT、FAT32 和 NTFS 分区下的任何文件夹，但不能共享单个文件。

1. 设置文件夹共享

（1）共享文件夹需要的条件。

在 Windows Server 2003 上，并非所有的用户都可以设置文件夹共享。首先，具备文件夹共享的用户必须是 Administrators、Server Operators 或 Power Users 等内置组的成员；其次，如果该文件位于 NTFS 分区，该用户必须对被设置的文件夹具备“读取”的 NTFS 权限。

（2）设置共享文件夹。

在 Windows“资源管理器”中，右击要设置为共享的目标文件夹，在弹出的菜单中选择“属性”命令，打开“属性”对话框，选择“共享”选项卡，将“共享该文件夹”选中，该选项下面的各个选项由灰色转为可编辑状态，同时该文件夹名被作为默认的共享名称自动填写到“共享名”的文本框中。如图 5-11 所示。

① 共享名：输入在网络中使用的共享名。

② 描述：为共享文件夹做简单的注释，加以说明。

③ 用户数限制：默认状态下，并不限制通过网络同时访问共享文件夹的数量，即设置为“最多用户”，根据需要可以选择“允许的用户数量”单选按钮，并在其后设置具体数值加以限制。

④ 权限：单击“权限”按钮后将出现图 5-12 所示的对话框，对共享权限加以设置。通过“添加”和“删除”两个按钮，可以增加或减少用户或组账户，单击并选择一个用户或组名称，则可以在下面的窗口进行相应的共享权限设置。设置完成后单击“确定”按钮即可。

⑤ 脱机设置：单击“脱机设置”按钮可以设置脱机文件夹。

在对话框中完成共享文件夹的各种相关设置，单击确定按钮，则该文件夹图标将自动添加手形标志，如图 5-13 所示。

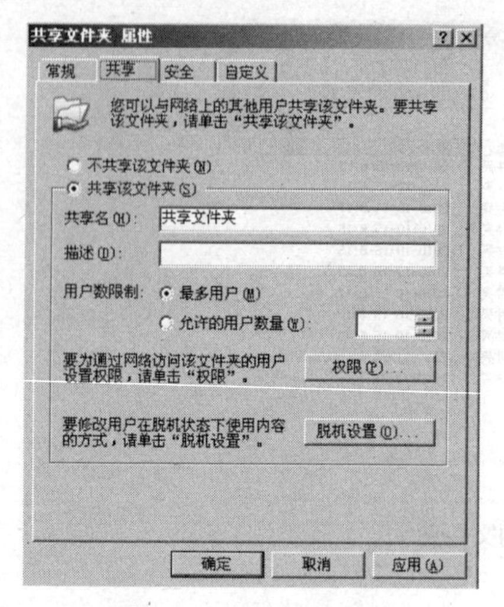

图 5-11 “共享”选项卡

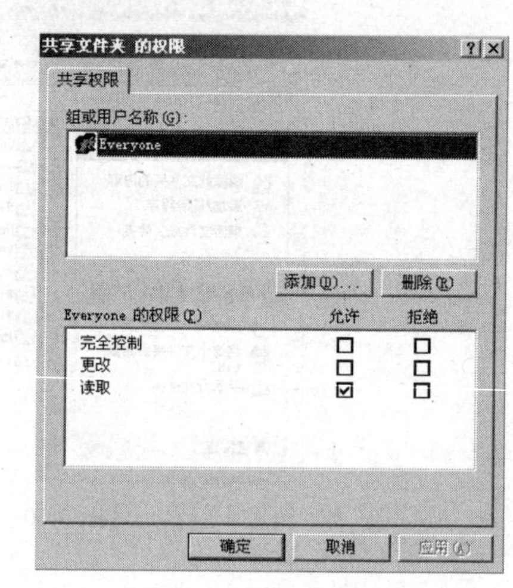

图 5-12 设置共享权限

（3）设置多重共享文件夹。

Windows Server 2003 操作系统允许管理员根据需要多次共享同一个文件夹，每次共享都需要不同的名字，管理员可以为文件夹不同共享名称设置不同的共享权限。当文件夹共享一次之后，就会在文件夹“属性”对话框的“共享”选项卡中出现“新建共享”按钮，如图 5-14 所示。

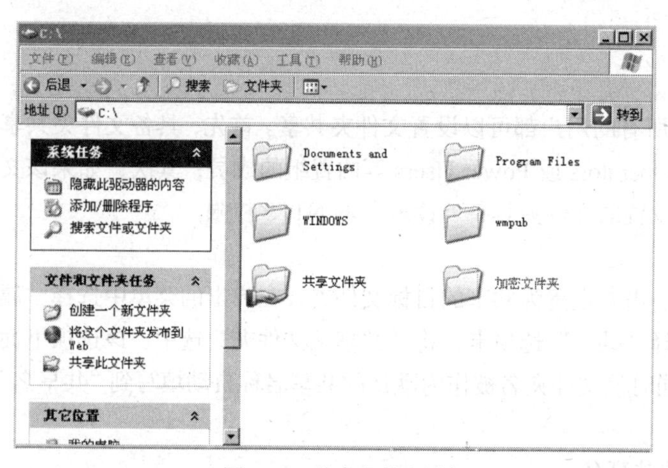

图 5-13 共享文件夹图标

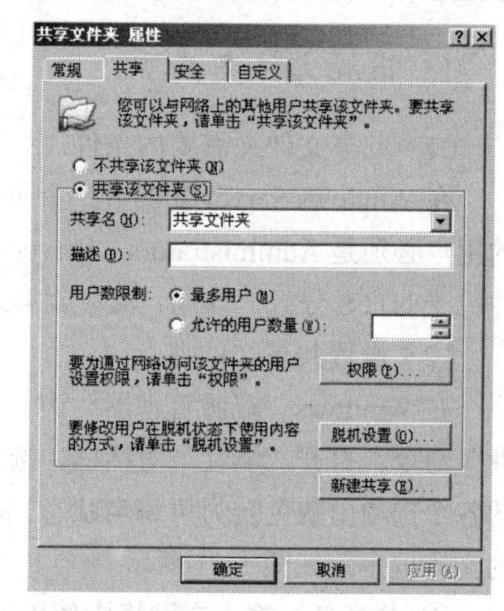

图 5-14 “共享”选项卡

单击“新建共享”按钮，按系统要求输入新共享的名称、用户数限制和指定共享权限，如图 5-15 所示。

设置完成后，单击“确定”按钮回到“共享”选项卡，如图 5-16 所示，此时单击“共享名”后的下拉列表可以看到不只一个“共享名”。

图 5-15 新建共享

选择不同的共享名，可以在下面设置对应于该共享名的用户数限制和访问权限。

（4）隐藏共享文件夹。

有时一个文件夹需要被共享于网络中，但是出于安全因素等方面考虑，又不希望这个文件夹被人们从网络中看到，这就需要以隐藏方式共享文件夹。事实上，Windows Server 2003 内有许多系统自动建立的隐藏共享文件夹，例如每个磁盘分区都被默认设置为隐藏共享文件夹，这些隐藏的磁盘分区是 Windows Server 2003 出于管理的目的设置的，不会对系统和文件的安全性造成影响。

在资源管理器中，右击一个磁盘分区并在弹出菜单中选择“属性”命令，在弹出对话框中单击“共享”标签，弹出“共享”选项卡，如图 5-17 所示。

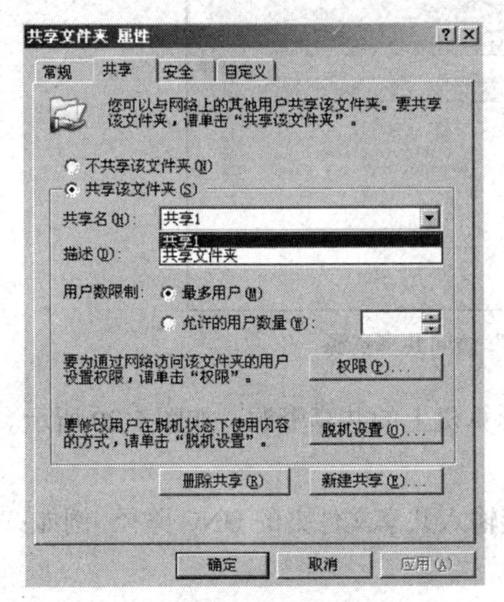

图 5-16　同一个文件夹的多个共享

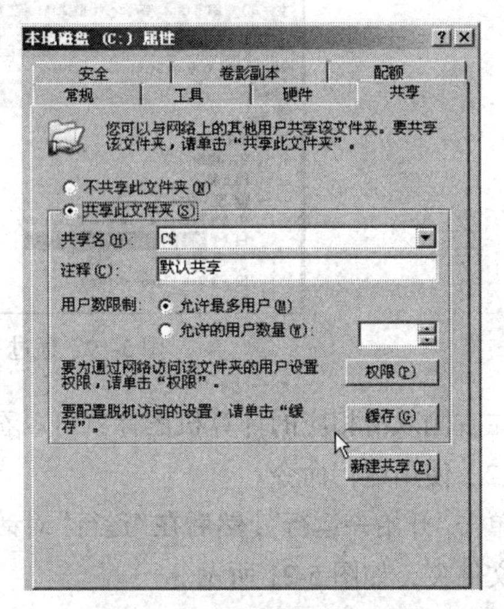

图 5-17　隐藏的磁盘分区共享

从图 5-17 可以看出，隐藏共享文件夹的共享名是以“$”结尾的，在图 5-11 所示对话框中为文件夹设置一个以“$”结尾的共享文件夹名，就可以达到在网络中隐藏该共享文件夹的目的。当需要访问这些在网络中看不到的共享文件夹时，可以使用运行命令。

2. 共享文件夹的访问权限

（1）复制和移动对共享权限的影响。

当共享文件夹被复制到另一位置后，原文件夹的共享状态不会受到影响，复制产生的新文件夹不会具备原有的共享设置。

当共享文件夹被移动到另一位置时，将出现图 5-18 所示的对话框，提示移动后的文件夹将失去原有的共享设置。

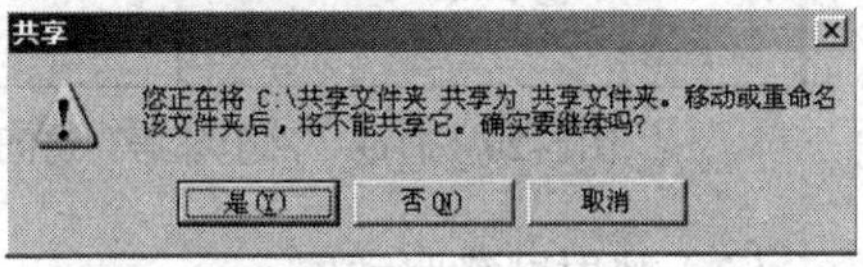

共享

您正在将 C:\共享文件夹 共享为 共享文件夹。移动或重命名该文件夹后，将不能共享它。确实要继续吗?

是(Y)　否(N)　取消

图 5-18　移动后的文件夹将失去共享设置

（2）共享权限与 NTFS 权限。

共享权限仅对网络访问有效，当用户从本机访问一个文件夹时，共享权限完全派不上用场，NTFS 权限对于网络访问和本地访问都有效，但是要求文件或文件夹必须在 NTFS 分区上，否则无法设置 NTFS 权限。

当从网络上访问一个共享文件夹时，如果这个共享文件夹既设置了共享权限又设置了 NTFS 权限，则将这两个权限中最苛刻的权限设置作为该共享文件夹的访问权限设置。例如，如果一个用户对一个共享文件夹具有"完全控制"的共享权限和"读取"的 NTFS 权限设置，则该用户从网络上访问这个共享文件夹时的实际访问权限是"读取"。

3. 访问共享文件夹

（1）通过"网上邻居"访问。

首先打开 Windows"资源管理器"，在左侧"文件夹"栏中单击"网上邻居"，然后单击"整个网络"中的"Microsoft Windows Network"下面的域或者工作组，如图 5-19 所示。

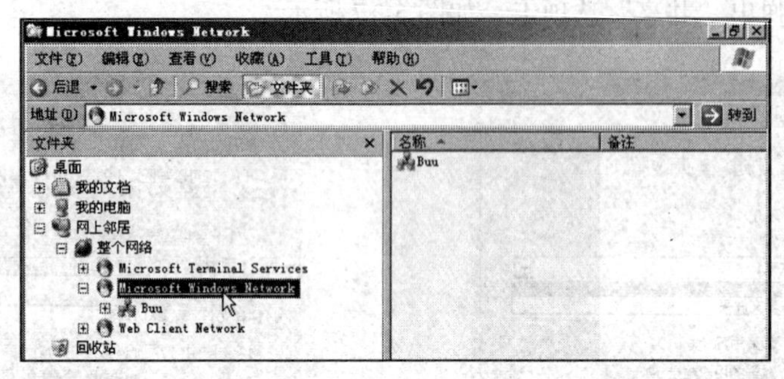

图 5-19　通过"网上邻居"访问共享资源

在右侧双击相应的计算机图标就可以看到这台计算机上的共享资源，如图 5-20 所示。

（2）使用运行命令。

单击"开始→运行"，然后在"运行"对话框中直接输入共享文件夹的 UNC 路径，例如：\\Buu-t\共享文件夹，如图 5-21 所示。

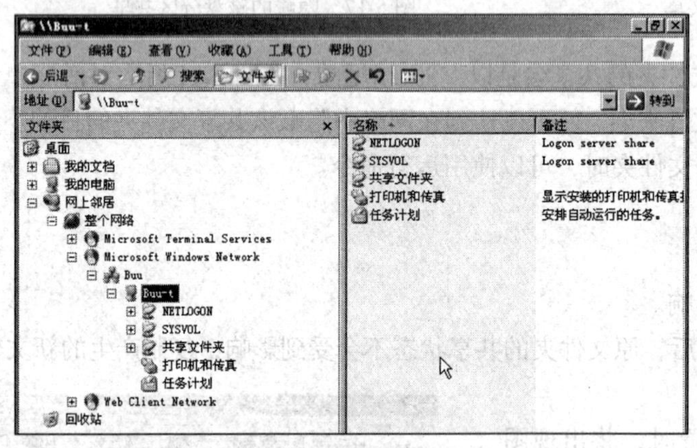

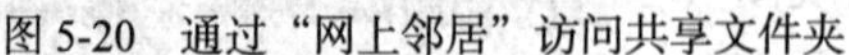

图 5-20　通过"网上邻居"访问共享文件夹

图 5-21　使用 UNC 路径访问共享文件夹

（3）映射网络驱动器。

对于经常访问的共享文件夹，每次都通过上面的方法去访问太麻烦，可以将被访问的共享文件夹映射为一个网络驱动器从而方便以后访问。

在 Windows"资源管理器"中，选择"工具"菜单下的"映射网络驱动器"，弹出图 5-22 所示的对话框，直接选取为该驱动器赋予的盘符，并在"文件夹"文本框中输入共享文件夹的 UNC 路径。如果不清楚 UNC 路径，可以单击"浏览"按钮，通过图 5-23 所示的对话框定位要映射的共享文件夹。

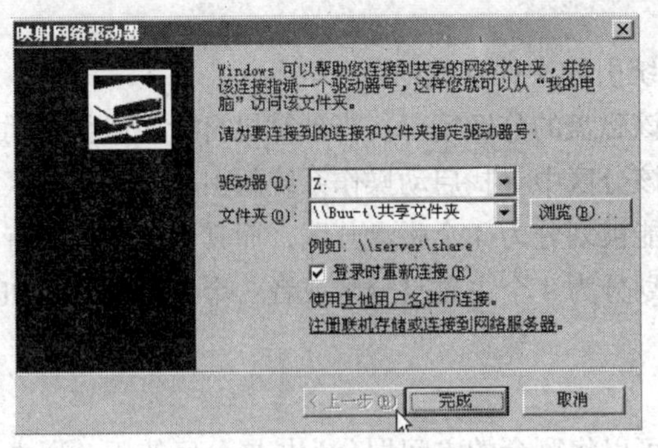

图 5-22　映射网络驱动器

图 5-23　定位要映射的共享文件夹

在图 5-22 所示的对话框中如果将“登录时重新连接”选中，则每次登录时系统将自动以指定盘符连接相应的共享文件夹。连接时希望使用不同于登录账户的其他账户时，可以通过其他用户名进一步设置，如图 5-24 所示。

依次单击“确定”按钮完成映射，网络驱动器将出现在 Windows“资源管理器”的“我的电脑”中，如图 5-25 所示。

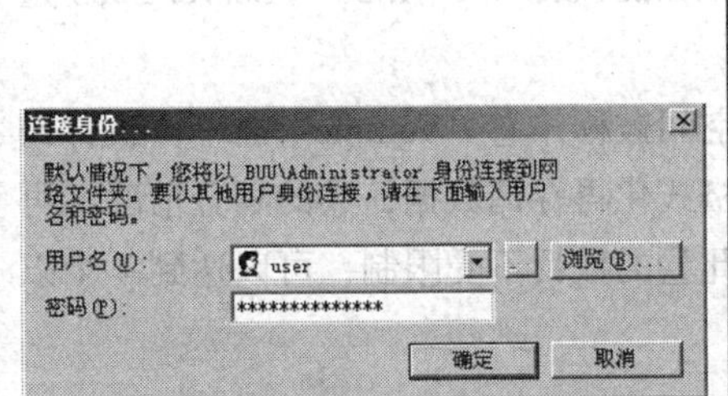

图 5-24　以其他账户连接

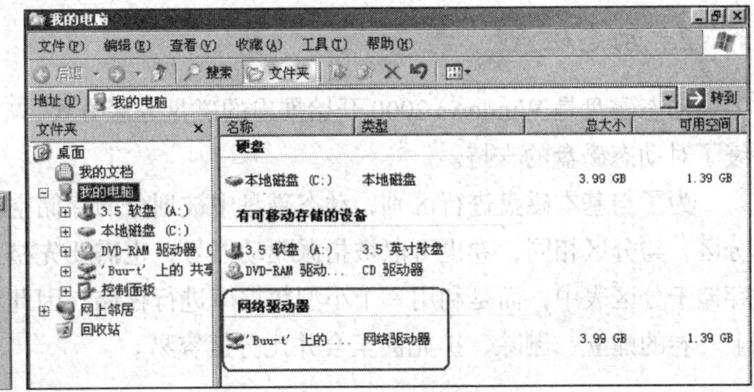

图 5-25　网络驱动器

需要断开网络驱动器时只需要选择 Windows“资源管理器”中“工具”菜单下的“断开网络驱动器”，选择要断开连接的网络驱动器，并单击“确定”按钮即可。

5.2 磁盘管理

磁盘管理程序是用于管理系统所包含的磁盘的实用程序。通过磁盘管理，用户可进行磁盘分区、格式化，创建容错系统以及扩展磁盘容量等操作，从而满足业务需要。

Windows Server 2003 可采用基本磁盘和动态磁盘两种方式将硬盘分区；分区后应使用格式化工具将这些磁盘空间“格式化”，可采用 FAT 和 NTFS 等文件系统格式化磁盘分区。

1. 基本磁盘

基本磁盘（Basic Disk）是从 DOS、Windows98 操作系统一直沿用至今的硬盘分区方式，在默认安装情况下，系统就使用基本磁盘。基本磁盘通过分区（Partition）管理磁盘空间，分区可以包含主分区、扩展分区，而在扩展分区中又可以划分出一个或多个逻辑分区（逻辑驱动器）。

（1）主分区（Primary Partition）。

主分区是用来启动操作系统的分区，即系统引导文件存放的分区。

每个基本磁盘都有一个分区表，用以记录该磁盘的分区情况。当计算机自检之后会自动在物理硬盘上通过分区表找到一个活动分区，并在该分区中寻找启动操作系统的引导文件。分区表中只能记载 4 条记录，也就是说基本磁盘最多只能被划分为 4 个磁盘分区，而其中最多只能有一个扩展磁盘分区。也就是说基本磁盘最多可以被划分为 4 个主磁盘分区或者 3 个主磁盘分区和 1 个扩展磁盘分区。

（2）扩展分区（Extended Partition）。

如果主分区没有使用全部的硬盘空间，则可以将剩余的空间划分为扩展分区使用，通常将主分区以外的所有磁盘空间划分为扩展分区。每一块硬盘上只能有一个扩展分区，扩展分区不能用来启动操作系统，并且扩展分区不能直接存储数据，在使用前需要在其中建立一个或者多个逻辑分区方可进行数据存储。

（3）逻辑分区（Logical Partition）。

逻辑分区是在扩展分区内进行划分的，逻辑分区的大小可以和扩展分区一样，也可以比扩展分区小。每个逻辑分区都被赋予一个盘符，即平时在操作系统中看到的 D 盘、E 盘、F 盘等。

2. 动态磁盘

动态磁盘是 Windows 2000 开始推出的磁盘分区方式，WindowsXP 和 Windows Server 2003 延续了对动态磁盘的支持。

为了与基本磁盘进行区别，动态磁盘中被划分的存储空间被称作卷（Volume）而不再被称作分区。与分区相同，卷也可以被指派驱动器号，也需要先格式化再存储数据，卷的划分情况不再存储于分区表中，而是利用一个小型数据库进行存储，因此卷的数目不受限制，可以达到 4 个以上。卷的建立、删除、扩充甚至合并比分区容易。

5.2.1 基本磁盘管理

1. 创建主磁盘分区

（1）单击“开始”→“管理工具”→“计算机管理”后将出现“计算机管理”界面，在其左侧窗口单击“存储”中的“磁盘管理”。

（2）选取一块未指派的磁盘空间，如图 5-26 所示，这里选择“磁盘 0”。右击该空间，在弹出的菜单中选择“新建磁盘分区”命令。在出现的“新建磁盘分区向导”对话框中单击“下一步”按钮。

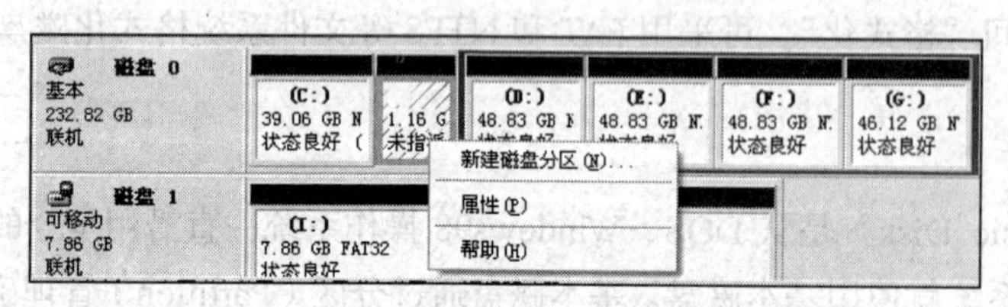

图 5-26 启动磁盘分区向导

（3）出现图 5-27 所示的“选择分区类型”对话框，选择“主磁盘分区”选项，单击“下一步”按钮。

（4）在图 5-28 所示的“指定分区大小”对话框中根据需要为正在创建的主磁盘分区指定大小，单击“下一步”按钮。

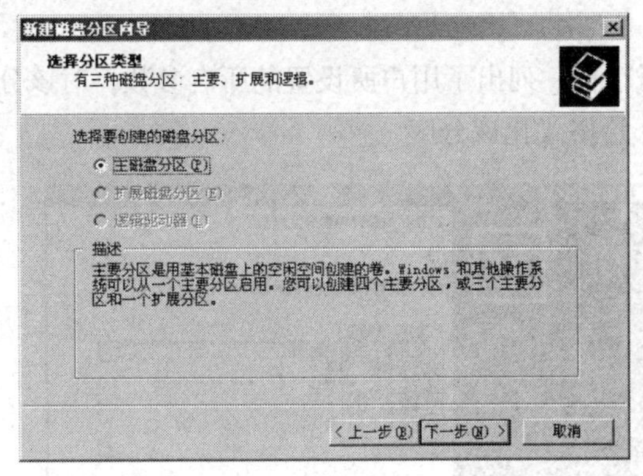

图 5-27　选择要创建的磁盘分区类型

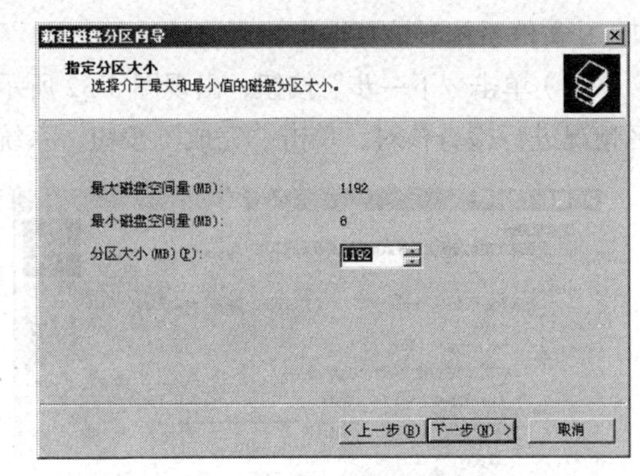

图 5-28　指定分区大小

（5）进入图 5-29 所示的“指派驱动器号和路径”对话框，完成其中单选框的选择，单击“下一步”按钮。

该对话框中的设置决定了将来这个分区被访问的途径和方式。

① 为了使正在创建的主磁盘分区可以直接被访问到，可以选择“指派以下驱动器号”并在其后的下拉列表中指定一个驱动器号。

② 如果希望这个主磁盘分区作为另一个分区的一个文件夹的形式被访问则可以选择“装入以下空白 NTFS 文件夹中”并单击“浏览”按钮选择挂装位置，如图 5-30 所示。

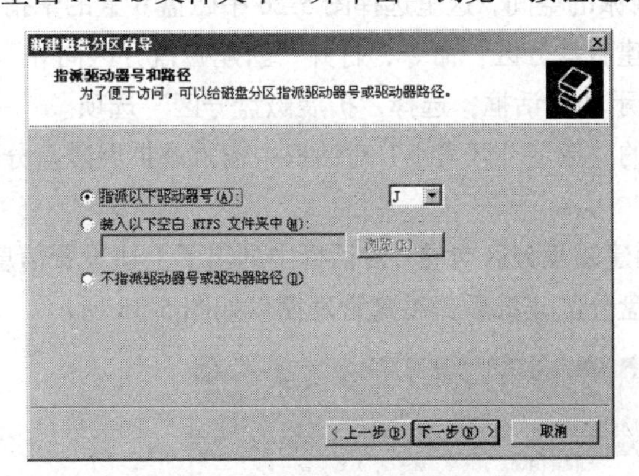

图 5-29　指派驱动器号和路径

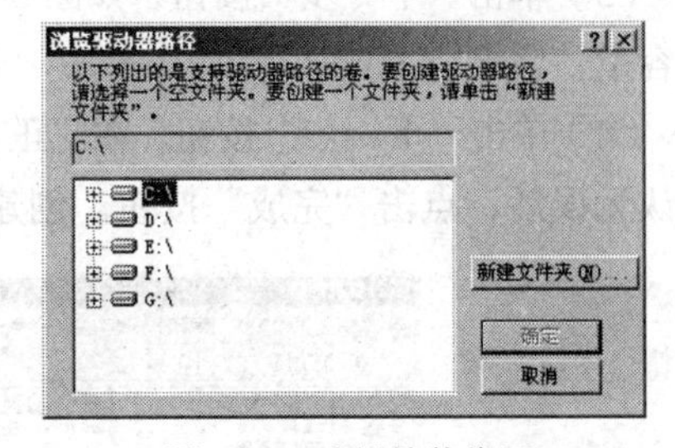

图 5-30　选择挂装位置

③ 也可以选择“不指派驱动器号或驱动器路径”，将来再指派驱动器号或驱动器路径。

（6）完成驱动器号或者驱动器路径指派后单击“下一步”按钮，将出现图 5-31 所示的对话框，引导分区格式化操作。

① 文件系统：即格式化使用的文件系统格式，包括 FAT32 和 NTFS。

② 分配单位大小：作为最小访问单位，分配单位决定了分区中数据的存储和访问单位。如果分配单位过大，其中存储整个文件后的空余空间会造成浪费；如果分配单位过小，整个文件夹将被存储于过多的分配单位中，又会影响使用效率。在没有特殊要求的情况下，推荐使用默认值。

③ 卷标：就是使用者为这个分区所起的名字。

④ 执行快速格式化：当该复选框勾选时，在进行格式化操作建立文件系统前，将不进行扇区检查，在确定没有坏扇区的情况下，可以勾选此复选框以加快格式化速度。

⑤ 启用文件和文件夹压缩：因为压缩文件和文件夹是 NTFS 分区的特性，因此只有选择新建 NTFS 文件系统时该复选框才可以被选择。

（7）单击“下一步”按钮，出现图 5-32 所示对话框，列出了用户所设置的所有参数，对该分区情况进行检查核对，单击“完成”按钮，系统开始格式化该分区。

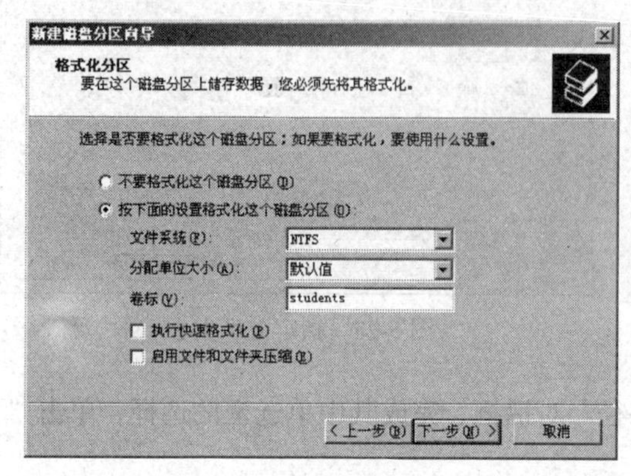

图 5-31　格式化分区

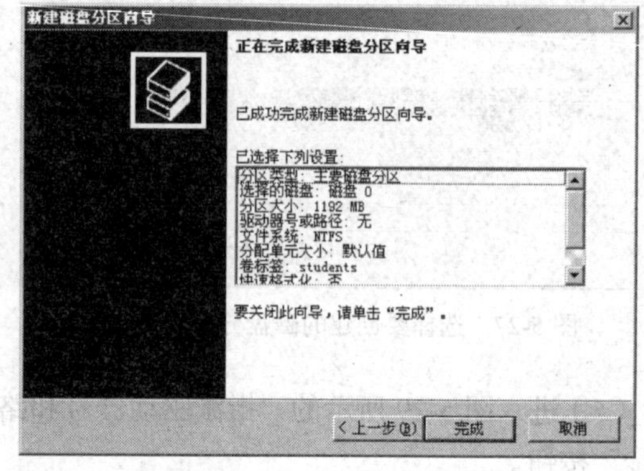

图 5-32　完成主磁盘分区操作

2. 创建扩展磁盘分区

在基本磁盘还没有使用的空间中，可以创建扩展磁盘分区。创建扩展磁盘分区的步骤如下：

（1）在“磁盘管理”控制台中选取一块未指派的空间，这里选择图 5-26 中磁盘 0 上的未指派空间。右击该空间，在弹出的菜单中选择“新建磁盘分区”命令，打开“新建磁盘分区向导”。

（2）单击“下一步”按钮，打开图 5-27 所示的对话框，选择“扩展磁盘分区”选项。

（3）单击“下一步”按钮，如图 5-28 所示的“指定分区大小”对话框中输入该扩展磁盘分区的容量。

（4）单击“下一步”按钮，在“正在完成创建磁盘分区向导”对话框中列出了上述设置信息，确认无误后，点击“完成”按钮。创建扩展磁盘分区完成后，磁盘管理窗口如图 5-33 所示。

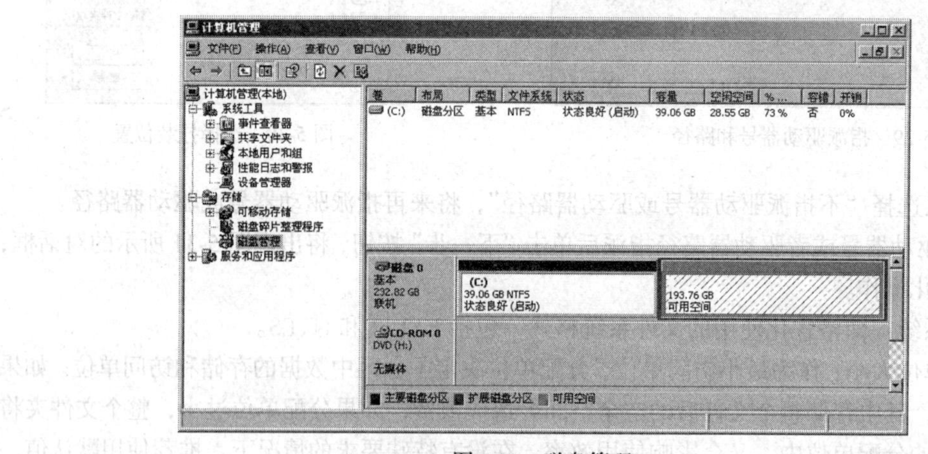

图 5-33　磁盘管理

3. 创建逻辑磁盘分区

创建完成扩展磁盘分区后，可以将该分区切割成一段或几段，每一段就是一个逻辑磁盘分区，给逻辑磁盘分区指派驱动器号并按一定的文件系统格式化后，该逻辑磁盘分区就可以用来存储数据了。创建逻辑磁盘分区的步骤如下：

（1）在图 5-33 所示“可用空间”上，右击鼠标，选择“新建逻辑驱动器”，弹出“欢迎使用创建磁盘分区向导”对话框，单击“下一步”按钮，出现图 5-27 所示的“选择分区类型”对话框，选择“逻辑驱动器”。

（2）单击“下一步”，在图 5-28 所示的“指定分区大小”对话框，输入该逻辑驱动器的容量。

（3）单击“下一步”，在图 5-29 所示的“指派驱动器号和路径”对话框中指定一个驱动器代号代表该逻辑分区。

（4）单击“下一步”按钮，在图 5-31 所示的“格式化分区”，对话框中设置适当的格式化选项值。

（5）单击“下一步”按钮，弹出“正在完成创建磁盘分区向导”对话框，列出了上述设置信息，确认无误后，单击“完成”按钮。此时系统开始对该逻辑分区进行格式化，如图 5-34 所示，格式化结束后新建逻辑分区完成。

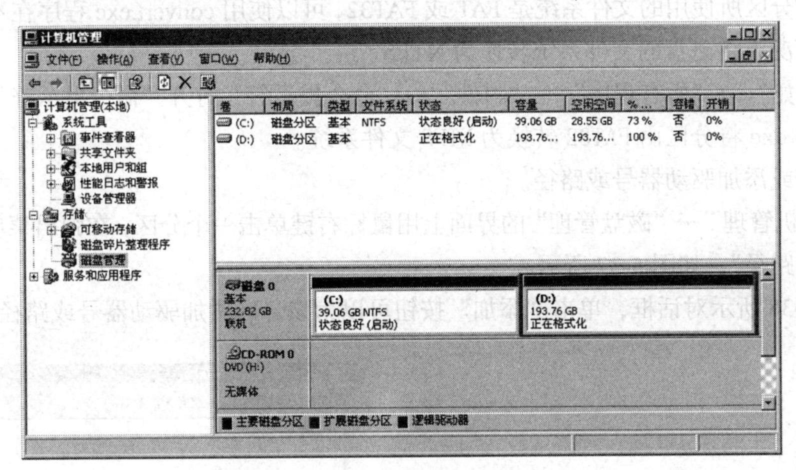

图 5-34　开始格式化新建磁盘分区

4. 管理基本磁盘分区

（1）指定“活动”磁盘分区。

任何主磁盘分区都可以被指定为“活动”磁盘分区，但是只有存放启动所需的引导扇区和启动文件的分区被设置为“活动的”才能成为系统分区。

系统分区与启动分区可以是同一个分区，也可以是不同的分区，在安装多套操作系统的计算机上，系统分区一定是那个存放着启动所需的引导扇区和启动文件的主磁盘分区，而操作系统则可以被安装在任何主磁盘分区或逻辑分区上。

在“计算机管理”→“磁盘管理”的界面上，用鼠标右键单击一个未被设置为“活动”的主磁盘分区，在弹出菜单中选择“将磁盘分区标为活动的”即可。

（2）磁盘分区格式化。

在创建磁盘分区时选择“不要格式化这个磁盘分区”或者希望重新格式化一个磁盘分区时，在“计算机管理”→“磁盘管理”的界面上用鼠标右键单击一个该磁盘分区，在弹出菜单中选择“格式化”后将出现图 5-35 所示的警告对话框。

格式化操作将使磁盘上的所有数据丢失，应该慎重使用。单击“确定”按钮，出现图 5-36 所示的对话框。

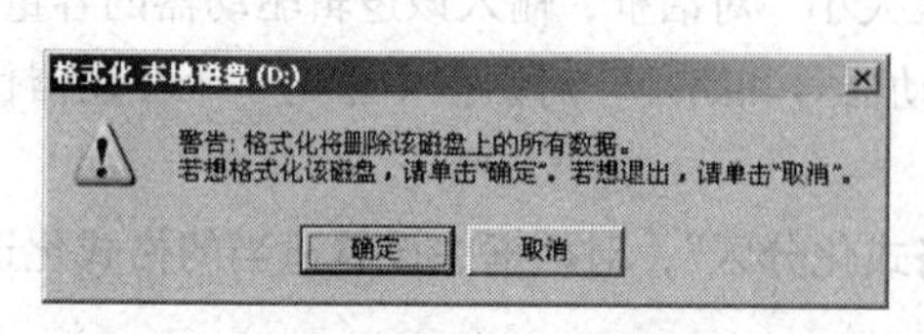

图 5-35　格式化磁盘分区“警告”对话框

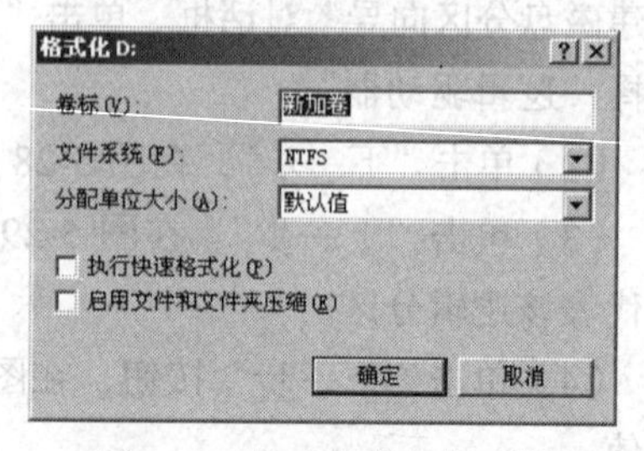

图 5-36　格式化磁盘分区设置

对格式化操作进行设置后单击“确定”按钮并再次确认这一操作后，将开始执行格式化工作。

（3）转换文件系统。

如果磁盘分区所使用的文件系统是 FAT 或 FAT32，可以使用 convert.exe 程序在不影响分区中存储数据的情况下将磁盘的文件系统转换为 NTFS。

单击“开始”→“所有程序”→“附件”→“命令提示符”打开“命令提示符”窗口，然后使用 convert.exe 将分区由 FAT32 转换为 NTFS 文件系统。

（4）更改或添加驱动器号或路径。

在“计算机管理”→“磁盘管理”的界面上用鼠标右键单击一个分区，在弹出菜单中选择“更改驱动器名和路径”，如图 5-37 所示。

弹出图 5-38 所示对话框，单击“添加”按钮可以为该分区增加驱动器号或路径。

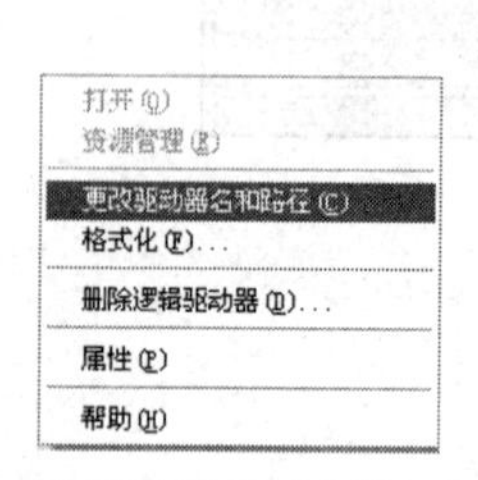

图 5-37　选择“更改驱动器名和路径”

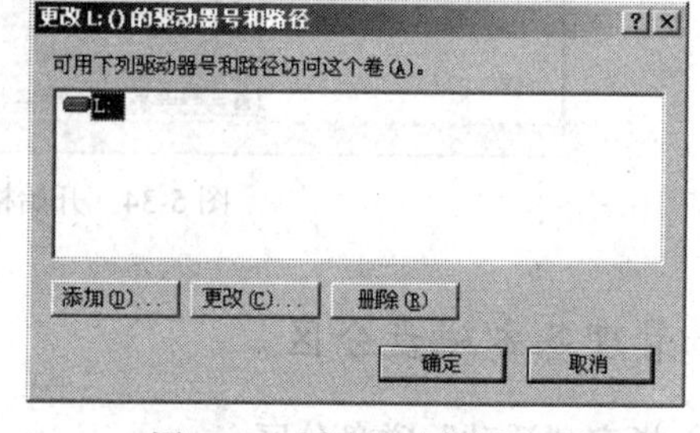

图 5-38　更改驱动器号和路径

在图 5-38 中，单击“更改”按钮则可以更改该分区的驱动器号，如图 5-39 所示。

（5）更改卷标。

在“计算机管理”→“磁盘管理”的界面上用鼠标右键单击一个分区，在弹出菜单中选择“属性”命令，出现图 5-40 所示对话框，在文本框中直接填写或修改卷标后单击“确定”按钮即可。

（6）删除磁盘分区。

在“计算机管理”→“磁盘管理”的界面上用鼠标右键单击一个逻辑驱动器，在弹出菜单中选择“删除逻辑驱动器”命令，如图 5-41 所示。

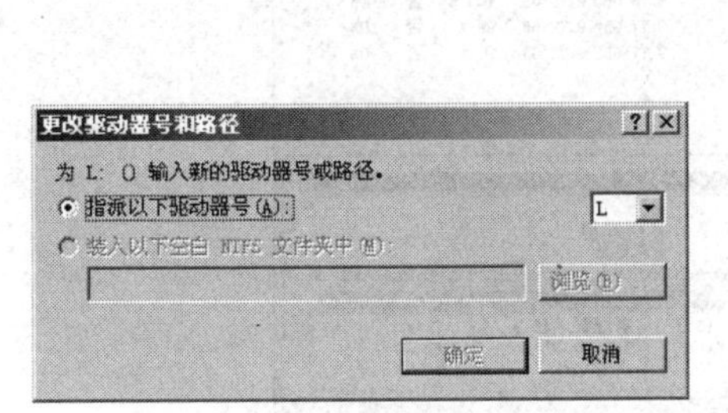

图 5-39　更改驱动器号和路径

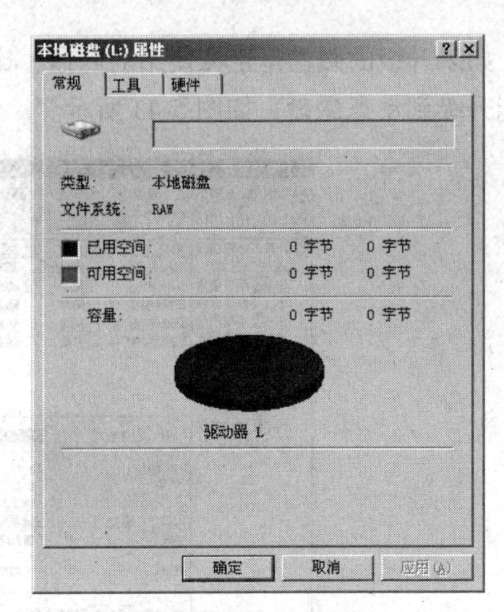

图 5-40　磁盘分区的属性

在随后弹出的警告对话框中单击“是”按钮，如图 5-42 所示。

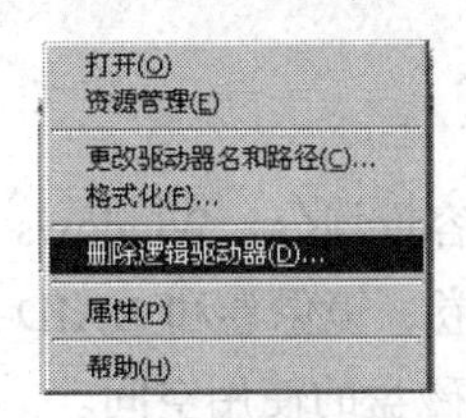

图 5-41　选择“删除逻辑驱动器”

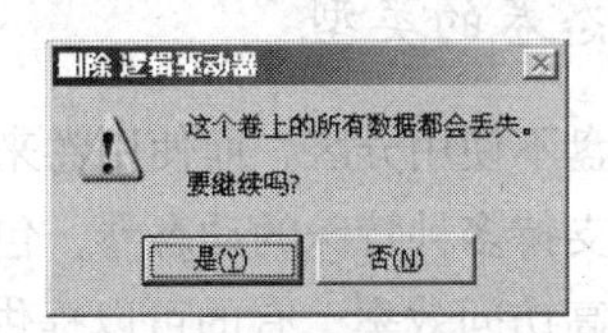

图 5-42　删除警告

（7）磁盘分区的扩展。

只有是 NTFS 磁盘分区，且不是系统分区或启动分区才可以被扩展。被扩展的区域必须紧跟在该分区的后面。

单击“开始”→“所有程序”→“附件”→“命令提示符”打开“命令提示符”窗口，然后使用 diskpart 将磁盘分区扩展。

5.2.2　动态磁盘管理

1．将基本磁盘转换为动态磁盘

动态磁盘为磁盘空间提供了更多的支持，例如提高容错能力，更有效地利用存储空间等，然而这些支持是通过各种动态卷来实现的，实现这些动态卷的第一步就是要将基本磁盘转换为动态磁盘。

在转换为动态磁盘之前，需要清楚这个转换是不可逆的，而且转换为动态磁盘后只有本地启动 Windows 2000、Windows XP Professional 和 Windows Server 2003 可以读取该磁盘。

只有 Administrators 和 Backup Operators 组的成员才能执行这个转换工作：在磁盘管理界面上用鼠标右键单击磁盘位置并在菜单中选择“转换到动态磁盘”。在随后出现的对话框中选择希望转换成动态磁盘的基本磁盘，单击“确定”按钮，并在随后的确认对话框中单击“转换”按钮即可。

如果升级的磁盘是正在使用的磁盘，比如操作系统所在的磁盘，那么就需要重新启动计算机才能升级到动态磁盘，如图 5-43 所示。

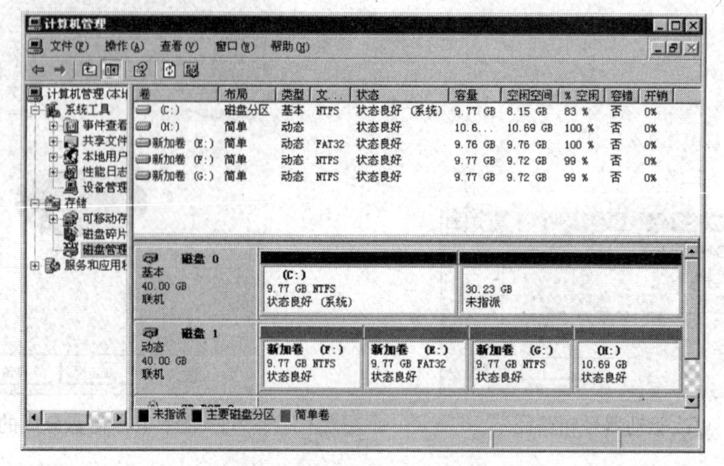

图 5-43 转换成“动态磁盘”

2. 动态卷的类型

动态磁盘不使用分区，而使用卷来描述动态磁盘上的每一个容量划分。Windows Server 2003 动态磁盘可支持多种特殊的动态卷，包括简单卷、跨区卷、带区卷、镜像卷和 RAID-5 卷。它们有的可以提高访问效率，有的可以提供容错功能，有的可以扩大磁盘的使用空间。

（1）简单卷。

要求必须建立在同一硬盘上的连续空间中，建立好之后可以扩展到同一磁盘中的其他非连续的空间中。简单卷的空间必须是在同一个物理磁盘上，无法跨越到另一个磁盘。简单卷可以被格式化为 FAT、FAT32 或 NTFS 文件系统，但是如果要扩展简单卷则必须将其格式化为 NTFS 的格式。

下面说明如何创建简单卷。

① 在“磁盘管理”界面动态磁盘上单击右键，打开快捷菜单，单击其中的“创建卷”，如图 5-44 所示。

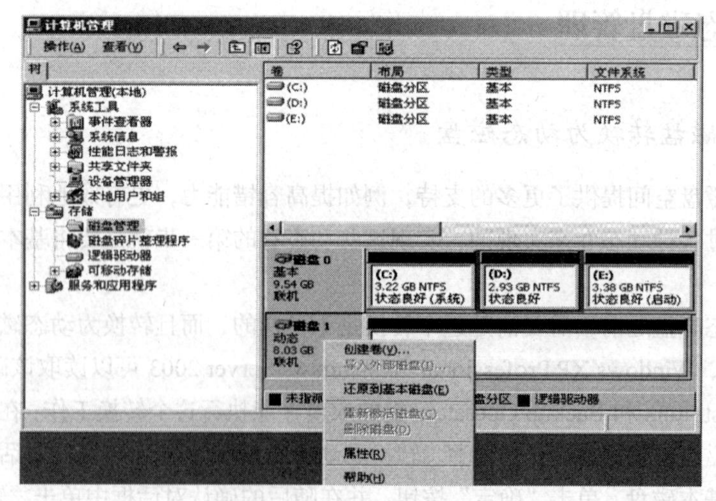

图 5-44 选择“创建卷”

② 弹出图 5-45 所示“创建卷向导”对话框，单击“下一步”继续。

③ 弹出图 5-46 所示的“新建卷向导”对话框，选择要创建的卷类型。此处选择“简单”卷类型。

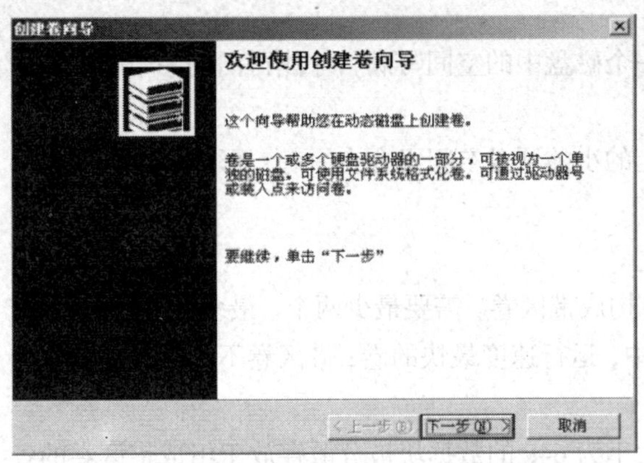

图 5-45　创建卷向导

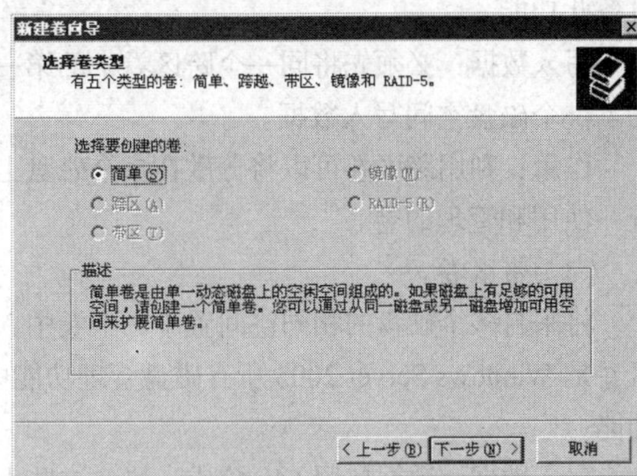

图 5-46　选择卷类型

④ 弹出图 5-47 所示对话框，输入卷的容量，单击“下一步”按钮。

⑤ 弹出图 5-48 所示的对话框，指派驱动器号和路径。

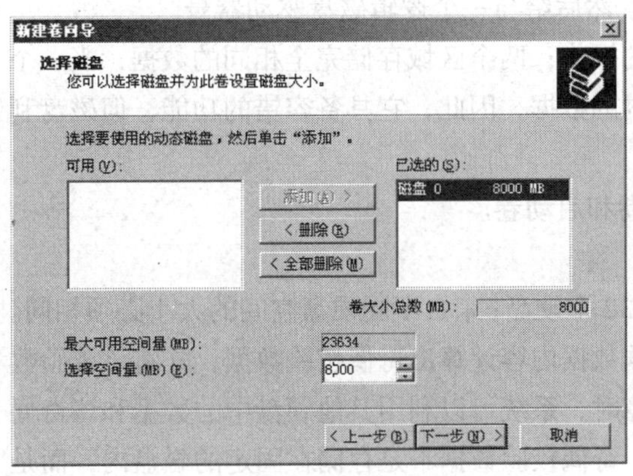

图 5-47　选择磁盘和空间量　　图 5-48　指派驱动器号和路径

⑥ 完成创建后，可以在“磁盘管理”中看到新建的“简单”新加卷。

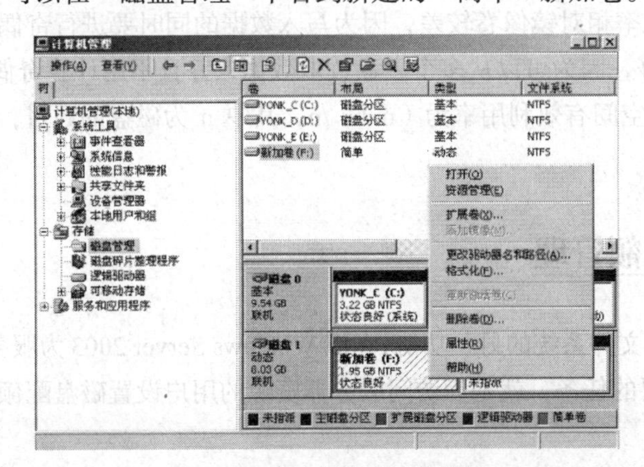

图 5-49　完成创建“简单卷”

（2）跨区卷。

将来自多个硬盘的空间置于一个卷中，构成跨区卷。需要最少 2 个、最多 32 个硬盘；每块硬盘用来组成跨区卷的空间不必相同；NTFS 格式的跨区卷可以扩展容量，FAT 和 FAT32 格式的不具备此功能。

写入数据：必须先将同一个跨区卷中的第一个磁盘中的空间写满，才能再向同一个跨区卷中的下一个磁盘空间写入数据。

作用：利用跨区卷可以将分散在多个磁盘上的小的硬盘空间组合在一起，形成一个大的可以统一使用和管理的卷。

（3）带区卷。

将来自多个硬盘的相同空间置于一个卷中，构成带区卷。需要最少两个、最多 32 个硬盘；带区卷是 Windows Server 2003 所有磁盘管理功能中，运行速度最快的卷；带区卷不具有扩展容量的功能。

写入数据：数据按照 64k 分成一块，这些大小为 64k 的数据块被分散存放于组成带区卷的各个硬盘中。

（4）镜像卷。

可以看作简单卷的复制卷，由一个动态磁盘内的简单卷和另一个动态磁盘内的未指派空间组合而成，或者由两个未指派的可用空间组合而成，然后给与一个逻辑磁盘驱动器号。

当一个卷作出修改时，另一个卷也完成相同的操作；两个区域存储完全相同的数据，当一个磁盘出现故障时，系统仍然可以使用另一个磁盘内的数据，因此，它具备容错的功能，但磁盘利用率只有 50%。

与跨区卷、带区卷不同的是它可以包含系统卷和启动卷。

（5）RAID-5 卷。

具有容错能力的带区卷，需要最少 3 个、最多 32 个硬盘；来自不同硬盘空间的大小必须相同。

它的工作原理是 RAID-5 在存储数据时，根据数据内容计算出奇偶校验数据，并将该校验数据一起写入到 RAID-5 卷中。当某个磁盘出现故障时，系统可以利用其他硬盘中的数据和该奇偶校验数据恢复丢失的数据，具有一定的容错能力。奇偶校验数据不是存储在固定的磁盘内，而是依序分布在每台磁盘内，例如第一次写入时存储在磁盘 0、第二次写入时存储在磁盘 1……存储到最后一个磁盘后，再从磁盘 0 开始存储。

RAID-5 卷写入效率相对镜像卷较差，因为写入数据的同时要进行奇偶校验数据的计算，但读取数据时比镜像卷好，因为可以从多个磁盘读取数据，并且不用计算奇偶校验数据。

RAID-5 卷的磁盘空间有效利用率为（n-1）/n，其中 n 为磁盘的数目，从这一点上看，比镜像卷的 50%要好。

5.2.3 磁盘配额管理

磁盘配额是 NTFS 文件系统的另一功能，在以 Windows Server 2003 为服务器的计算机网络中，系统管理员有一项重要的任务，就是为访问服务器资源的用户设置磁盘配额，控制他们对磁盘空间的使用。

通过磁盘配额设置可以监视甚至限定每一位用户在指定分区内存储文件的空间大小，在对用户文件大小进行统计时是根据文件和文件的所有权来确定，不考虑文件压缩的影响，也就是说会以文件压缩之前的大小进行统计。磁盘配额的设定是以分区为参照的，同一用户在不同分区上可以设定不同的配额大小。

磁盘配额对于普通的 Windows Server 2003 用户不太重要，不过对于整个网络的系统管理员来说，此项操作却是至关重要的。因为一旦网络中的客户机很多并且频繁访问服务器资源以及使用网络的话，无论服务器的运算能力多强，或者网络所能承受的通信量多大，也难以满足所有用户的需求。因此，系统管理员必须对网络中的客户机进行磁盘配额的设置。

在 Windows Server 2003 操作系统中，磁盘配额按照卷跟踪磁盘空间使用，管理员可通过对 NTFS 文件系统提供的磁盘配额功能限制用户在磁盘驱动器上使用的磁盘空间。磁盘配额仅能在利用 NTFS 文件系统格式化的卷上实现，FAT 和 FAT32 文件系统不支持磁盘配额。设置磁盘配额的步骤如下。

（1）在 Windows“资源管理器”中，右击需要设置磁盘配额的 NTFS 磁盘分区盘符（如：D 盘），在弹出菜单中选择“属性”命令，打开“属性”对话框，单击“配额”标签，如图 5-50 所示，打开“配额”选显卡。

（2）选中“启用配额管理”复选框，激活“配额”选项卡中的所有配额设置选项。启用配额管理后将对用户的磁盘使用情况进行监控，但并不限制用户使用磁盘的大小。只有将“拒绝将磁盘空间给超过配额限制的用户”选中才能对用户所使用磁盘空间的大小加以限制。

可以选择“不限制磁盘使用”或者分别设置磁盘空间限制和警告等级以便进一步限定用户可使用的空间大小，并在到达警告等级时预先给出警告。

（3）单击图 5-50 所示界面上的“配额项”按钮，打开“本地磁盘（D:）的配额项”窗口，如图 5-51 所示。通过该窗口管理员可以新建配额项、删除已建立的配额项，或是将已建立的配额项信息导出并存储为文件，以后需要时可直接导入文件获得配额项信息。

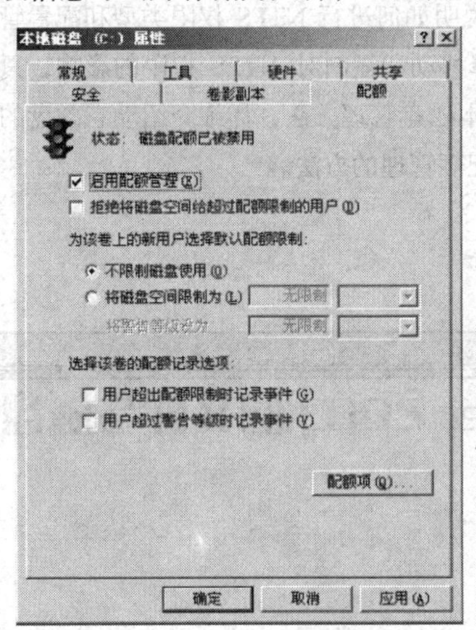

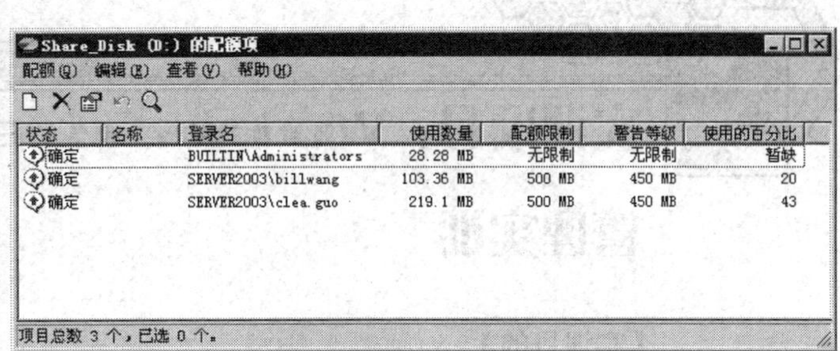

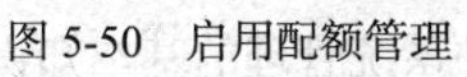
图 5-50　启用配额管理

图 5-51　本地磁盘的配额项

如果管理员要创建一个新的配额项，在菜单栏中单击“配额”→“新建配额项”命令，打开“选择用户”对话框，指定一个用户账户后单击“确定”按钮，打开“添加新配额项”对话框。在该对话框中可以为该用户设置适当的磁盘配额限制。

（4）在图 5-50 所示界面中，右击一个用户，从弹出菜单中选择“属性”命令，将出现图 5-52 所示对话框，通过此对话框可以对个别用户的磁盘配额情况加以修改，以分配给不同用户不同磁盘配额。

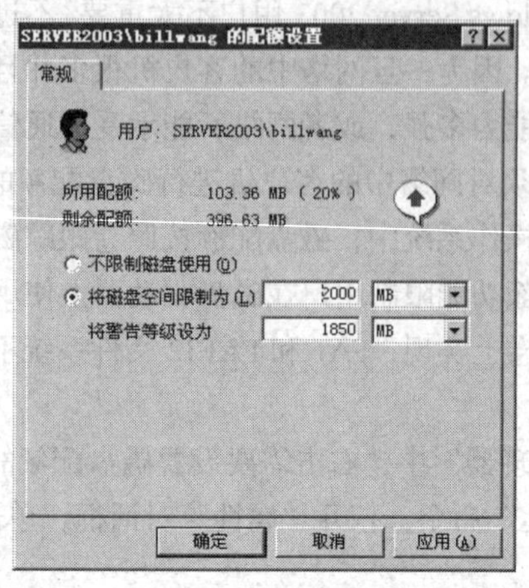

图 5-52　修改个别用户的磁盘配额设置

本章小结

本章介绍了 Windows Server 2003 文件系统的基本概念和磁盘管理的基本方法。介绍了 NTFS 文件系统的优点、权限，通过实例说明如何进行 NTFS 权限类型和配置管理方法，文件夹压缩、加密与共享的方法，解释移动和复制对 NTFS 权限的影响，只有本地磁盘移动时才保留 NTFS 权限。介绍基本磁盘管理方法，详细介绍动态磁盘的概念和动态磁盘管理方法，通过实例介绍磁盘配额管理的方法。

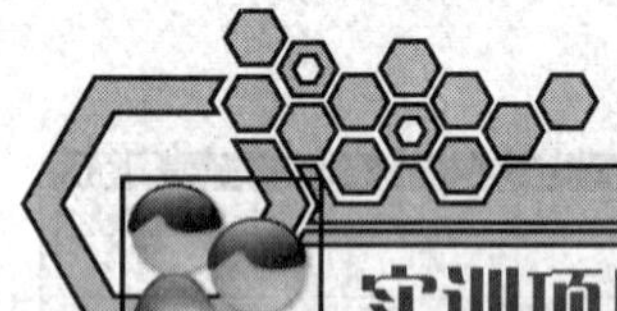

实训项目：Windows Server 2003 的文件与磁盘管理实训

【实训目的】

通过实训，使学生掌握 Windows Server 2003 文件系统管理的基本知识，主要包括 NTFS 权限的设置、加密、压缩文件和文件夹、设置文件和文件夹共享等。

【实训环境】

装有 Windows Server 2003 操作系统的 PC 机、局域网环境。

【实训内容】

1. 设置 NTFS 权限

设置 NTFS 的文件和文件夹基本权限。例如，一个名为 work 的文件夹，Administrator 用户可以完全控制，而用户“jp”只有读取权限。

（1）打开 Windows 资源管理器，右击名为 work 的文件夹，单击“属性”，然后打开“安全”选项卡。

（2）单击“添加”。输入想要为其设置权限的用户“jp”的名称，单击“确定”。

（3）在“用户或组的权限”对话框中，首先选中用户 Administrator，选择“完全控制”。然后选中用户“jp”，选择“读取”，单击“确定”。

2. 实现文件夹共享

（1）在本地磁盘某驱动器（NTFS 格式）中新建一文件夹，命名为“实训”，将其设为共享文件夹，并将其设为 guest 用户可以完全控制。

（2）在邻近的某台计算机上（假设计算机名为 s1）将该文件夹映射为该计算机的 F 驱动器。

3. 加密、压缩文件和文件夹

参考本章教材内容，加密和压缩一个文件和文件夹，并用彩色显示加密或压缩的 NTFS 文件。

习题

1. Windows Server 2003 支持哪些文件系统？
2. NTFS 与 FAT 相比，有哪些优点？
3. 比较对文件、文件夹设置访问权限的不同点。
4. 为什么要压缩和加密文件和文件夹？
5. 什么样的共享是在驱动器的根上自动创建的？
6. 设置一台服务器，用户可以通过网络访问各自的文件夹，不同的用户属于不同的工作组且具有不同的 NTFS 权限。

第6章 其他管理

6.1 数据备份与还原

数据备份的目的在于当系统出现问题时可将一些已经备份的重要文件还原，从而不至于造成不必要的麻烦和重大的损失。Windows操作系统自带了这样的功能，而Windows Server 2003作为一个网络操作系统，充当的是一个网络服务器操作系统的角色，因此，学会如何进行数据备份与还原至关重要。

Windows Server 2003内置的备份工具程序名称为制作备份，意外发生后将先前备份的数据还原到硬盘中。使用制作备份工具备份数据时，需要注意三个设置。

1. 备份项目

备份项目指要备份计算机中的什么数据，制作备份程序提供三种备份项目。

（1）备份计算机上全部文件：将计算机中的数据全部备份下来。

（2）存储选区的文件：由管理员自行选择要备份哪些数据，可选择整个硬盘、某个文件夹或者文件。同时也可以从网上邻居中选取其他计算机上共享文件夹内的数据。

（3）系统状态数据：选择这个项目时，只会备份启动系统所需要的启动文件、COM+的类别注册表数据库、系统注册表数据库（Registry）的属性；如果是在DC上执行制作备份，还将包括AD数据（NTDS）、SYSVOL文件；若计算机安装了Certificate Server，则也会备份Certificate Server数据库。

2. 存储备份位置

存储备份位置指要将备份数据存到什么位置。制作备份支持将备份数据存到以下类型的设备上。

（1）磁带机与磁带柜：虽然这种方法非常传统，但磁带机与磁带柜技术仍有更新，磁带容量可达上百 GB，访问速度也有提高，但由于磁带设备售价高，通常在大企业中采用。

（2）硬盘：随着技术发展，硬盘容量不断提升，价格不断降低，硬盘成为理想的备份设备，硬盘备份必须备份到另一个实体硬盘或网络硬盘，而不能备份到同一硬盘不同的目录或分区，否则不能有效分散风险。

（3）软盘：也是传统的备份设备，但由于速度低、容量小，逐渐不被使用。

3. 备份类型

备份类型指要以何种方式备份数据，分为 5 种类型。

（1）标准备份：将指定的文件备份下来，同时将文件标示为已备份。第一次在系统中执行备份时，通常都使用标准备份。

（2）增量备份：只备份自前一次标准或增量备份之后，新建立或变动过的文件，并在备份后取消文件的保存属性。

（3）差异备份：只备份指定范围内，自前一次的标准或增量备份之后，新建立或更改的文件。差异备份只会备份设置保存属性的文件，且在备份后也不会取消文件的保存属性。

（4）每日备份：只备份在指定范围内，且于执行制作备份程序当天有改动过的文件，在备份后不会取消文件的保存属性。

（5）复制备份：备份指定范围内的所有文件，在备份后不会取消文件的保存属性。

6.1.1　数据备份

下面以将“系统状态数据”备份到硬盘中为例，说明备份向导的基本操作。

（1）选择“开始”→“所有程序”→“附件”→“备份”，如图 6-1 所示。

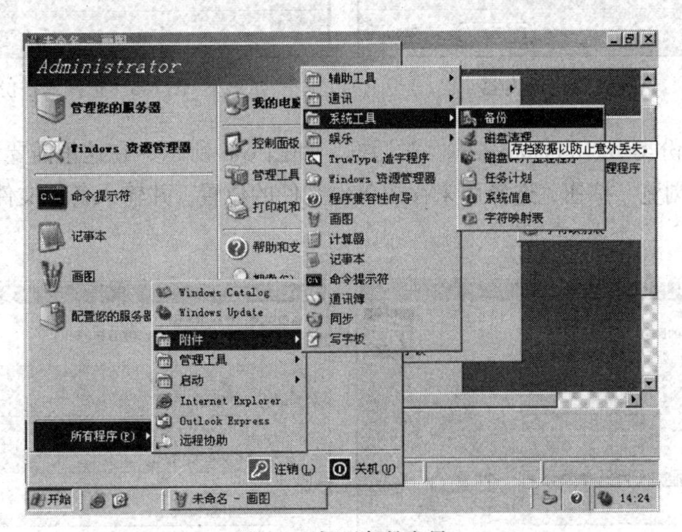

图 6-1　打开备份向导

（2）打开图 6-2 所示对话框“欢迎使用备份或还原向导”对话框，按“下一步”按钮继续。

（3）选中图 6-3 的“备份文件和设置”单选按钮，单击“下一步”按钮。

（4）打开图 6-4 所示对话框，选中“让我选择要备份的内容”单选按钮，单击“下一步”按钮继续。

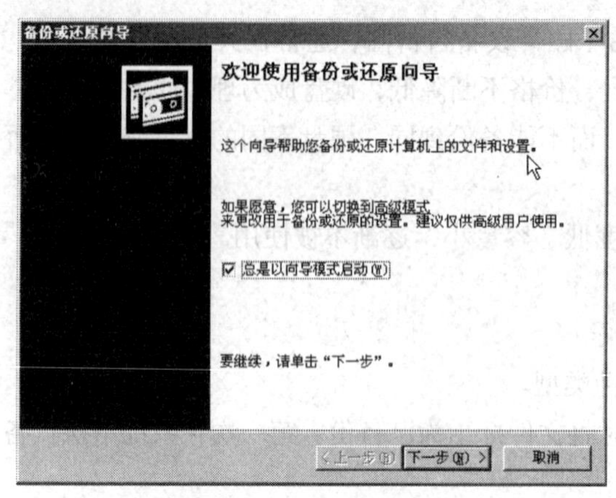

图 6-2　备份向导步骤

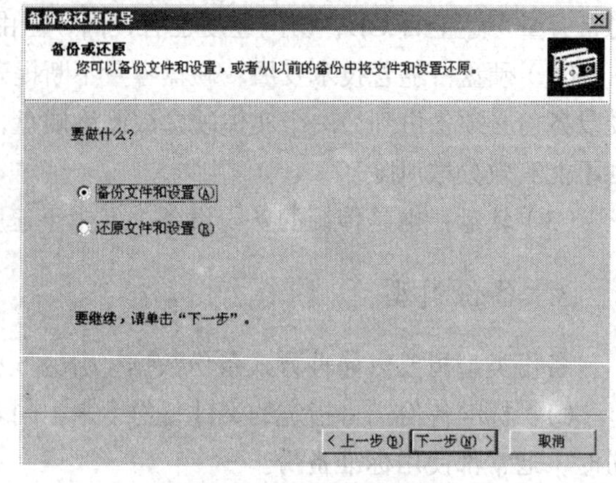

图 6-3　选择备份或还原

（5）打开“要备份的项目”对话框，如图 6-5 所示，在“要备份项目”列表中选中要备份的内容前面的复选框，本例中选择要备份的系统状态数据“System State”，单击“下一步”按钮继续。

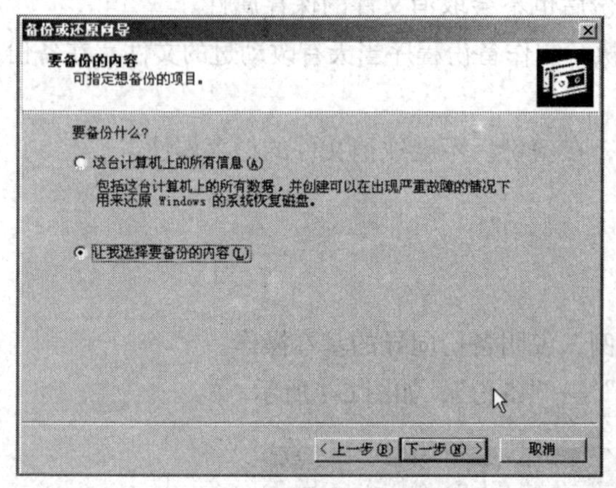

图 6-4　选择要备份的内容

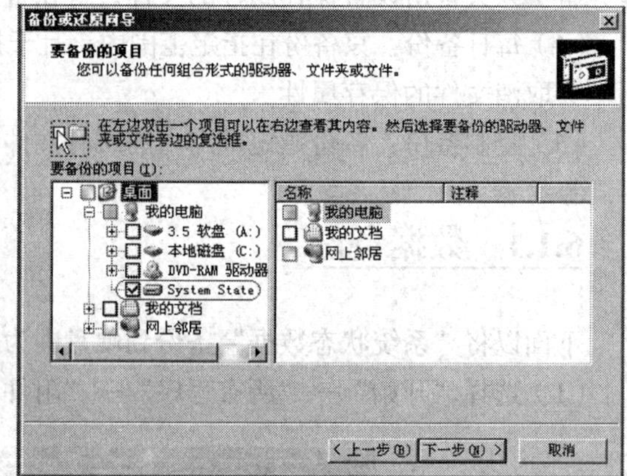

图 6-5　选择要备份的项目

（6）打开“备份类型、目标和名称”对话框，如图 6-6 所示，在这里需要设置备份的名称和保存路径。单击“浏览”按钮，选择用来存放备份文件的位置，并输入备份文件的名称，如图 6-7 所示。

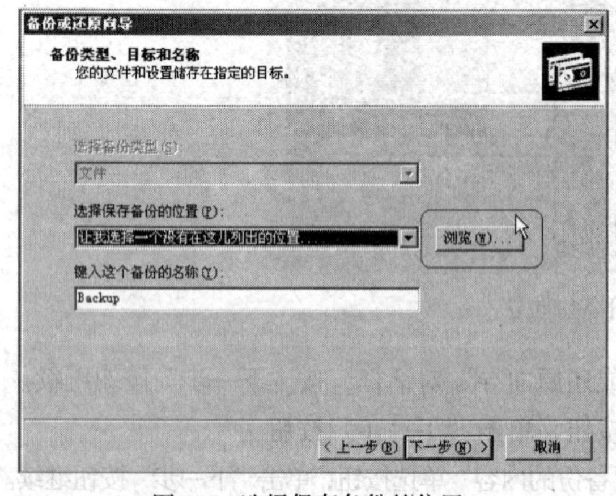

图 6-6　选择保存备份的位置

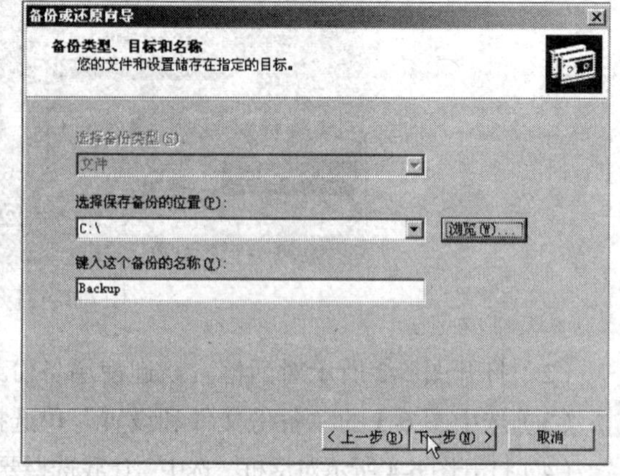

图 6-7　“备份类型、目标和名称”对话框

（7）单击“下一步”按钮，打开“正在完成备份和还原向导”对话框，如图 6-8 所示。单击“完成”按钮，打开备份进度对话框，Windows 将开始备份进程，如图 6-9 所示。根据备份内容大小的不同，备份需要耗费的时间也不同。备份完成打开“已完成备份”对话框，如图 6-10 所示。最后单击“关闭”按钮退出备份向导即可。

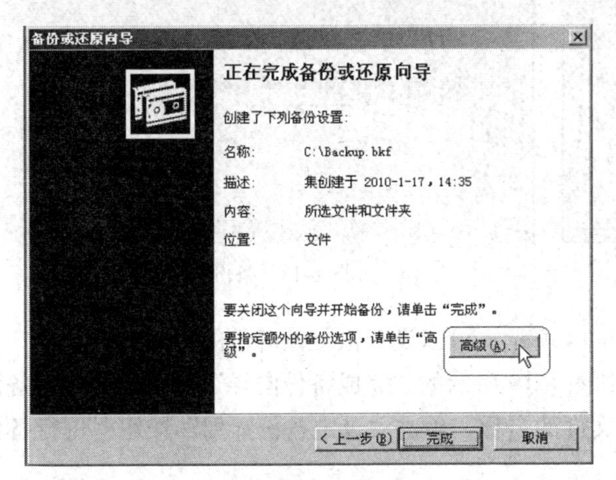

图 6-8　完成备份向导设置

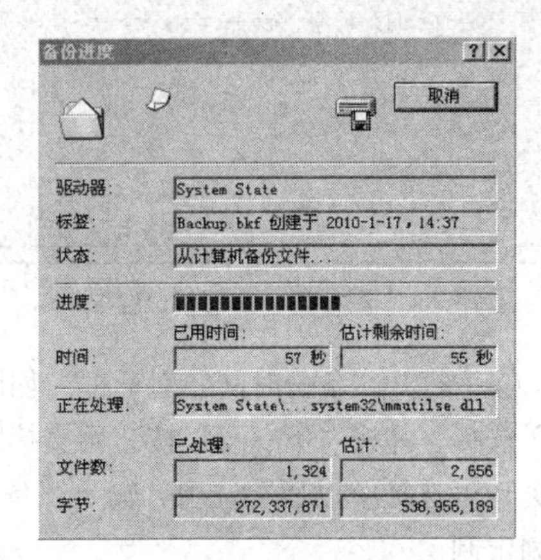

图 6-9　正在备份

另外，在图 6-8 所示对话框中选择“高级”按钮，可以进行更加详细的备份操作。操作方法如下。

（1）选择“高级”按钮，打开图 6-11 所示的对话框，选择备份类型，单击“下一步”按钮。

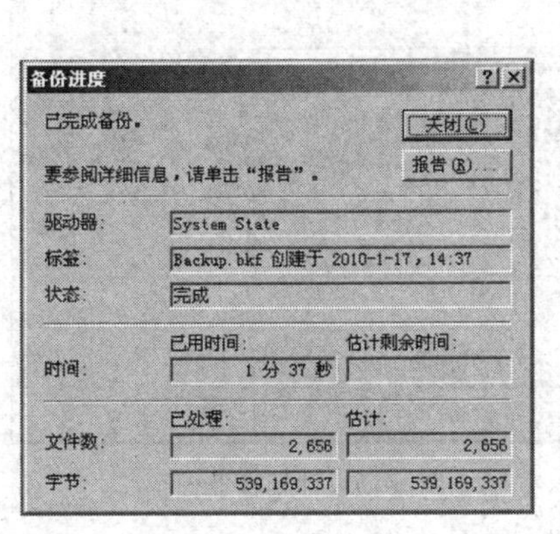

图 6-10　备份完成

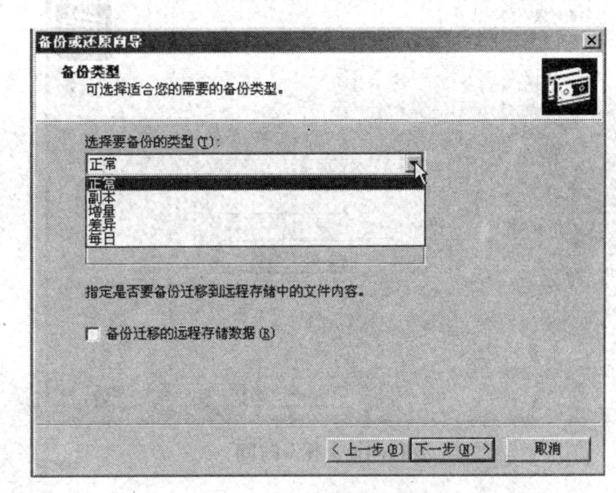

图 6-11　选择备份类型

（2）打开“如何备份”对话框，如图 6-12 所示。如果要在备份完成后验证数据是否正确，需要选中“备份后会验证数据”复选框；“如果可能，请使用硬件压缩”选项可以使用硬件压缩，提高磁盘空间的使用效率；“禁用卷影复制”选项可禁用卷影复制的功能。此处选择“备份后验证数据”，单击“下一步”按钮继续。

（3）打开“备份选项”对话框，如图 6-13 所示，设置是否覆盖数据，如果选择替换，可勾选“只允许所有者和管理员访问备份数据，以及附加到这个媒体上的备份”选项，其他人就不能够访问及更改备份数据，单击“下一步”按钮继续。

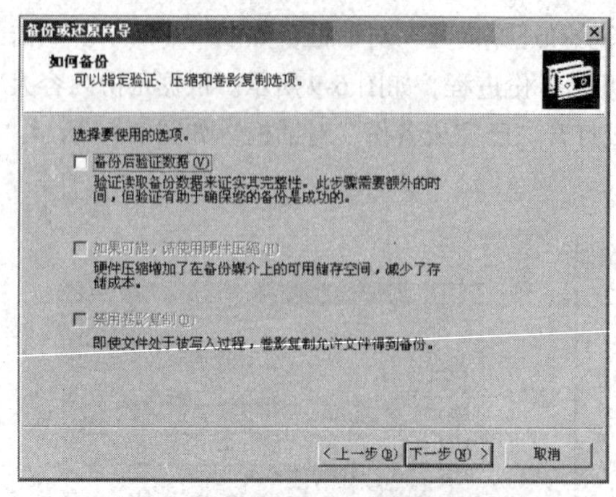

图 6-12　如何备份选项

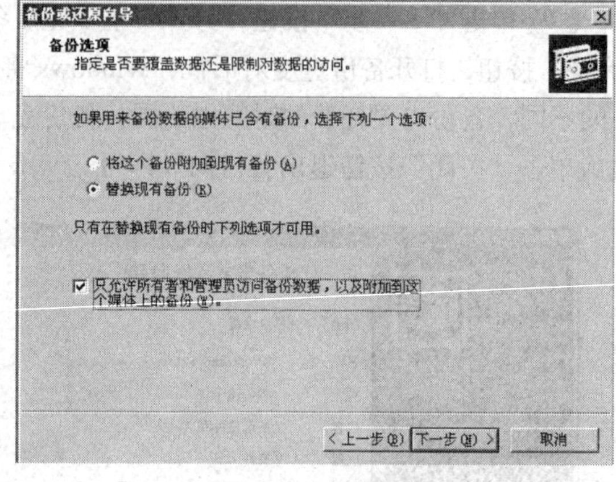

图 6-13　备份选项

（4）打开“备份时间”对话框，如图 6-14 所示，可以设置执行该备份的时间。若选择“现在”选项，并按“下一步”按钮可直接跳到图 6-19 所示的“完成备份向导”界面；要建立备份任务，可选择“以后”选项，输入此备份文件的名称，单击“设定备份计划”按钮，进行备份计划定制。

（5）打开图 6-15 所示“计划作业”对话框，“设置”选项卡可调整备份工作的详细配置信息，通常采用默认选项。单击“高级”按钮。

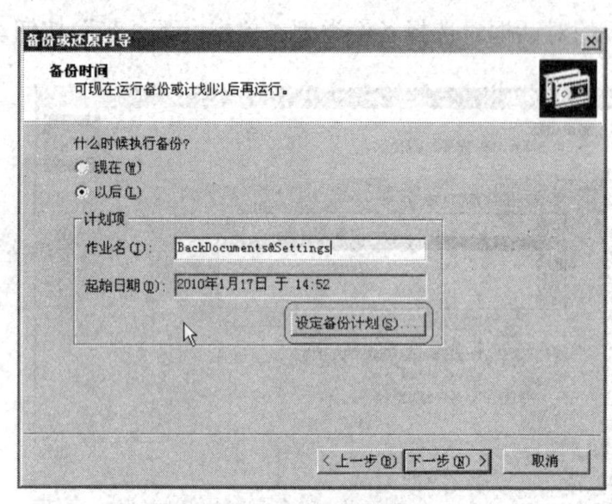

图 6-14　备份时间

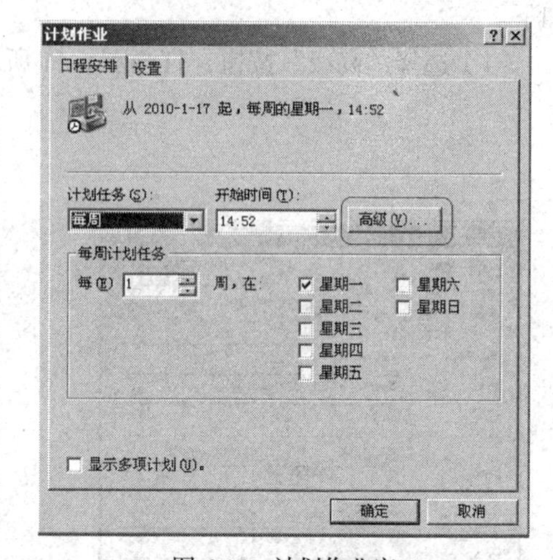

图 6-15　计划作业窗口

（6）打开图 6-16 所示“高级计划选项”对话框，可以进行任务的有效期限和重复任务设定，设定完成后，单击“确定”按钮。

（7）打开图 6-17 所示对话框，可以看到目前的任务设置，单击“确定”按钮。

（8）打开图 6-18 所示对话框，输入执行备份程序的账户及密码。

（9）打开图 6-19 所示“正在完成备份和还原”对话框，单击“完成”按钮，即可建立备份任务。Windows 将检测相关的备份信息，检测完成以后，打开“备份进度”对话框，开始执行备份操作。备份完成以后，打开“验证进度”对话框，开始验证备份。验证完成以后，Windows 将显示出相应的提示信息并显示出备份报告。最后单击“关闭”按钮退出即可。

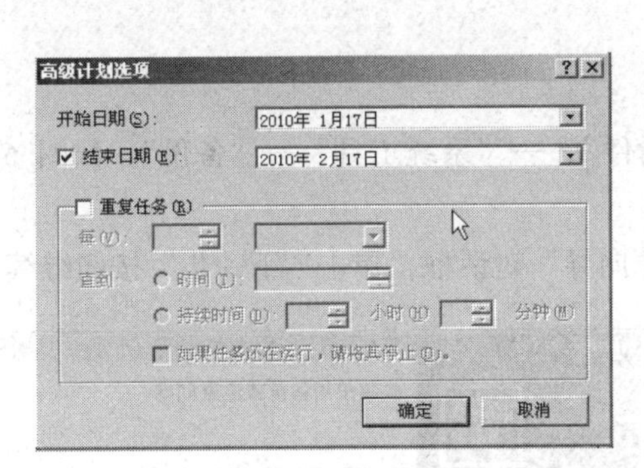

图 6-16　高级计划选项窗口

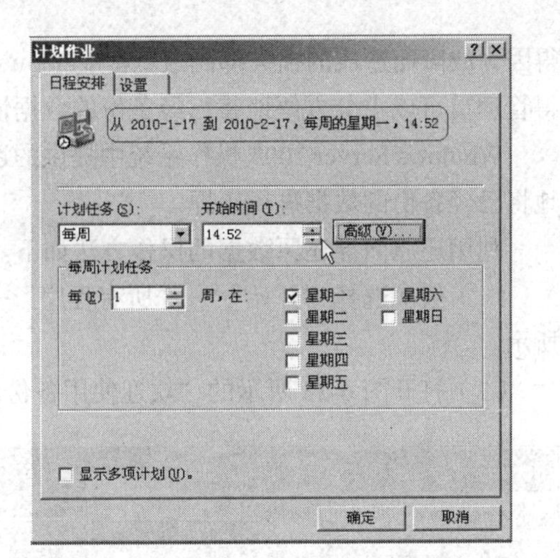

图 6-17　设置后的计划作业窗口

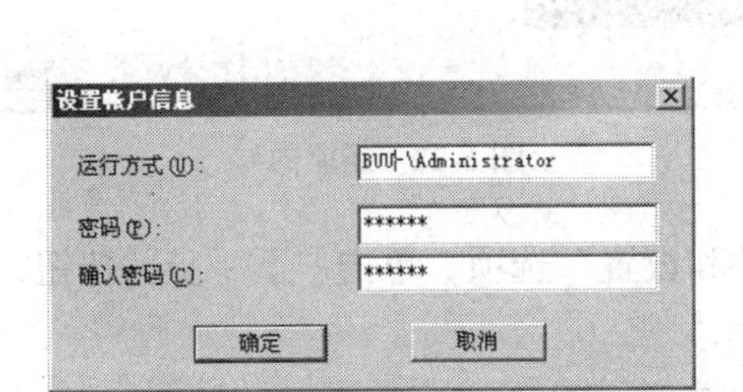

图 6-18　设置账户信息

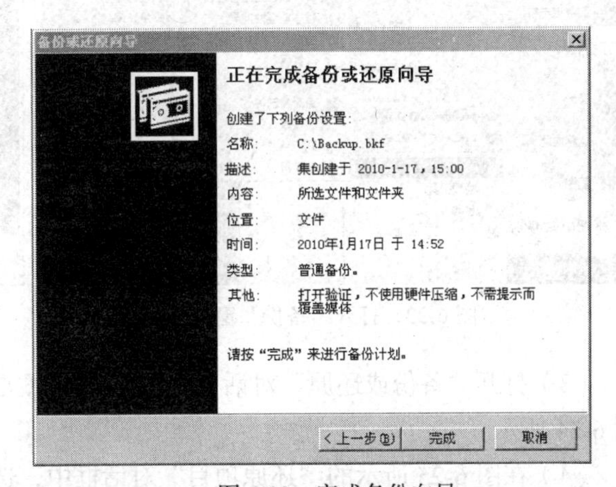

图 6-19　完成备份向导

建立好的备份任务可显示，在“开始”→“控制面板”→“任务计划”上右击，从弹出的快捷菜单中选择“打开”命令，如图 6-20 所示。

打开图 6-21 所示任务窗口，在窗口中可以查看、修改和删除备份。

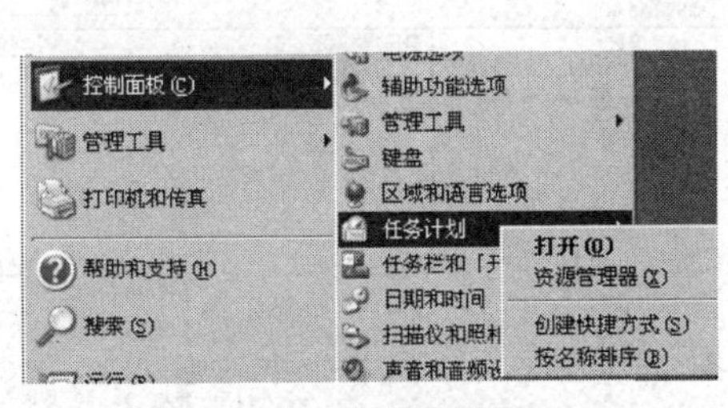

图 6-20　打开任务计划窗口

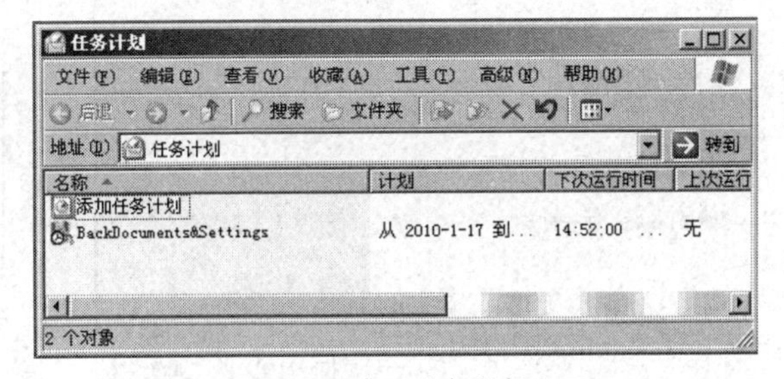

图 6-21　建立的备份任务

6.1.2　数据与系统还原

备份数据的目的在于当系统出现问题或者数据丢失时能够将已经备份的数据进行恢复，以使得因为故障而造成的损失降到最低。Windows Server 2003 操作系统中提供了数据还原的功能，使得管理员可以十分方便地将已经备份的数据恢复。

Windows Server 2003 操作系统中提供的还原向导是一个十分有用的工具，使用它可以很方便地将已经备份的数据进行还原。

利用还原向导还原数据的操作方法如下。

（1）依次选择“开始”→“所有程序”→“附件”→“系统工具”→“备份”，如图 6-22 所示。

（2）打开图 6-23 所示的“欢迎使用备份或还原向导”对话框，单击“下一步”按钮继续。

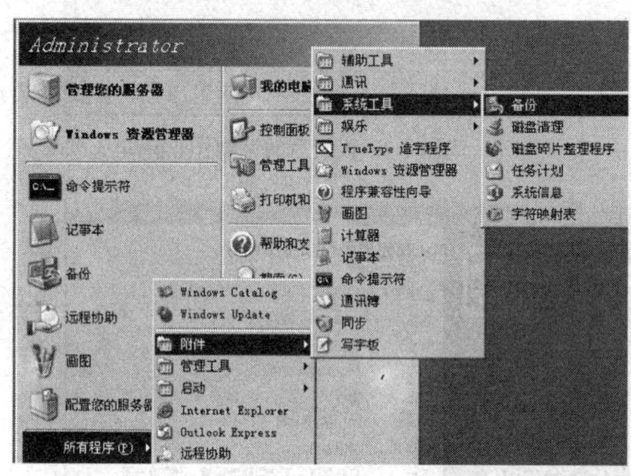

图 6-22　打开“备份”窗口

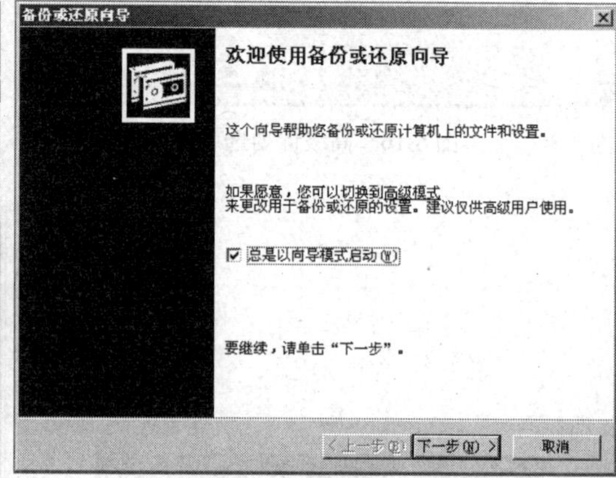

图 6-23　还原向导

（3）打开“备份或还原”对话框，选择“还原文件和设置”选项，单击“下一步”按钮，如图 6-24 所示。

（4）在图 6-25 所示的“还原项目”对话框中，选择要还原的内容，如“System State”，单击“下一步”按钮。

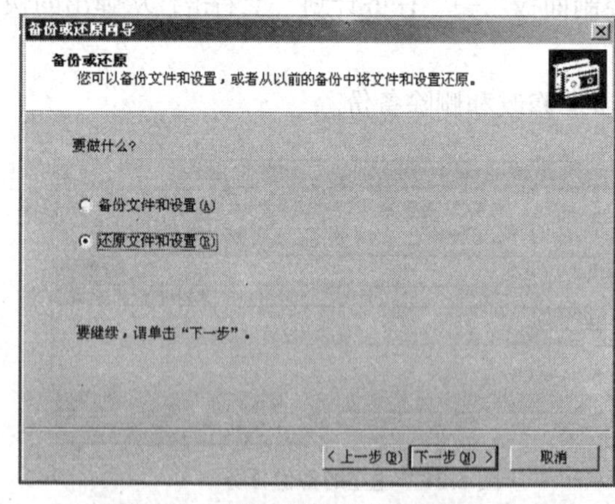

图 6-24　选择“还原文件和设置”选项

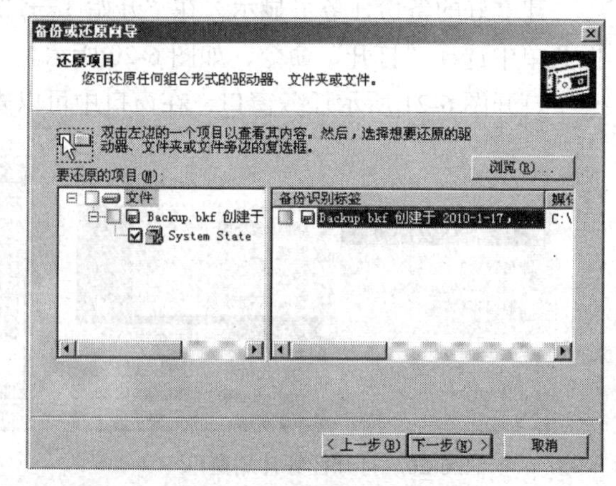

图 6-25　选择要还原的内容

（5）打开“正在完成备份或还原向导”，如图 6-26 所示，选择“高级”按钮。

（6）打开“还原位置”对话框，在“将文件还原到”下拉列表中选择想要还原的位置，这里选择“原位置”，如图 6-27 所示。单击“下一步”按钮继续。

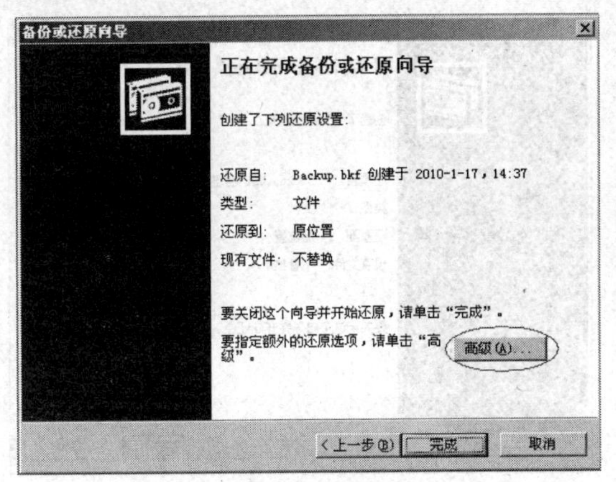

图 6-26　选择高级选项

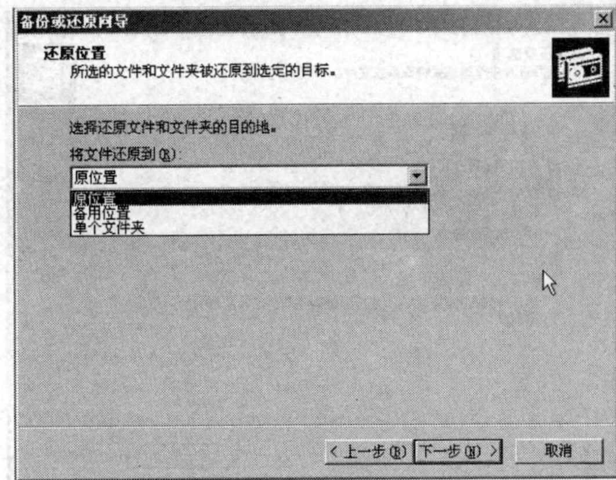

图 6-27　选择还原位置

（7）弹出警告窗口，如图 6-28 所示，单击“确定”按钮继续。

（8）打开“如何还原”对话框，如图 6-29 所示。如果还原的目的地中已有同名的文件时，有 3 种不同的处理方式：

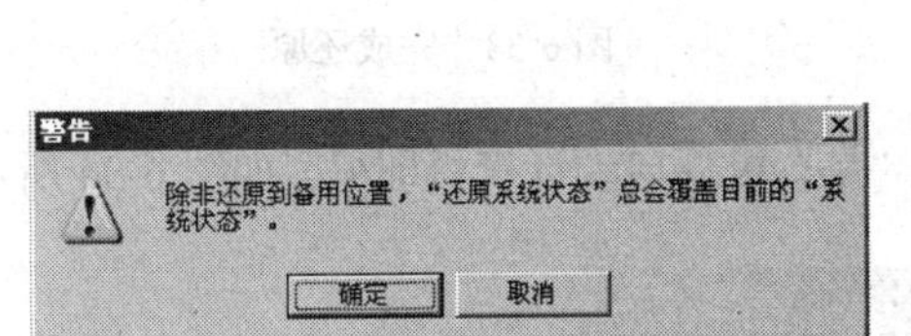

图 6-28　警告窗口

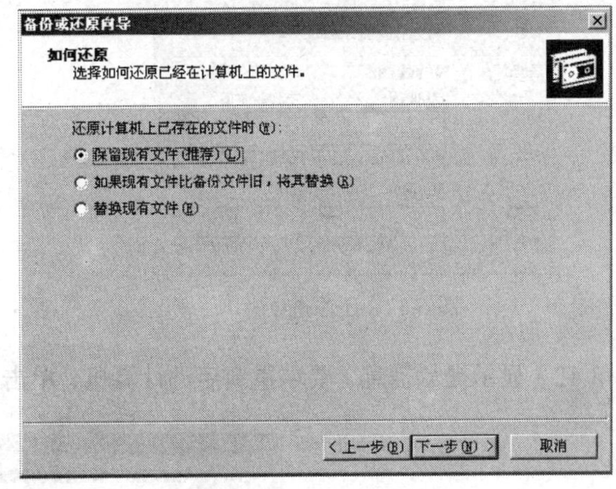

图 6-29　选择“如何还原”

① 保留现有文件：即不还原备份数据中的文件，此为默认值；

② 如果现有文件比备份文件旧，将其替换：若现存文件的日期比备份数据中的文件日期还旧，就还原该文件，即覆盖掉旧文件；

③ 替换现有文件：不管如何，一律用备份数据覆盖现有文件。

此处选择“保留现有文件（推荐）”单选按钮，单击“下一步”按钮继续。

（9）打开“高级还原选项”对话框，如图 6-30 所示。进行安全以及连接磁盘等相关设置后，单击“下一步”按钮继续。

（10）打开图 6-31 所示“正在完成备份或还原向导”对话框，确认相关还原设置信息后，单击“完成”开始还原操作，如图 6-32 所示。

（11）还原过程会因为文件的大小而有所不同，还原完成后，Windows 将显示出相应的还原报告，如图 6-33 所示。单击“关闭”按钮退出该对话框。

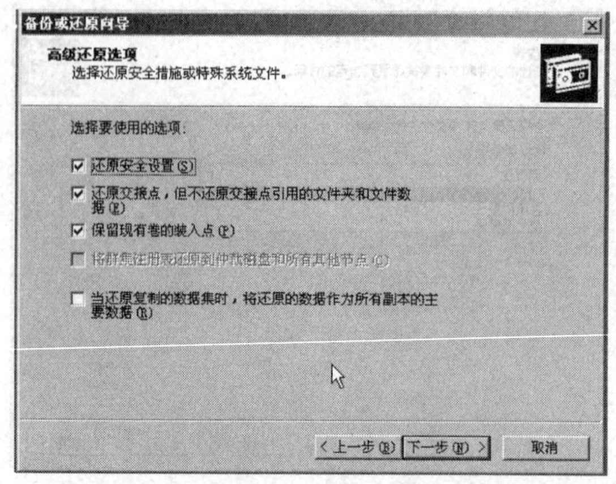

图 6-30　进行安全以及连接磁盘等相关设置

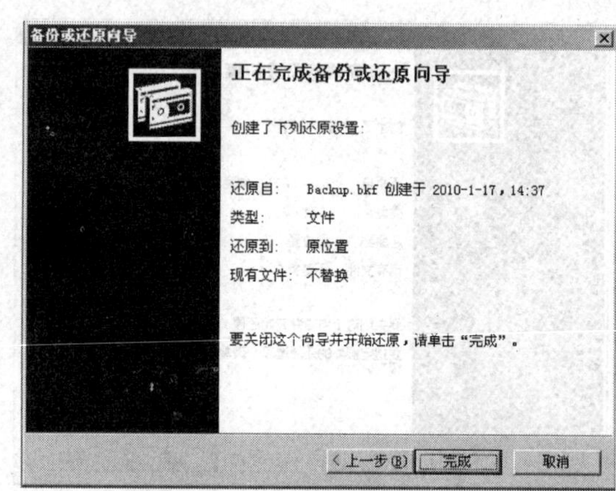

图 6-31　完成备份或还原设置

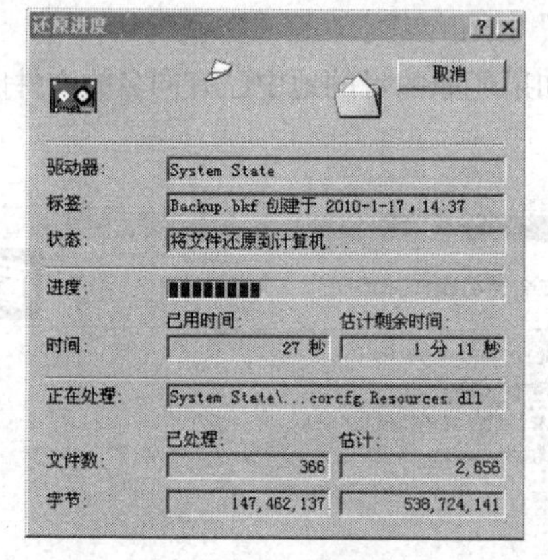

图 6-32　还原进度

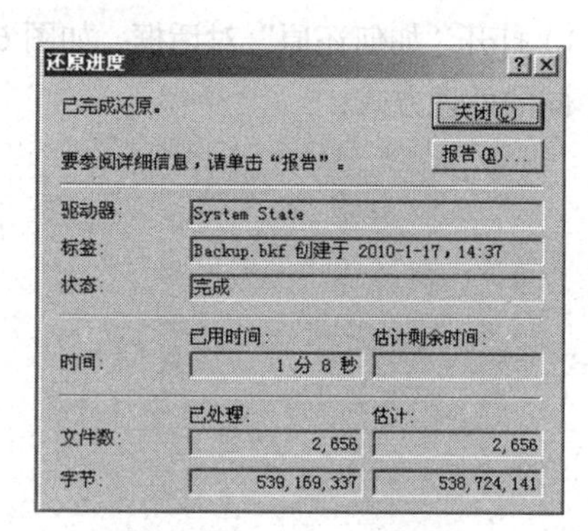

图 6-33　完成还原

（12）显示提示信息，要求重新启动计算机，单击"是"重新启动计算机即可，如图 6-34 所示。

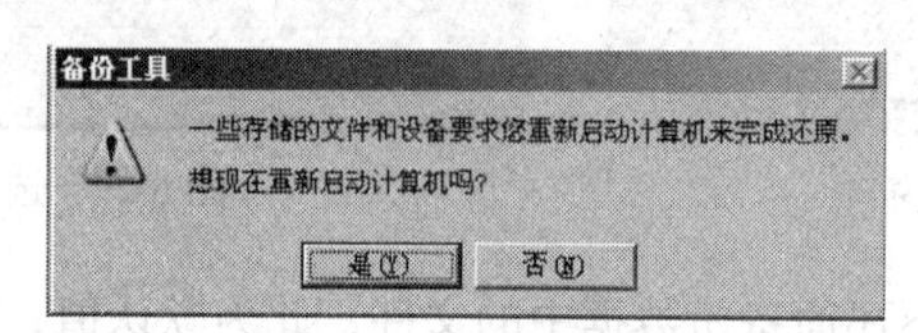

图 6-34　重新启动提示

6.2　系统监视与优化设置

6.2.1　性能控制台

在 Windows 使用过程中，经常会遇到运行速度突然减慢，网络传输性能下降等问题，其原因大多是因为某个应用程序退出后没有释放内存，引起内存泄露或程序长时间占用处理器等核心问题，有效的性能监视可以发现问题所在。

可见要确保系统高效、可靠地运行，必须对系统性能进行监视和优化。通过监视系统性能，了解系统负荷以及这种负荷对系统资源的影响；观察性能或资源使用的变化趋势以便及时做出规划或者对系统进行升级；测试系统配置的修改或者性能参数的调整对系统性能的影响；诊断系统故障和确定需要优化的组件或者升级的步骤。通过监视和分析性能数据，可以判断和排除性能瓶颈。

Windows Server 2003 操作系统的性能控制台是一个系统内置的 MMC 控制台，包括“系统监视器”和“性能日志和警报”两个管理单元，能够详细监视到系统各组件和子系统各方面的详细性能信息，通过性能日志能够跟踪事件的发展趋势。

1. 系统监视器

使用系统监视器可以收集和查看有关正在运行的计算机中硬件资源使用和系统服务活动的数据，使用户详细地了解各种程序运行过程中资源的使用情况，通过对所得数据的分析，可以评价计算机的性能，并以此来识别计算机可能出现的问题。

依次单击“开始”→“程序”→“管理工具”→“性能”，打开性能管理控制台，如图 6-35 所示。右边的窗格中显示了监视器的工具栏和图表，下面是计数器。图表区域起初是空白的，将计数器加入图表后，“系统监视器”开始在图表区域绘制计数值图表。

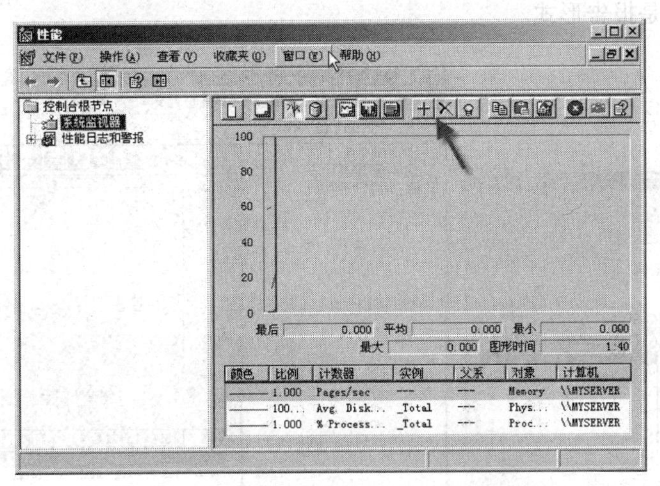

图 6-35　性能控制台添加和删除功能

系统监视器中的计数器区域显示了包括颜色、比例、计数器、实例、父系、对象以及计算机等相关信息，其中 3 个主要信息的含义如下。

“对象”：与 Active Directory 中的对象不同，这里的对象是指计算机系统的组件或子系统，如硬件或软件。通过“对象”可以看到系统默认监视的 CPU 内存和硬盘的性能参数。利用工具栏箭头所示两个按钮可以添加或删除需要监视的对象。

“实例”：是指相同类型的多个对象。例如，系统有多个处理器，Processor 对象类型就有多个实例。

“计数器”：计数器是对象的属性，是采集数据的主要工具。例如：对于 Process 对象，计数器收集处理器时间和用户时间的数据。不管数据在“系统监视器”中是否可见，内置在操作系统中的计数器总是不断地捕获数据。如果一个对象类型有多个实例，计数器会跟踪每个实例的统计数据。

（1）添加/删除计数器。

计数器是收集系统性能数据的主要工具，所以需要在“系统监视器”中添加计数器，这样用户就可以监视系统的性能。添加计数器的方法如下。

① 在“性能”窗口中选择“系统监视器”管理单元，在详细窗格中单击鼠标右键，选择“添加计数器”命令，打开“添加计数器”对话框，如图 6-36 所示。

② 在“添加计数器”对话框中，首先选择要监视的计算机，如果选择“从计算机选择计数器”，需要在下拉列表框中输入或指定一台网络计算机的名称。

③ 在“性能对象”中选择要监视的对象，性能对象可以是硬件对象、CPU，内存、硬盘，也可以是软件对象 IP 协议或者应用程序或者服务等。可以为每个对象选择多个计数器。

④ 在计数器参数列表中选择对象要监视的性能参数或者计数器。单击“说明”按钮可以查看在“添加计数器”对话框中列出的计数器的描述。

⑤ 在右边选择实例（某一个具体的对象），比如安装两个 CPU，可以选择某个 CPU，选择之后单击“添加”，然后单击“关闭”，完成计数器的添加。

如果要删除某个计数器，可先在“性能”窗口中选中该计数器，然后单击工具面板上的X即可。

（2）查看计数器

添加计数器后，用户可以实时查看计数器的数据。图 6-37 所示三个按钮可以选择查看方式为图表、直方图或者是报告形式。

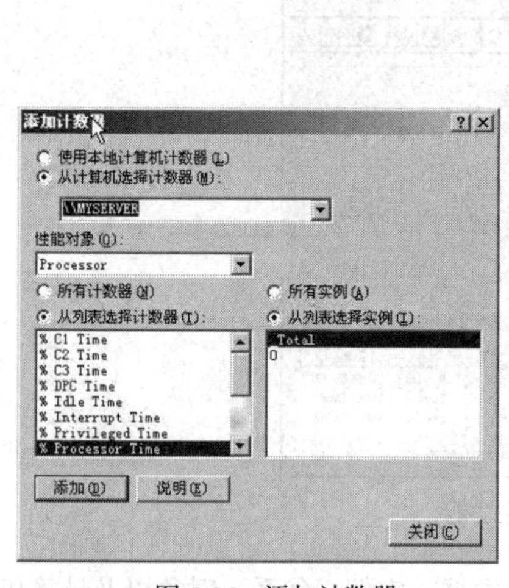

图 6-36　添加计数器

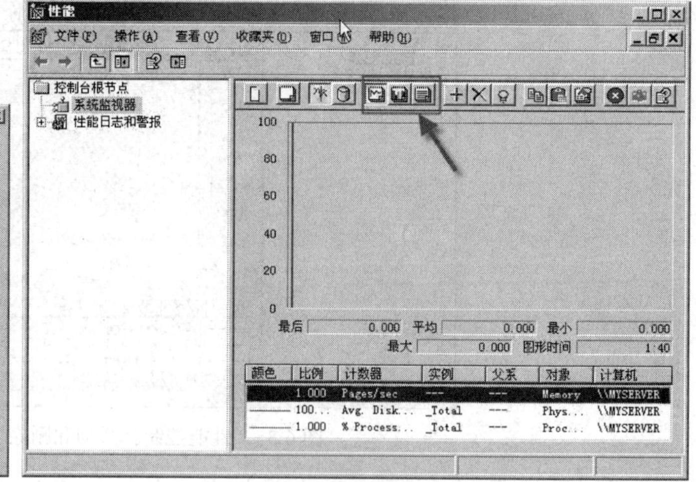

图 6-37　选择查看方式

查看完计数器数据后，还可以建立 HTML 报告，即以 HTML 格式来保存性能数据，以便以后查看。在“系统监视器”右边的详细窗格中选择“另存为”命令，打开“另存为”对话框，输入要保存的 HTML 文件名称，完成文件的存储。存储后的 HTML 文件可用 IE 浏览器查看。

2. 性能日志和警报

以上实时监视只在系统性能发生明显变化的时候来查找和分析性能变化的原因，真正监视和优化系统性能，需要收集某个时间段内的 3 种不同类型的性能数据。

第一种：常规性能数据，可以帮助识别短期趋势，比如通过一两个月的收集求出结果的平均值，并更紧凑的保存这些结果，这种存档数据能够帮助我们在业务增长时作出容量规划，并有助日后评估上述规划的效果。

第二种：基准性能数据，可以帮助我们发现缓慢、历经长时间才发生的变化，通过将系统当前状态和历史记录数据相比较可以排除系统问题并调整系统。

第三种：服务水平报告数据，可以帮助我们确保系统性能能满足一定的服务或性能水平，收集和维护该数据的频率取决于特定的业务需求。

要收集以上 3 种类型的数据，可以使用性能日志和警报这个工具来创建计数器日志。

建立计数器日志文件步骤如下。

① 假设要监视 CPU 内存、硬盘一段时间内的性能数据，打开“性能控制台”，双击展开“性能日志和警报”管理单元。

② 右击“日志计数器”，选择“新建日志设置”命令，弹出输入新日志名称对话框，输入名称后单击“确定”，在常规中添加对应对象和相应计数器。

注意这里如果添加对象，那么该对象的所有计数器将被添加进去，可以通过添加计数器来添加某个对象的一个计数器，如 CPU 使用百分比等。

③ 在“常规”标签下设置采样频率。在“日志文件”选项卡可以选择文件类型，在“计划”选项卡中设置记录日志的时间。如果设置为手动启动/停止，在设置完成后选择计数器日志右边对应计数器右击，选择启动/停止即可。

性能监视器本身会对服务器性能造成影响，为了避免这种影响，可以在另外一台服务器上监视服务器性能，在添加对象和计数器时输入另外一台服务器的名称即可。即可以对一些需要控制的计数器设置警报，当警报发生时系统将讯息传到网络上的某台计算机。这样，系统管理员在网络上的其他计算机上工作也可收到警报。

配置性能警报可按照如下步骤进行。

依次单击“性能控制台”→“性能日志和警报”，右击“警报”，选择“新建警报设置”命令，弹出“输入警报名称”对话框，输入名称并设置相关参数。

在“操作”选项卡中设置要进行的操作或执行的程序，在“计划”选项卡中设置警报启动的时间。

6.2.2　事件查看器

事件查看器是用来查看事件记录的工具。所谓事件，就是操作系统组件、服务、应用程序等在执行时所发生的某种状况。Windows Server 2003 服务器默认会在启动后执行 Event Log 服务，当有事件发生时，Event Log 服务会将事件的信息记下来，存放在事件记录文件中。系统管理员可由这些记录信息得知系统的状态、错误发生的原因、用户的使用状态等，因此对系统管理员而言，事件记录是相当重要的信息来源。事件查看器的功能就是用来让系统管理员查看这些重要的事件记录。

（1）执行“开始”→“管理工具”→“事件查看器”命令，启动“事件查看器”控制台，如图 6-38 所示。

（2）打开如图 6-39 所示窗口，事件查看器中包含 3 个事件记录文件。

① 应用程序：记录由应用程序所产生的事件。应用程序开发人员必须将产生事件的功能加入应用程序，应用程序才能够产生事件；若程序本身没有产生事件的功能，管理员也无法让它产生事件。

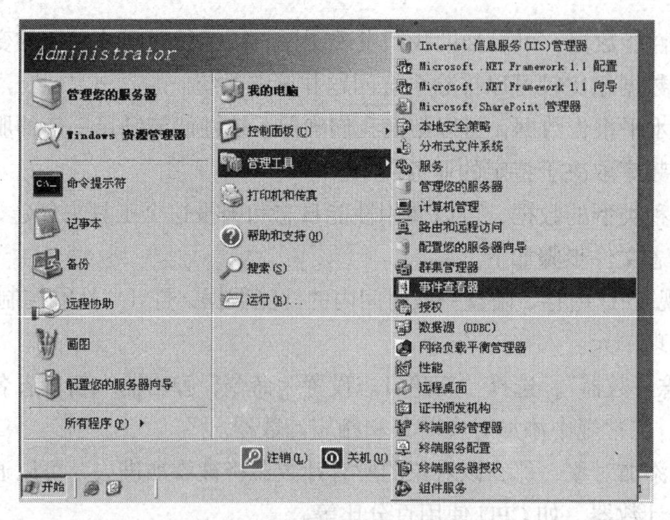

图 6-38　选择“事件查看器”

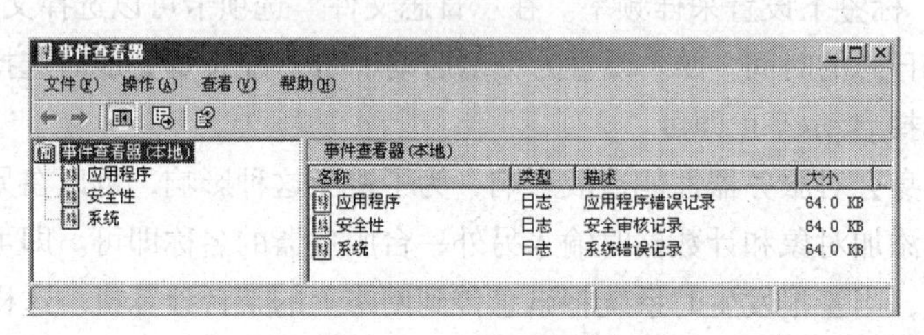

图 6-39　事件查看器

② 安全性：记录有关安全性的事件信息，安全性事件范围广泛，包括用户的登录注销、资源访问等。在默认情况下，Windows Server 2003 只会记录包括登录/注销登记本的安全性的事件。

③ 系统：记录由 Windows Server 2003 服务器系统组建所产生的事件，如服务正常启动、启动失败或启动成功后的错误等事件均属此类。

（3）在左边窗口选中“系统”，右边窗口会显示相应的事件信息，如图 6-40 所示。它会打开本地计算机上的事件记录文件供浏览，包括事件的类型、发生事件的日期及时间、产生事件的来源（服务或程序）等信息。

在图 6-40 所示右边窗口中可以看到有不同“类型”的事件，可能显示 5 种事件类型。

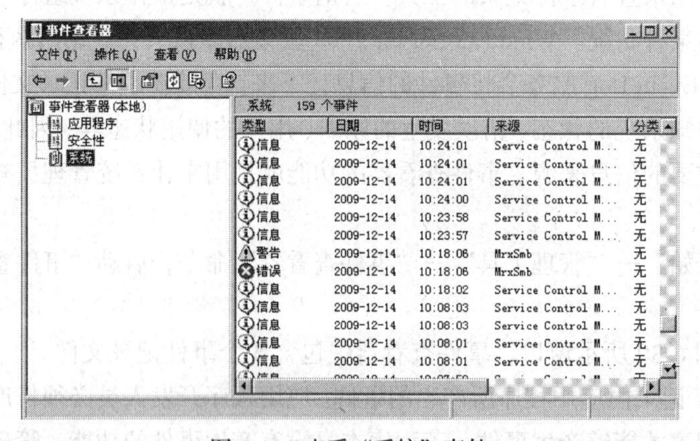

图 6-40　查看“系统”事件

① 信息：服务、应用程序或驱动程序成功启动的事件都属于这一类。

② 警告：表示可能会引起问题的事件，例如无法正常连到网络打印机等。

③ 错误：会造成服务、应用程序或驱动程序无法顺利执行其功能的严重事件，例如服务器无法启动的事件，就属于错误事件。

④ 成功：此类事件只会出现在安全性记录文件中，凡是所审核的动作执行成功，就属于此类事件；例如用户登录成功或成功地访问某个资源等。

⑤ 失败：此类事件也只会出现在安全性记录文件中，凡是所审核的动作执行失败，就属于此类事件。

（4）在事件查看器右边窗口所列出的信息字段，可根据需要调整，若觉得默认列出的字段太多，可适度的删除几个字段，以简化事件查看器的属性。

要调整事件查看器所列出的字段，如图 6-41 所示，在左边窗口选择一项，右击选择“查看”→“添加和删除列”。

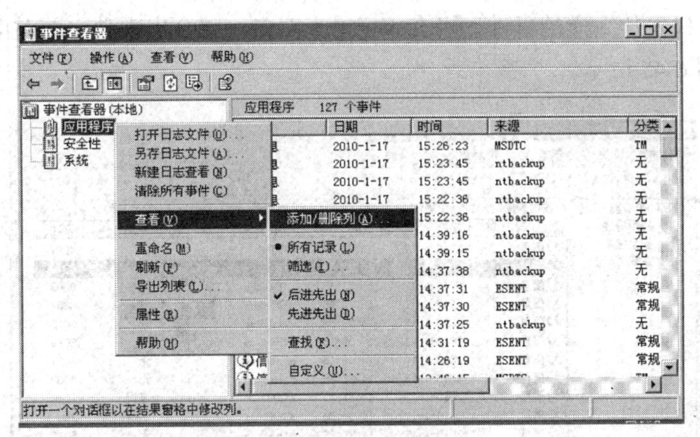

图 6-41　选择“添加和删除列”

显示图 6-42 所示对话框，选择不想显示的字段，按“删除”按钮将字段从右边移到左边。如图 6-43 所示。

在图 6-43 中，还可以通过“上移”、“下移”来调整各字段由左到右的显示次序。

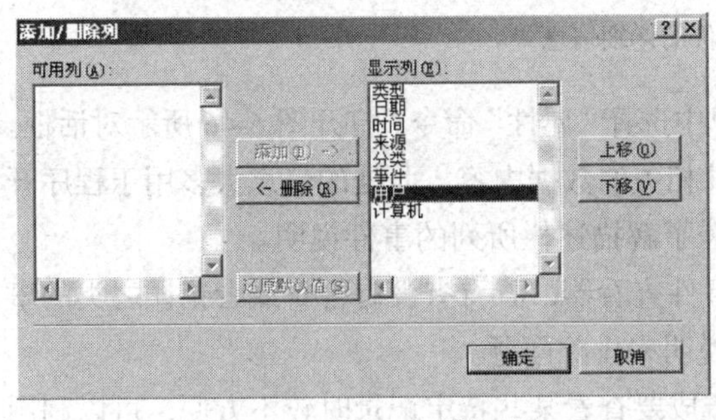

图 6-42　“添加和删除列”

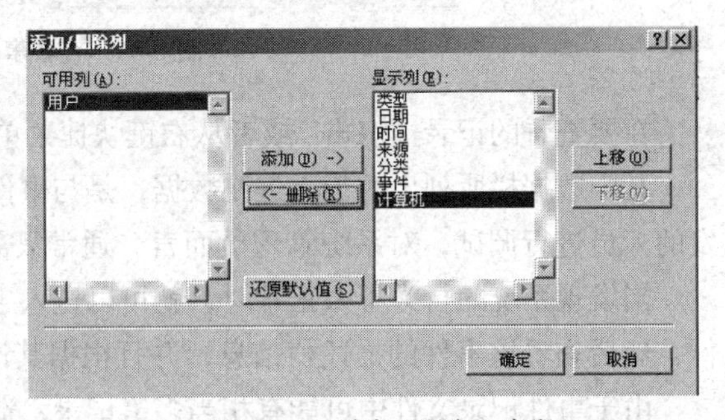

图 6-43　删除“用户”字段

调整完成后，按“确定”按钮，显示图 6-44 所示事件查看器，可以看见右边窗口中已经没有“用户”字段了；若要设回原来的显示字段，需要依上面的步骤，再将“用户”字段添加回右边窗口。

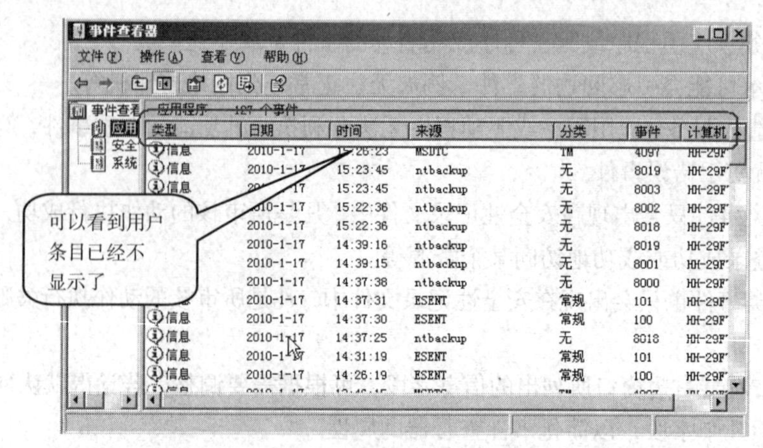

图 6-44 调整查看字段结果

虽然事件查看器的右边窗口会列出许多信息，但从这些信息未必能够了解事件的意义，若想知道某笔记录到底代表什么样的事件，可在该记录上双击，就会出现独立的对话框，显示该事件的详细记录，如图 6-45 所示。

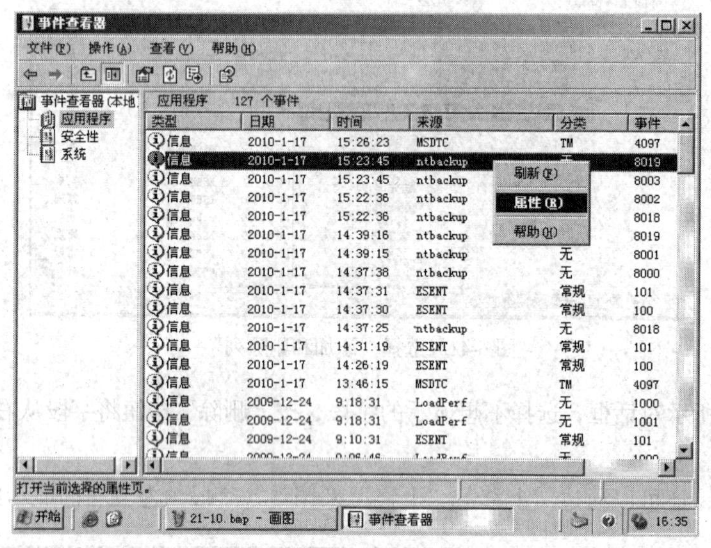

图 6-45 查看事件的详细信息

在要查看的记录上双击，或者从右键快捷菜单中选择“属性”命令，打开图 6-46 所示对话框。

其中数据栏所列出的十六进制数据，是与事件相关的数据内容，此处的信息大多用于程序开发的人员进行调试，对系统管理员而言，通常只需了解描述栏所列的事件说明。

当发现系统的行为不太正常时，就可以进入事件查看器，看看有没有警告或者错误之类的事件，然后查看该事件的描述栏信息，并且根据其说明来排除问题。

由于事件记录文件中可能有相当多笔记录，造成要查看某些特定记录时较不方便，可以利用事件查看器所提供的筛选及查找功能，快速找出符合特定条件的记录，以方便浏览。

要使用筛选功能，在事件查看器中左边窗口选择项目，右击该项目，选择“查看”→“筛选”，打开图 6-47 所示对话框。

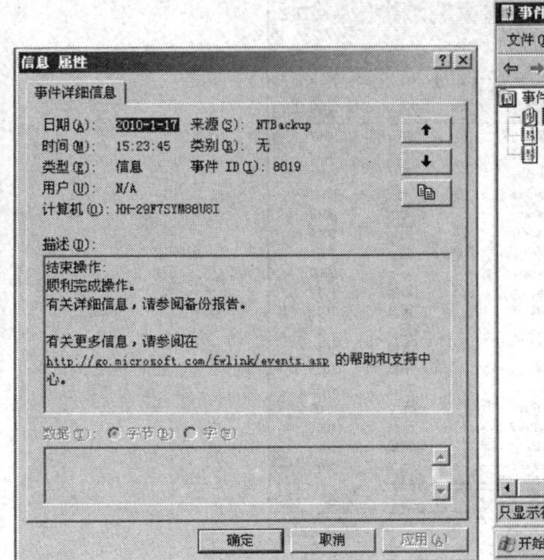

图 6-46　事件的详细信息

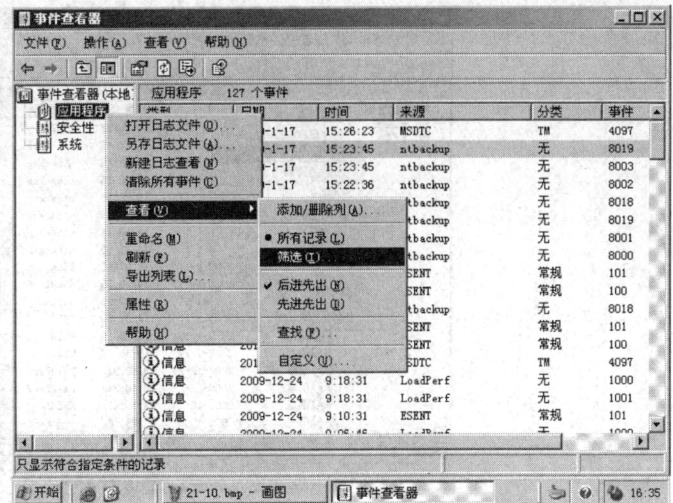

图 6-47　筛选记录

打开筛选器对话框，如图 6-48 所示，这样设置表示只显示“信息”类事件，设置好后按“确定”按钮。

显示图 6-49 所示对话框，可以看到右边窗口只显示“信息”类型事件。

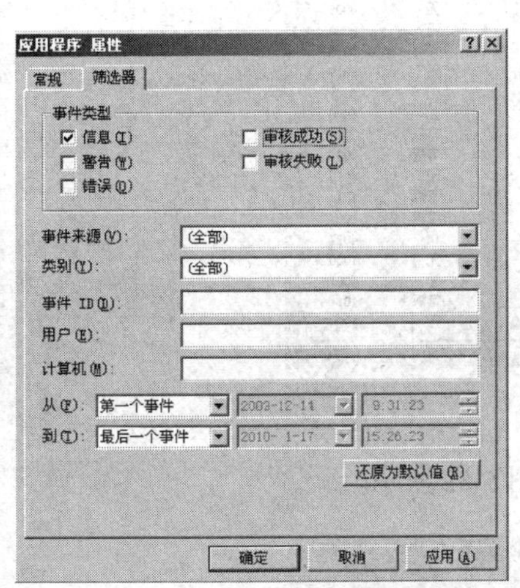

图 6-48　设置筛选条件

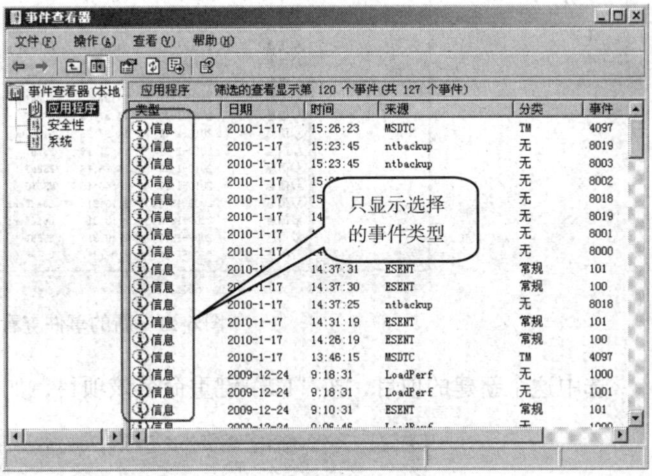

图 6-49　筛选结果

需要注意的是：每个事件记录文件有自己的筛选条件设置，如图 6-49 对“应用程序”记录文件所作的筛选设置，只对此事件记录文件有效，若选择了另一个事件记录文件，需要重新设定筛选条件。

如果想在两种不同的筛选条件间切换，必须重复地更换筛选条件，如果两种条件差异较大，来回切换比较麻烦，可以利用事件查看器的新建查看功能，为事件记录额外新建一个查看，然后设置不同的筛选条件，这样只需在事件查看器中切换查看，而不必来回为同一查看设置不同的筛选条件了。

要为事件记录文件新建查看，在图 6-50 所示窗口要选择的项目上右击，选择“新建日志查看”。

打开图 6-51 所示对话框，可以看见左边窗口显示了一个新的项目“应用程序（2）”。

图 6-50　新建日志查看

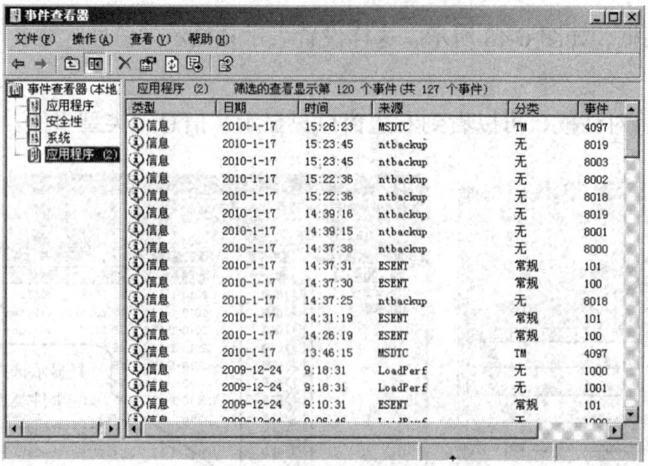

图 6-51　新的事件查看

选中这个新建的项目，按“F2”键重命名该项目，如图 6-52 所示。

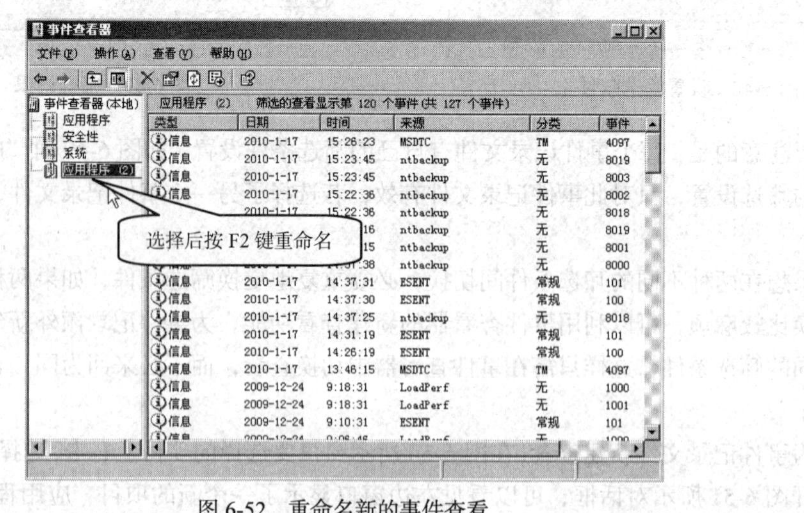

图 6-52　重命名新的事件查看

重命名为“应用程序 信息”，表示这个查看中只有“信息”类型的事件，如图 6-53 所示。

事件查看器

文件(F)　操作(A)　查看(V)　帮助(H)

事件查看器 (本地)　应用程序　安全性　系统　应用程序 信息

应用程序 信息　筛选的查看显示第 120 个事件(共 127 个事件)

类型	日期	时间	来源	分类	事件
信息	2010-1-17	15:26:23	MSDTC	TM	4097
信息	2010-1-17	15:23:45	ntbackup	无	8019
信息	2010-1-17	15:23:45	ntbackup	无	8003
信息	2010-1-17	15:22:36	ntbackup	无	8002
信息	2010-1-17	15:22:36	ntbackup	无	8018
信息	2010-1-17	14:39:16	ntbackup	无	8019
信息	2010-1-17	14:39:15	ntbackup	无	8001
信息	2010-1-17	14:37:38	ntbackup	无	8000
信息	2010-1-17	14:37:31	ESENT	常规	101
信息	2010-1-17	14:37:30	ESENT	常规	100
信息	2010-1-17	14:37:25	ntbackup	无	8018
信息	2010-1-17	14:31:19	ESENT	常规	101
信息	2010-1-17	14:26:19	ESENT	常规	100
信息	2010-1-17	13:46:15	MSDTC	TM	4097
信息	2009-12-24	9:18:31	LoadPerf	无	1000
信息	2009-12-24	9:18:31	LoadPerf	无	1001
信息	2009-12-24	9:10:31	ESENT	常规	101

图 6-53　重命名后的事件查看

运用相同的方法，新建另一个事件查看，就可以设置出“应用程序 警告”、“应用程序 错误”等，方便查看其他类型的事件。

如果不想通过筛选后再人工查找，而希望直接从众多的记录中查找某笔特定的记录，可执行如下步骤。

（1）在图 6-54 所示窗口要选择的项目上右击，选择“查看”→“查找”。

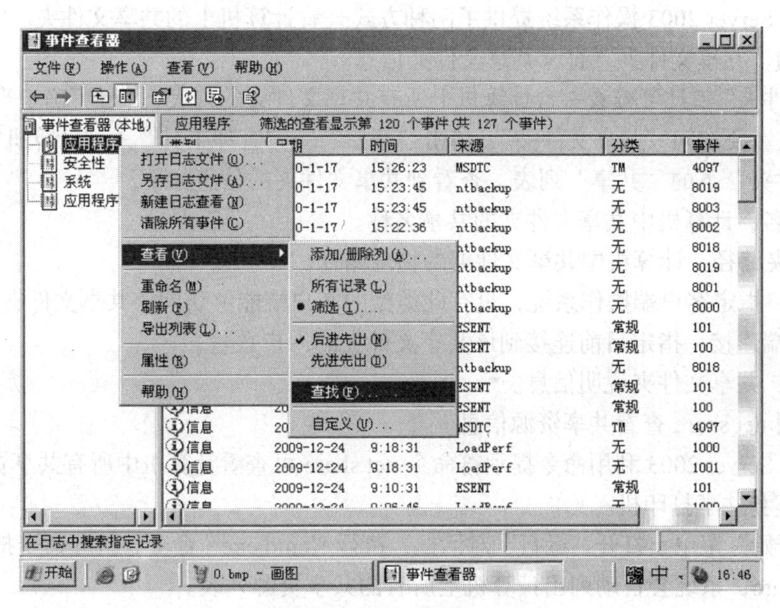

图 6-54　选择“查找”记录

（2）打开图 6-55 所示对话框，选择事件类型，输入查找条件。

（3）如果查找到光标会立即移到符合条件的记录上，若所找到的不是想看得记录，可按“查找下一个”按钮，寻找下一笔符合条件的记录，如图 6-56 所示。

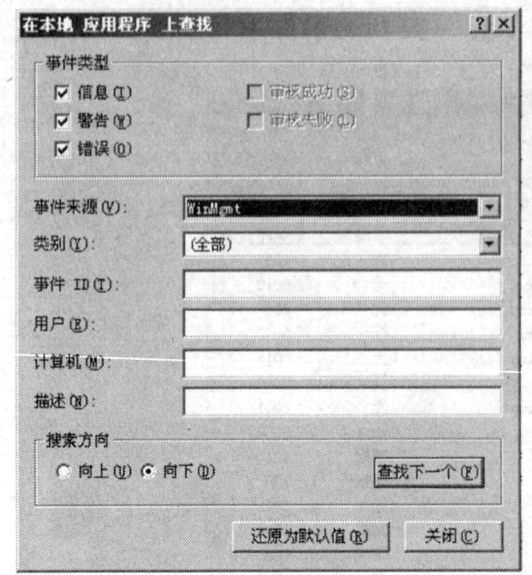

图 6-55 输入查找条件

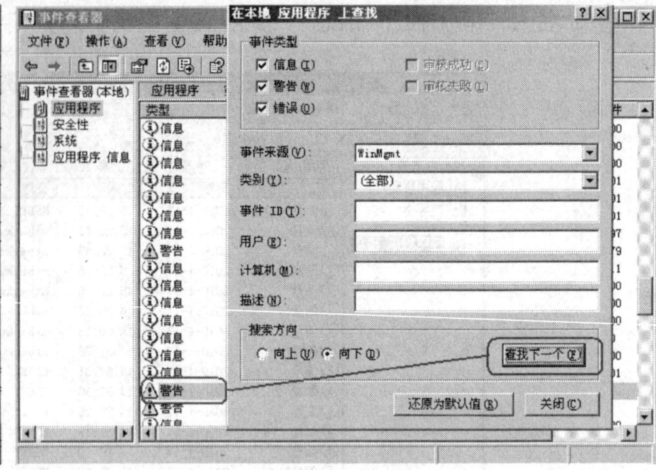

图 6-56 查找结果

6.2.3 共享文件夹的监控

共享文件夹的目的是为更方便授权用户在网络环境中随时可以获得对所需资源的访问。Windows Server 2003 操作系统提供了多种方式连接到共享文件夹，并提供一系列工具用来监控共享文件夹，从而确保用户对共享文件夹访问和共享文件夹在网络中的安全。

1. 查看共享文件夹

Windows Server 2003 操作系统提供了两种方式查看计算机上的共享文件夹。

（1）利用“共享文件夹”查看共享文件夹信息。

“共享文件夹”工具可查看一台计算机上所有共享文件夹的列表，并且可确定当前共享文件夹的并发连接数。要访问“共享文件夹”，单击“开始”→“管理工具”→“计算机管理”，然后扩展“共享文件夹”下的“共享”列表，查看到共享文件夹的信息如下。

① 共享名：计算机中共享文件夹的共享名称。

② 文件夹路径：计算机中共享文件夹的物理路径。

③ 类型：指定客户端操作系统，只有此类型的客户端能够访问该共享文件夹。

④ 客户端连接：指定目前连接到该共享文件夹的用户数量。

⑤ 描述：共享文件夹说明信息。

（2）利用 net share 查看共享资源信息。

Windows Server 2003 利用命令提示符命令 net share 可查看计算机中所有共享资源信息，包含系统默认共享和共享打印机。

单击“开始”菜单，打开“运行”对话框，执行“cmd.exe”命令，打开命令提示符窗口，然后执行 net share，系统会自动列出计算机上所有的共享资源列表。

2. 监测共享文件夹的用户连接

Windows Server 2003 能够监测连接到共享文件夹的用户，断开某个正在访问共享文件夹的用户连接，向正在访问共享文件夹的用户发送系统管理消息。

（1）监测共享文件夹的用户连接。

利用“共享文件夹”工具的“会话”选项可查看目前正在访问共享文件夹的用户以及用户登录的远程计算机的名称。“会话”功能能够监测到的用户会话信息如下。

① 用户：当前访问共享文件夹的用户名称。

② 计算机：当前访问共享文件夹的用户登录到的计算机的名称。

③ 类型：用户登录的计算机操作系统的类型。

④ 打开文件：用户当前打开共享文件夹中文件的数量。

⑤ 连接时间：用户建立到共享文件夹的总时间。

⑥ 空闲时间：用户上次访问文件到当前时间所经过的时间。

⑦ 来宾：指定用户是否使用 guest 账号访问共享文件夹。

（2）断开用户连接。

在“共享文件夹”的“会话”选项下，选中相应用户，右击用户，然后单击“关闭会话”，即可断开用户到共享文件夹的连接。

（3）发送管理信息。

在 Windows Server 2003 操作系统中管理员可向正在访问共享文件夹的用户发送管理消息，提示用户保存文件或即将断开会话连接等。

要向用户发送管理信息，步骤如下。

① 在“管理工具”中打开“计算机管理”；扩展“共享文件夹”，然后右击“共享”选项；

② 依次选择“动作”→“所有任务”→“发送控制台消息”；

③ 在“发送控制台消息”对话框中，输入控制台信息，选择要向其发送消息的用户，单击“发送”按钮。

3. 监视远程用户打开的文件

Windows Server 2003 操作系统可以监视用户目前正在访问的共享文件夹下的文件、访问共享文件的用户以及用户对文件执行的操作类型。

利用“共享文件夹”工具的“打开文件”选项可监视远程用户通过网络打开的文件，该文件能够监视的共享文件夹信息。

① 打开文件：远程用户通过网络打开的文件的物理位置和名称。

② 访问者：通过网络远程访问用户的登录名称。

③ 类型：用户登录的计算机操作系统的类型。

④ 锁定：查看文件的阻止信息。

⑤ 打开模式：指定用户通过网络访问文件所执行的操作。

6.2.4　优化设置

优化系统性能可使操作系统和应用程序更加合理地分配和利用资源。要优化系统性能，必须为合理系统性能设置基准。当系统性能偏离基准时，用户可调整资源分配状况，使系统工作在最佳性能的环境下。

通常主要针对如下系统做优化设置。

内存子系统：内存效率和容量大小直接影响系统运行效率和性能。通常衡量内存性能的计数器包括 Pages/Sec 和 Available Byte。其中 Pages/Sec 表示系统每秒钟页面调度数，当其值大于 25 时，通常认为系统内存发生了瓶颈，需要增加系统内存；Available Byte 表示系统运行的所有进程和调整缓存分配物理内存后，系统剩余的物理内存大小，当其值小于物理内存 5%时，通常认为系统内存发生了瓶颈，需要增加系统内存。

处理器子系统：处理器性能对系统性能影响最大，通常衡量处理器性能的计数器包括%Processor Time 和 Processor Queue Length。其中%Processor Time 显示处理器运行非 System Idle Process 时，它所占用的处理器时间的百分比，通常认为当系统上正在运行的所有进程所占处理器时间的百分比总和超过 80%时，处理器发生了瓶颈，需要增加处理器个数或更换处理器；Processor Queue Length 是一个系统计数器，它表示当前位于处理器队列中的线程数据，在处理器系统中如果其值有两个或两个以上线程，则表明处理器性能产生了瓶颈，需要增加处理器个数或更换处理器。

磁盘子系统：随着信息技术的发展，目前 CPU 和内存的运行速率都有大幅度的提升，而磁盘 I/O 速度仍然很低，磁盘子系统的性能在很大程度上决定了系统性能和数据读写速度。衡量磁盘子系统的计数器通常包括%Free Space、Avg.Disk Sec/Transfer、Disk Byte/Sec 和 Disk Tranfer/Sec。其中%Free Space 表示逻辑磁盘上未使用的磁盘空间占用可用磁盘空间的百分比；Avg.Disk Sec/Transfer 表示磁盘以多快的速度移动数据，磁盘每次数据传输的平均速度；Disk Byte/Sec 表示磁盘每秒传输的字节数；Disk Tranfer/Sec 表示每秒钟磁盘完成的读和写的次数，如果该值超过 50，则认为磁盘子系统发生了瓶颈，需要优化磁盘性能。

网络子系统：随着网络技术的发展，系统网络性能成为衡量系统性能最重要的指标之一，衡量网络子系统性能的计数器通常包括：Bytes Total/Sec、Packets Outbound Discarded 和 Output Queue Length。其中 Bytes Total/Sec 表示网络适配器每秒成功传输的字节数；Output Queue Length 表示网络适配器输出数据包队列的长度，如果该值大于 5，则认为网络子系统发生了瓶颈；Packets Outbound Discarded 表示网络适配器丢弃的外发数据包的数目。

6.3 安全性管理

Windows 安全性管理定义了用户在使用计算机、运行应用程序和访问网络等方面的行为，通过这些约束避免了各种对网络安全性的有意或无意伤害。

Windows 安全策略的两种形式。

本地安全设置：基于单个计算机的安全性而设置的。适用于工作组模式。

组策略：可以在站点、OU、域的范围内实现。适用于较大规模并且实施 AD 的网络。

6.3.1 组策略管理与配置

简单地说，组策略就是修改注册表中的配置。组策略使用自己更完善的管理组织方法，可以对各种对象中的设置进行管理和配置，远比手工修改注册表方便、灵活，功能也更加强大。

组策略的英文全称为 Group Policy，它是基于组的策略。组策略以 Windows 中的一个 MMC 管理单元的形式存在，可以帮助系统管理员针对整个计算机或特定用户来进行多种配置，包括桌面配置和安全配置。例如：可以为特定用户或用户组定制可用的程序、桌面上的内容，以及“开始”选项等，也可以在整个计算机范围内创建特殊的桌面配置。简而言之，组策略就是 Windows 中的一套系统更改和配置管理工具的集合。用户不需要设置组策略，而是由组策略管理员配置和管理。

Windows Server 2003 操作系统中的组策略是 Active Directory 目录服务中的结构，启用了基于目录的更改以及用户和计算机设置（包括安全和用户数据）的配置管理。使用组策略可以为基于注册表的策略、安全、软件安装、脚本、文件夹重定向、远程安装服务以及 Internet Explorer 的维护指定策略设置。所创建的组策略设置包含在组策略对象（GPO）中。通过将组策略对象与所选的 Active Directory 系统容器（站点、域和组织单位）相关联，可以将组策略对象策略设置应用于 Active Directory 容器中的用户和计算机。

1. 组策略优点

（1）保护用户环境。

（2）增强用户环境。

① 自动安装应用程序到用户的“开始”菜单。

② 启动应用程序分发，方便用户在网络上找到并安装相应应用程序。

③ 安装文件或快捷方式到网络上相应位置或用户计算机上的特定文件夹。

④ 当用户登录或注销、计算机启动或关闭时自动执行任务或应用程序。

⑤ 重定向文件夹到网络位置增强数据可靠性。

2. 组策略结构

组策略是应用到活动目录存储中的一个或多个对象的配置设置的集合，包括影响用户的用户配置策略设置和影响计算机的计算机配置策略设置，这些设置包含在组策略对象（GPO）中。组策略对象在两个位置存储组策略的信息：组策略容器（GPC）和组策略模板（GPT）。

无论用户登录哪一台计算机，都可以使用组策略中的用户配置策略设置适合于用户的策略。

在计算机配置策略和用户配置策略中通常包括软件设置、Windows 设置和管理模板 3 个子项。

（1）软件设置。

组策略对象编辑器中的计算机配置和用户配置下均有可用的软件配置文件夹。计算机配置下的“软件配置”选项包含适用于登录到该计算机的所有用户的软件设置。该选项包含软件安装设置，并可能包含由独立软件供应商放置在该选项中的其他设置。用户配置下的“软件设置”选项包含无论用户登录哪台计算机均适用的软件设置。该选项还包含软件安装设置，并可能包含由独立软件供应商放置在该选项中的其他设置。

（2）Windows 设置。

组策略对象编辑器中的计算机配置和用户配置下具有可用的“Windows 设置”选项。计算机配置下的“Windows 设置”选项包含适用于登录该计算机上的所有用户的 Windows 设置，该选项还包含安全设置和脚本。用户配置下的“Windows 设置”选项包含不论用户登录哪台计算机均适用的 Windows 设置，该选项还包含文件夹重定向、安全设置和脚本。

① 安全设置。

安全设置和安全策略是配置在一台或多台计算机上的规则，用于保护计算机或网络上的资源。可以使用安全设置来指定组织单位、域或站点的安全策略。它允许系统管理员修改已指派给组策略对象的安全设置。

② 文件夹重定向。

可以重定向 Windows Server 2003 指定的文件夹从用户配置文件缺省位置到另一个网络位置，从而对这些文件夹集中管理。

文件夹重定向包含几个基本选项。对于每个基本选项，都有一个与其对应的高级版本，该高级版本允许基于安全组成员身份的重定向，从而提供更精细的控制。表 6-1 中列出了文件夹重定向中所包含的几个基本选项及其描述。

表 6-1　文件夹重定向中包含的基本选项及其描述

基本选项	描　述
Application Data	当客户端启用缓存时，组策略设置将控制应用程序数据的行为
桌面	可以将桌面独立于所有其他特殊文件夹而进行重定向
My Documents/ My Pictures	可以将 My Pictures 独立于 My Documents 进行重定向，也可以如默认方式那样设置为跟随 My Documents 一起重定向（重定向 My Documents 时保留其子文件夹）。除非有特殊原因要将 My Pictures 从 My Documents 中分离出来，否则建议采用默认方式。如果将二者分开，Windows 会在 My Documents 中创建一个快捷方式代替 My Pictures 文件夹
“开始”菜单	重定向“开始”菜单时，其子文件夹始终会跟着重定向

③ 脚本。

组策略管理员可以设定脚本和批处理文件在指定时间运行。脚本可以自动执行重复性任务。

（3）管理模板。

管理模板为组策略对象编辑器的控制台树中显示在管理模板选项下的项目提供策略信息。组策略的管理模板中包含所有基于注册表的策略信息，可以利用它来强制注册表设置，控制桌面的外观和状态，包括操作系统组件和应用程序。

用户配置保存在 HKEK_CURRENT_USER（HKCU）中，而计算机配置保存在 HKEK_LOCAL_MACHINE（HKLM）中。

管理模板提供了以下新功能。

① 管理模板中每个策略设置的说明都出现在可搜索的联机帮助中。

② .adm 文件中受支持的关键字表明了支持哪些版本的 Windows 作为该设置的客户端。

③ Web 视图，用于显示每个设置和新支持信息的说明信息。

④ 使用管理模板时能从视图中筛选设置以减少屏幕干扰。

3. 创建新的组策略对象

组策略对象（GPO）是组策略设置的集合，它实质上是由组策略对象编辑器创建的文档。GPO 存储在域级别，可以影响包含在站点、域以及组织单位中的用户和计算机。此外，每个 Windows 计算机都只有一组存储在本地的设置，被称为本地组策略对象。

安装了 Active Directory 的计算机可以按照下面的操作方法创建新的组策略对象。

① 执行“开始”→“所有程序”→“管理工具”→“Active Directory 用户和计算机”命令，打开图 6-57 所示窗口。在左侧窗格中的相关域名上右击，从弹出的快捷菜单中选择“属性”菜单项。

② 打开属性对话框，切换到“组策略”选项卡，如图 6-58 所示。

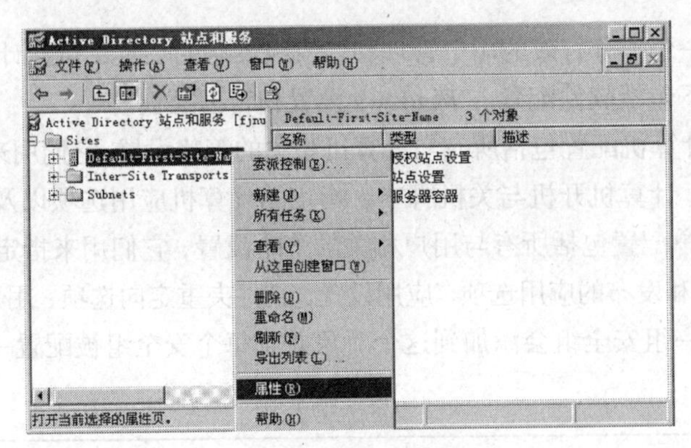

图 6-57 建立组策略

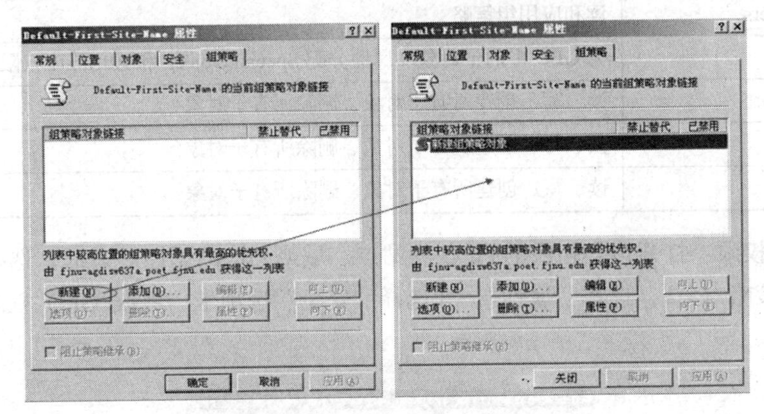

图 6-58 “组策略”选项卡

③ 单击“新建”按钮，即可发现在列表框中增加了一个可编辑的对象链接，如图 6-58 右边窗口所示，重新输入该对象链接的名称。单击“关闭”按钮退出。

完成上述步骤，就已将“新建组策略对象”连接到“Default-First-Site-Name”，亦即将此组策略应用到“Default-First-Site-Name”。但由于此组策略对象尚未做任何设置，因此该组策略没有任何限制能力。

4. 组策略编辑器

组策略编辑器是 Windows 中提供的一种用于修改和管理组策略的工具，它将 Windows 中的组策略集中到一个位置，使得系统管理员可以十分方便和有效地管理组策略设置。

在图 6-58 中单击“编辑”按钮打开相应的“组策略编辑器”窗口，如图 6-59 所示。

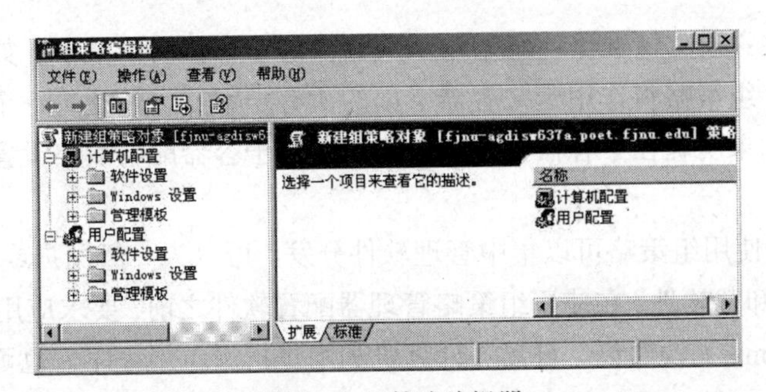

图 6-59 组策略编辑器

组策略编辑器是一个十分有效的用于管理和修改组策略的工具，包括计算机配置节点和用户配置节点，每个节点下包括软件配置、Windows 设置和管理模板。

① 计算机配置：计算机配置包括所有与计算机相关的策略设置，它们用来指定操作系统行为、桌面行为、安全设置、计算机开机与关机脚本、指定的计算机应用选项以及应用设置。

② 用户配置：用户配置包括所有与用户相关的策略设置，它们用来指定操作系统行为、桌面设置、安全设置、指定和发布的应用选项、应用设置、文件夹重定向选项、用户登录与注销脚本等。

创建一个 GPO，一组安全组会添加到这个对象并且每个安全组被配置一组属性。

表 6–2　　　　安全组属性

安　全　组	缺省设置
Authenticated Users	读和应用组策略
Creator Owner	为 GPO 中的子对象和属性分配 Special Object 和 Attribute 权限
Domain Admins	读、写、创建所有子对象、删除所有子对象
Enterprise Admin	读、写、创建所有子对象、删除所有子对象
System	读、写、创建所有子对象、删除所有子对象

修改 GPO 权限：打开包含相应的 GPO 的站点、域或 OU 的属性对话框，选择“组策略”，右击“新建组策略对象”，选择“属性”，并选择“安全”选项卡，修改 GPO 权限，如图 6-60 所示。

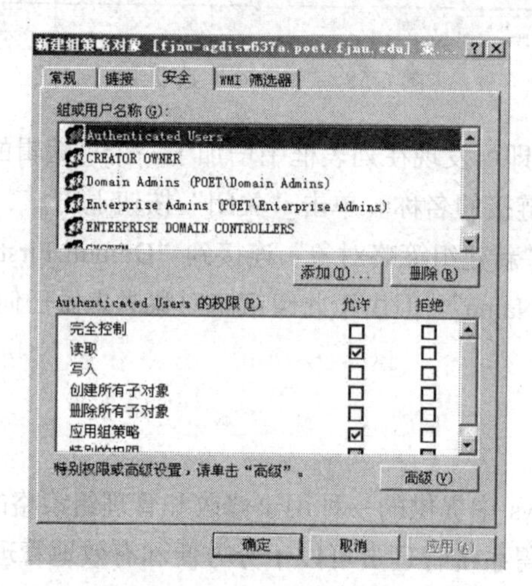

图 6-60　修改 GPO 权限

组策略的继承性：通常情况下，组策略从父容器向子容器向下继承。如果在高层的父容器上设定组策略，这个组策略将作用于父容器下面的所有子容器，包括每一个容器中的用户和计算机对象。但是，如果明确在子容器指定组策略设置，子容器的组策略设置覆盖父容器的组策略设置。

管理软件设置：使用组策略可以集中管理软件分发。可以为一组用户或计算机安装、指派、发布、升级、修复和卸载软件。在使用组策略管理器配置软件之前，要求应用程序具有 Microsoft Windows Installer（.msi）软件包。可以为计算机和用户指派应用程序，也可以为用户发布应用程序。

6.3.2　安全策略管理

丢失信息对于一个公司来说是致命的，因此需要采用可靠的安全性措施来保证用户计算机和公司网络的安全。在 Windows Server 2003 中，为了尽可能地提高系统的安全性，采取了安全策略的办法来规范用户在使用计算机、运行应用程序和访问网络等方面的行为，通过这些约束来避免对网络安全性的有意或无意的伤害。

1. 安全性设置控制台

要启动安全性设置控制台，可单击“开始”→“所有程序”→“管理工具”。在管理工具中有两个类似的命令，即“域安全策略”和“域控制器安全策略”，它们是 Windows Server 2003 安全性管理的两个重要工具。

（1）域安全策略：在域控制器上执行，且对域中所有成员进行的安全设置。

（2）域控制器安全策略：在域控制器上执行，且只对域控制器进行的安全性设置。

“域安全策略”和“域控制器安全策略”程序的界面和各项设置几乎一模一样，管理员可根据实际需要进行设置。以“域控制器安全策略”为例，打开“默认域控制器安全设置”，包括“脚本设置”以及相关的一些安全设置，如账户策略、本地策略、事件日志、受限制的组等，下面分别对其做简单介绍。

（1）账户策略。该策略设置允许管理员配置密码策略、账户锁定策略和用于域的 Kerberos 协议策略等。

账户的保护主要使用密码保护机制，为了避免用户身份因密码被破解而被夺取或盗用，通常可采取诸如提高密码的破解难度、启用账户锁定策略、限制用户登录、限制外部连接等措施。

（2）本地策略。本地计算机的配置，包括审核策略、用户权力和权限的授予以及可在本地设置的各种安全选项等。

（3）事件日志。该策略允许管理员设置安全性、系统及应用程序日志文件的大小与保存天数等与事件日志文件设置相关的策略。

（4）受限制的组。该设置允许管理员管理本机内置组与全局组的成员。

（5）系统服务。该设置允许管理员为计算机上正在运行的服务进行配置，包括安全性和启动模式等。

（6）注册表。该设置允许管理员通过修改注册表键值来配置安全性。注册表是 Windows 中的集中层次数据库，存储了系统用户、应用程序和硬件等信息。

（7）文件系统。允许管理员对特定文件配置安全性。

（8）公钥策略。该设置允许管理员配置加密数据恢复代理和受信任的证书颁发公司。证书是提供身份支持的软件服务，包括保护电子邮件、基于 Web 的身份验证和智能卡身份验证。

（9）IP 安全策略。IP 安全策略设置允许管理员配置 Internet 协议安全（IPSec）。利用 IPSec 可以为两台使用 IP 协议传输数据的计算机建立一个加密的安全通信通道。

2. 账户策略

“账户策略”是 Windows 的重要策略，它的设置会被套用到用户账户上，对账户的安全性设置包括：密码策略、账户锁定策略和 Kerberos 策略 3 项。

（1）“密码策略”：对于域用户账户或本地用户账户都有效，此策略可设定密码设置的要求。例如是否启用密码设置的复杂性、密码长度最小值等。

（2）“账户锁定策略”：对于域用户账户或本地用户账户都有效，此策略可设定账户锁定的条件。

（3）“Kerberos 策略”： Kerberos 是在域中进行身份验证的主要安全协议。对于域用户账户，此策略可判定 Kerberos 的相关设置，如服务票证最长寿命以及强制用户登录等。

例如，为了保护系统的安全，设置当用户输入密码错误达到 3 次时，将该用户锁定 30 分钟，以减少系统受到恶意攻击的可能性。设置方法如下。

（1）打开“默认域控制器安全设置”窗口，在控制台中展开“安全设置”→“账户策略”→“账户锁定策略”，在右边的窗格中双击“账户锁定阈值”，打开“账户锁定阈值 属性”对话框。

（2）选中“定义这个策略设置”复选框，将次数设置为“3”此，此时系统会弹出一个建议设置的对话框。单击“确定”接受系统建议，完成设置。

（3）如果要对系统建议的“账户锁定时间”（30 分钟）进行修改，可双击“账户锁定时间”项，再次对时间进行修改。

在域账户中只能有一个账户策略，且在默认的域策略中也必须定义账户策略，它是域控制器组成的重点。域控制器是从默认域策略中的组策略对象取得账户策略的；对于域中的工作站或成员服务器，其本地账户都会取得相同的账户策略，而且本地账户策略可以不同于域账户策略。

3. 本地策略

本地策略的设置都与本地计算机有关，本地策略会以用户所登录的以及在该计算机上所拥有的权限为基础。该策略包括审核策略、用户权限分配以及安全选项三个部分。

例如，若想拒绝某些用户或组从本机登录，可以在“用户权限分配”中设置，步骤如下。

（1）双击展开“本地策略”中的“用户权限分配”，在右边的窗格中双击打开“拒绝本地登录”项，弹出“拒绝本地登录 属性”对话框。

（2）单击“添加用户或组”按钮，弹出“添加用户或组”对话框，在该对话框中单击“浏览”按钮，打开“选择用户、计算机或组”界面，选择拒绝登录的对象。

（3）单击“确定”，完成添加设置。

4. 事件日志

“事件日志”安全性设置定义了与“应用程序”、“安全性”以及“系统事件”等日志相关的属性，如日志大小、日志的访问权力以及日志的保存和设置方法等。根据这些设置记录下来的日志可在“事件查看器”中查看。

例如，将安全性日志、系统日志以及应用程序日志的保留天数均设置为 7 天，设置的方法如下。

在“默认域控制器安全设置”控制台中展开“事件日志”项，在右边的窗格中双击“安全日志保留天数”项，打开“安全日志保留天数 属性”对话框，将覆盖日志的天数设置为超过 7 天，即将日志保留 7 天。

系统日志和应用程序日志保留天数的设置和安全性日志一样，不再重复介绍。

6.4 打印机管理

打印机是日常应用最多的办公设备之一，要利用打印机处理和打印文档，必须首先在 Windows Server 2003 操作系统中安装和配置打印机。为节约成本和实现打印文档的集中管理控制，在实际应用环境中，通常需要多人共同使用一台打印机，这就需要配置网络打印机。

Windows Server 2003 操作系统的打印功能分为本地打印和远程打印，这些功能是通过本地计算机、打印服务器和打印设备的组合来实现的。远程打印是指打印机从打印服务器获取打印数据，而本地打印是指打印机直接从连接的计算机中获取打印数据。使用本地打印机必须将打印机通过并行、串行或 USB 端口与计算机正确连接，并且正确安装本地打印机才能实现。

6.4.1 网络打印机的安装

1. 为本地打印设备添加和共享打印机

先确定打印机电源已经打开，且与计算机连接妥当。

（1）执行“开始”→“打印机和传真”命令，打开“打印机和传真”窗口，如图 6-61 所示。利用此窗口可以管理和设置现有的打印机，也可以添加新的打印机。

（2）双击“添加打印机”图标，启动添加打印机向导，如图 6-62 所示。

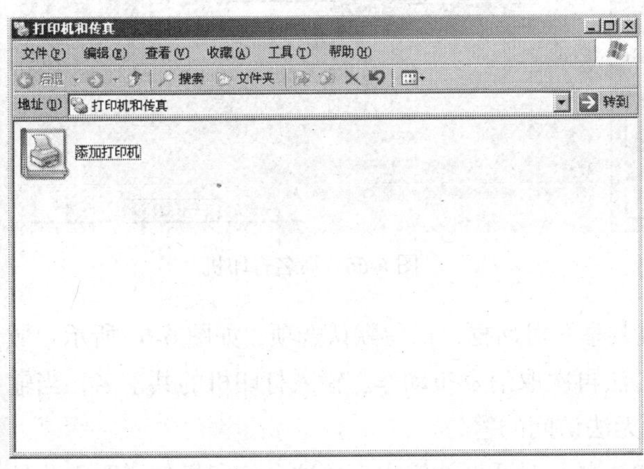

图 6-61　打印机和传真

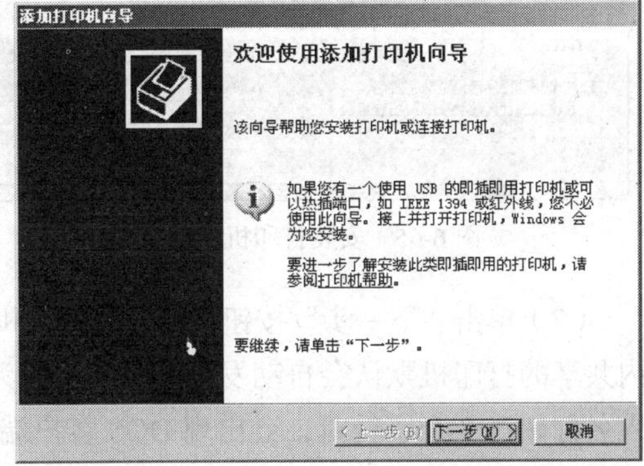

图 6-62　安装打印机

（3）单击“下一步，弹出图 6-63 所示的界面，选择“连接到这台计算机的本地打印机”，并选中“自动检测并安装我的即插即用打印机”复选框，单击“下一步”继续。

（4）根据所安装的打印机，系统将显示找到新的硬件消息或找到新的硬件向导，通知用户已经检测到打印机并开始安装。单击“下一步”，在“选择打印机端口”界面中，选择打印机使用的连接端口，如图 6-64 所示。如果端口不在列表中，用户可选择“创建新端口”按钮，创建新的端口。

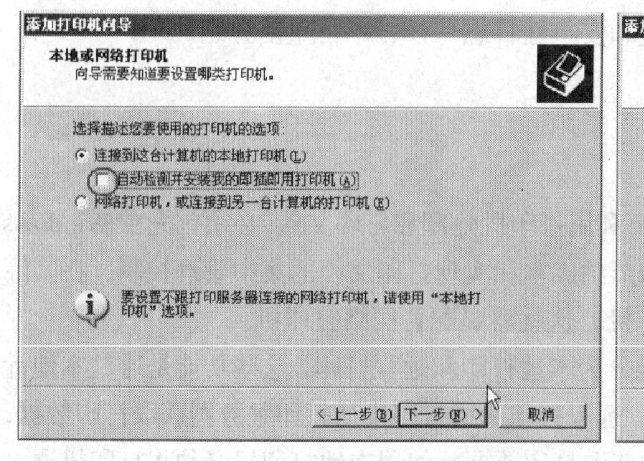

图 6-63　设置本地或网络打印机

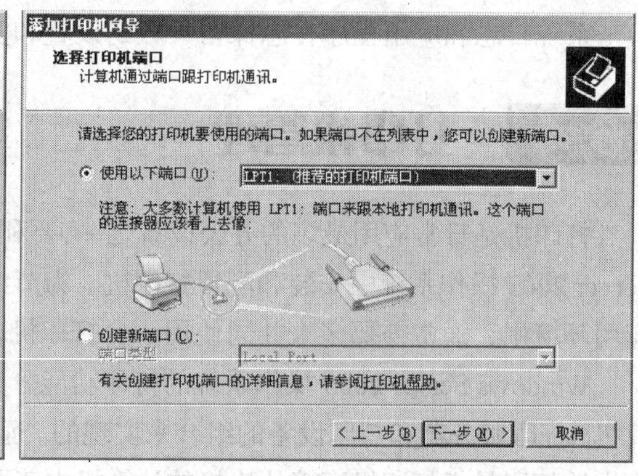

图 6-64　打印机端口

（5）单击“下一步”，打开图 6-65 所示对话框，选择打印机的厂商和打印机型号，如果列表中没有适当得驱动程序，放入厂商提供的驱动程序光盘，选择“从磁盘安装”和安装程序所在路径，单击“下一步”继续。

（6）打开“命名打印机”对话框，如图 6-66 所示。在“打印机名”文本框只能够输入一个容易识别的名称。默认名称是打印机的厂商和型号，可根据具体情况输入有意义的打印机名。

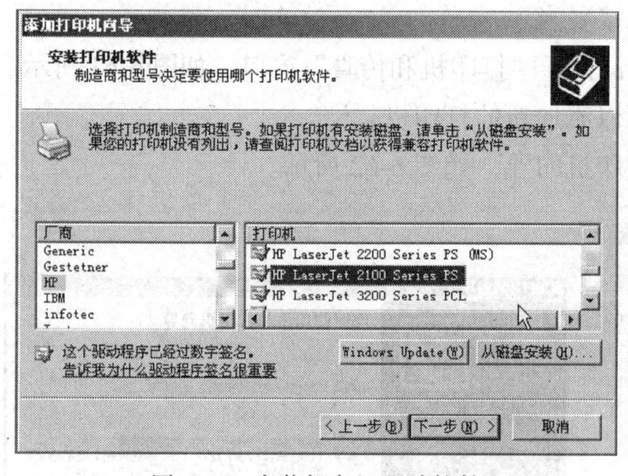

图 6-65　安装打印机驱动软件

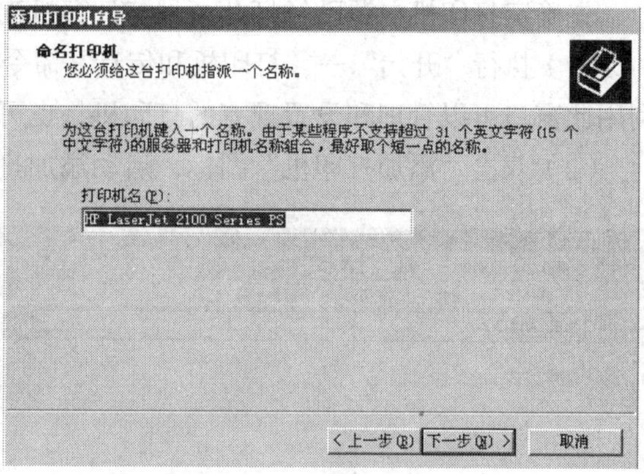

图 6-66　命名打印机

（7）单击“下一步”按钮，打开“打印机共享”对话框，保留默认选项，如图 6-67 所示。域内共享的打印机默认会自动发布到 AD 中，无法再次取消发布动作。输入打印机的共享名，当输入名称超过 8 个字符时，会出现 DOS 客户端无法访问的警告。

（8）单击“下一步”按钮，打开“位置和注释”对话框，输入有关这台打印机的说明，此处输入的信息主要是供客户端查找打印机时使用，请以“位置名称/位置名称/……”表示这台打印机的位置，让其他用户方便查看，使打印服务器的使用和管理更方便。

（9）单击“下一步”，打开图 6-69 所示“打印测试页”对话框，选择是否打印测试页，单击“下一步”继续。

（10）打开图 6-70 所示对话框，显示了打印机的各项参数，如果有需要修改的内容，单击“上一步”按钮可以回到相应的位置修改。如果确认设置无误，单击“完成”按钮。

（11）完成打印机的安装后，会在“打印机和传真”窗口中出现新安装的打印机图标，如图 6-71 所示。

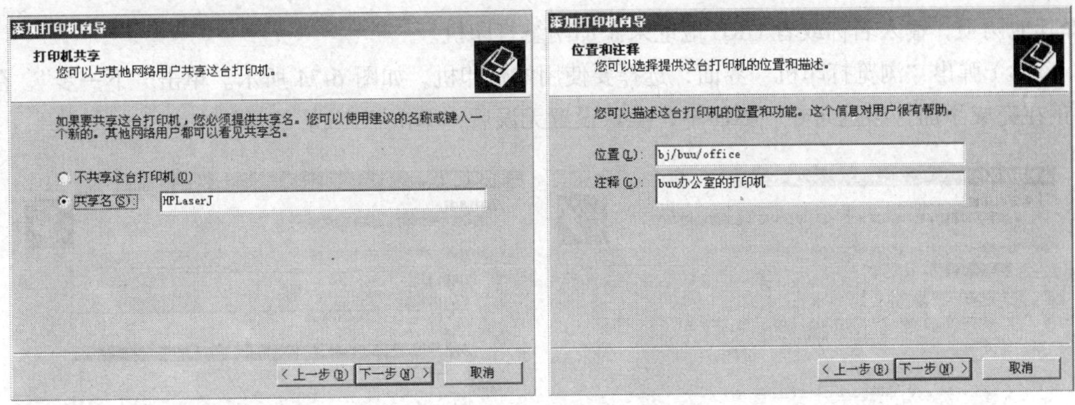

图 6-67　打印机共享名　　　　图 6-68　打印机说明

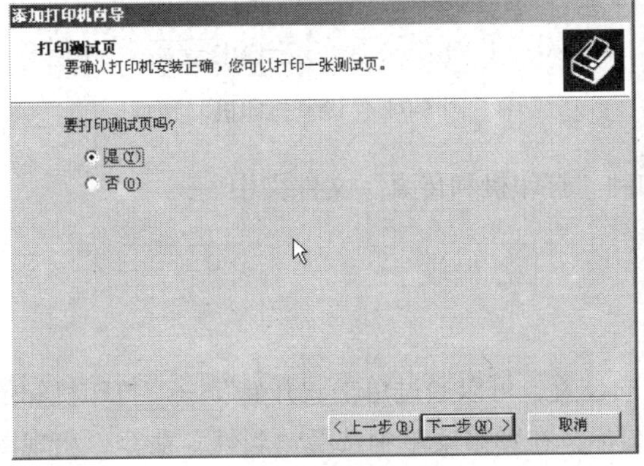

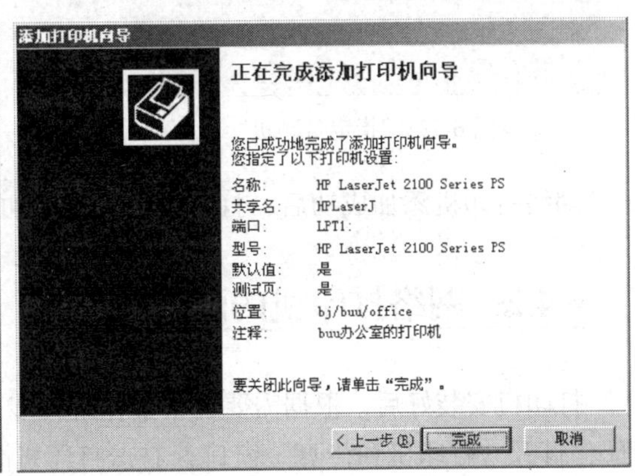

图 6-69　选择是否打印测试页　　　　图 6-70　完成打印机安装

2. 添加和共享网络打印机

网络用户要获得网络打印服务，需要安装网络打印机，可按以下步骤进行。

（1）进入“添加打印机向导”，在询问“本地或网络打印机”界面中，选择“网络打印机或连接到其他计算机的打印机”，单击“下一步”，如图 6-72 所示。

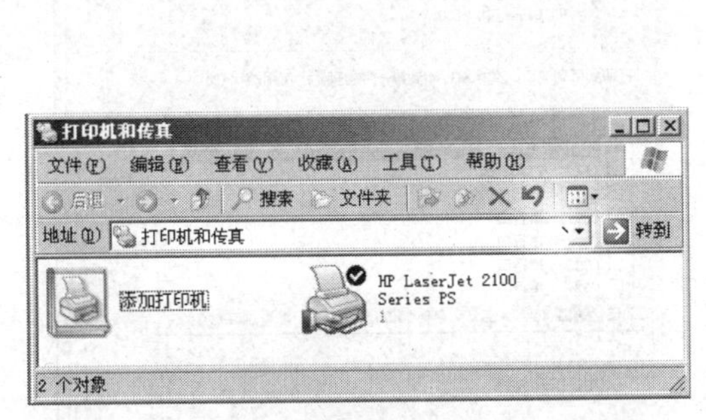

图 6-71　新打印机图表显示在“打印机和传真”中

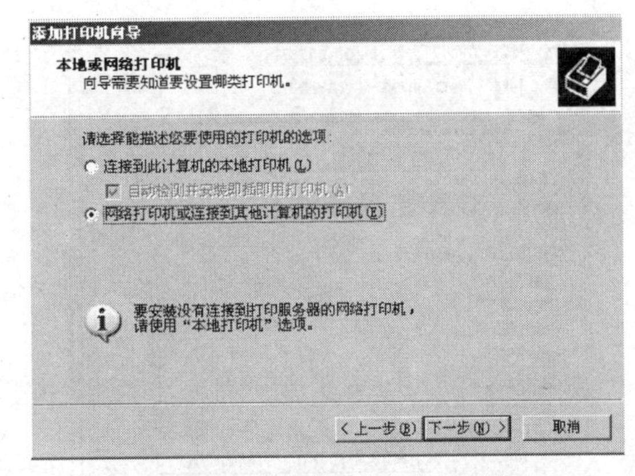

图 6-72　“本地或网络打印机”界面

（2）弹出图 6-73 所示的“指定打印机”界面，选择“浏览打印机”，单击“下一步”。也可选择其他两项，输入名称或者 URL 地址来添加网络打印机。

（3）弹出“浏览打印机”界面，选择要使用的打印机，如图 6-74 所示。单击“下一步”，在“正在完成添加打印机向导”界面中，确认设置无误后，单击“完成”即可。

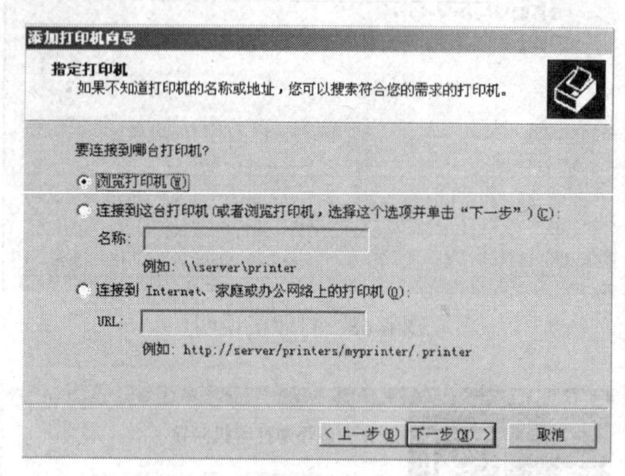

图 6-73 “指定打印机”界面

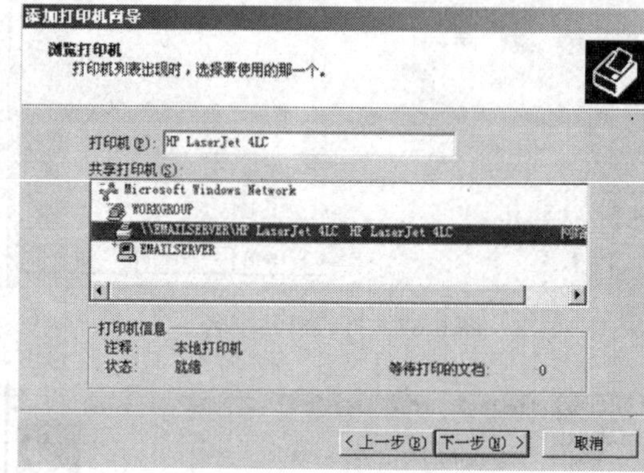

图 6-74 “浏览打印机”界面

网络打印机添加成功后，打印机图标被添加到“打印机和传真”文件夹中。

6.4.2 网络打印机的配置

打印机安装好后，根据需要经常要作进一步的设置，可以通过单击“开始”→“打印机和传真”，打开“打印机和传真”窗口，右击打印机图标，在弹出菜单中选择“属性”命令，出现图 6-75 所示对话框，通过该对话框中各选项卡可以对打印机做进一步设置。

1. 打印机池设置

“端口”选项卡如图 6-76 所示，在该选项卡上可以设置该逻辑打印机所映射的打印机设备，如果该打印机上通过多个端口连接了多个相同的打印机设备或者这些打印机设备较为近似，就可以将它们组成一个打印机池，这样当打印作业到达这个逻辑打印机后，就可以将打印作业送到正在空闲得打印机上，以便提高工作效率。

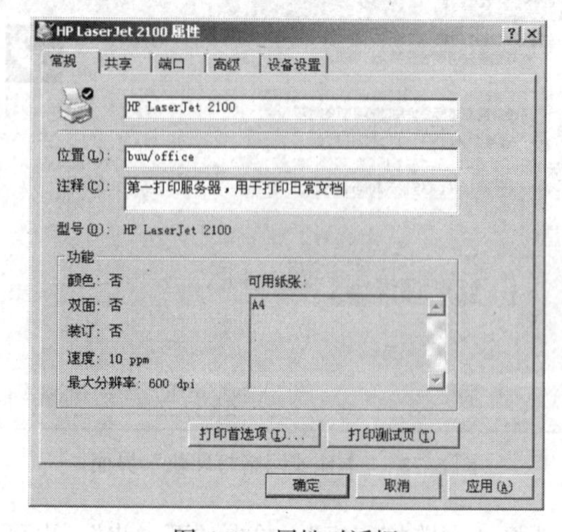

图 6-75 属性对话框

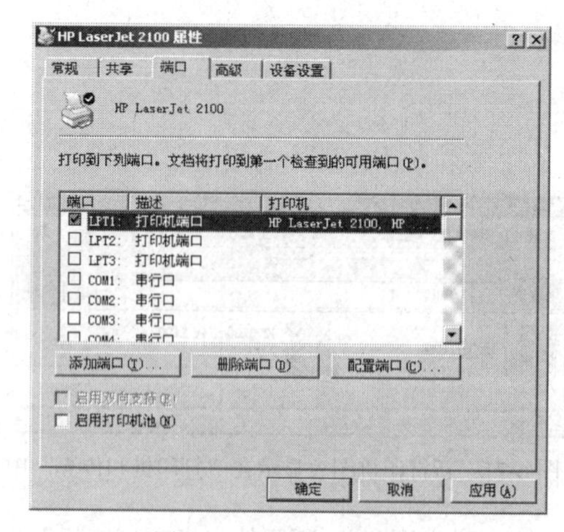

图 6-76 “端口”选项卡

打印机池实际上就是将一个逻辑打印机（打印驱动）与多个打印机设备构成映射关系，如图 6-77 所示。

设置打印机池，需要在图 6-76 中勾选“启用打印机池”选项，并在端口列表中选取连接各打印机所使用的端口，最后单击“确定”按钮即可。

2. 高级设置

“高级”选项卡如图 6-78 所示。

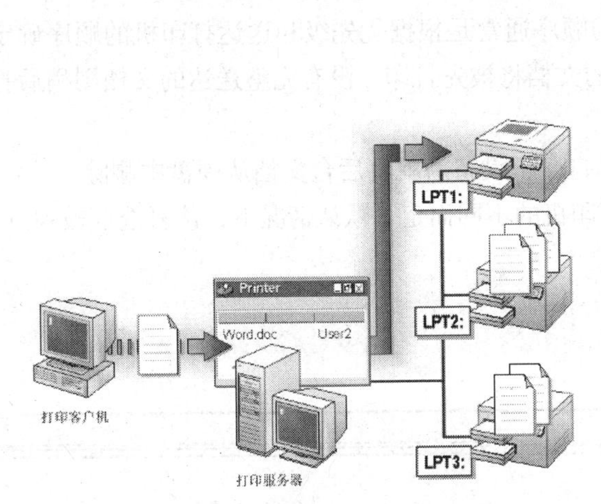

图 6-77　打印机池

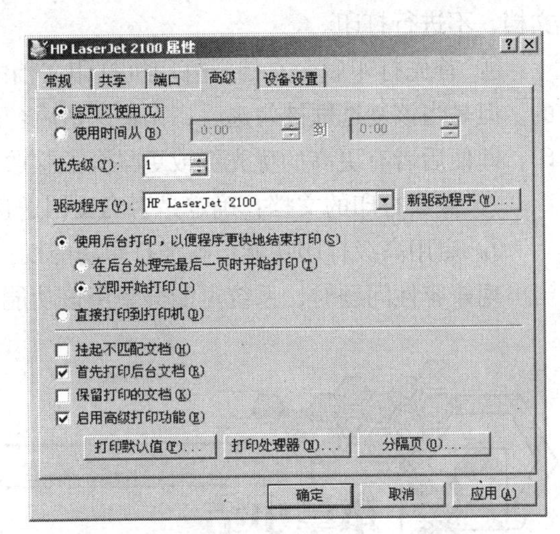

图 6-78　“高级”选项卡

（1）使用打印机优先级设置。

一台打印机设备可以与多个逻辑打印机相对应，即应用程序可以通过多个逻辑打印机将文档打印到同一台打印机设备上。“优先级”设置为映射于同一台打印机设备的多个逻辑打印机设置不同的打印优先级，然后再将这些具有不同打印优先级的逻辑打印机共享给不同的用户使用，这样不同的用户就有了不同的打印优先级。通常情况下，优先级越高的文档将越早被打印。

（2）使用打印机时间设置。

如果要打印一些页面较多的文档，则需要长时间占用打印机。显然，在不急需的情况下这些页面多的文档应该被安排在没有其他用户需要使用打印机的时候打印，为了解决这个问题，可以设置两个逻辑打印机，一个任何时刻都可以使用，另一个在下班后才可以使用，例如设置为 18：00～7：00，不急需的大文档通过这个“值夜班”的逻辑打印机在下班后打印到打印机设备上，急需的文档则可以随时通过另一个逻辑打印机打印到打印设备。

（3）分隔页设置。

单击图 6-78 中“分隔页”按钮，可以选择分隔页文件，如图 6-79 所示。

图 6-79　选择分隔页

分隔页将在每份文档前被打印，分隔页上也可以包含文档的用户、打印时间等信息，以便将打印出的一摞文件一一分开。出于环保角度的考虑为了节省纸张，建议在不必要的情况下不要打印分隔页。分隔页是以“.sep”为扩展名的文档，可以使用记事本工具或等进行编辑。

（4）其他高级属性设置。

在图 6-78 的“高级”选项卡中，还有一些重要的设置项目。

① 使用后台打印，以便程序更快地结束打印：先将接收到的打印文档存储在硬盘中的指定位置，再将其输送到打印机设备上打印，另外，可以进一步选择“在后台处理完最后一页时开始打印”（接收到打印文档的全部内容后再开始打印）或者“立即开始打印”（收到第一页后）。

② 直接打印到打印机：不使用后台打印方式。

③ 挂起不匹配文档：勾选该复选框后，当打印文档的格式设置与打印机不相符时，暂时搁置文档，不进行打印。

④ 首先打印后台文档：打印机打印文档的顺序通常是根据优先级和送达打印机的顺序确定的。但是当该复选框被勾选后，完整送达后台的文档将被先打印，没有完整送达的文档则稍后打印，即便后者有更高的优先级或更早开始接收。

⑤ 保留打印的文档：确定是否当文档送达打印机设备后就将后台文档从硬盘中删除。

⑥ 启用高级打印功能：高级打印功能视打印机的不同而定，默认情况下，该复选框被勾选，当出现兼容性问题时，系统可能会禁用该功能。

本章小结

本章介绍了数据备份与还原、系统监视与优化设置、安全性管理、打印机管理等其他管理，通过实例使学生掌握数据备份与还原的方法，掌握系统监控方法和优化设置方法，掌握组策略和安全策略管理与配置方法，掌握网络打印机的安装和配置方法。

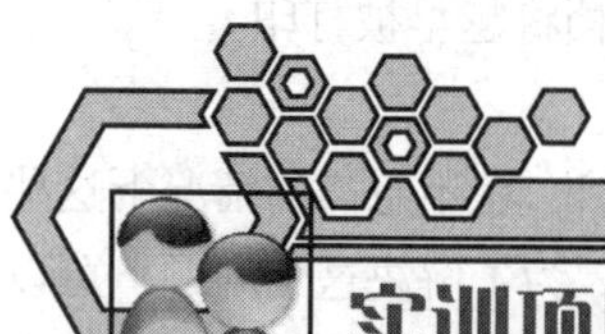

实训项目：Windows server 2003 安全配置管理实训

【实训目的】

通过对服务器进行本地安全策略的配置，使学生掌握组策略的概念、配置组策略的方法以及使用组策略配置用户、配置计算机的具体操作。

【实训环境】

装有 Windows Server 2003 操作系统的 PC 机、局域网环境。

【实训内容】

××公司有 3 个部门：财务部、技术部、市场部；每个部门约 30 个员工。建立 2003

域环境，管理公司网络。

要求如下。

1．公司所有员工口令 7 位以上，有一定的复杂性；不显示上次登录的用户名。

2．除技术部以外，其他各部门的员工不显示桌面上的“网上邻居”。

3．为全公司员工通告“2006.1.1 休息一天”。

4．技术部的员工可以在未登录前关机。

5．为财务部的计算机上自动安装“xx 软件”。

6．市场部的员工登录时，自动运行“计算器”。

7．将市场部员工桌面上的“我的文档”定位于 DC1 的共享目录 home。

【实验步骤】

1．新建 3 个组织单元：技术部（用户 aaa），财务部（用户 bbb），市场部（用户 ccc）。

2．打开“AD 用户和计算机”→域名右键“属性”→组策略→选择“Default Domain Policy”编辑→计算机配置→Windows 设置→安全设置→账户策略→密码策略→启用“密码复杂性”以及设置密码最小出长度 7。

3．打开“AD 用户和计算机”→域名右键“属性”→组策略→选择“Default Domain Policy”编辑→计算机配置→Windows 设置→安全设置→本地策略→安全选项→不显示上次登录的用户名。

4．打开“AD 用户和计算机”→域名右键“属性”→组策略→选择“Default Domain Policy”编辑→用户配置→管理模块→桌面→“已启用”隐藏网络邻居→完成→右键技术部打开组策略→新建策略“aaaa”编辑→用户配置→管理模块→桌面→“已禁止”隐藏网络邻居。

5．打开“AD 用户和计算机”→域名右键“属性”→组策略→选择“Default Domain Policy”编辑→计算机配置→Windows 设置→安全设置→本地策略→安全选项→用户试图登录时消息输入“2006.1.1 休息一天”。

6．打开“AD 用户和计算机”→域名右键“属性”→组策略→选择“Default Domain Policy”编辑→计算机配置→Windows 设置→安全设置→本地策略→安全选项→“已禁用”允许在未登录前关机→完成→右键技术部打开组策略→策略“aaaa”编辑→计算机配置→Windows 设置→安全设置→本地策略→安全选项→“已启用”允许在未登录前关机。

7．创建共享文件夹“aaaa”→共享和安全权限设定为“市场部员工读取”→复制后缀名.msi 文件粘贴于文件夹 aaaa→右键财务部→组策略→新建组策略“bbbb”编辑→计算机配置→软件设置→软件安装右键新建“程序包”→从网上邻居中寻找该.msi 文件→指派。

8．新建文件 shichang.txt→设置安全权限“市场部读取运行”→附件计算器右键属性→复制“目标”中的内容至 shichang.txt 中→另存为.bat 文件→市场部右键属性→组策略→新建组策略“ccc”编辑→用户配置→Windows 设置→脚本（登录/注销）→添加脚本名→将 shichang.bat 文件复制至 logon 内。

9．新建文件夹 wendang→设置共享和安全权限“市场部完全控制”→市场部右键属性→组策略→组策略“cccc”编辑→用户配置→Windows 设置→文件夹重定向→我的文档“属性” →选择“基本—将每个人的文件夹重定向到同一位置”→路径从网上邻居中寻找 wendang。

习题

1. 差异备份和增量备份的应用场合？
2. 每日备份与差异备份和增量备份的区别？

第三部分

网络管理服务篇

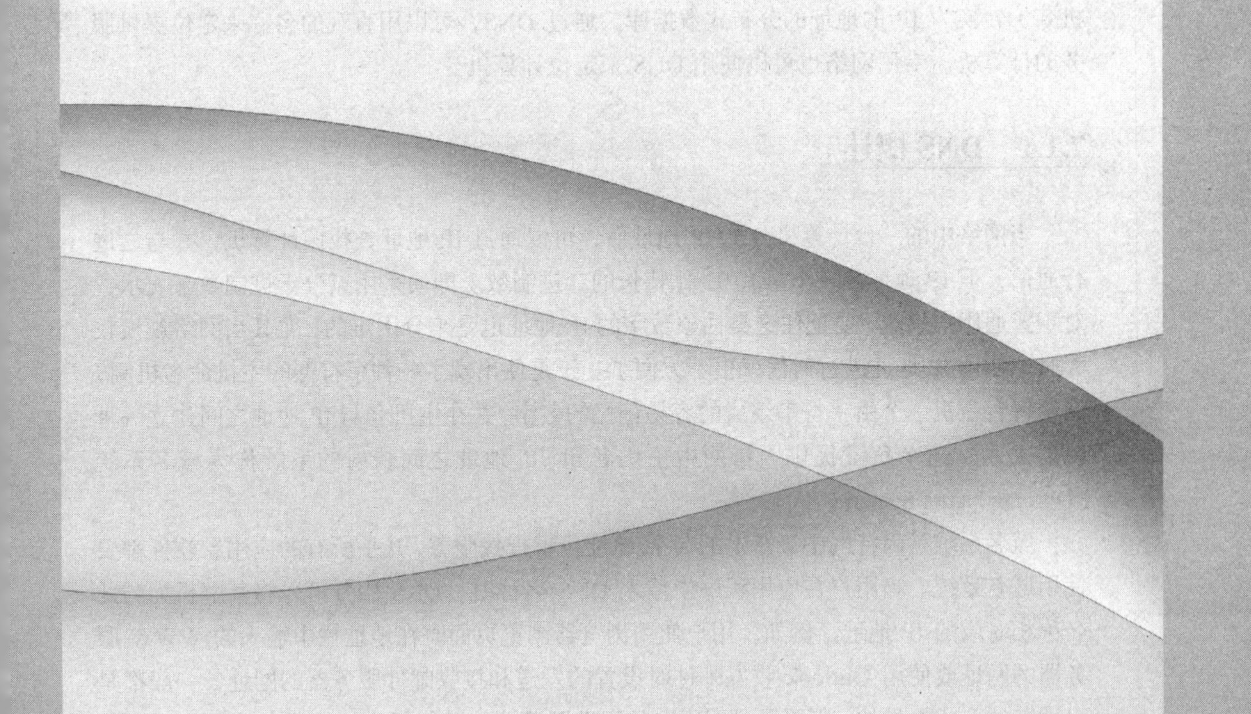

第7章 DNS服务

7.1 DNS基础

通常，DNS总是与Internet联系在一起的，它是用于TCP/IP网络中将计算机名（主机名）转换为IP的地址的分布式数据库。通过DNS，可以用直观的名称来定位提供服务的计算机。专用网络也可以使用DNS来定位计算机。

7.1.1 DNS概述

当网络中的一台计算机分配IP地址后，可以通过IP地址查找该计算机，并与之进行通信，但IP地址是一个具有32比特长的二进制数。即便采用点分十进制数来表示，对于普通用户来说，要记住这类抽象数字的IP地址也是十分困难的，尤其当网络规模较大时，使用IP地址进行通信就更不方便了。于是便出现了一种字符型的主机命名机制，即给每台主机一个由字符串组成的容易记忆的名字，并在主机名与IP地址之间建立一种映射关系，这个负责提供因特网中主机名和IP地址之间映射的系统称为域名系统（Domain Name System，DNS）。

域名系统是因特网中最基本的名字/地址目录查找服务，几乎所有的应用层软件都要使用域名系统。当用户在应用程序中输入DNS名称时，DNS服务可以将其解析为与此名称相对应的IP地址。例如，用户使用浏览器浏览页面时在地址栏中输入的WWW服务器的网址或使用Outlook收发邮件时设置的发送和接收邮件服务器的网址，一般都是以域名的形式提供的，需要通过网络上的域名服务器将其解析为IP地址，进而实现网络通信。

7.1.2　DNS 的结构与工作原理

1. DNS 的结构

早期的因特网采用了非等级的名字空间，名字比较简短。随着因特网上用户数量的急剧增加，用非等级的名字空间来管理一个很大的而且是经常变化的名字集合非常困难，因此因特网后来就采用了一种与 Windows 本身的文件系统目录结构类似的层次树状结构的命名方法。图 7-1 显示了这种结构，它像一棵倒置的树。

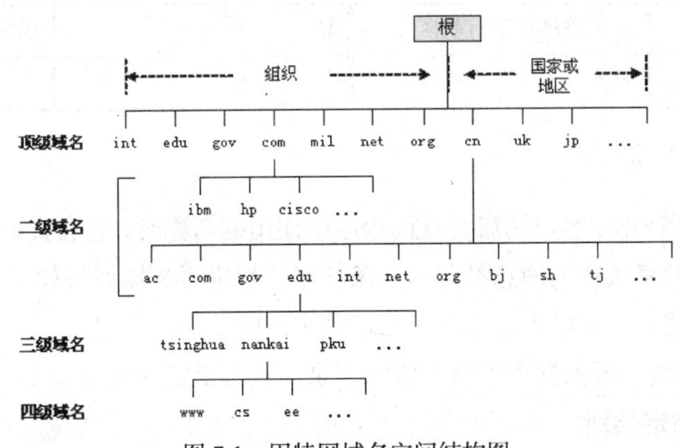

图 7-1　因特网域名空间结构图

图中的每一个点称为节点，每个节点都包含一个由英文字母和数字组成的标识（不超过 63 个字符，并且不区分大小写字母）。树根在最上面，是没有任何标识的特殊节点，代表域名空间的根。域名树上任何一个节点的域名就是将从该节点到最高层的域名串联起来，中间用“.”分隔这些域名。与 Windows 系统的文件系统目录结构不同的是，域名是从某节点开始依次向上至树根形成的，级别最低的域名写在最左边，而级别最高的域名写在最右边。完整的域名不超过 255 个字符。域名系统既不规定一个域名需要包含多少个下级域名，也不规定每一级的域名代表什么意思。各级域名由其上一级的域名管理机构管理，而最高的顶级域名则由因特网的有关机构管理。自 1998 年以后，非营利组织 ICANN 成为因特网的域名管理机构（W-ICANN）。

直接处于树根下面一级的域称为顶级域，它代表一种类型的组织和一些国家。ISO 将顶级域名分为 3 大类。

① 国家顶级域名 nTLD：又常记为 ccTLD（cc 表示国家代码 country-code），现在使用的国家顶级域名约有 200 个。

② 国际顶级域名 iTLD：采用.int。国际型组织可在.int 下注册。

③ 通用顶级域名 gTLD。

表 7-1 和表 7-2 分别列出了 Internet 中常用到的一部分顶级域名和国家的代码。

表 7-1　部分 Intenet 顶级域名及含义

域　名	含　义	域　名	含　义
Com	商业组织	Net	网络服务机构
edu	教育、学术研究部门（美国专用）	Org	除上面所述以外的组织，为非营利组织

续表

域　名	含　义	域　名	含　义
Gov	政府机构	Int	国际组织
Mil	军事机构		

表 7-2　　部分 Intenet 国家代码及含义

域　名	含　义	域　名	含　义
Au	澳大利亚	Tw	中国台湾省
Cn	中国	Uk	英国
Hk	中国香港特别行政区	Us	美国
Jp	日本		

2. DNS 的工作原理

在 Windows 中，当 DNS 客户端需要查询程序中使用的名称时，它会查询 DNS 服务器来解析该名称。客户端发送的每条查询消息都包括 3 条信息，指定服务器回答如下的问题。

① 指定的 DNS 域名，规定为完全合格的域名（FQDN）。

② 指定的查询类型，可根据类型指定资源记录，或者指定为查询操作的专门类型。

③ DNS 域名的指定类别。

对于 Windows DNS 服务器，它始终应指定为 Internet 类别，或者叫 IN 类别。

例如，指定的名称可以是计算机的 FQDN："host-a.example.tsinghua.edu.cn"，而指定的查询类型可以是通过该名称搜索地址（A）资源记录。将 DNS 查询看作客户端向服务器询问由两部分组成的问题，例如"您是否拥有名为'host-a.example.tsinghua.edu.cn'的计算机的 A 资源记录？"。当客户端收到来自服务器的应答时，它将读取并解析应答的 A 资源记录，获取根据名称询问的计算机的 IP 地址。具体域名解析过程如下。

客户机首先将名称查询递交给所设定的 DNS 服务器；DNS 服务器接到查询请求后，搜索本地 DNS 区域数据文件，如果查到匹配信息，则返回相应的 IP 地址，完成查询过程。

如果区域数据库中没有，DNS 服务器就检查它能否通过来自先前查询的本地缓存信息来解析该名称。如果在本地缓存中发现匹配信息，则服务器使用该信息应答查询。

如果无论从缓存还是从区域信息，查询的名称在首选服务器中都未发现匹配的应答，就会将名称查询递交给该 DNS 服务器所设定的其他 DNS 服务器来继续请求。

3. DNS 解析

每个域名服务器不但能够进行一些域名解析，而且还具有指向其他域名服务器的信息，如果本地域名服务器不能完成解析，则将解析工作交给所指向的域名服务器。由此可见，这些域名服务器群构成了一个大的域名服务系统，域名解析工作是通过组成这个大的域名服务系统的个体服务器的协作来完成的。通常其协作方式分为两种：递归查询和迭代查询。

① 递归查询。递归查询指 DNS 客户端发出查询请求后，如果 DNS 服务器内没有所需的数

据，则 DNS 服务器会代替客户端向其他的 DNS 服务器进行查询。

这种方式下，查询者只向一个服务器提出查询请求，该服务器或是自己提供所需的结果，或是求助其他 DNS 服务器，被求助的服务器也可以再向其他服务器求助，这样就形成一个服务器链，在这个服务器链中，每个节点向它上面相邻的节点寻求解析帮助，直到找到所需结果，或者所求助服务器恰好是负责该查询域名所在区域的服务器，而该服务器又无法找到所需信息，这时，查询过程停止，然后通过“接力”传递将查询结果返回到查询者。图 7-2 显示了递归查询的过程。

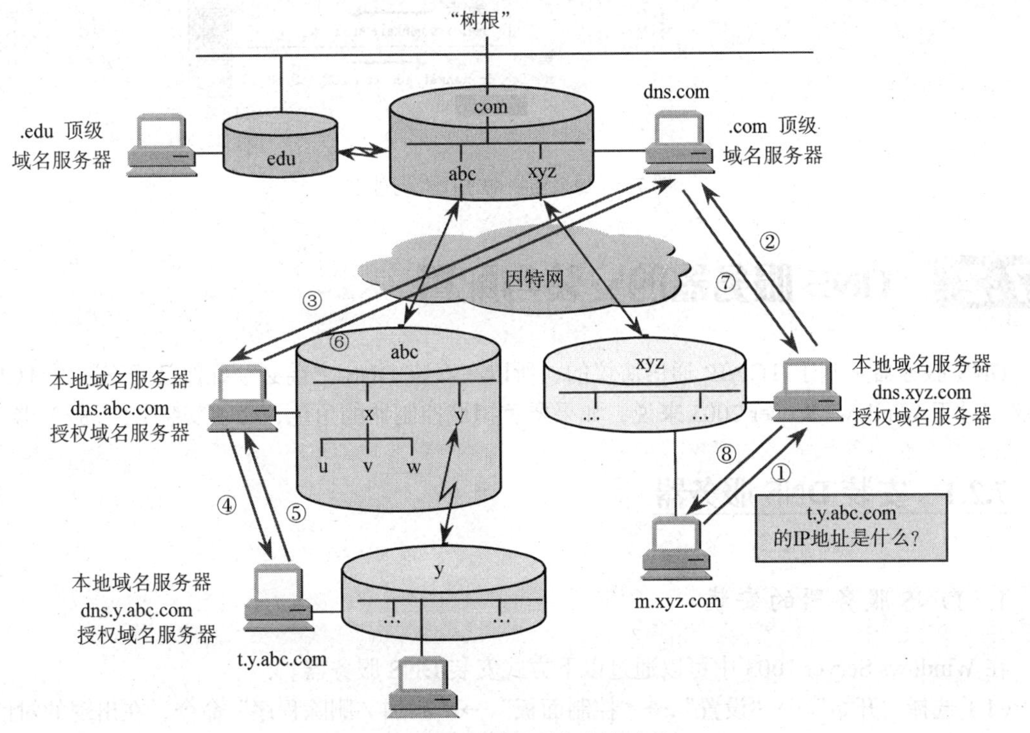

图 7-2　域名转换的递归查询过程

假定域名为 m.xyz.com 的主机想知道另一个域名为 t.y.abc.com 的主机的 IP 地址，先向其本地域名服务器 dns.xyz.com 查询。若查询不到，则向根域名服务器 dns.com 查询。根据被查询的域名中的“abc.com”，再向授权域名服务器 dns.abc.com 发送查询报文，最后再向授权域名服务器 dns.y.abc.com 查询。见图 7-2 中的①→②→③→④的顺序。得到查询结果后，按照图中⑤→⑥→⑦→⑧的顺序将应答报文传给本地域名服务器 dns.xyz.com，最后传给域名为 m.xyz.com 的主机。

② 迭代查询。一般用于 DNS 服务器之间的查询请求。当第一台 DNS 服务器向第二台 DNS 服务器提出查询请求后，如果在第二台 DNS 服务器内没有找到所需要的数据，它会提供第三台 DNS 服务器的 IP 地址给第一台 DNS 服务器，让第一台 DNS 服务器直接向第三台 DNS 服务器进行查询。依此类推，直到找到所需要的数据为止。如果到最后一台 DNS 服务器中还没有找到所需要的数据，则通知第一台 DNS 服务器查询失败。查询过程如图 7-3 所示。

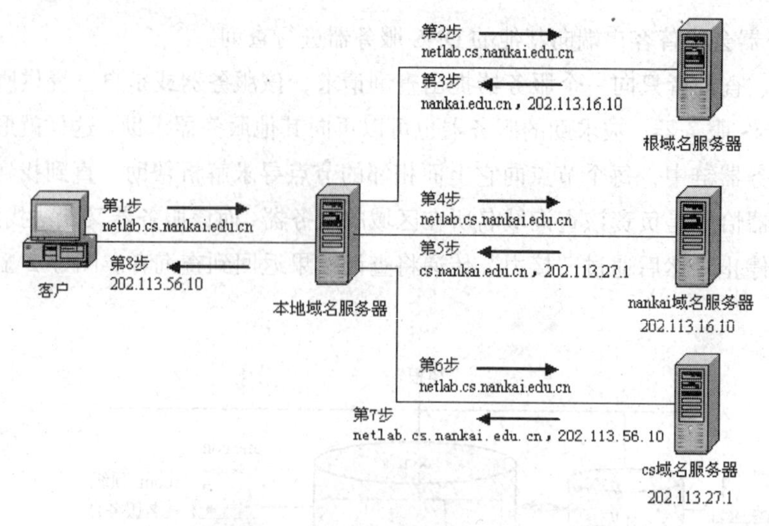

图 7-3　域名转换的迭代查询过程

7.2 DNS 服务器的安装与配置

DNS 服务器是基于 TCP/IP 通信协议的，所以在安装 DNS 之前必须确保已经安装了 TCP/IP 协议。对于 Windows Server 2003 来说，如果要负担域控制器的角色，必须安装 DNS 服务器。

7.2.1 安装 DNS 服务器

1. DNS 服务器的安装

在 Windows Server 2003 中可以通过以下方式安装 DNS 服务器。

（1）选择“开始”→“设置”→“控制面板”→“添加 / 删除程序”命令，在出现的对话框中单击“添加 / 删除 Windows 组件”选项，出现“Windows 组件向导”对话框，如图 7-4 所示。

（2）选择对话框“组件”列表中的“网络服务”一项，然后单击“详细信息”按钮，出现“网络服务”对话框。

（3）对话框的“网络服务的子组件”列表中选择“域名系统（DNS）”选项，如图 7-5 所示。

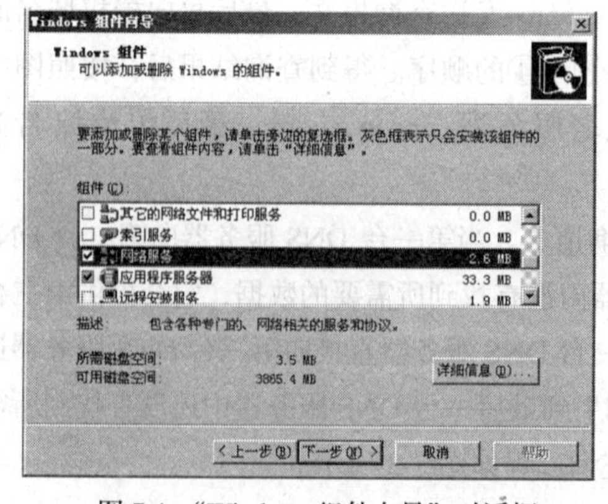

图 7-4　“Windows 组件向导”对话框

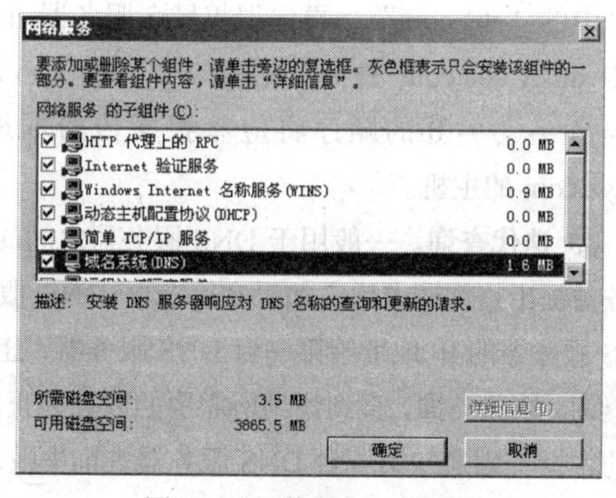

图 7-5　“网络服务”对话框

（4）单击“确定”按钮，返回“Windows 组件向导”对话框。然后单击“下一步”进行安装，系统将从安装光盘中复制所需的程序，如图 7-6 所示。配置完成后，系统自动弹出“完成 Windows 组件向导”界面，如图 7-7 所示。

安装完成后，在“开始”→“程序”→“管理工具”的下级子菜单中将会多出一个名为 DNS 的选项，如图 7-8 所示，说明 DNS 服务器已成功安装。同时，将会在\Windows\System32 下创建一个名为 dns 的文件夹。该文件夹中保存了与 DNS 运行有关的文件，如缓存文件（Cache）、DNS 配置文件（DNS）及一些文件夹。

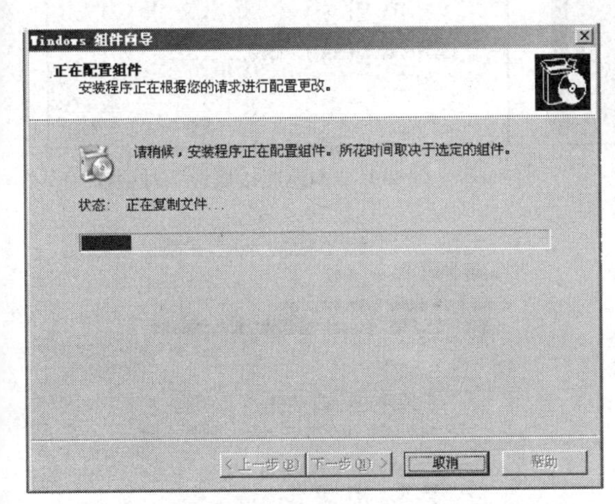

图 7-6　“Windows 配置组件”界面

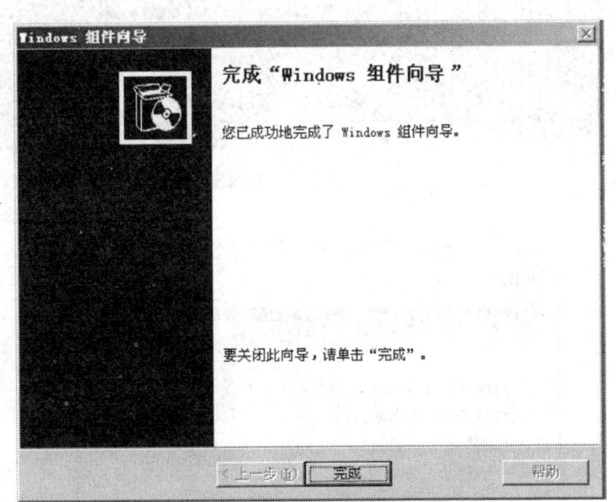

图 7-7　完成“Windows 组件向导”界面

2. DNS 客户端的设置

DNS 服务器安装完成后，如果要让客户端使用 DNS 服务器上的功能，还必须对 DNS 客户端进行设置。Windows Server 2003 客户端设置方法如下。

（1）右击桌面上的“网上邻居”，选择“属性”命令，打开“网络连接”对话框。

（2）选取窗口中的“本地连接”选项，单击鼠标右键，在出现的快捷菜单中选择“属性”选项，打开“本地连接属性”对话框，如图 7-9 所示。

（3）在对话框“此连接使用下列选定的组件”中，选取已安装的“Internet 协议（TCP/IP）”项，然后单击“属性”按钮，出现“Internet 协议（TCP/IP）属性”对话框，如图 7-10 所示。

（4）在“首选 DNS 服务器”后面输入 DNS 服务器的 IP 地址，如果网络中还有其他的 DNS 服务器时，在“备用 DNS 服务器”后输入备用 DNS 服务器的 IP 地址。

当一个网络中存在 2 台或 2 台以上的 DNS 服务器时，可单击图 7-10 中所示的“高级”按钮，在出现的对话框中选择 DNS 标签项，出现图 7-11 所示的对话框。

在“DNS 服务器地址”下方的列表中显示了已设置的首选 DNS 服务器和备用 DNS 服务器的 IP 地址。如果还需要添加其他 DNS 服务器的 IP 地址，可以单击“添加”按钮，在出现的对话框中依次输入要加入的 DNS 服务器的 IP 地址。设置完成后，DNS 客户端会依次向这些 DNS 服务器进行查询。

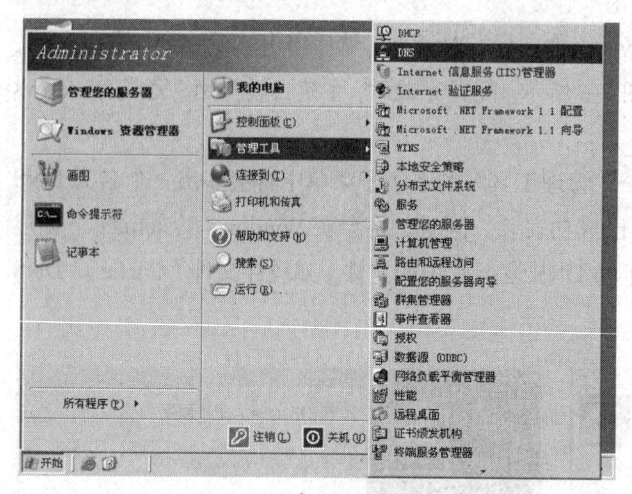

图 7-8 DNS 选项

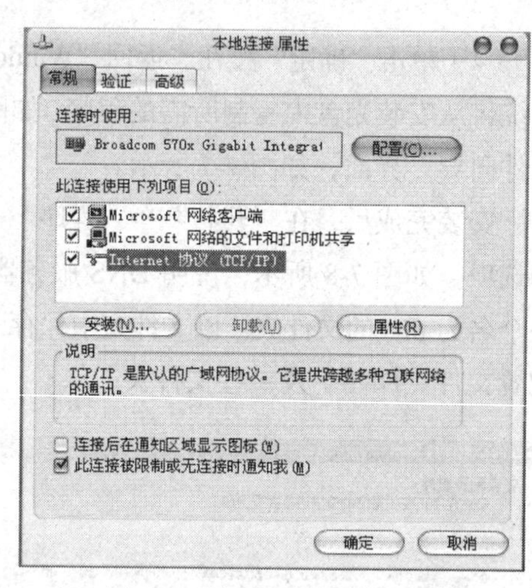

图 7-9 “本地连接属性”对话框

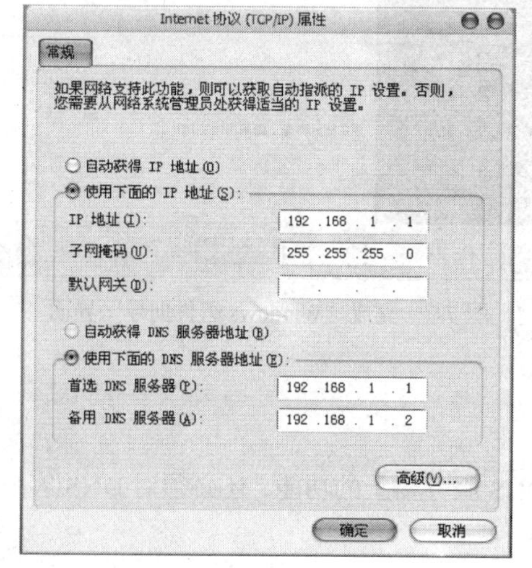

图 7-10 “Internet 协议（TCP/IP）属性”对话框

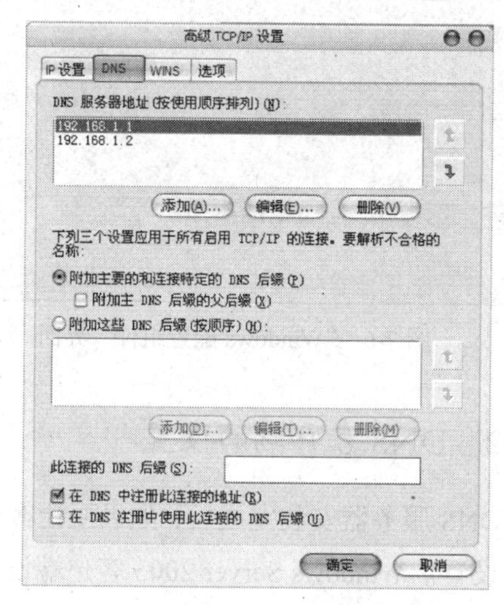

图 7-11 “高级 TCP/IP 设置”对话框

7.2.2 DNS 服务器的配置与管理

DNS 服务器启动前，必须进行必要的配置。由于 DNS 数据库是一个分布式数据库，当 DNS 解析系统由多个服务器构成时，在配置这些 DNS 服务器前，应该合理部署 DNS 服务器。

当用户在应用程序中输入 DNS 名称时，DNS 可以将这个名称解析为与其相关的其他信息，如 IP 地址。设置 DNS 服务器，通常包括使用 DNS 区域来配置 DNS 服务器以便管理网络中的 DNS 域名、向区域添加资源记录以及委派这些区域的管理等。

1. 创建正向查找区域

安装了 DNS 服务器之后，就可以开始创建一个区域，以便完成域名解析的服务功能。正向查找区域用于正向查找请求，即从域名查找 IP 地址。为保证 DNS 服务的基本运行，在 DNS 服务器上至少应该配置正向查找区域，创建正向查找区域步骤如下。

（1）选择“控制面板”→“管理工具”→“DNS”，打开 DNS 管理控制台。

（2）如图 7-12 所示，在 DNS 控制台的目录树中，找到要创建正向查找区域的 DNS 服务器，右键单击该服务器，在弹出的快捷菜单上，单击“配置 DNS 服务器”菜单项，弹出“欢迎使用配置 DNS 服务器向导”窗口，如图 7-13 所示。

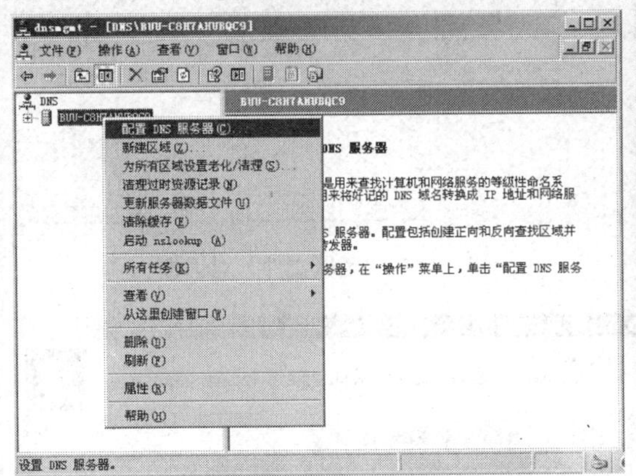

图 7-12　选择配置 DNS 服务器界面

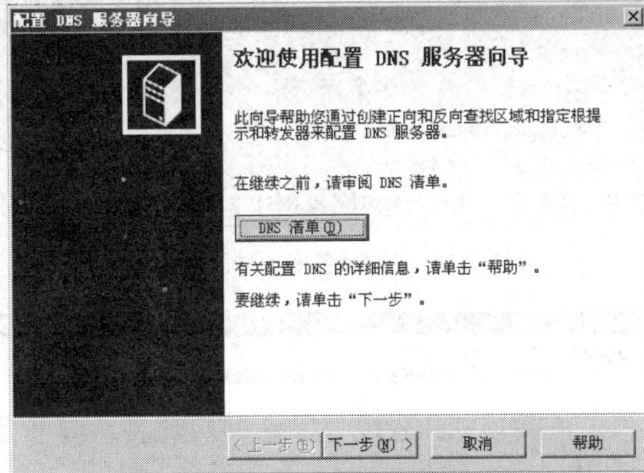

图 7-13　欢迎使用配置 DNS 服务器向导

（3）单击“DNS 清单”按钮，先检查是否完成必需的步骤。检查完毕后单击“下一步”按钮，弹出选择配置操作对话框，如图 7-14 所示。

（4）选中“创建正向查找区域”选项，单击“下一步”按钮，弹出“主服务器位置”对话框，如图 7-15 所示。

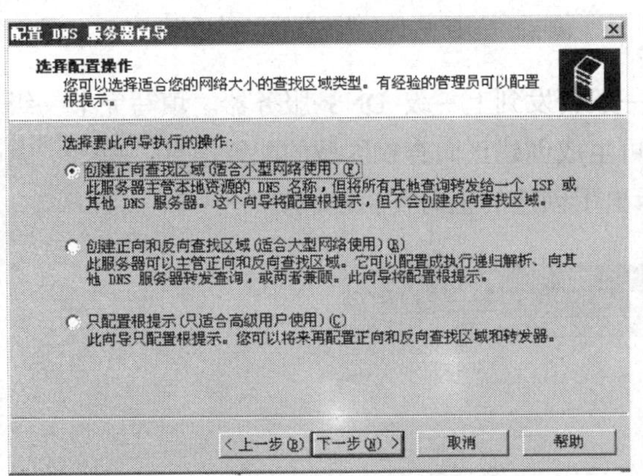

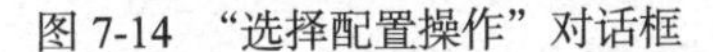

图 7-14　“选择配置操作”对话框

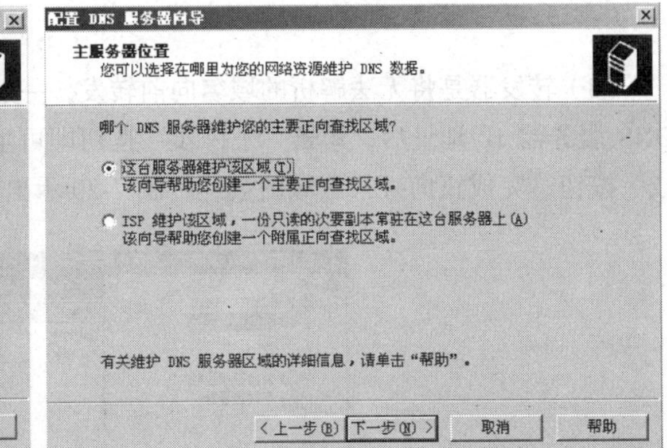

图 7-15　“主服务器位置”对话框

一般选择“这台服务器维护该区域”项，然后单击“下一步”按钮，弹出“区域名称”对话框，如图 7-16 所示。

（5）在区域名称编辑框中输入区域名称，然后单击“下一步”按钮，弹出“区域文件”对话框，询问是否创建新的区域文件，用户可根据需要选择相应的选项，如图 7-17 所示。

（6）单击“下一步”按钮，系统弹出“动态更新”对话框，如图 7-18 所示。

（7）出于安全考虑，一般选择“只允许安全的动态更新”项，然后单击“下一步”按钮，弹出“转发器”对话框，如图 7-19 所示。

图 7-16 “区域名称”对话框　　图 7-17 “区域文件”对话框

图 7-18 动态更新　　图 7-19 “转发器”对话框

（8）转发器是将无法解析的域名向前转发，一般转发到上一级 DNS 服务器。填写完上一级 DNS 服务器 IP 地址后，单击“下一步”按钮即可生成创建正向查找区域的配置信息，单击“完成”按钮，完成正向查找区域的创建，图 7-20 示出了创建的正向查找区域。

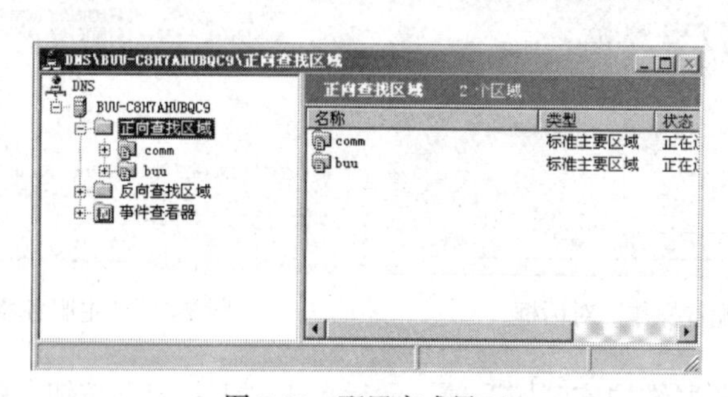

图 7-20 配置完成界面

用户也可以单击 DNS 管理控制台中的“正向查找区域”选项，选择“新建区域”菜单，利用“新建区域向导”来完成正向查找区域的创建。

2. 创建主机记录

创建主机记录的目的是将主机的相关参数（主机名和对应的 IP 地址）添加到 DNS 服务器中，以满足 DNS 客户端查询主机名或 IP 地址的需要。在主要区域中创建主机记录的具体步骤如下。

（1）打开 DNS 控制台，展开服务器下配置好的“正向查找区域”。

（2）如图 7-21 所示，右击新建区域名 buu.com，在菜单中选择“新建主机”，出现“新建主机”对话框，如图 7-22 所示。

在“名称”文本框中输入要创建主机记录的名称，如 www，则主机完整的域名为：www. buu. com；在“IP 地址”文本框中输入要配置主机的 IP 地址。

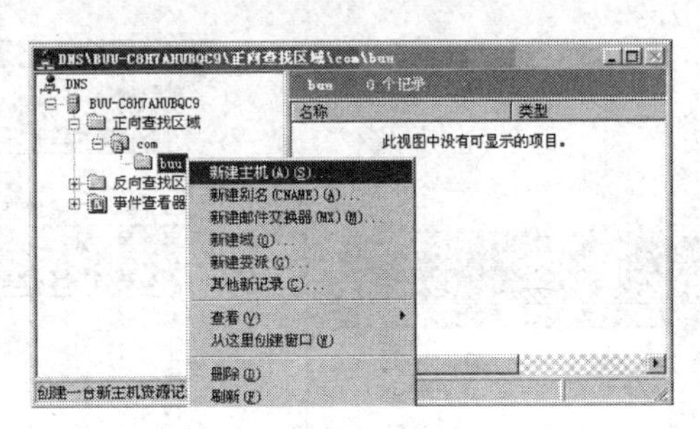

图 7-21　选择“新建主机”界面

如果 IP 地址与 DNS 服务器位于同一子网内，且建立了反向查询区域，则可以选择“创建相关的指针（PTR）记录”选项，计算机将自动为要配置的主机创建一条反向解析记录（即根据 IP 地址解析主机名）。

（3）单击“添加主机”按钮，完成该主机的创建。在区域 buu.com 中出现了新建的主机 www. buu.com，如图 7-23 所示。

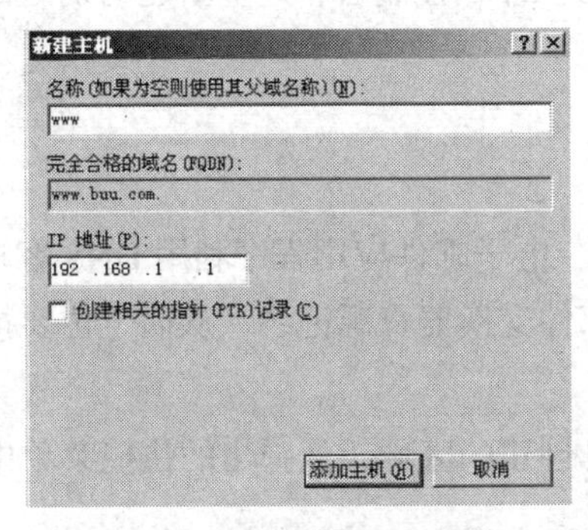

图 7-22　“新建主机”对话框

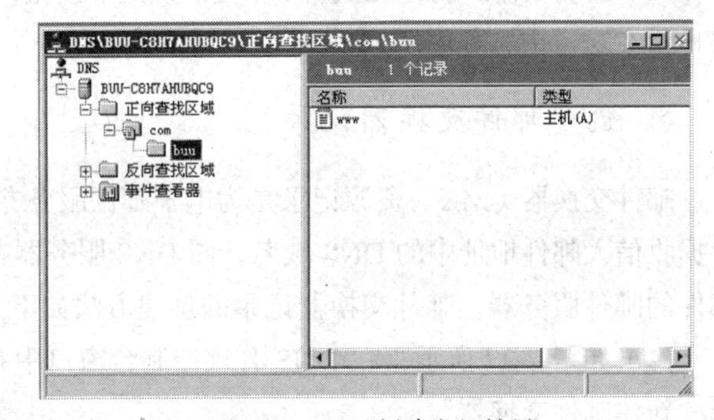

图 7-23　显示创建主机结果

区域内需要的大多数主机记录可以包含提供共享资源的工作站或服务器、邮件服务器和 Web 服务器以及其他 DNS 服务器等。这些资源记录由区域数据库中的大部分资源记录构成。另外，并非所有的计算机都需要主机资源记录，但是在网络上以域名来提供共享资源的计算机需要该记录。

3. 创建别名记录

一部主机可以拥有多个主机名称，别名记录就是用来标识同一主机的不同用途的。比如，当某主机既是 Web 服务器，又是 FTP 服务器时，需要给该主机创建不同的名称。通过下面几步完成别名的创建。

（1）在 DNS 管理控制台目录树中右击已创建的主要区域，从弹出的快捷菜单中选择“新建别名”选项，如图 7-24 所示。

（2）系统弹出“新建资源记录”对话框，如图 7-25 所示。在“别名”文本框中输入别名名称，这里相对于父域的名称，别名多用服务名称，如 WWW 表示充当 www 服务器，FTP 表示充当 ftp 服务器。

（3）在“目标主机的完全合格的名称”文本框中输入该别名对应的主机的全球域名，也可单击“浏览”按钮，从 DNS 记录中选择。

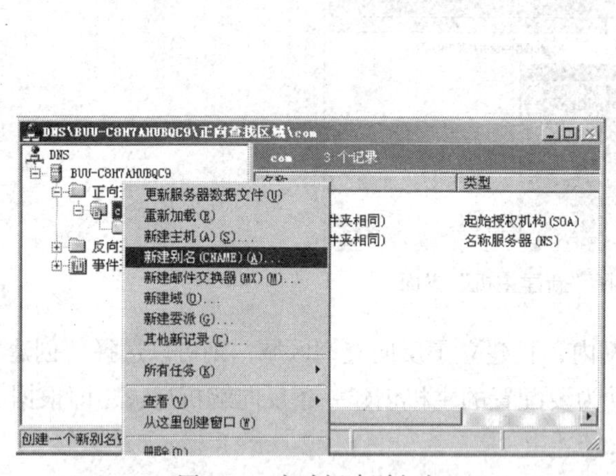

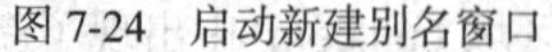
图 7-24 启动新建别名窗口

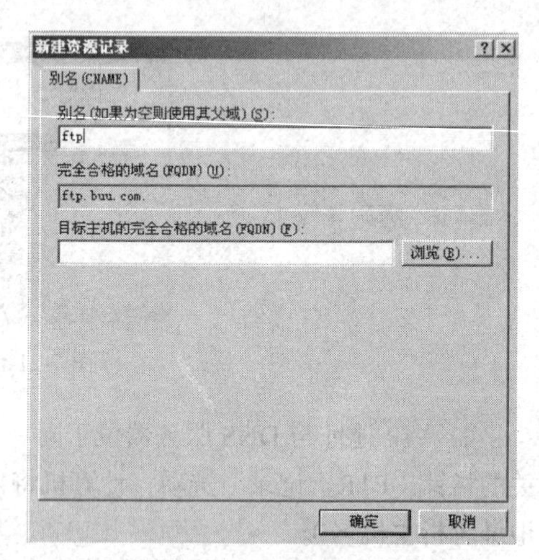

图 7-25 “新建资源记录”对话框

（4）当确认输入内容无误后，单击“确定”按钮，返回到 DNS 控制台，这些新建的别名记录将显示在窗口中，如图 7-26 所示。

4. 创建邮件交换器记录

邮件交换器（MX）资源记录是为电子邮件服务专用的。电子邮件应用程序利用 DNS 客户，根据收信人邮件地址中的 DNS 域名，向 DNS 服务器查询邮件交换器资源记录，从而定位要接收邮件的邮件服务器。邮件交换器记录的创建方法如下。

（1）如图 7-27 所示，在 DNS 管理控制台窗口中右击已创建的区域，从弹出的快捷菜单中选择“新建邮件交换器”。

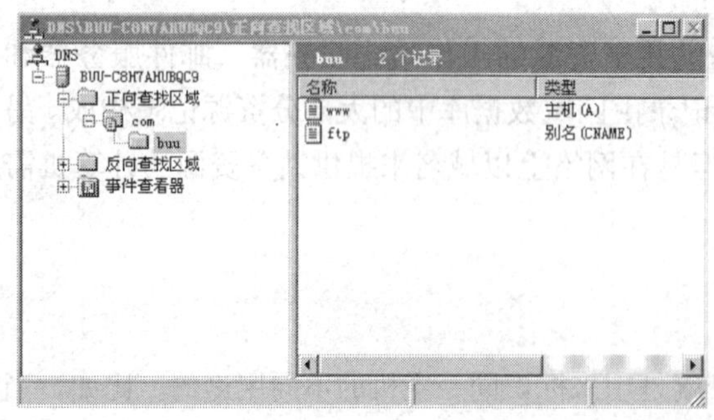

图 7-26 显示新建别名信息

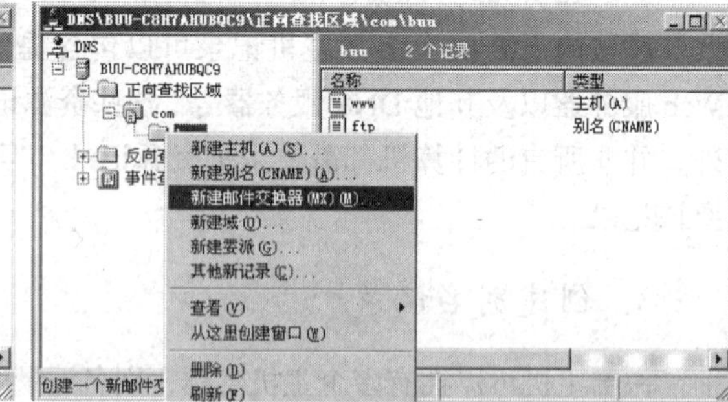

图 7-27 启动新建邮件交换器窗口

（2）系统自动弹出“邮件交换器”设置界面，如图 7-28 所示。在“主机或子域”下的编辑框中输入此邮件交换器记录负责的域名，即要发送邮件的域名。电子邮件应用程序将收件人地址的域名与此域名对照，以定位邮件服务器。

（3）在“邮件服务器的完全合格的域名”下的文本框中输入负责处理上述域邮件的邮件服务器的全称域名。发送或交换到邮件交换器记录所负责域中的邮件将由该邮件服务器处理。可单击“浏览”按钮从 DNS 记录中选择。

（4）在“邮件服务器优先级”下的文本框中，输入一个表示优先级的数值，范围为 0～65535，来调整此域的邮件服务器的优先级，数值越小优先级越高。

（5）单击“确定”按钮，向该区域添加新记录，如图 7-29 所示。

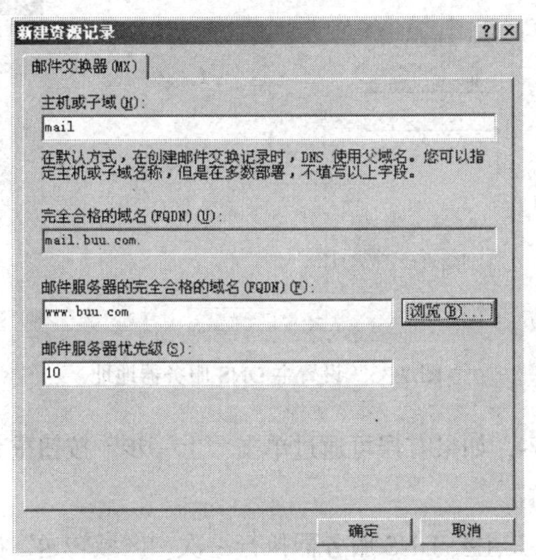

图 7-28　邮件交换器设置界面

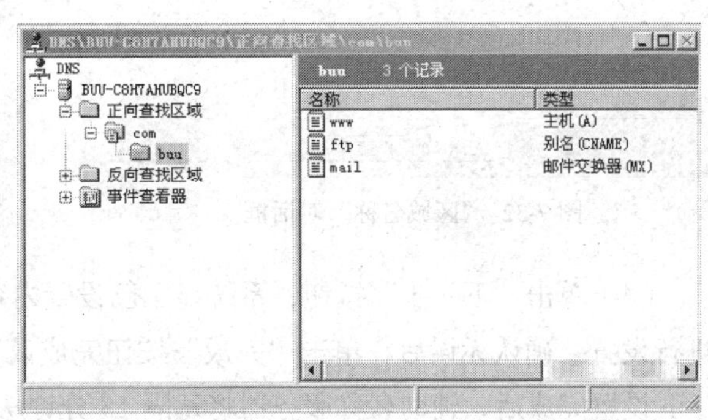

图 7-29　邮件交换器添加完成

5. 创建辅助区域

辅助区域从其主要区域利用区域转送的方式复制数据，然后将复制过来的所有主机的副本数据保存在辅助区域内。与主要区域文件不同，辅助区域文件是只读的。如果在 DNS 服务器中创建了辅助区域，则这台 DNS 服务器就是该区域的辅助名称服务器。提供正向查询服务的辅助区域的创建方法如下。

（1）如图 7-30 所示，在 DNS 管理控制台的目录树中选择“正向查找区域”选项，然后单击鼠标右键，选择“新建区域”选项，出现图 7-31 所示的“区域类型”对话框。

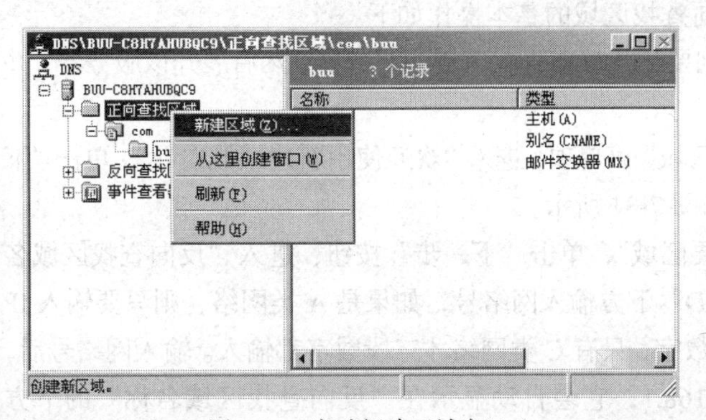

图 7-30　启动新建区域窗口

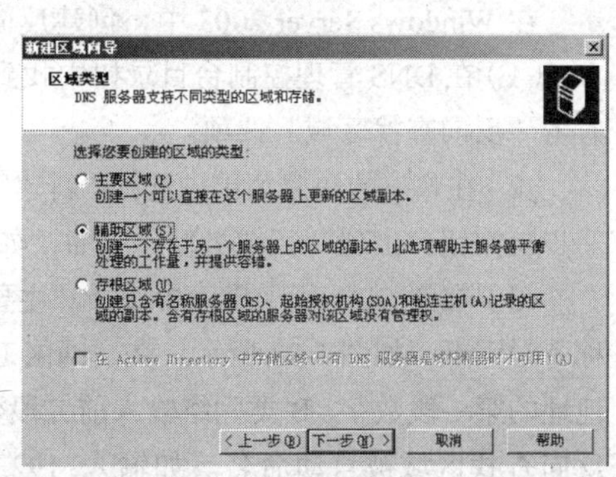

图 7-31　“区域类型”对话框

（2）选择“辅助区域”选项，单击“下一步”按钮，出现“区域名称”对话框，在文本框中输入要创建的辅助区域的名称（如 buu.com），如图 7-32 所示。此名称最好设置成与主要区域的名称相同。

（3）单击“下一步”按钮，出现图 7-33 所示的对话框，在“IP 地址”文本框中输入要复制数据的主要区域的 DNS 服务器的 IP 地址，然后单击“添加”按钮进行确认。

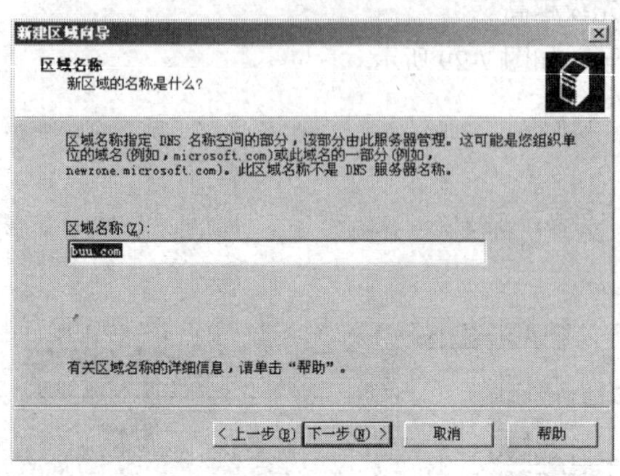

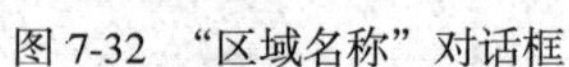
图 7-32 “区域名称”对话框

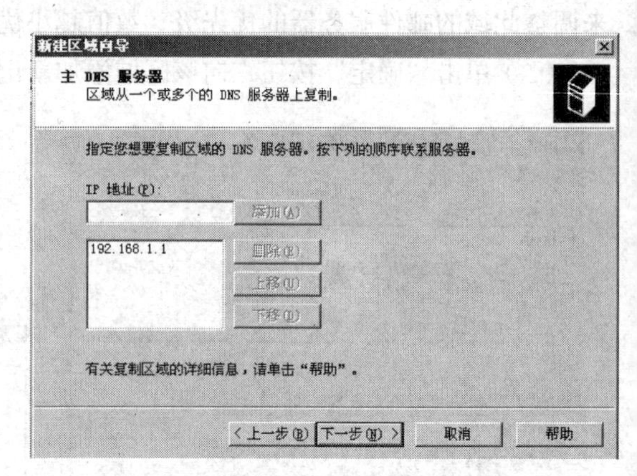

图 7-33 设置主 DNS 服务器地址

（4）单击“下一步”按钮，系统显示已设置内容，如果有误可通过单击“上一步”按钮重新进行设置。确认无误后，单击“完成”按钮完成设置。

设置完成后，辅助名称服务器将每隔 15 分钟从其主要 DNS 服务器执行一次“区域转送”操作，以最大限度地保持辅助名称服务器中的数据与主要名称服务器数据的一致。

6. 创建反向查找区域及其记录

通过主机名查询其 IP 地址的过程称为正向查询，而通过 IP 地址查询器主机名的过程称为反向查询；反向区域可以实现 DNS 客户端利用 IP 地址来查询其主机名的功能。一般地，配置了正向查询区域就可以满足用户的基本要求，反向查询区域不是必须的，可以在需要时创建。

反向查找区域分为 Active Directory 集成的区域、标准主要区域和标准辅助区域，这里只介绍标准主要区域的创建方法。

在 Windows Server 2003 中，创建反向查找区域的基本操作如下。

（1）在 DNS 管理控制台目录树中找到要创建反向查找区域的服务器，然后展开该服务器，并右击“反向查找区域”选项。

（2）在弹出的快捷菜单中选择“新建区域”菜单项，进入“欢迎使用新建区域向导”。单击“下一步”按钮，出现“区域类型”界面，如图 7-31 所示。

（3）在图 7-31 所示界面中选择“主要区域”，单击“下一步”按钮，进入“反向查找区域名称”对话框，如图 7-34 所示。在“网络 ID”下方输入网络号，如果是 A 类网络，则只要输入 IP 地址的第一段数字，B 类网络输入前二段数字，只有 C 类网络才三段数字都输入。输入网络号后，反向查找区域被自动命名。如输入 192.168.1，它会自动显示在“反向查找区域名称”的下方（1.168.192.in-addr.arpa）。

（4）单击“下一步”按钮，出现“区域文件”界面，一般选中“创建新文件，文件名为”后，接受默认的文件名，直接单击“下一步”按钮即可生成创建并配置反向查找区域的摘要信息，如图 7-35 所示。确认无误后，单击“完成”按钮，结束反向查询区域的创建过程。

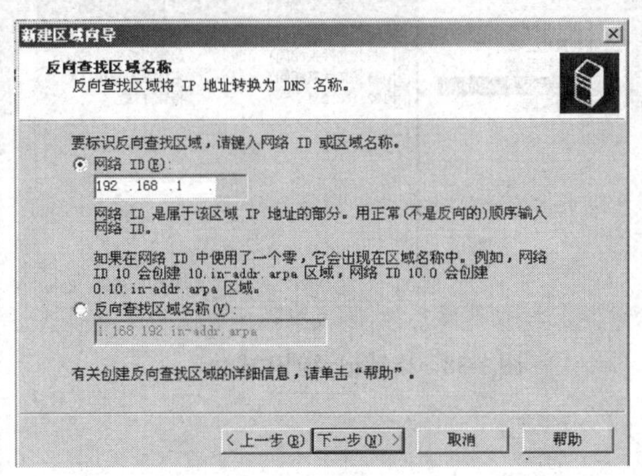

图 7-34　反向查找区域名称

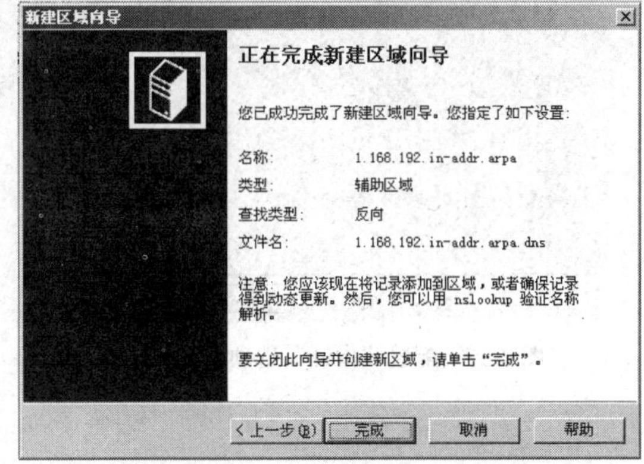

图 7-35　完成反向查询区域的创建

创建反向查找区域完成后，需要创建相关记录以提供反向查找。记录为指针（PTR）类型，用于映射基于指向其正向 DNS 域名计算机的 IP 地址的反向 DNS 域名。可以通过以下方式在该反向标准区域内创建指针类型的记录。

（1）在 DNS 管理控制台目录树中“反向搜索区域”下选择要创建指针的反向区域名称，单击鼠标右键，在出现的快捷菜单中选择“新建指针（PTR）”选项，如图 7-36 所示。

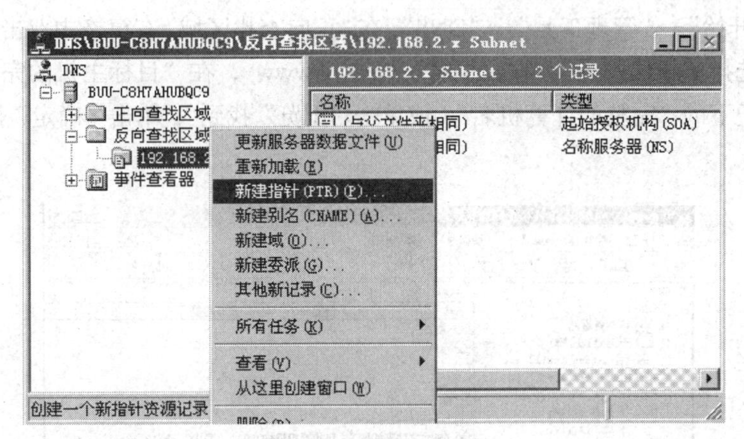

图 7-36　启动新建指针窗口

（2）系统弹出配置“指针”选项的对话框，在“主机 IP 号”后的一段文本框中输入主机 IP 地址的最后一段，然后在“主机名”后文本框中输入该 IP 地址对应的主机名，如图 7-37 所示。

（3）单击“确定”按钮，一个指针记录创建成功。可以用同样方法创建其他记录数据。

创建辅助反向查找区域的操作步骤与主要反向查找区域类似，不同的是在第三步时，不是选“主要区域”，而是选择“辅助区域”，在此不再详细介绍。

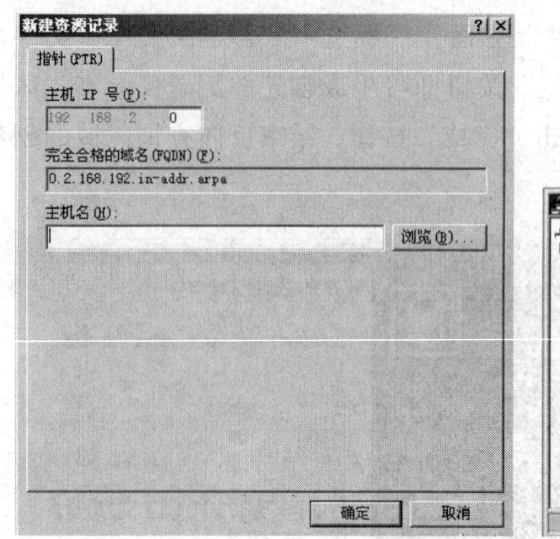

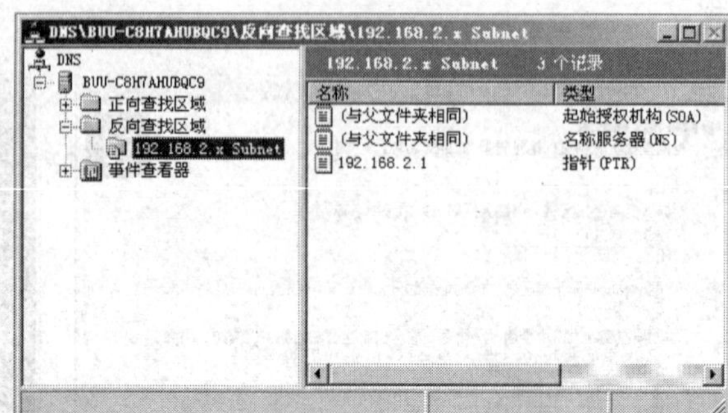

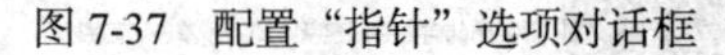

图 7-37 配置“指针”选项对话框　　　　图 7-38 指针记录创建成功

7.2.3 DNS 测试

1. 本机测试 DNS

（1）右键单击“我的电脑”→“属性” →“计算机名”，此时“完整的计算机名称”应配置成域控制器前的计算机名称加上域名。例如，原计算机名为 su-11，现计算机名为 su-11.test11.exp，记下计算机完整的计算机名称。

（2）单击“开始”→“管理工具”→“DNS”，在“正向查找区域”右窗格中双击“TESTxy.exp”，右击空白处，选择“新建别名”，在“别名”处键入 www ，在“目标主机的完全合格的域名”处键入上面所记下的“完整的计算机名”（或单击“浏览”找到），单击“确定”按钮，如图 7-39 所示。

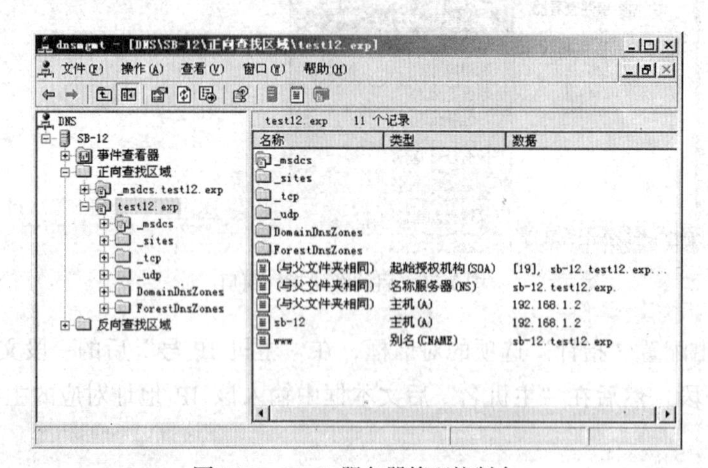

图 7-39 DNS 服务器管理控制台

在命令提示符下，键入：

ping 192.168.x.y ；//ping 本机 IP 地址

ping ?-xy.TESTxy.exp ；//ping 本机的完整的计算机名

ping www.TESTxy.exp ；//ping 别名

都应有“Reply from 192.168.6.2 : bytes:32 time<1ms TTL=128”等连接成功的信息。

2. 联机测试 DNS

设有 3 台计算机（机器号分别为 11、12、13）。11、12 号机器进入 Win2003（DNS 服务器），13 号机进入 WinXP 系统。计算机名与 IP 地址描述如下：

机器编号	计算机名	IP 地址
11 号	sa-11.test11.exp	192.168.1.1
12 号	sb-12.test12.exp	192.168.1.2
13 号	X-13	192.168.1.3

（1）在 13 号机上操作。

① 首先，检查是否配置了 IP 地址，如果没有需要对其进行配置。以下是命令行操作的示例。

Ipconfig，若没配置 IP，或者配置为自动获得 IP 地址，并且网络中没有 DHCP 服务器，系统会自动配置 169.254 开头的 IP 地址。如以下信息：

Windows IP Configuration

Ethernet adapter 本地连接：

Connection-specific DNS Suffix . :

Autoconfiguration IP Address. . . : 169.254.66.98

Subnet Mask . . . . : 255.255.0.0

Default Gateway . . . . :

netsh interface ip set address 本地连接 static 192.168.1.3 255.255.255.0 ；配置静态 IP

ipconfig

② 在命令提示符下，ping sa-11.test11.exp 和 ping sb-12.test12.exp 应无连接成功的信息；而 ping 192.168.1.1 和 ping 192.168.1.2 有连接成功的信息。

③ 在 IE 浏览器地址栏键入 http://sa-11.test11.exp/不能打开主页。

④ 设置 DNS 服务器。

为使用命令 netsh 时不输入汉字，可将“本地连接”改名，比如改为 d-link。打开“控制面板”→“网络连接”→“本地连接”，重命名“本地连接”为 d-link。

图形界面操作：打开“网络属性”控制面板→“Internet（TCP/IP）属性”，首选 DNS 服务器为 192.168.1.1。

字符界面操作：在命令提示符下，键入 netsh interface ip set dns d-link static 192.168.1.1。

在命令提示符下，执行 ipconfig /all，会有一项 DNS Servers。

⑤ 再次 ping sa-11.test11.exp，应有连接成功的信息；访问 http://sa-11.test11.exp/，此时已能打开主页。而 ping sb-12.test12.exp 仍无连接成功的信息。

（2）在 11 号机上操作。

① ping sb-12.test12.exp 和 ping X-13.test11.exp 不通（若 X-13 已加入域 test11.exp 中，能 ping 通）。

② 打开 DNS 管理器，在左窗格中右击“DNS 下的服务器（sa-11）”→“属性”→“转发器”，在“所选域的转发器的 IP 地址列表”处键入 192.168.1.2。

③ 再次执行：ping sb-12.test12.exp，能够测通。

④ 打开 DNS 管理器，在 test11.exp 右窗格中，右击空白处，选择“新建主机”项，在名称文本框处键入 X-13，IP 地址设为 192.168.1.3，选择“添加主机”，单击“确定”按钮，完成设置。

⑤ 执行 ping X-13.test11.exp，能够测通。

（3）回到 13 号机上，ping SB-12.test12.exp，也能够测通。

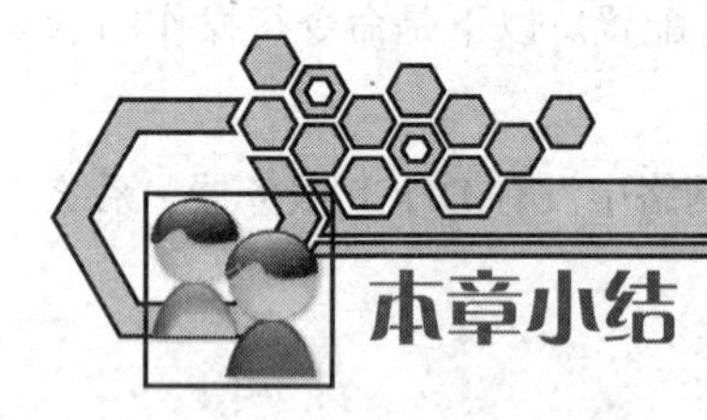

本章小结

域名系统（DNS）是用于组织计算机的域层次结构并提供相关查询等网络服务，它是用于 TCP/IP 应用程序的分布式数据库。DNS 服务的使用，极大地方便了对计算机的命名和查找，以及计算机网络层次结构的组织与规划。本章介绍了 DNS 的结构与工作原理，对 DNS 服务器的安装与配置进行了详尽说明，最后给出了 DNS 的测试过程。

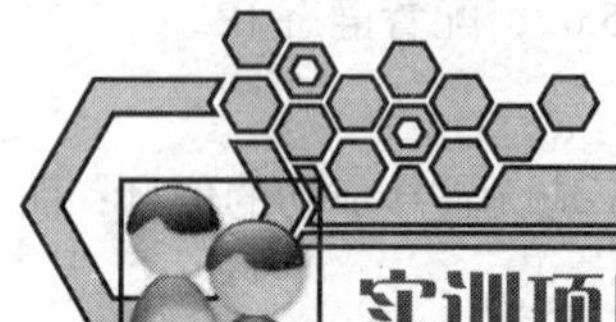

实训项目：DNS 服务器的安装、配置与测试实训

【实训目的】

掌握用 Windows Server 2003 建立 DNS 服务器的步骤；了解 DNS 服务组件的构成，掌握 DNS 服务配置文件的存储位置和内容；掌握 DNS 服务器配置中主要参数及其作用，加深对域名系统的理解。

【实训环境】

C/S 模式的网络环境，至少有一台 Windows XP 或 Windows 2000 Professional 工作站和一台装有 Windows Server 2003 的计算机，交换机、直通线。

【实训内容】

服务器配置，如表 7-3 所示。

表 7-3　　服务器配置

位　　置	服　务　器	IP 地址	端　口　号	域　　名
1 号服务器	主要 DNS 服务器	10.100.1.1	默认	
2 号服务器	Web 服务器	10.100.1.2	80	www.buu.com
3 号服务器	网络硬盘服务器	10.100.1.3	80	Net.buu.com
4 号服务器	E-mail 服务器	10.100.1.4	35	Mail.buu.com
5 号服务器	教育管理服务器	10.100.1.5	80	Jwgl.buu.com
6 号服务器	FTP 服务器	10.100.1.6	21	Ftp.buu.com

实训用计算机配置（3 台机器为一组），如表 7-4 所示。

表 7-4　　计算机配置

1 号学生机	主要 DNS 服务器 Web 服务器	10.10.45.X	8080	（提供 DNS 服务） Bjst01.buu.com
2 号学生机	辅助 DNS 服务器 Web 服务器	10.10.45.X	8080	（辅助 DNS 服务） Bjst02.buu.com
3 号学生机	DNS 客户机	10.10.45.X		用于测试

1. 配置 1 号学生机（主要 DNS 服务器）

① 安装 DNS 服务器。

② 添加正向搜索区域：区域类型为主要区域，区域名为 buu.com。

③ 添加反向搜索区域：区域类型为主要区域，IP 地址为 10.100.X.X。

④ 按上表添加主机记录，同时创建相关的指针记录。

2. 配置 3 号学生机（DNS 客户机）

① 配置 TCP/IP 协议，将首选 DNS 服务器指向 1 号学生机。

② 用命令行测试 DNS 服务器的正向解析和反向解析是否成功。

③ 用浏览器访问各网站，如查看 Web 服务器（www.buu.com）网页，检查是否可以用域名访问各网站，测试 DNS 工作是否正常。

3. 配置 2 号学生机（辅助 DNS 服务器）

① 在 2 号学生机上安装辅助 DNS 服务器，把它与 1 号学生机中的主要 DNS 服务器相关联，进行数据传输。

② 停用 1 号机中的主要 DNS 服务器，用域名访问网站，通过 3 号学生机测试辅助 DNS 服务器是否能正常工作。

4. 配置域名的转发

① 在 1 号学生机上配置“转发器”并将 DNS 地址设置为公网的 DNS 服务器地址。

② 通过 3 号学生机测试 DNS 工作是否正常，如用 ping 命令行测试或用 IE

浏览器浏览百度网站。当 1 号学生机无法解析域名时，就会向公网 DNS 服务器请求解析。3 号学生机可以正常上网。

③ 在其他各组的 DNS 服务器配置“转发器”并将 DNS 地址设置为 1 号学生机。在其他组中测试是否能上网。

④ 把其他各组的 DNS 服务器都加入到全部转发列表中，这样，当本机无法解析某域名时，就会依次向各 DNS 服务器请求解析。用域名访问其他小组的网站，检查能否成功访问。

⑤ 设置“根提示”实现迭代解析。

5. 结束实训

停用 DNS 服务器；卸载 DNS 服务器；把 Administrator 账户的密码设置为空。

习题

1. 什么是 DNS?为什么要采用 DNS?
2. 简单说明 DNS 的工作原理。
3. 详细说明 DNS 的查询过程。
4. 尝试在自己的计算机上安装 DNS。
5. 在服务器上对 DNS 进行设置使用什么软件完成?试写出启动此程序的步骤。
6. 正向搜索区域和反向搜索区域之间的关系?

第8章 DHCP服务

在TCP/IP协议的网络中，每一台计算机都必须有一个唯一的IP地址，IP地址以及与之相关的子网掩码标识主机及其连接的子网。在将计算机移动到不同的子网时，必须更改IP地址，否则，将无法与其他计算机进行通信，因此，管理、分配和设置客户端IP地址的工作非常重要。在小型网络中，通常由代理服务器或宽带路由器自动分配IP地址。在大中型网络中，如果以手动方式设置IP地址，不仅非常费时、费力，而且也非常容易出错。只有借助于动态主机配置协议DHCP，才能极大地提高工作效率，并减少发生IP地址故障的可能性。

8.1 DHCP简介

DHCP全称是动态主机配置协议（Dynamic Host Configuration Protocol），它是一种用于简化主机IP配置管理的TCP/IP标准，由IETF（Internet网络工程师任务小组）设计，是Windows 2000 Server 和Windows Server 2003系统内置的服务组件之一。

DHCP服务能为网络内的客户端计算机自动分配TCP/IP配置信息（如IP地址、子网掩码、默认网关和DNS服务器地址等），从而帮助网络管理员省去手动配置相关选项的工作，降低了重新配置计算机的难度，减少了涉及的管理工作量。

8.1.1 主机配置协议的类型

常见的主机配置协议有两个，即引导程序协议（BOOTstrap Protocol，BOOTP）和动态主机配置协议（缩写DHCP）。BOOTP是先于DHCP开发的主机配置协议，主要用于无盘工作站网络中。DHCP协议在BOOTP的基础上进行了改进，消除了BOOTP作为主机配置服务所具有的特殊限制。

1. 引导程序协议 BOOTP

也称为自举协议，该协议是一个基于 TCP/IP 的协议，它可以让无盘站从一个中心服务器上获得 IP 地址，为局域网中的无盘工作站分配动态 IP 地址，并不需要每个用户去设置静态 IP 地址。使用 BOOTP 协议的时候，一般包括 Bootstrap Protocol Server（自举协议服务端）和 Bootstrap Protocol Client（自举协议客户端）两部分。

该协议主要用于有无盘工作站的局域网中，客户端获取 IP 地址的过程如下：首先由 BOOTP 启动代码启动客户端，广播一个 BOOTP 请求报文。由于计算机发送 BOOTP 请求报文时自己还没有 IP 地址，因此它使用全 1 广播地址作为目的地址，而用全 0 地址作为源地址。这时，运行 BOOTP 协议的服务器接收到这个请求，会根据请求中提供的 MAC 地址找到客户端，并发送一个含有 IP 地址、服务器 IP 地址、网关等信息的 FOUND 帧。最后，客户端会根据该 FOUND 帧来通过专用 TFTP 服务器下载启动镜像文件，模拟成磁盘启动。这样，一台计算机就获得了所需的配置信息。

BOOTP 设计用于相对静态的环境，每台主机都有一个永久的网络连接。然而 BOOTP 并没有彻底解决主机配置的问题。当一个 BOOTP 服务器收到一个请求时，就在其信息库中查找该计算机。但使用 BOOTP 的计算机不能从一个新的网络上启动，除非管理员手工修改数据库中的信息。

2. 动态主机配置协议 DHCP

随着网络规模的不断扩大、网络复杂度的不断提高，网络配置也变得越来越复杂，在计算机经常移动（如便携机或无线网络）和计算机的数量超过可分配的 IP 地址等情况下，原有针对静态主机配置的 BOOTP 协议已经越来越不能满足实际需求。为方便用户快速地接入和退出网络、提高 IP 地址资源的利用率，需要在 BOOTP 基础上制定一种自动机制来进行 IP 地址的分配。为此，IETF 设计了一个新的协议，即动态主机配置协议 DHCP。

动态主机配置协议 DHCP 扩展了 BOOTP。它提供了一种机制，称为即插即用连网（plug-and-play networking）。这种机制允许一台计算机加入新的网络和获取 IP 地址而不用手工参与。DHCP 使用客户服务器方式，当一台计算机启动时就广播一个 DHCP 请求报文，DHCP 服务器收到请求报文后返回一个 DHCP 应答报文。DHCP 服务器先在其数据库中查找该计算机的配置信息。若找到，则返回找到的信息。若找不到，则从服务器的按需分配的地址库中取一个地址分配给该计算机。

8.1.2 DHCP 的工作过程

DHCP 使用客户/服务器模型，由网络管理员建立一个或多个维护 TCP/IP 配置的信息并将其提供给客户机的 DHCP 服务器。服务器数据库包含以下信息。

（1）网络上所有客户机的有效配置参数。

（2）在指派到客户机的地址池中维护的有效 IP 地址，以及用于手动指派的保留地址。

（3）服务器提供的租约持续时间。租约定义了指派的 IP 地址可以使用的时间长度。

通过在网络上安装和配置DHCP服务器，启用DHCP的客户机可在每次启动并加入网络时动态地获得其IP地址和相关的配置参数，DHCP协议服务器以地址租约的形式将该配置提供给发出请求的客户端。DHCP的工作过程如下图8-1所示。

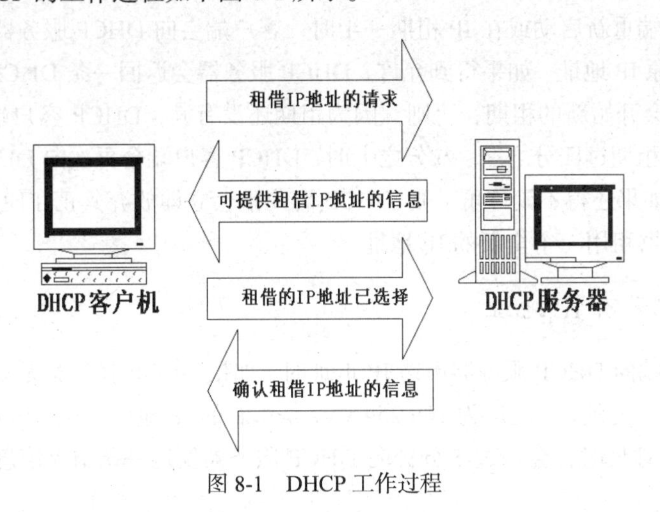

图8-1 DHCP工作过程

1. 从DHCP服务器获取IP地址

第一次启动DHCP客户端计算机时，该客户端会向DHCP服务器索取IP地址和子网掩码等设置参数。DHCP客户机从DHCP服务器申请IP地址的步骤如下。

（1）DHCP请求。

DHCP请求又称为IP发现。当客户机第一次以DHCP客户端的方式使用TCP/IP时，客户机以广播的方式向DHCP服务器发送IP请求，以获得IP地址。

（2）DHCP提供。

网络中的任意一台DHCP服务器接到客户机发来的请求后，便会对该请求进行核对，如果能提供IP地址，则会从尚未分配的IP地址中随机选择一个，然后使用广播的方式发送到DHCP客户机。在没有将该IP地址正式租用给客户端之前，该IP地址会暂时保留，以免再分配给其他的DHCP客户端。

（3）DHCP选择。

客户机会从众多DHCP服务器提供的IP地址中选择一个IP地址用于自身的配置。如果网络上有多台DHCP服务器都收到同一台DHCP客户端发送的发现请求并且都响应了其请求，则一般DHCP客户机会选择最先收到的那个IP地址，接着，它会利用广播方式，发送一条请求信息给网络中所有的DHCP服务器。

（4）DHCP确认。

DHCP服务器确认客户机已接受自己的IP地址后，修改自己的DHCP数据库，记录此IP地址已被分配。

2. 更新IP地址的租约

对于拥有多台计算机的大型网络来说，每台计算机拥有一个IP地址有时候可能没有必要。因此，当DHCP客户机从DHCP服务器获得IP地址后，这个IP地址不是永远让该客户机使用的，它有一个使用期限，称为 IP 租约。租期从 1 分钟到 100 年不定，一般默认为 8 天。当租期到了的时候，服务器可以把这个 IP 地址分配给别的机器使用，客户机如果想长期使用这个 IP 地址，必须不断地续租。

当 DHCP 客户端重新启动或在 IP 租期一半时，客户端会向 DHCP 服务器发送 DHCP 请求信息，请求继续租用原 IP 地址。如果得到允许，DHCP 服务器会返回一条 DHCP 确认信息，客户端收到该信息之后就会开始新的租期，否则，因为租期还没有满，DHCP 客户端仍然可以继续使用原来的 IP 地址。在租期过四分之三、八分之七时，DHCP 客户端会再次向 DHCP 服务器发送请求信息，请求续租。如果还得不到许可，则 DHCP 客户端会立即放弃其正在使用的 IP 地址，以便重新从 DHCP 服务器租用一个全新的 IP 地址。

3. 自动分配私有 IP 地址

当 DHCP 客户端向 DHCP 服务器申请 IP 地址时，如果 DHCP 服务器无法提供 IP 地址，客户端可以使用临时的 IP 地址，该地址为 169.254.x.y，是私有的 IP 地址，不在 Internet 上使用。DHCP 客户端使用临时 IP 地址时，会每过 5 分钟向 DHCP 服务器发送一条请求信息，以获得 DHCP 提供的 IP 地址租约。

8.1.3 DHCP 的扩展功能

作为 Windows Server 2003 系统中重要的服务组件之一， DHCP 服务还有一些比较高级的功能。如 DHCP 安全功能、DHCP Snooping 功能等，下面对这些扩展功能做简单介绍。

1. DHCP 安全功能

DHCP 安全的主要功能是管理 DHCP 中继的用户地址表（包括动态添加、手工添加、手工删除以及查询），并通过与 ARP 模块配合实现禁止非正常获取 IP 地址的用户上网。从而有效地进行地址规划和分配，实现对用户的控制。

如图 8-2 所示，DHCP 安全实现的基本功能如下。

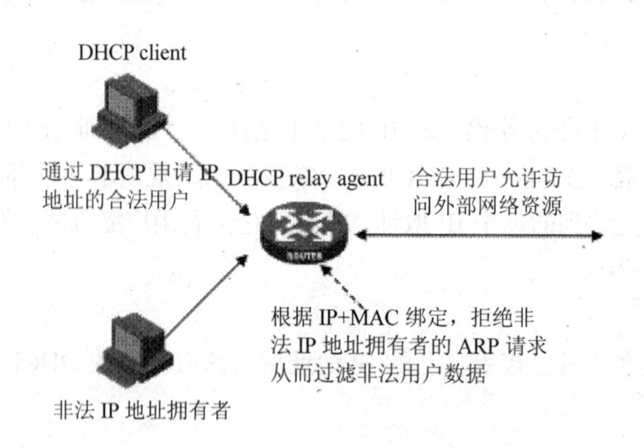

图 8-2　DHCP 安全示意图

（1）合法用户 IP 地址表的管理。

确保所有合法用户都记录在 DHCP 中继的用户地址表项中。当客户端通过 DHCP 中继从

DHCP 服务器获取到 IP 地址时，DHCP 中继可以自动记录客户端 IP 地址与 MAC 地址的绑定关系，生成 DHCP 中继的动态用户地址表项。同时，为满足用户采用合法固定 IP 地址访问外部网络的需求，DHCP 中继也支持静态用户地址表项配置，即在 DHCP 中继上手工配置 IP 地址与 MAC 地址的绑定关系。DHCP 中继还支持用户表项的手工删除和查询功能。

（2）禁止非正常获取 IP 地址的用户上网的功能。

对于和用户地址表中 MAC 地址与 IP 地址不匹配的 ARP 请求，DHCP 中继不会返回 ARP 应答。

（3）表项老化功能。

由于某些三层设备无法处理 DHCP 客户端发出的 DHCP-RELEASE 报文（单播报文直接进行硬件三层转发，不会送给 CPU 处理），造成 DHCP 客户端主动释放 IP 地址后，DHCP 中继用户地址表中依然保留用户的 MAC 地址与 IP 地址绑定信息，使用户地址表项无法老化。为了解决这个问题，目前设备提供握手功能来实现 DHCP 用户地址表项的老化。

握手功能即 DHCP 中继模拟 DHCP 客户端定期向 DHCP 服务器发送握手请求报文 DHCP-REQUEST，报文的内容根据用户地址表项的内容来构建，但源 MAC 地址使用 DHCP 中继接口的 MAC 地址，以和正常发送的 DHCP-REQUEST 报文进行区分。服务器收到 DHCP-REQUEST 报文后，检测申请的 IP 地址是否可以分配，若可以分配则回应一个 DHCP-ACK 报文，若不可以分配则回应一个 DHCP-NAK 报文。DHCP 中继收到服务器回应的报文后，进行判断。

- 若收到了 DHCP-ACK 报文，则证明用户表项中的 IP 地址已经被释放，DHCP 中继将删除该表项。
- 若收到了 DHCP-NAK 报文，则证明用户表项中的 IP 地址还没有被用户释放，DHCP 中继将继续保留该表项。

对于部分 DHCP 服务器，一旦租约过期就会不响应中继的握手请求报文。针对这种情况，设备上设置了握手请求报文的最大发送次数。如果 DHCP 中继发送 DHCP-REQUEST 报文的次数达到最大值后，仍没有收到应答，DHCP 中继则认为租约已经过期，将该表项删除。

2. DHCP Snooping 功能

（1）DHCP Snooping 基本监听功能。

DHCP Snooping 即 DHCP 服务的二层监听功能，开启 DHCP Snooping 功能后，设备就可以从接收到 DHCP-ACK 和 DHCP-REQUEST 报文中提取并记录 IP 地址和 MAC 地址信息。

出于安全性的考虑，安全部门需要记录用户上网时所用的 IP 地址，确认用户申请的 IP 地址和用户使用的主机的 MAC 地址的对应关系。可以通过 DHCP Snooping 功能监听 DHCP-REQUEST 报文和 DHCP-ACK 报文，并记录用户获取的 IP 地址信息。

（2）DHCP Snooping 信任功能。

DHCP Snooping 信任功能可以控制 DHCP 服务器应答报文的来源，以防止网络中可能存在的伪造或非法 DHCP 服务器为其他主机分配 IP 地址及其他配置信息，从而为用户提供进一步的安全性保证。

DHCP Snooping 信任功能将端口分为信任端口和不信任端口。

信任端口是与合法的 DHCP 服务器直接或间接连接的端口。信任端口对接收到的 DHCP 报文正常转发，从而保证了 DHCP 客户端获取正确的 IP 地址。

不信任端口是不与合法的 DHCP 服务器连接的端口。从不信任端口接收到 DHCP 服务器响应的 DHCP-ACK、DHCP-NAK 和 DHCP-OFFER 报文会被丢弃，从而防止了 DHCP 客户端获得错误的 IP 地址。

3. DHCP Option 82 功能

在传统的 DHCP 动态分配 IP 地址方式中，同一 VLAN 的用户得到的 IP 地址所拥有的权限是完全相同的。网络管理者不能对同一 VLAN 中特定的用户进行有效的控制。普通的 DHCP 中继代理不支持 Option 82，也不能够区分不同的客户端，从而无法结合 DHCP 动态分配 IP 地址的应用来控制客户端对网络资源的访问，给网络的安全控制提出了严峻的挑战。

RFC 3046 定义了 DHCP Relay Agent Information Option（Option 82），在 DHCP 请求报文中附加一些选项信息，使 DHCP 服务器能够更精确地确定用户的位置，从而对不同的用户采取不同的地址分配策略。Option 82 包含两个子选项 Circuit ID（Sub-option 1）和 Remote ID（Sub-option 2）。

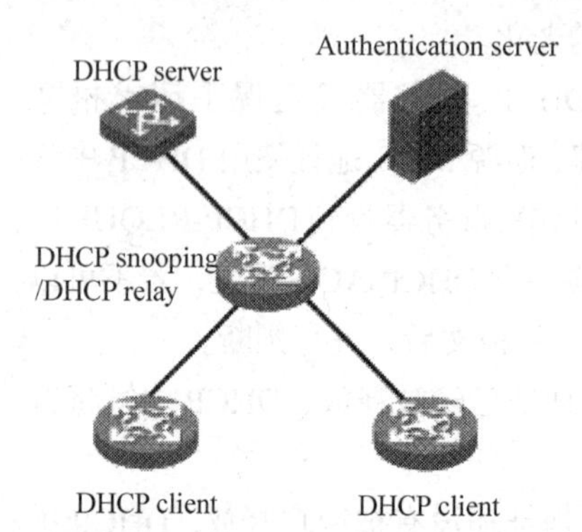

图 8-3　Option 82 原理示意图

如图 8-3 所示，Option 82 的工作过程如下。

（1）用户未通过认证、未获得动态 IP 地址前，只有认证报文和 DHCP 报文可以通过 DHCP Snooping/DHCP 中继设备。

（2）客户端向认证服务器发出认证请求，经过 DHCP Snooping/DHCP 中继设备的转发到达认证服务器。其中，认证服务器能够管理用户的权限信息。

（3）认证服务器对用户的合法性进行认证之后，通过认证应答报文把用户的权限告知客户端。

（4）认证通过的合法用户根据认证服务器下发的权限，再向 DHCP 服务器发起地址请求，同时将权限信息携带在 Option 82 选项字段中。

（5）支持 DHCP Option 82 地址分配策略的 DHCP 服务器根据 Option 82 字段中的特定权限值为用户分配相应的 IP 地址。

通过将 Option 82 与实际的认证系统、支持 Option 82 地址分配策略的 DHCP 服务器结合，能够做到使用 Option 82 的 Circuit ID 和 Remote ID 子选项按不同的用户权限给用户分配不同的 IP 地址。一方面能更精确的进行 IP 地址管理，另一方面可以让设备进行“源 IP 地址”的策略路由，从而达到不同 IP 地址的用户有不同的路由规则、不同的上网权限的目的。

4. 自动配置功能

自动配置功能是设备在空配置启动时自动获取并执行配置文件的功能。当设备在空配置启动时，系统会自动将设备的指定接口（如 VLAN 接口 1 或第一个以太网接口）设置为 DHCP 客户端，并向 DHCP 服务器获取 IP 地址及后续获取配置文件所需要的信息（如 TFTP 服务器的 IP 地址、TFTP 服务器名、启动文件名等）。如果获取到相关信息，则 DHCP 客户端就可发起 TFTP 请求，从指定的 TFTP 服务器获取配置文件，之后设备就使用获取到的配置文件进行设备初始化工作。如果没有获取到相关信息，设备就使用空配置文件进行设备初始化工作。

8.2 DHCP 的安装与配置

8.2.1 安装 DHCP 服务

在服务器端安装 DHCP 服务组件步骤如下。

1．选择“开始”→“设置”→“控制面板”→“添加 / 删除程序”命令，在出现的对话框中单击“添加 / 删除 Windows 组件”选项，出现“Windows 组件向导”对话框，如图 8-4 所示。

2．在“组件”列表框中双击“网络服务”选项，打开的“网络服务”对话框的“网络服务的子组件”列表框，选择“动态主机配置协议（DHCP）”，如图 8-5 所示，然后单击“确定”按钮完成安装。

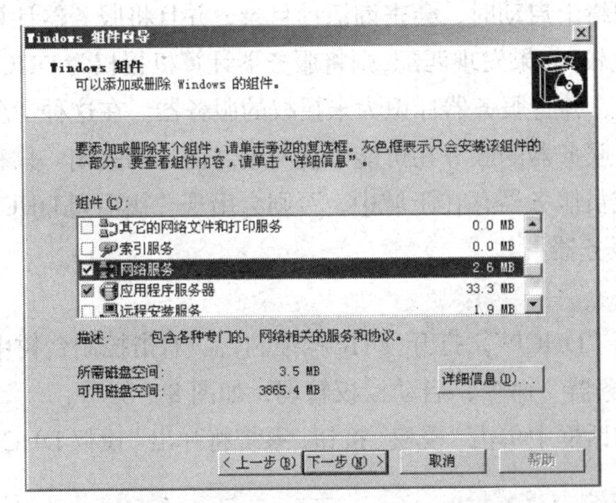

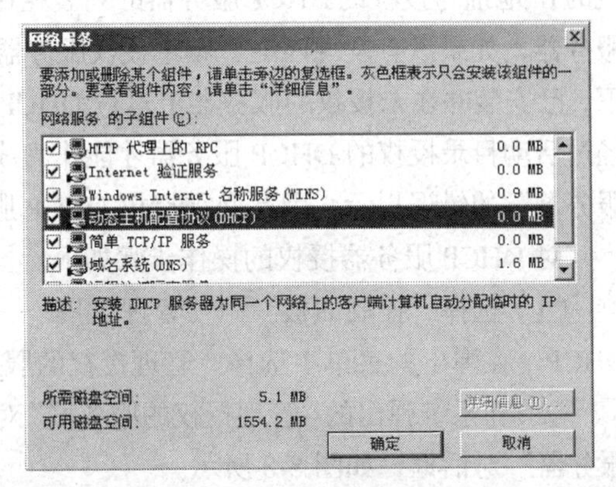

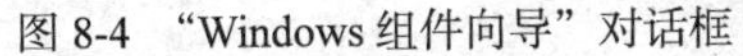
图 8-4 “Windows 组件向导”对话框

图 8-5 “网络服务的子组件”列表框——DHCP 组件

3．完成安装后，单击“开始”→“程序”→“管理工具”→“DHCP”可以看到图 8-6 所示界面，表明 DHCP 服务已正常安装。

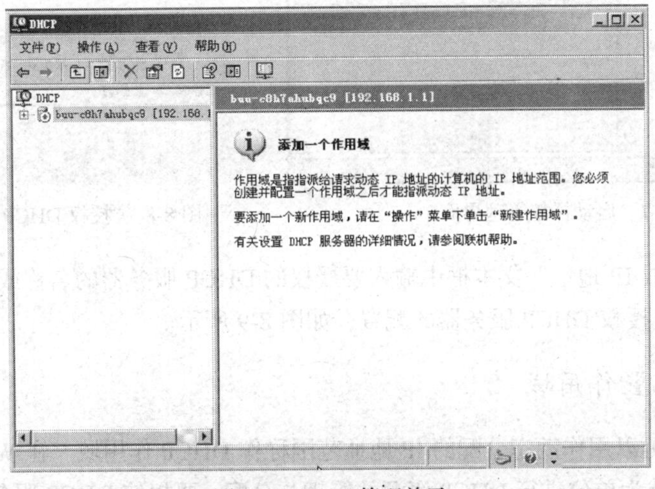

图 8-6 DHCP 管理单元

8.2.2 DHCP 服务器的配置管理

完成 DHCP 安装后，就可以进入 DHCP 服务器的操作了。本节主要介绍了如何授权 DHCP 服务器、怎样创建与配置作用域、怎样设置 DHCP 服务器的属性以及怎样配置客户机保留等内容。

1. 授权 DHCP 服务器

在 Windows Server 2003 中，当网络中的 DHCP 服务器不唯一时，必须采取措施防止因某些 DHCP 服务器配置不当而引发的错误地址出租问题。为了避免错误的地址出租，可以采取对 DHCP 服务器进行授权的方法来确认权威服务器，中止未授权的 DHCP 服务器的服务。

一台服务器即使安装了 DHCP 服务，如果得不到活动目录服务器的授权，DHCP 服务也不能在域中启用。因为，当 DHCP 服务器尝试在网络上启动时，会查询活动目录，并且将服务器计算机的 IP 地址与授权的 DHCP 服务器的列表相比较，如果发现匹配，则将服务器计算机授权为 DHCP 服务器，如果没有发现匹配，则不授权服务器，并且服务器标识为未授权的服务器。在这种情况下，已安装并在未授权的服务器上运行 DHCP 服务器的服务在可能干扰网络之前自动关闭。只有经过活动目录授权的 DHCP 服务器才能作为成员服务器存在于域中，否则会出现“找不到 DHCP 服务器”的错误提示，因此必须授权 DHCP 服务器。

对 DHCP 服务器授权的操作步骤如下。

（1）选择“控制面板”→“管理工具”→“DHCP”，打开 DHCP 控制台。右击控制台树中 DHCP，在弹出的菜单中选择“管理授权的服务器”命令，启动授权管理，如图 8-7 所示。

（2）在系统弹出的“管理授权的服务器”对话框中单击“授权”按钮，系统将弹出“授权 DHCP 服务器”对话框，如图 8-8 所示。

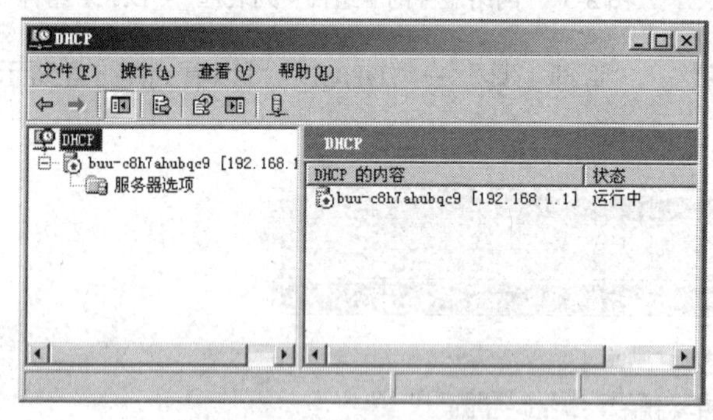

图 8-7 启动授权管理界面

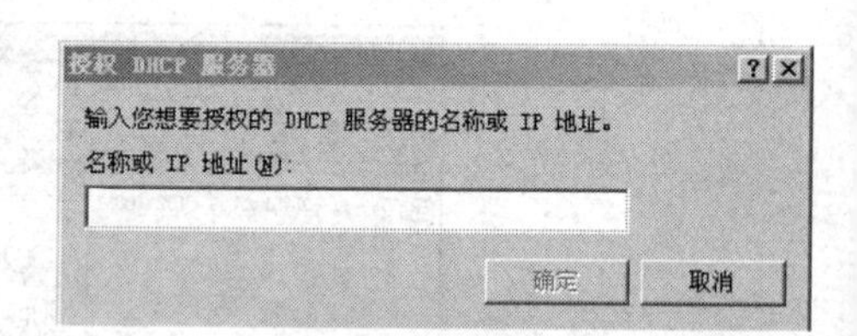

图 8-8 “授权 DHCP 服务器”对话框

（3）在“名称或 IP 地址”文本框中输入要授权的 DHCP 服务器的名称或 IP 地址，然后单击“确定”按钮，完成授权 DHCP 服务器的配置，如图 8-9 所示。

2. 创建与配置作用域

在某个网段中可以用作动态分配的 IP 地址范围称作 DHCP 作用域。在 Windows Server 2003 中，DHCP 程序以域为单位进行 DHCP 资源的管理与分配。要想使 DHCP 服务器能为客户机分配

IP 地址，必须在该服务器上创建并配置作用域，具体步骤如下。

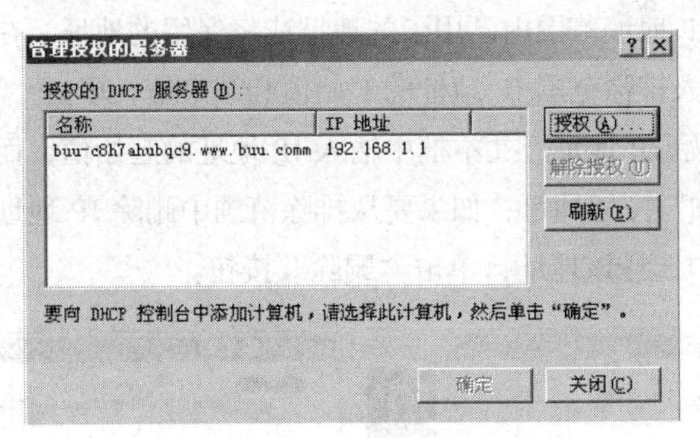

图 8-9　“管理授权的服务器”对话框

（1）启动 DHCP 服务，在“DHCP 的内容”文本框中选择要为其创建作用域的服务器，右击，在弹出的菜单中选择“新建作用域”命令，如图 8-10 所示。

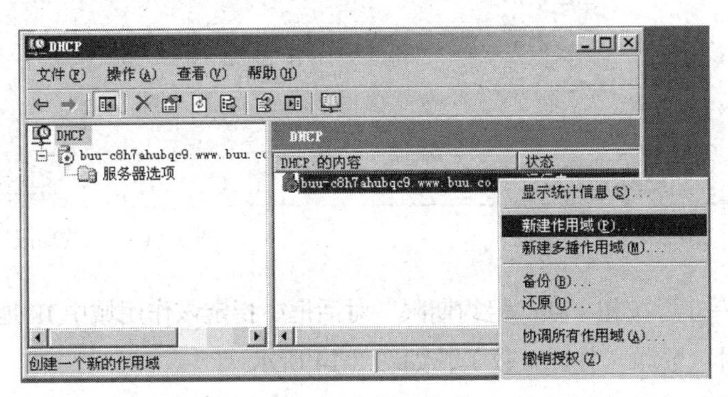

图 8-10　新建作用域

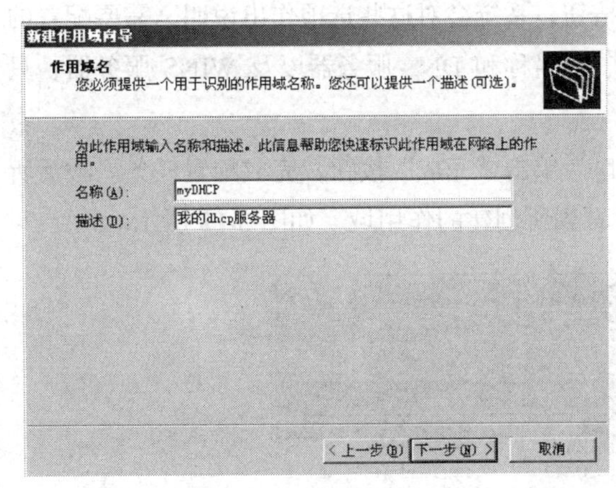

图 8-11　“作用域名”对话框

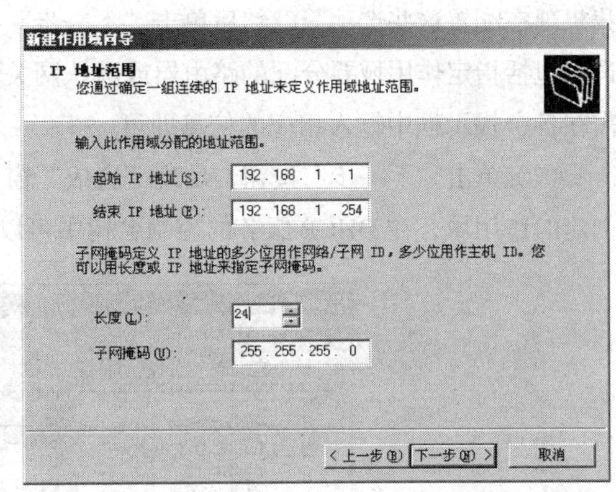

图 8-12　设置“IP 地址范围”对话框

（2）系统弹出“新建作用域向导”对话框，单击“下一步”按钮，在“名称”对话框中输入作用域名称，如果需要还可以在“描述”后的文本框中加入必要的说明，如图 8-11 所示。

（3）单击“下一步”按钮，系统将出现设置“IP 地址范围”对话框，如图 8-12 所示。在“起始 IP 地址”和“结束 IP 地址”文本框中输入 IP 地址范围的起始值和结束值，在“子网掩码”文本框中输入相应的子网掩码。

（4）单击“下一步”按钮，系统将出现“添加排除”对话框，如图 8-13 所示。在该对话框中，可以根据需要设置排除 IP 地址范围内已用了的地址或将保留的地址。在“起始 IP 地址”和“结束 IP 地址”文本框中输入排除范围 IP 地址的起始值和结束值，单击“添加”按钮。如果要排除单个 IP 地址，则在“起始 IP 地址”文本框中输入 IP 地址的起始值，而“结束 IP 地址”文本框中为空，然后单击“添加”按钮即可；如果要从排除范围中删除 IP 地址或 IP 地址范围，在“排除的地址范围”列表框中选择该地址，单击“删除”按钮。

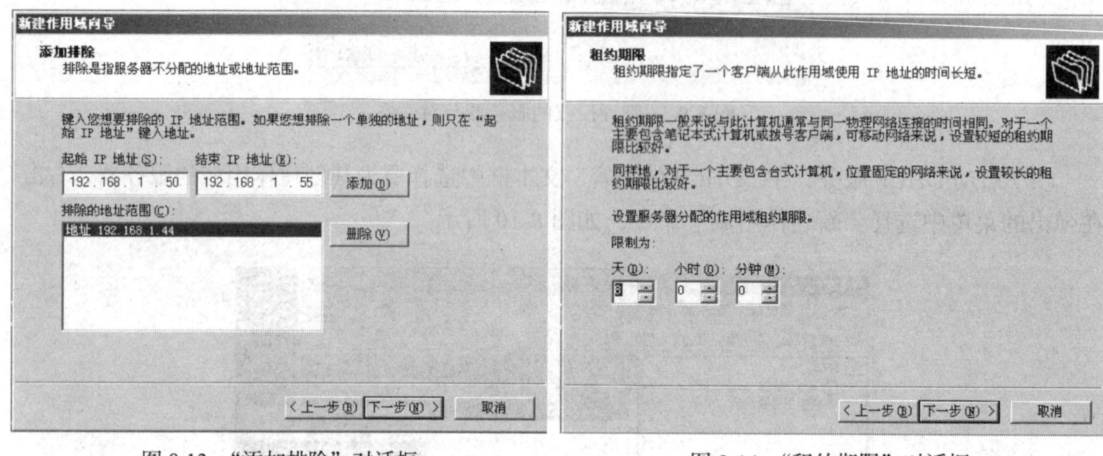

图 8-13 “添加排除”对话框　　图 8-14 “租约期限”对话框

（5）单击“下一步”按钮，在“租约期限”对话框中指定该作用域中 IP 地址的租用时间（包括“天”数、“小时”数和“分钟”数），如图 8-14 所示。

（6）单击“下一步”按钮，系统将询问现在是否为所创建的作用域配置 DHCP 选项，选中“是，我想现在配置这些选项”，然后单击“下一步”按钮，系统会对这些选项作出说明，需要配置的选项包括指定作用域要分配的路由器或默认网关、域名称和 DNS 服务器以及 WINS 服务器，只需在各个提示框中输入相应的信息即可。

（7）单击“下一步”按钮，出现“完成”窗口。单击“完成”按钮，完成配置任务。激活所创建的作用域，在 DHCP 服务的控制台树中可以看到所创建的作用域，如图 8-15 所示。

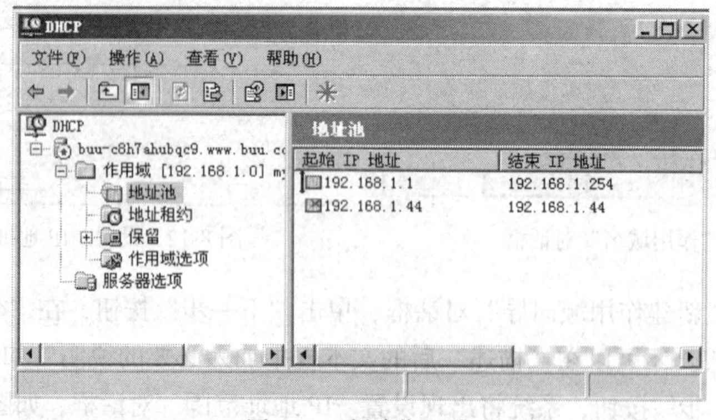

图 8-15 创建作用域

3. 设置 DHCP 服务器的属性

Windows Server 2003 的 DHCP 服务功能不仅仅用来新建作用域，还有许多可以手动更改的设置。在图 8-16 所示窗口的弹出菜单中，选择“属性”命令，打开相应的“属性”对话框，如图 8-17 所示。在该对话框总共包括三个选项卡：“常规”选项卡、“DNS”选项卡和“高级”选项卡，可以根据需要进行修改。

（1）“常规”选项卡。

如图 8-17 所示，该选项卡包括以下 DHCP 服务器属性设置。

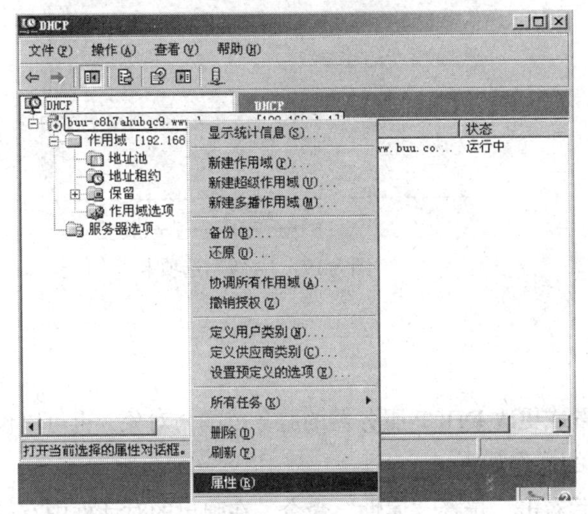

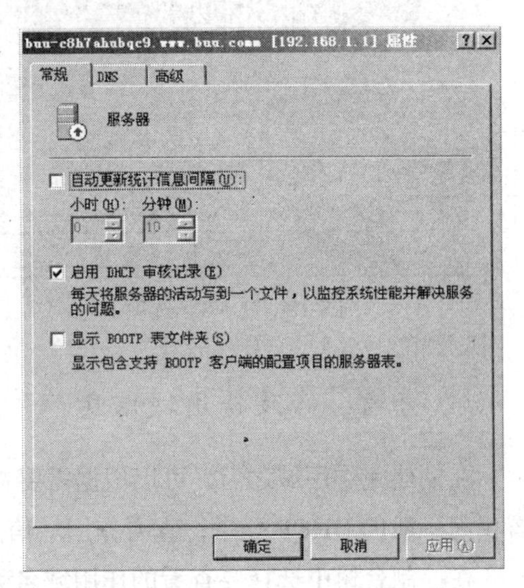

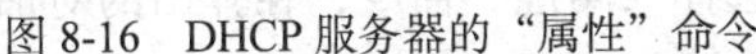
图 8-16　DHCP 服务器的“属性”命令

图 8-17　“属性”对话框

“自动更新统计信息间隔”：通过设置时间间隔可以自动刷新 DHCP 服务器中的统计信息。

“启用 DHCP 审核记录”：指定是否将 DHCP 服务器的活动记录到审核记录的文本文件中。

“显示 BOOTP 表文件夹”：指定是否显示 DHCP 服务器的 BOOTP 表文件夹，从而支持网络上的 BOOTP 客户。

（2）“DNS”选项卡。

“DNS”选项卡如图 8-18 所示。

“根据下面的设置应用 DNS 动态变更”：利用该选项可以支持动态更改域名的 DNS 服务器发出更改域名要求。用户可以根据自己的实际情况选择是否让 DHCP 服务器根据客户端请求，还是自行帮助客户端计算机更改。

“在租约被删除时丢弃 A 和 PTR 记录”：指定当客户租约过期时，DHCP 服务器是否取消对客户的正向 DNS 搜索。

“为不请求更新的 DHCP 客户端动态更新 DNS A 和 PTR 记录”：DHCP 服务器将动态更新发送到不直接支持执行这些更新的任何 DHCP 客户的 DNS 服务器。

（3）“高级”选项卡。

“高级”选项卡如图 8-19 所示。

本选项可以设置 DHCP 服务器的冲突检测次数，指定当 DHCP 服务器在分配 IP 地址时，是否检测所分配的 IP 地址可能冲突的现象。这时 DHCP 服务器会依照所设置的次数，在分配 IP 地址前先尝试测试该 IP 地址是否已存在，从而避免了 IP 地址冲突的问题。

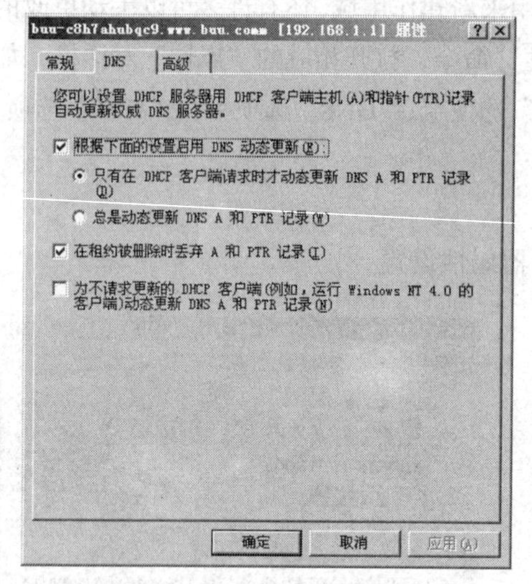

图 8-18 “DNS”选项卡

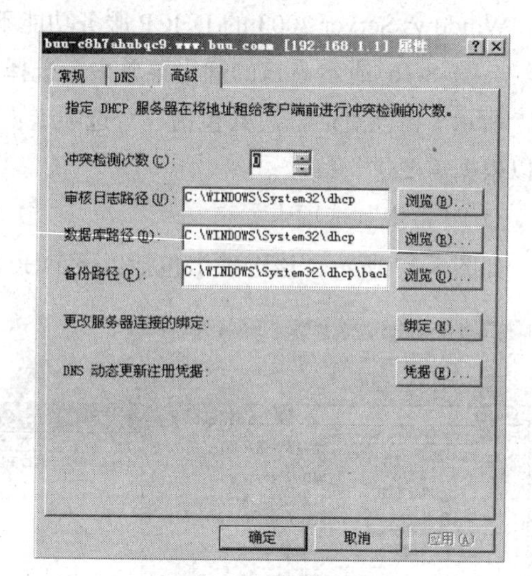

图 8-19 “高级”选项卡

4. 查看、修改作用域信息

在创建完作用域之后，可以根据需要查看或更改 DHCP 服务器的服务范围与对象，也可以设置仅为一般的 DHCP 登录，查看作用域信息的操作如下。

在控制台树中选择要查看的作用域名称后右击，选择“属性”命令，在弹出的对话框中有 3 个选项卡：“常规”、“DNS”和“高级”选项卡。其中“高级”选项卡如图 8-20 所示。

在该选项卡中可以动态地将 IP 地址分配给该作用域中的以下客户。

（1）仅 DHCP 客户：指定动态地将 IP 地址分配给该作用域中的 DHCP 客户。如果作用域只由 DHCP 客户组成时，建议使用此设置。

（2）仅 BOOTP：指定动态地将 IP 地址分配给该作用域中的 BOOTP 客户。如果作用域只由 BOOTP 客户组成时，建议使用此设置。

（3）两者：指定 DHCP 和 BOOTP 的 IP 地址由 DHCP 服务器自动分配。

5. 配置客户机保留

在 DHCP 服务器中，可以通过配置“客户机预留”，使同一客户机总能分配到同一 IP 地址。具体配置方法如下。

（1）打开 DHCP 控制台树，选择“作用域”中的“保留”，在操作菜单中选择“新建保留”命令，出现“新建保留”对话框，如图 8-21 所示。

（2）在对话框中输入保留名称、IP 地址、MAC 地址，单击“添加”按钮，将一个固定的 IP 地址与一个固定的 MAC 地址联系起来，当配置此 MAC 地址的客户申请 IP 地址时，DHCP 服务器就会将这个 IP 地址分配给它。

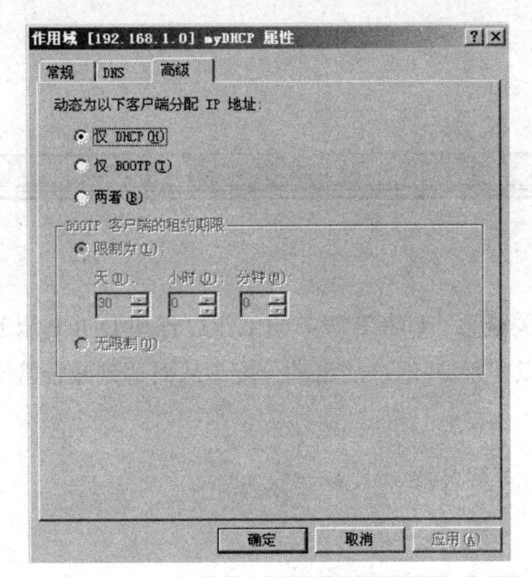

图 8-20　“高级”选项卡

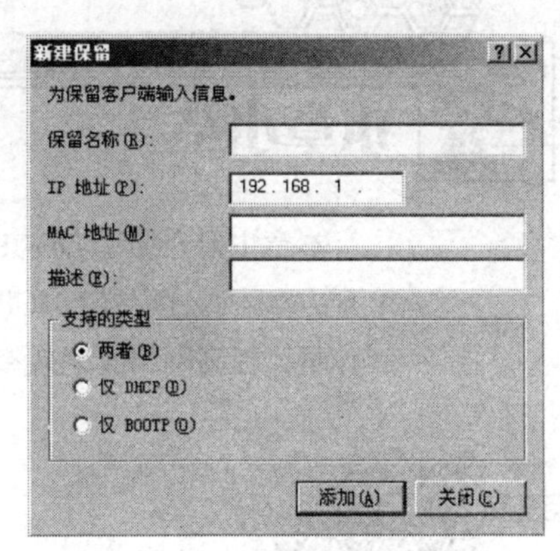

图 8-21　“新建保留”对话框

8.2.3　配置 DHCP 客户机

在客户机端，选择“开始”→“设置”→“控制面板”→“网络和拨号连接”→“Internet 协议（TCP/IP）属性”选项，如图 8-22 所示。在“常规”选项卡中选中“自动获得 IP 地址”单选按钮后，单击“确定”按钮，此计算机就被设置成为 DHCP 客户机。

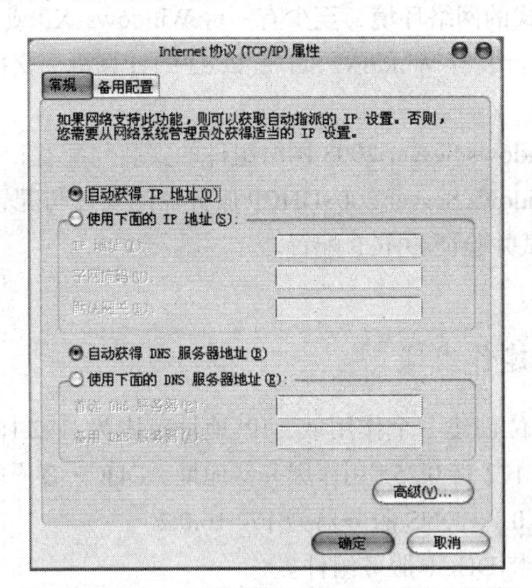

图 8-22　“Internet 协议（TCP/IP）属性”对话框

DHCP 配置完成后，就可以通过使用局域网中的 DHCP 服务器的功能来进行工作了。在 DHCP 客户机中可以通过使用 ipconfig 命令来测试 DHCP 的配置信息，具体命令如下。

（1）ipconfig/all：显示客户机是否获得了 IP 地址。

（2）ipconfig/release：释放租约，即停租本机的 IP 地址。

（3）ipconfig/renew：强行更新租约，此命令向 DHCP 服务器发出一条 DHCPREQUEST 消息，以接收更新的配置选项和租用时间。

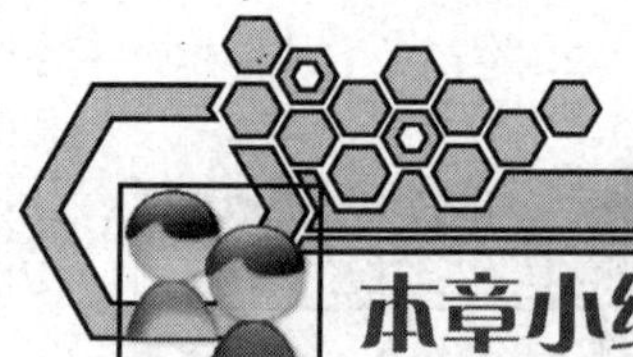

本章小结

本章主要介绍了 DHCP 服务的相关概念、DHCP 服务的工作过程和 DHCP 服务的实现方法。通过配置 DHCP 服务器可以实现 IP 地址的自动分配，从而达到减轻管理员工作量，提高网络管理效率的目的。

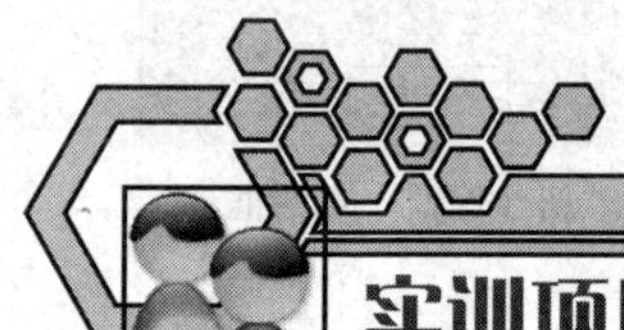

实训项目：DHCP 服务器的安装、配置与测试实训

【实训目的】

深入理解 DHCP 服务的功能；掌握网络组件的安装与 DHCP 配置；在客户机上使用 DHCP 服务。

【实训环境】

C/S 模式的网络环境，至少有一台 Windows XP 或 Windows 2000 Professional 工作站和一台装有 Windows Server 2003 的计算机，交换机、直通线。

【实训内容】

1. Windows Server 2003 网络组件的安装与配置；
2. Windows Server 2003DHCP 服务器的安装与配置，配置 DHCP 客户机；
3. 测试并验证 DHCP 配置。

【实训步骤】

1. 创建作用域

为某单位创建一个作用域，IP 地址范围为 172.16.0.1 ~ 172.16.50.255，其中 172.16.0.1 ~ 172.16.0.255 用作服务器地址。DHCP 客户端的路由器（默认网关）地址为 172.16.0.1，DNS 服务器为 172.16.0.2

（1）安装 DHCP 服务组件。

（2）选择“开始”→“所有程序”→“管理工具”→“DHCP”命令，打开 DHCP 管理控制台。

（3）右击 DHCP，在弹出的菜单中单击“添加服务器”。

（4）在“连接服务器”对话框的“此服务器”框中输入 DHCP 服务器的名称或 IP 地址，单击“确定”按钮。

（5）右击新添加的服务器，在弹出的菜单中选择“新建作用域”，完成新建作用域操作，包括路由器地址和 DNS 服务器地址选择。

（6）右击新建的作用域，在弹出菜单中选择“激活”，将新建的作用域激活。激活的作用域图标是带向上箭头的。

2. 配置保留

在上述作用域中为 FTP 服务器配置一个保留地址 172.16.0.200。

（1）首先在 FTP 服务器上查询相关网卡的 MAC 地址。如操作系统是 Windows XP 和 Windows 200X，可以使用命令 ipconfig；若是 Windows 95 和 Windows 98 系统，则可以使用 winipcfg 命令查找。

（2）展开 DHCP 管理控台中相应的作用域，右击“保留”，在弹出的菜单中选择“新建保留”，在弹出的“新建保留”对话框中输入保留名称、IP 地址和 MAC 地址。

（3）再新建一个保留，练习删除保留操作。

3. 配置 DHCP 选项

练习选项的设置操作，并注意分析观察选项的作用。

（1）新建两个作用域，范围自定，其中一个配置路由器地址为 10.10.10.10，另一个不配置选项。

（2）在服务器选项配置中设置路由器地址为 192.168.0.200，DNS 服务器地址为 172.18.1.100，然后分别观察两个作用域的选项值。

（3）删除服务器的所有选项设置，然后再分别观察两个作用域的选项值。

4. 创建超级作用域

将前面创建的所有作用域组合成一个超级作用域。

（1）右击 DHCP 管理控制台中的 DHCP 服务器，在弹出菜单中选择“新建超级作用域”，在接下来的对话框中完成新建超级作用域操作。

（2）删除超级作用域下的一个作用域。

（3）删除超级作用域。

5. 结束实训

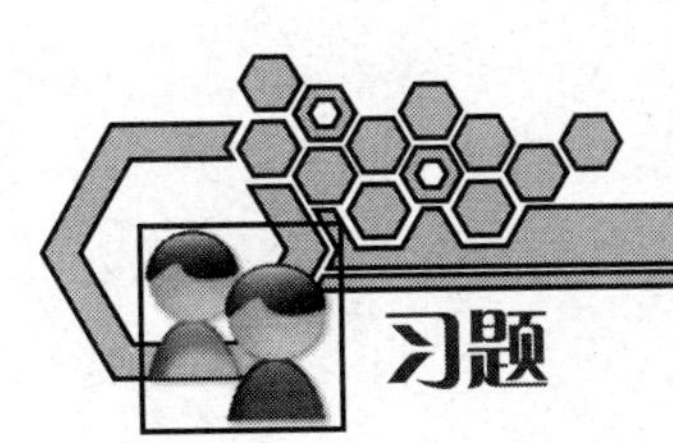

习题

1. 为网络中计算机配置 IP 地址的方式有几种？各是什么？
2. 什么是作用域？作用域有几种？分别是什么？
3. 在安装 DHCP 服务之前应该将主机的 IP 地址设为什么？
4. 简述 DHCP 服务的功能和应用场合。
5. 简述租约的功能。

6. 什么是地址池，作用是什么？

7. 若 DHCP 服务器选项设置路由器为 168.10.1.1/16，作用域选项设置路由器为 168.10.2.2/16，则从该 DHCP 服务器租用 IP 地址的计算机的路由器设置为什么？若从该 DHCP 服务器租用 IP 地址的计算机的 TCP/IP 属性中设置了网关为 168.10.3.3/16，则这台计算机的首选路由器为哪个路由器？

8. 完成一个 DHCP 服务器的配置，使其可以出租的 IP 地址为 172.16.33.1 ~ 172.16.33.100（但不包含 172.16.33.10 ~ 172.16.33.19 范围内的 IP 地址），要求使客户机从本服务器获得 IP 地址的同时，将客户机的网关地址设置为 172.16.33.1，DNS 服务器地址设置为 211.91.255.46。

第9章 WINS服务

Windows Internet 名称服务（WINS）提供了动态复制数据库服务，此服务可以将NetBIOS 名称注册并解析为网络上使用的 IP 地址。Windows Server 2003 家族提供了WINS 服务，它运行服务器计算机来充当 NetBIOS 名称服务器并注册和解析网络上启用WINS 客户的名称。

9.1 WINS服务简介

WINS（Windows Internet Name Service，Windows Internet 名称服务），是一个增强的 NetBIOS 名称服务器，它为 NetBIOS 名称提供了名称注册、查询、释放和转换服务。

在混合网络环境中，当计算机 A 使用计算机 B 的名称与其进行通信时，是通过计算机 B 的名称来找出它的 IP 地址，然后通过 IP 地址与它沟通的，这种由计算机名称找出对应 IP 地址的操作称为“名称解析”。目前在 Microsoft 网络上主要有两种名称，分别是DNS 域名称和 NetBIOS 名称。

Windows Server 2003 计算机可以使用 DNS 域名称，也可以使用 NetBIOS 名称与其他的计算机通信。如果网络内只有 Windows Server 2003 的计算机，则可以不考虑NetBIOS 名称解析的问题。但是由于目前大多是混合网络环境，有时需要构建一台 WINS 服务器，解决平台是 Windows 95/98 以及低版本 Windows NT 计算机的 NetBIOS 名称解析的问题。

NetBIOS 名称是指在计算机启动、服务开始或用户登录时动态注册所用的名称，这个名称的空间是单层的，即在一个网络中只能有唯一的 NetBIOS 名称。

NetBIOS 名称可以注册为唯一名称（专有的）或组名（非专有的）。唯一名称有一个与名称相关联的地址，唯一名称通常用来向计算机上的特定进程发送网络通信；而组名有多个映射到名称上的地址，通常用来同时向多台计算机发送信息。在默认状态中，网络上的计算机的 NetBIOS 名称是通过广播的方式来提供更新的，如网络上有 n 台计算机，那么每一台计算机就要广播 $n-1$ 次，对于小型网络来说，似乎不影响网络交通，但如果是大型网络，则会加重网络的负担。微软提供的 WINS 服务解决了这一问题。

WINS 为注册及查询计算机和组的动态映射 NetBIOS 名称提供了一个分布式数据库。管理员通过使用 WINS，可以让 WINS 客户机在启动时主动将计算机名、IP 地址、DNS 域名等数据注册到 WINS 服务器的数据库中，当客户机需要与其他客户机通信时，它可以从 WINS 服务器取得所需的计算机名、IP 地址以及 DNS 域名等。

WINS 是以集中的方式进行 IP 地址和计算机名称的映射，以上工作全部由 WINS 客户机与服务器自动完成，这种方式可以简化网络的管理，大大降低管理员的工作负荷，同时也减少了网络中的广播，减轻了对网络交通的负担。

WINS 的另外一个重要特点是可以和 DNS 进行集成。这使得非 WINS 客户端通过 DNS 服务器解析获得 NetBIOS 名。这给网络管理提供了方便，也为异构网的连接提供了另一种手段。因此可以看到，使用集中管理可以使管理工作大大简化，却使网络拓扑结构出现了中心节点，这是一个隐性的瓶颈。

9.1.1 名称注册

名称注册就是客户端从 WINS 服务器获得信息的过程。在 WINS 服务中，名称注册是动态的。当一个 WINS 客户端初始化时，它会通过单播方式直接向所指定的主 WINS 服务器发出注册请求，要求将其 NetBIOS 名称和 IP 地址等信息注册登记到 WINS 服务器的数据库中，WINS 客户端发出名称注册请求后，可能会发生下列 3 种情况。

（1）接受注册。如果主 WINS 服务器工作正常，收到客户端的名称注册请求后，若该客户端请求注册的名称未被其他客户端注册，则 WINS 服务器将接受注册，并向客户端返回一个成功的注册的消息，完成名称注册过程。

（2）名称重复。如果主 WINS 服务器工作正常，但客户端请求注册的名称已被其他用户注册于 WINS 数据库中，出现了名称重复的情况，则 WINS 服务器将向该名称的当前拥有者发送 CHALLENGE。CHALLENGE 将以名称询问的形式发送，并且连续发送 3 次，时间间隔为 500μs。如果 WINS 服务器收到了该名称的当前拥有者发来的响应消息，则 WINS 服务器将会向试图注册该名称的客户端发送拒绝注册的消息，如果该名称的当前拥有者没有响应 WINS 服务器的 CHALLENGE，则 WINS 服务器将会向试图注册该名称的客户端发送成功的注册消息。

（3）WINS 服务器无响应。如果该 WINS 客户端在指定的时间内没有收到主 WINS 服务器的任何响应，表明主 WINS 服务器不能访问，则 WINS 客户端将会进行 3 次尝试来寻找主 WINS 服务器，如果 3 次尝试都失败且该 WINS 客户端配置了辅助的 WINS 服务器，则会将名称注册请求发送到辅助 WINS 服务器。若没有 WINS 服务器能够访问，WINS 客户端可能会通过广播来注册。

9.1.2 名称查询

名称查询又叫名称解析，是指网络中的两个 WINS 客户端，用计算机名称进行通信前的名称解析过程，即将计算机的 NetBIOS 名字成功地与 IP 地址进行映射的过程。例如，当使用网络上其他计算机的共享文件时，为了得到共享文件，用户需要指定两件事：系统名和共享名，而系统名就需要转换（解析）成 IP 地址。

又如：某计算机要访问名为 Server1 的计算机，它首先要将 Server1 解析为对方的 IP 地址，再通过 IP 地址与对方计算机通信。

在微软的网络中，可以使用 WINS、利用广播或 LMHOSTS 文件 3 种方式或者 3 种方式结合使用来完成名称查询（解析）过程。

9.1.3　名称释放

WINS 客户端的注册是有一定期限的，过了这个期限，WINS 服务器将从数据库中删除这个名字的注册信息。

当 WINS 客户端正常关闭时，它将以单播方式向 WINS 服务器发送一个名称释放请求，将其注册的 NetBIOS 名称从 WINS 服务器的数据库中删除，当 WINS 服务器收到名称释放请求时，它将检查 WINS 数据库以寻找释放的名称，如果发现匹配的 NetBIOS 名称和 IP 地址，则 WINS 服务器向客户端发送肯定名称释放响应消息，并将数据库中该名称置为“未激活”。

9.2　WINS 服务器的安装与配置

WINS 服务时 Windows Server 2003 系统内置的服务组件之一，但在 Windows Server 2003 系统中默认没有安装 WINS 服务，因此，如果要在网络内实现 WINS 服务，就必须添加安装该服务。一个完整的 WINS 服务的安装包括 WINS 服务器组件的安装和 WINS 客户端的设置。

9.2.1　WINS 服务器的安装

在安装 WINS 服务器之前，首先要确定 WINS 服务器本身的 IP 地址是固定的。具体安装步骤如下。

（1）选择“开始”→“设置”→“控制面板”→“添加 / 删除程序”命令，在出现的对话框中单击 “添加 / 删除 Windows 组件”选项，打开“Windows 组件向导”对话框，如图 9-1 所示。

（2）选择“网络服务”→“详细信息”，出现“网络服务”对话框。选中“Windows Internet 名称服务（WINS）”选项，如图 9-2 所示。然后单击“确定”按钮回到“Windows 组件向导”对话框，再单击“下一步”按钮，系统将自动安装 WINS 服务，如图 9-3 所示。

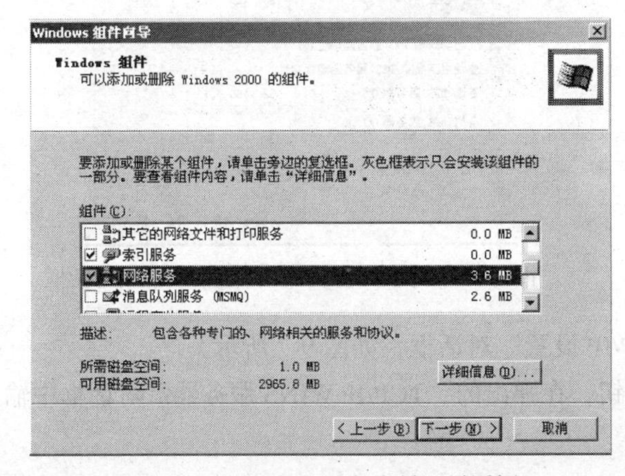

图 9-1　“Windows 组件向导”对话框

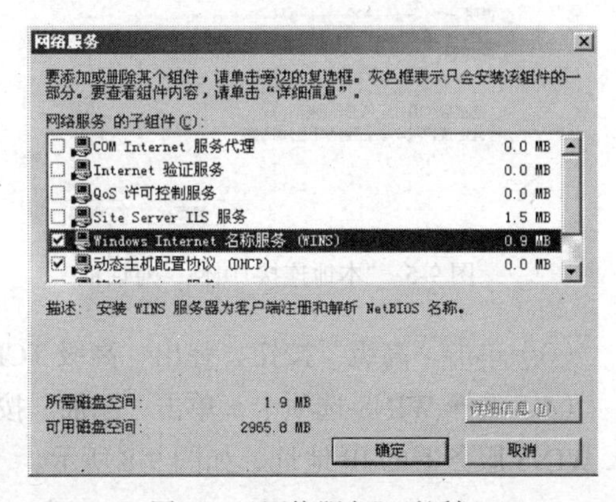

图 9-2　“网络服务”对话框

（3）安装完毕后，选择“开始”→“控制面板”→“管理工具”选项，在弹出管理工具窗口中找到 WINS 菜单，从 WINS 菜单打开 WINS 窗口，如图 9-4 所示，说明 WINS 服务器已安装成功。

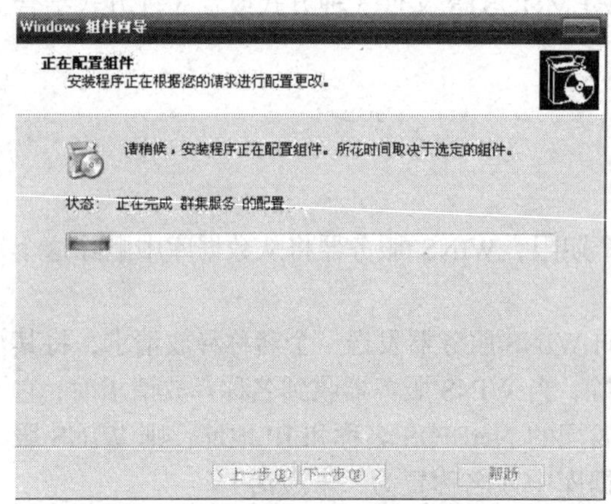

图 9-3　WINS 服务安装

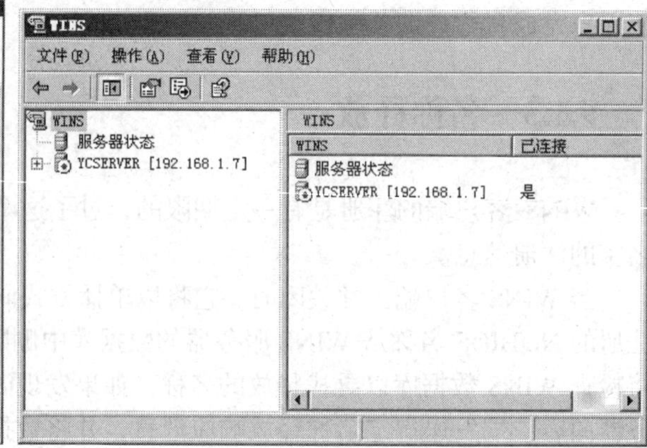

图 9-4　WINS 服务窗口

9.2.2　WINS 客户端的配置

对于不使用 DHCP 的网络连接，采用手动添加 WINS 服务器的方式，具体配置步骤如下。

（1）选择“开始”→“设置”→“控制面板”命令，然后选择“网络连接”→“本地连接”选项，打开“本地连接 属性”对话框，如图 9-5 所示。

（2）在常规选项卡中选择“Internet 协议（TCP/IP）”选项，然后单击“属性”按钮，系统将弹出“Internet 协议（TCP/IP）属性”对话框，如图 9-6 所示。

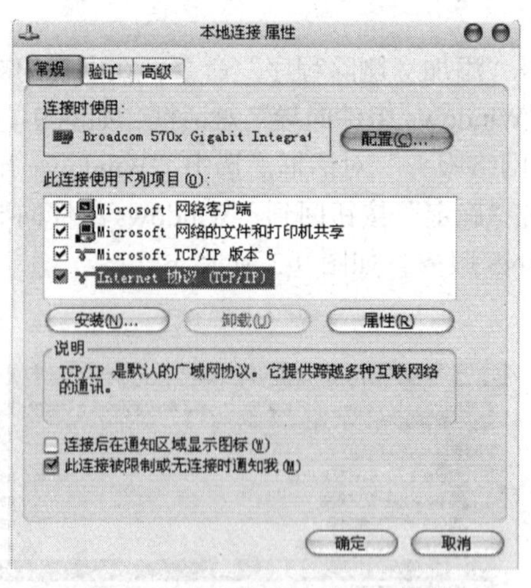

图 9-5　“本地连接 属性”对话框

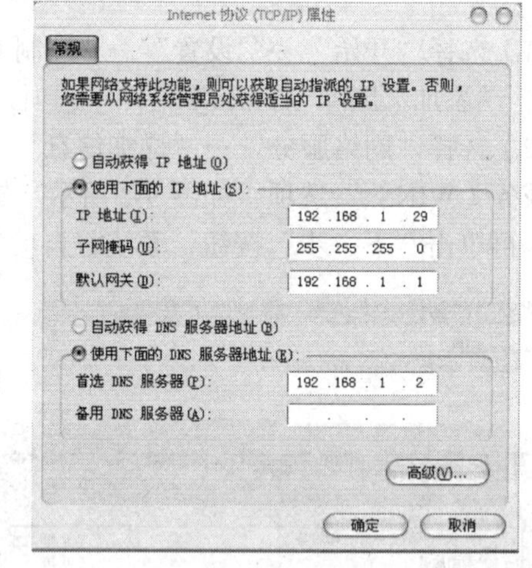

图 9-6　“Internet 协议（TCP/IP）属性”对话框

（3）单击“高级”按钮，弹出“高级 TCP/IP 设置”对话框，如图 9-7 所示。

（4）选择 WINS 选项卡，单击“添加”按钮，在弹出的“TCP/IP WINS 服务器”对话框中输入 WINS 服务器的 IP 地址，如图 9-8 所示。

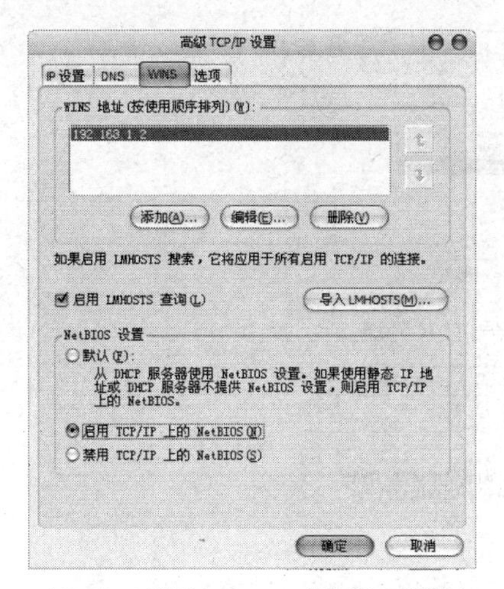

图 9-7　“高级 TCP/IP 设置”对话框

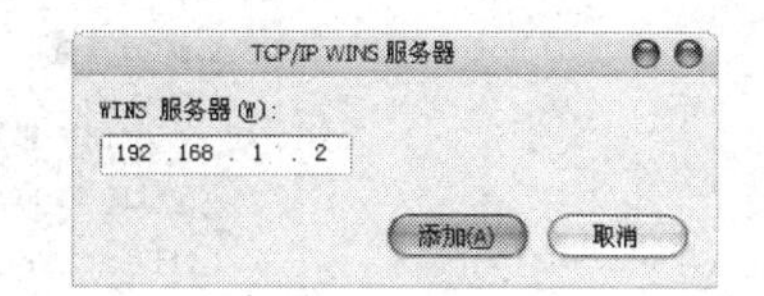

图 9-8　“TCP/IP WINS 服务器”对话框

（5）单击“添加”按钮，并在图 9-7 中“NetBIOS 设置”区域选择“启用 TCP/IP 上的 NetBIOS (N)”选项，然后单击“确定”按钮，WINS 客户端的手工配置工作完成。

9.2.3　DHCP 客户端的 WINS 配置

对于使用 DHCP 自动配置的网络连接，WINS 客户端的配置步骤如下。

（1）选择“开始”→“设置”→“控制面板”命令，然后选择“网络连接”→“本地连接”选项，打开“本地连接 属性”对话框，如图 9-9 所示。

（2）在常规选项卡中选择“Internet 协议（TCP/IP）”选项，然后单击“属性”按钮，系统将弹出“Internet 协议（TCP/IP）属性”对话框，如图 9-10 所示。

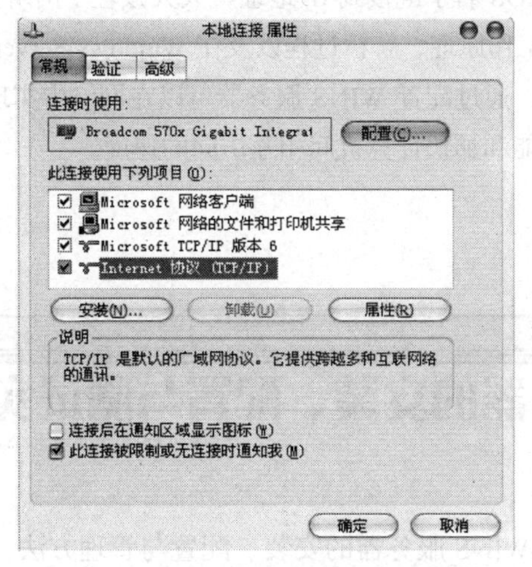

图 9-9　“本地连接 属性”对话框

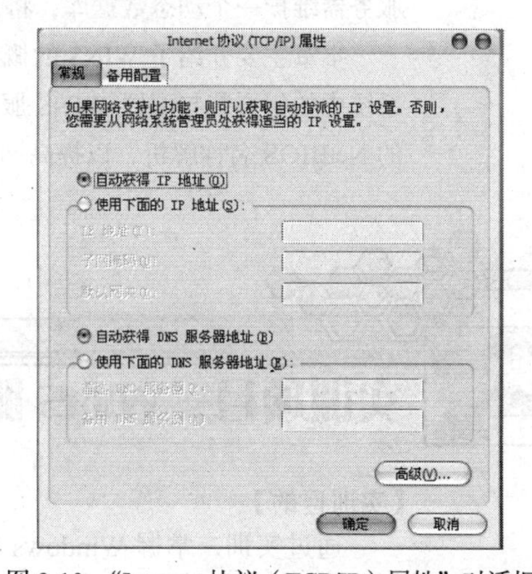

图 9-10　“Internet 协议（TCP/IP）属性”对话框

（3）单击“高级”按钮，弹出“高级 TCP/IP 设置”对话框。添加 WINS 服务器 IP 地址，并在“NetBIOS 设置”区域中选择“默认（F）”选项，然后单击“确定”按钮，WINS 客户端的配置工作完成，如图 9-11 所示。

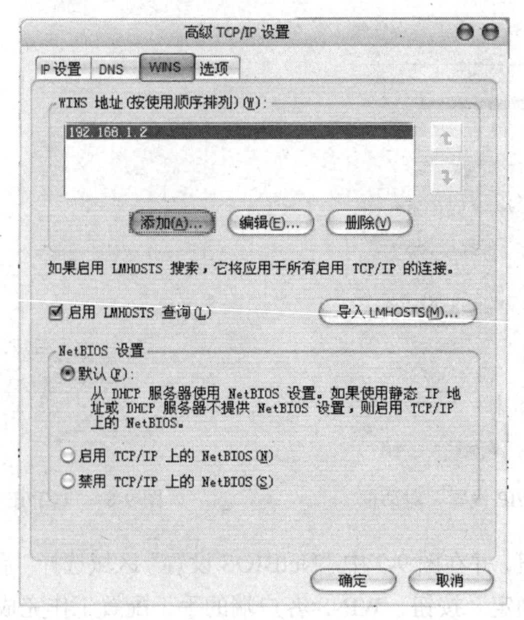

图 9-11 “高级 TCP/IP 设置”对话框

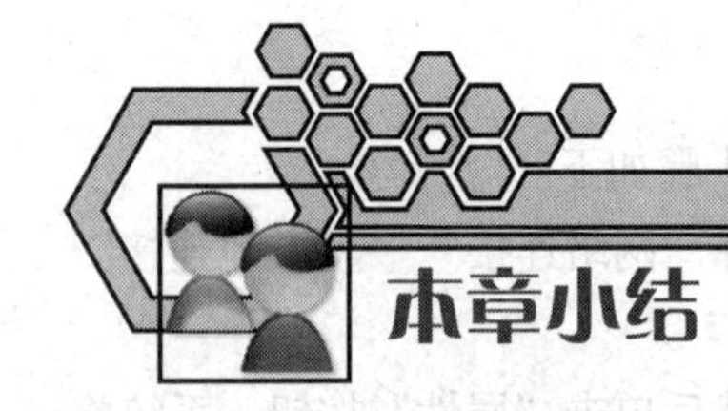

本章小结

WINS 为 NetBIOS 名字提供名字注册、查询、释放和转换服务，这些服务允许 WINS 服务器维护一个动态数据库，将 NetBIOS 名字链接到 IP 地址，大大减轻了网络负担。

本章主要介绍了 WINS 的概念、工作原理、解析过程以及在 Windows Server 2003 系统中如何安装与配置 WINS 服务器，通过配置 WINS 服务器可以在网络中实现高效的 NetBIOS 名称解析，以提高网络性能和加快计算机间相互访问的速度。

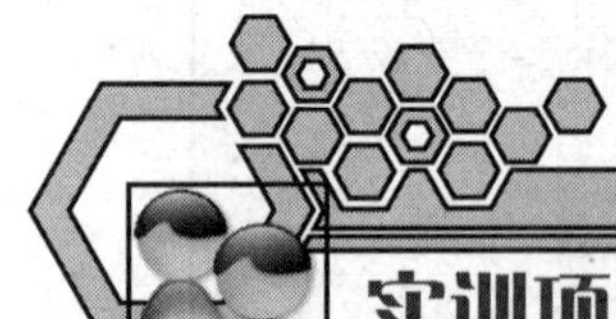

实训项目：WINS 服务器的安装、配置与测试实训

【实训目的】

通过实训，掌握 Windows 2003 WINS 服务器的安装、配置与管理方法，了解 WINS 服务组件的构成，掌握 WINS 服务配置文件的存储位置和内容，掌握 WINS 服务器配置中主要参数及其作用。加深对 WINS 服务的理解。

【实训环境】

C/S 模式的网络环境，至少有一台 Windows xp 或 Windows 2000 Professional 工作站和一台装有 Windows Server 2003 的计算机，交换机、直通线。

【实训内容】

1．为 WINS 服务器配置 IP 地址。

2．安装 WINS 服务。

（1）选择“开始”→“管理您的服务器”，在打开的窗口中单击“添加或删除角色”。

（2）在“配置您的服务器向导”对话框的“服务器角色”界面中，选中“WINS”服务器。

（3）出现“选择总结”界面，提示将安装 WINS 服务器。单击“下一步”按钮，系统自动开始安装 WINS 服务器。

3．配置 WINS 客户机。

以 Windows 2003 客户机为例。

（1）依次选择“开始”“设置”→“控制面板”→“网络连接”→“本地连接”，右击打开“本地连接 属性”对话框。

（2）在“本地连接 属性”的“常规”选项卡中选择“Internet 协议（TCP/IP）”选项，单击“属性”按钮，弹出“Internet 协议（TCP/IP）属性”对话框。

（3）单击“高级”按钮，弹出“高级 TCP/IP 设置”对话框。

（4）选择 WINS 选项卡，单击“添加”按钮，在弹出的“TCP/IP WINS 服务器”对话框中输入 WINS 服务器的 IP 地址。

（5）单击“添加”按钮，并在图 9-7 中“NetBIOS 设置”区域选择“启用 TCP/IP 上的 NetBIOS (N)”选项，单击“确定”，完成 WINS 客户端的配置。

4．在 WINS 服务器中查看 WINS 记录。

习题

1．什么是 WINS？WINS 的功能有哪些？

2．简述 NetBIOS 名称的概念。

3．简述什么是名称解析。

4．简述计算机名称的类型和解析方法。

第10章 路由与远程访问服务

Windows Server 2003 的“路由和远程访问”服务是一个功能强大的软件路由器和开放的网络互联平台，利用它所支持的路由协议，可以将 Windows Server 2003 服务器设置成一台功能强大、效率高的路由器，既可以实现局域网之间的路由，也可以实现局域网到广域网的路由，甚至可以为网络用户提供 Internet 连接访问。

10.1 路由服务

10.1.1 路由概述

路由是把信息从源通过网络传递到目的地的行为，在路上，至少遇到一个中间节点。路由的话题早已在计算机界出现，但直到 20 世纪 80 年代中期才获得商业成功，主要原因是 70 年代的网络很简单，后来大型的网络才较为普遍。

路由包含两个基本的动作：确定最佳路径和通过网络传输信息。在路由的过程中，后者也称为（数据）交换，下面分别介绍这两个基本动作。

1. 路径选择

Metric 是路由算法用以确定到达目的地的最佳路径的计量标准，如路径长度。为了帮助选路，路由算法初始化并维护包含路径信息的路由表，路径信息根据使用的路由算法不同而不同。

路由算法可以根据多个特性来加以区分。首先，算法设计者的特定目标影响了该路由协议的操作；其次，存在着多种路由算法，每种算法对网络和路由器资源的影响都不同；最后，路由算法使用多种 metric，影响到最佳路径的计算。

路由算法根据许多信息来填充路由表。路由器通过使用目的/下一跳地址对，将分组转发给“下一跳”路由器，然后由下一跳路由器采用相同的方式，即采用目的/下一跳地址对的方式，将分组最终发送到目的。当路由器收到一个分组，它就检查其目标地址，尝试将此地址与其“下一跳”相联系。路由表比较 metric 以确定最佳路径，这些 metric 根据所用的路由算法而不同。路由器彼此通信，通过交换路由信息维护其路由表，路由更新信息通常包含全部或部分路由表，通过分析来自其他路由器的路由更新信息，该路由器可以建立网络拓扑细图。路由器间发送的另一个信息例子是链接状态广播信息，它通知其他路由器发送者的链接状态，链接信息用于建立完整的拓扑图，使路由器可以确定最佳路径。

2. 交换

交换算法相对而言较简单，对大多数路由协议而言是相同的，多数情况下，某主机决定向另一个主机发送数据，通过某些方法获得路由器的地址后，源主机发送指向该路由器的物理（MAC）地址的数据包，其协议地址是指向目的主机的。

路由器查看了数据包的目的协议地址后，确定是否知道如何转发该包，如果路由器不知道如何转发，通常就将之丢弃。如果路由器知道如何转发，就把目的物理地址变成“下一跳”的物理地址并向之发送。“下一跳”可能就是最终的目的主机；如果不是，通常为另一个路由器，它将执行同样的步骤。当分组在网络中流动时，它的物理地址在改变，但其协议地址始终不变。

10.1.2 单播路由与多播路由

1. 单播路由

单播路由是通过路由器将到网际网络上某一位置的通信从源主机转发到目的主机。网际网络至少有两个通过路由器连接的网络。路由器是网络层中介系统，用于根据公用网络层协议（如 TCP/IP）将多个网络连接在一起。网络是通过路由器连接，并与称为网络地址或网络 ID 的同一网络层地址相关联的联网基础结构（包括中继器、集线器和桥/2 层交换机）的一部分。

典型的路由器是通过 LAN 或 WAN 媒体连接到两个或多个网络。网络上的计算机通过将数据包转发到路由器，可以将数据包发送到其他网络上的计算机。路由器将检查数据包，并使用数据包报头内的目标网络地址来决定转发数据包所使用的接口。通过路由协议（OSPF、RIP 等），路由器可以从相邻的路由器获得网络信息（如网络地址），然后将该信息传播给其他网络上的路由器，从而使所有网络上的所有计算机之间都连接起来。

运行“路由和远程访问”的服务器可以实现路由 IP 和 AppleTalk 通信。

通过了解网际网络中可传递通信的位置，能够很方便地实现单播路由，并将通信转发到特定目标地址。在单播路由中，重点涉及以下几点主要内容。

- 路由表。
- 路由设置。
- IP 路由协议。
- 路由接口、设备和端口。

（1）路由表。所谓路由表，指的是路由器或者其他互联网网络设备上存储的表，该表中存放着到达特定网络终端的路径，在某些情况下，还有一些与这些路径相关的度量。路由器的主要工作就是为经过路由器的每个数据包寻找一条最佳传输路径，并将该数据有效地传送到目的站点。为了完成这项工作，在路由器中保存着各种传输路径的相关数据——路由表（Routing Table），供路由选择时使用，表中包含的信息决定了数据转发的策略。就像我们平时使用的标识着各种路线的地图。路由表由一系列路由项组成，其中保存着子网的标志信息、网上路由器的个数和下一个路由器的名字等内容。路由表可以是由系统管理员固定设置好的，也可以由系统动态修改，可以由路由器自动调整，也可以由主机控制。

① 路由表项的类型。路由表中的每一项都被看做是一个路由，并且属于下列任一类型。

- 网络路由。提供到网际网络中特定网络 ID 的路由。
- 主路由。提供到网际网络地址（网络 ID 和主机 ID）的路由。主路由通常用于将自定义路由创建到特定主机，以控制或优化网络通信。
- 默认路由。如果在路由表中找不到相关路由，则使用默认路由。

② 路由表结构。首先，路由表每个项的目的字段含有目的网络前缀；其次，每个项还有一个附加字段和用于指定网络前缀位数的子网掩码（address mask）；当下一跳字段代表路由器时，下一跳字段的值使用路由的 IP 地址。路由表中的每项由以下信息字段组成。

- 网络 ID：主路由的网络 ID 或网际网络地址。在 IP 路由器上，有从目的 IP 地址决定目的网络 ID 的子网掩码字段。
- 转发地址：数据包转发的地址。转发地址是硬件地址或网际网络地址。对于主机或路由器直接连接的网络，转发地址字段可能是连接到网络的接口地址。
- 接口：当将数据包转发到网络 ID 时所使用的网络接口。这是一个端口号或其他类型的逻辑标识符。
- 跳数：路由首选项的度量。通常，最小的跳数是首选路由。如果多个路由存在于给定的目标网络，则使用跳数最少的路由。某些路由选择算法只将到任意网络 ID 的单个路由存储在路由表中，即使存在多个路由。在此情况下，路由器使用跳数来决定存储在路由表中的路由。

（2）路由设置。路由器可以应用在不同拓扑结构和网络配置的网络中，当将配置为路由器的运行路由和远程访问服务的服务器添加到网络中时，必须选择。

- 该路由器所使用的路由协议（IP 或 AppleTalk）。
- 采用的路由选择协议（RIP 或 OSPF）。
- LAN 或 WAN 媒体（网卡、调制解调器或其他拨号设备）。

（3）IP 路由协议。IP 路由就是在所连网络之间转发数据包的过程。在动态 IP 路由环境中，使用 IP 路由协议传播 IP 路由信息。用于 Intranet 上最常用的两个 IP 路由协议是“路由信息协议（RIP）”和“开放最短路径优先（OSPF）”。

可以在相同 Intranet 上运行多个路由协议。但在此情况下，必须配置一个路由协议，该路由协议通过配置首选等级配置协议获知路由的首选来源。首选路由协议是添加到路由表的路由源。例如，如果 OSPF 是首选路由协议，则会将 OSPF 路由添加到 IP 路由表，而将 RIP 路由忽略。

（4）路由接口、设备和端口。路由和远程访问服务将已安装的网络设备看做是一系列的路由接口、设备和端口。

① 路由接口：即转发单播或多播数据包的物理或逻辑接口。

运行“路由和远程访问服务”的服务器使用一个路由接口转发单播 IP 或 AppleTalk 数据包与多播 IP 数据包。路由接口有两种类型。

- LAN 接口。LAN 接口是一个物理接口，一般表示使用诸如以太网或令牌环之类局域网技术的局域连接，它反映已安装的网络适配器。已安装的 WAN 适配器有时表示为 LAN 接口。LAN 接口总是活动的，并且通常不需要用身份验证过程激活。
- 请求拨号接口。请求拨号接口是代表点对点连接的逻辑接口。该接口通常需要身份验证过程。

② 设备：是提供请求拨号和远程访问连接以便用于建立点对点连接的端口的硬件或软件。

设备可以是物理设备（如调制解调器），也可以是虚拟设备（如 VPN 协议），它可以支持单个端口（如一个调制解调器）或多个端口（如可以端接 64 个不同的模拟电话呼叫的调制解调器组）。

③ 端口：是支持单个点对点连接的设备隧道。

对于单一端口设备，设备与端口不可区分；对于多端口设备，端口是设备的一部分，通过它可以进行一个单独的点对点通信。

2. 多播路由

有多播功能的路由器通过多播路由互相交换多播组成员身份信息，以便通过网际网络作出智能化多播转发决定。多播路由器使用多播路由协议互相交换多播组成员身份信息。

多播路由协议的示例包括“远程向量多播路由协议（DVMRP）”、“OSPF 的多播扩展（MOSPF）”、“协议无关的疏多播模式（PIM-SM）”和“协议无关的密多播模式（PIM-DM）”。Windows Server 2003 没有提供任何的多播路由协议。但是，用户可以使用 IGMP 路由协议和 IGMP 路由模式及 IGMP 代理模式在单路由的内部网络或单路由内部网络和 Internet 中提供多播转发。

（1）单路由内部网络提供多播转发。

对于通过一个单一的路由连接多个网络的内部网，用户可以在所有路由端口上启用 IGMP 路由模式，从而在任何网络中的多播源和多播接收主机之间提供多播转发支持。

（2）单路由内部网络和 Internet 中提供多播转发。

如果运行路由和远程访问的服务器通过 Internet 服务提供商（ISP）附属于 Mbone，用户可以使用 IGMP 代理模式从 Internet 中发送和接收多播流量。当一个内部的主机发送多播流量时，多播流量会通过 IGMP 代理模式接口转发到 ISP 的路由中，ISP 的路由再将其转发给合适的下级路由。通过这种方法，Internet 主机可以接收到内部网络发送的多播流量。

10.1.3 网络地址转换 NAT

家庭网络或小型办公网络内部的一些主机已经分配到了本地 IP 地址，现在又想和因特网上的主机通信，最简单的办法就是设法再申请一些全球 IP 地址，但在 Ipv4 地址日益匮乏的今天，这种做法显然不太可行。目前普遍采用的方法是，使用网络地址转换配置家庭网络或小型办公网络以共享到 Internet 的单个连接。

网络地址转换 NAT（Network Address Translation）是在 1994 年被提出的，这种方法是一种将一组 IP 地址映射到另一组 IP 地址的技术，它通过将专用网络地址转换为全球地址，从而对外隐藏了内部管理的 IP 地址。这种方法需要在专用网连接到因特网的路由器上安装 NAT 软件，装有 NAT 软件的路由器叫做 NAT 路由器，它至少有一个外部全球地址 IP_G。这样，所有使用本地地址的主机在和外界通信时都要在 NAT 路由器上将其本地地址转换成 IP_G 才能和因特网连接。

组成 NAT 的组件有三个，分别是转换组件、寻址组件和名称解析组件。

1. 转换组件

指 NAT 已启用的运行“路由和远程访问”的服务器，负责转换在专用网络与 Internet 之间进行转发的数据包的 IP 地址和 TCP/UDP 端口号。

2. 寻址组件

寻址组件是简化的 DHCP 服务器，可用以分配 IP 地址、子码掩码、默认网关以及 DNS 服务器的 IP 地址。必须将家庭网络上的计算机配置为 DHCP 客户端，以便自动接收 IP 配置。

3. 名称解析组件

网络地址转换计算机成为家庭网络上其他计算机的 DNS 服务器。当网络地址转换计算机接收到名称解析请求时，它将名称解析请求发往配置它的基于 Internet 的 DNS 服务器，并将响应返回给家庭网络计算机。

10.1.4 请求拨号路由

请求拨号路由也称为拨号时请求路由，当路由器接收到路由的数据包时，通过使用请求拨号接口，路由器可以开始连接到远程站点。只有当数据发送到远程站点时，连接才成为活动的。当数据没有在指定的时间内在链接上发送时，链接将断开。通过进行请求拨号连接，可以使用现有拨号电话线路，而不需在低通信量情况下使用租用线路，从而明显降低了连接成本，因此比较适合网络中相互间通信量较少且距离较远的子网。

请求拨号路由的概念比较简单，但请求拨号路由的配置却很复杂，原因包括以下几方面。

（1）连接终结点寻址。必须通过公用数据网络进行连接，如模拟电话系统。连接的终结点必须由电话号码或其他终结点标示符标识。

（2）呼叫方的身份验证和授权。呼叫运行“路由和远程访问”的服务器的任何用户都必须经过身份验证和授权。身份验证基于建立连接过程中所传递的呼叫方的凭据集。传递的凭据必须与用户账户对应。授权是基于用户账户的拨入权限和远程访问策略进行的。

（3）远程访问客户端和路由器之间的差异。路由和远程访问服务共存于运行“路由和远程访问”的同一服务器上。远程访问客户端和路由器可以呼叫相同的电话号码，应答呼叫的服务器必须能够区分远程访问客户端和正在呼叫已创建请求拨号连接的路由器。要从请求拨号路由器中区分远程访问客户端，则需要呼叫路由器发送的身份验证凭据中的用户名，必须与应答路由器中请求拨号接口的名称相匹配。否则，将认为传入连接是远程访问连接。

（4）两个连接端的配置。即使只有一个连接端正在启动请求拨号连接，也必须配置连接的两端。否则只配置连接的一端意味着数据包只会向一个方向成功路由。

（5）静态路由配置。不应该在临时拨号的请求拨号连接上使用动态路由协议，因此必须将经过请求拨号接口的可用网络 ID 路由以静态路由方式添加到路由表中。

10.2 路由服务器

10.2.1 安装路由服务器

路由服务器是具有两个或两个以上 IP 地址的服务器。即通过在一台主机上配置多个网卡，并为每个网卡配置不同的 IP 地址及子网掩码来实现不同网络的路由。安装路由服务器的具体步骤如下。

（1）单击“开始”→“管理工具”→“路由和远程访问”，如图 10-1 所示，打开“路由和远程访问”管理窗口。

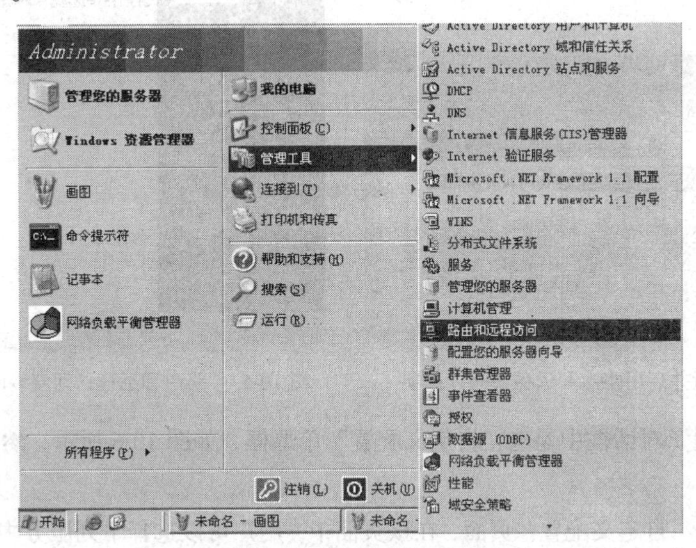

图 10-1 选择“路由和远程访问”

（2）选择左边目录树下的“路由和远程访问”根目录，单击鼠标右键，选择“添加服务器（A）”选项，如图 10-2 所示。

（3）系统弹出“添加服务器”对话框，如图 10-3 所示，选中“这台计算机”作为路由和远程访问服务器，单击“确认”按钮完成路由服务器的安装。

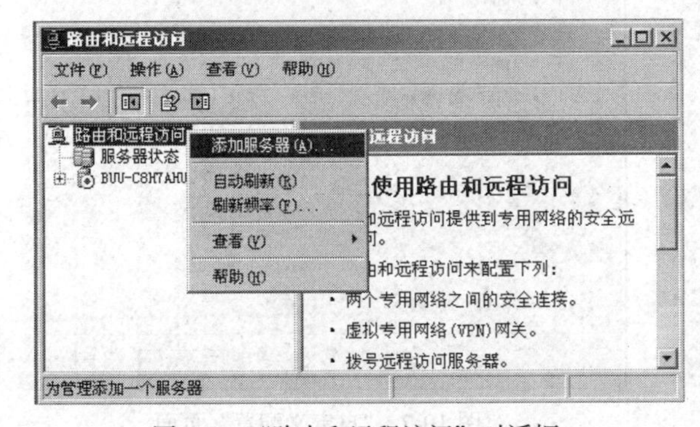

图 10-2 “路由和远程访问”对话框

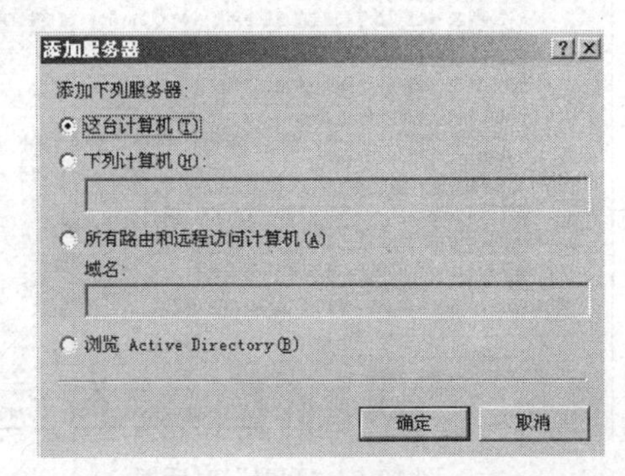

图 10-3 “添加服务器”对话框

10.2.2 路由服务器的配置

安装好路由服务器后，必须对它进行配置并启用它，才能实现其软件路由的功能。具体配置步骤如下。

（1）如图 10-4 所示，选择安装好的路由服务器，然后单击鼠标右键，在弹出的对话框中选择“配置并启用路由和远程访问”选项。

（2）系统弹出“路由和远程访问服务器安装向导”欢迎界面，如图 10-5 所示，单击“下一步”按钮继续。

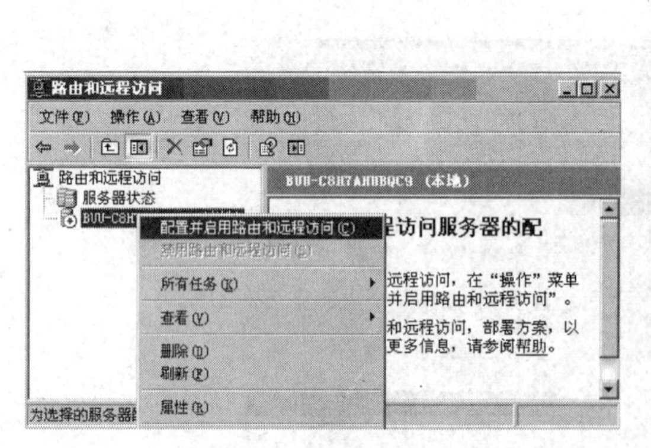

图 10-4 “配置并启用路由和远程访问”选项

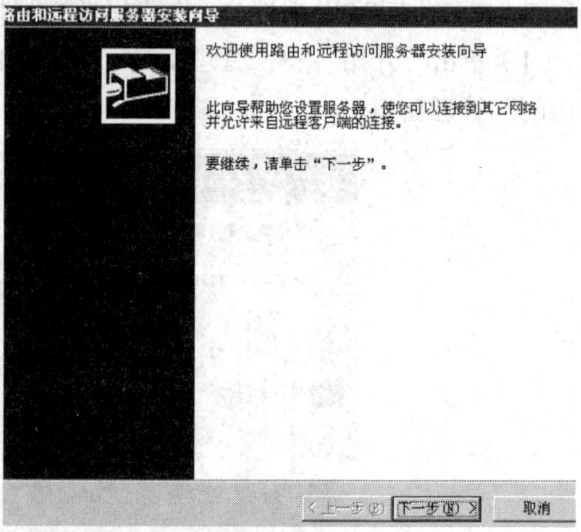

图 10-5 “路由和远程访问安装向导”的欢迎界面

（3）在“配置”对话框中勾选“自定义配置”单选框，如图 10-6 所示，然后单击“下一步”按钮继续。

（4）系统弹出“自定义配置”页面，在该页面中，用户可以选择下列服务中的一项或者几项：VPN 访问、拨号访问、请求拨号连接、NAT 和基本防火墙或 LAN 路由。

此处选择“LAN 路由（L）”复选框，如图 10-7 所示，然后单击“下一步”按钮继续。

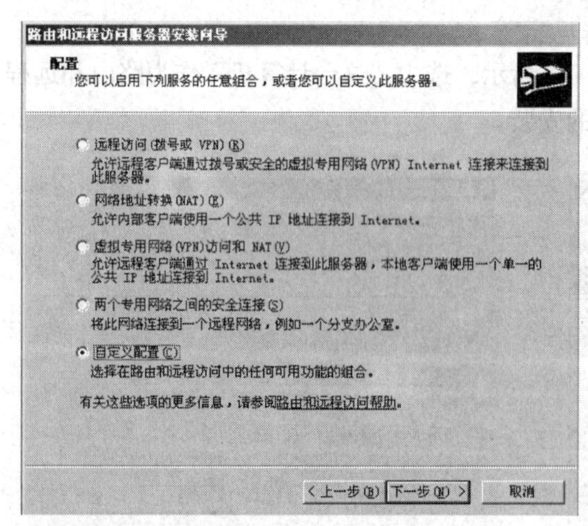

图 10-6 “配置”对话框

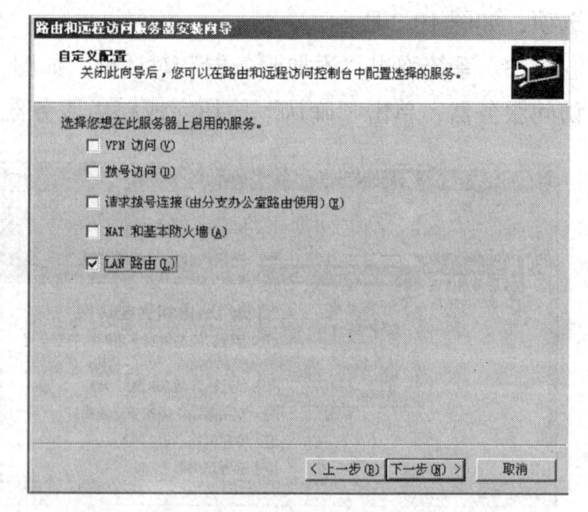

图 10-7 “自定义配置”页面

（5）如图 10-8 所示，系统出现完成界面，提示正在完成路由和远程访问服务器安装向导，单击“完成”按钮完成配置。

（6）这时会弹出“路由和远程访问”对话框，如图 10-9 所示，提示路由和远程访问服务已经被安装，询问是否开始路由服务。单击“是”按钮，系统将自动进行初始化工作，完成路由服务的启动。

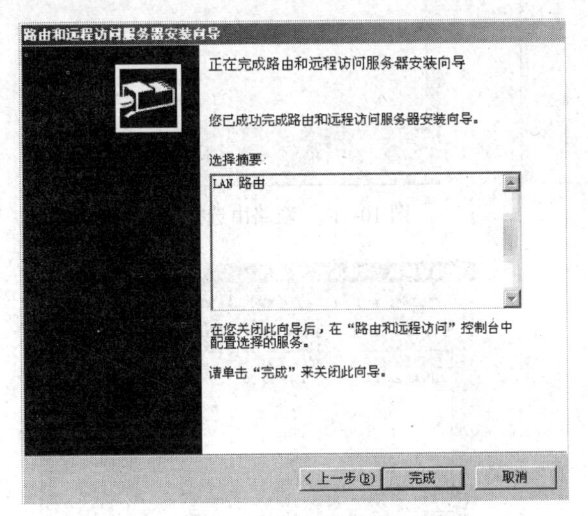

图 10-8　配置完成界面

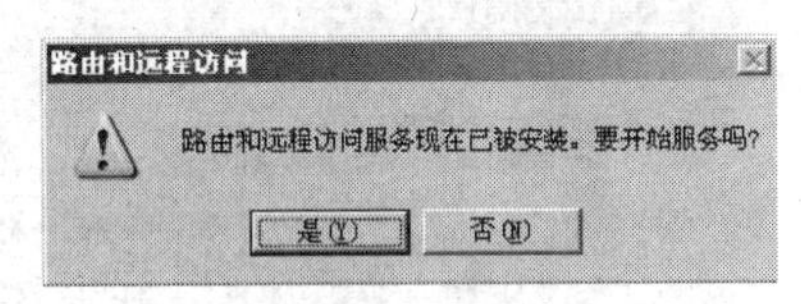

图 10-9　“路由和远程访问”对话框

10.2.3　配置 NAT

一般来说，Windows Server 2003 会自动启用 NAT，如果没有启用 NAT，在配置 NAT 之前应先启用 NAT。启用并配置 NAT 步骤如下。

（1）在“开始”→“程序”→“管理工具”菜单上单击“路由和远程访问”，如图 10-10 所示，在“路由和远程访问”的控制台树中展开要启用 NAT 的服务器目录，单击“IP 路由选择”展开，选中“常规”选项右击，在弹出的菜单中选择“新路由协议”命令。

（2）系统弹出“新路由协议”对话框，如图 10-11 所示，选择“NAT/基本防火墙”选项，然后单击“确定”按钮，完成 NAT 启用。

（3）启用 NAT 后，在控制台目录树中出现“NAT/基本防火墙”。右击“NAT/基本防火墙”，在弹出的快捷菜单中选择“新增接口”，在“接口”列表框中选择一个连接到 Internet 的网络接口，单击“确定”按钮，出现“网络地址转换属性”对话框，如图 10-12 所示。在“NAT/基本防火墙”选项卡中选择网络连接方式，如“公用接口连接到 Internet”，并选择“在此接口上启用 NAT”复选框。

（4）如图 10-13 所示，在“网络地址转换属性”对话框的“地址池”选项卡中设置地址池。这个地址池内的 IP 地址应当是由 ISP 提供给企业的。如果不设置地址池，NAT 也可以使用，这是因为 NAT 会将使用连接到 Internet 的网络接口的 IP 地址，作为地址池内的地址。用户也可以设置保留的公用地址，这些公用地址可以提供给内部网络中需要给 Internet 提供服务的计算机使用。

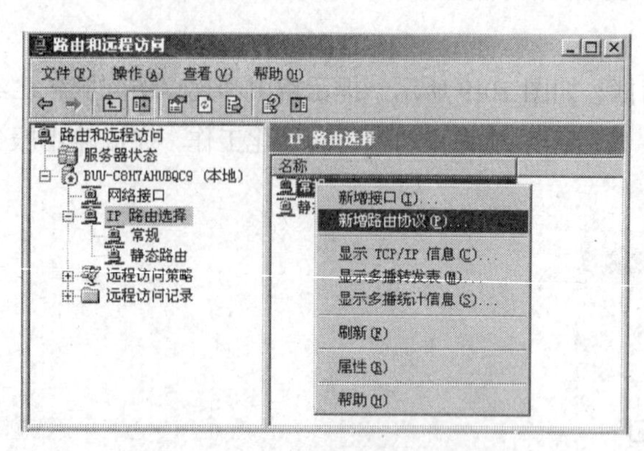

图 10-10　选择“新路由协议”页面

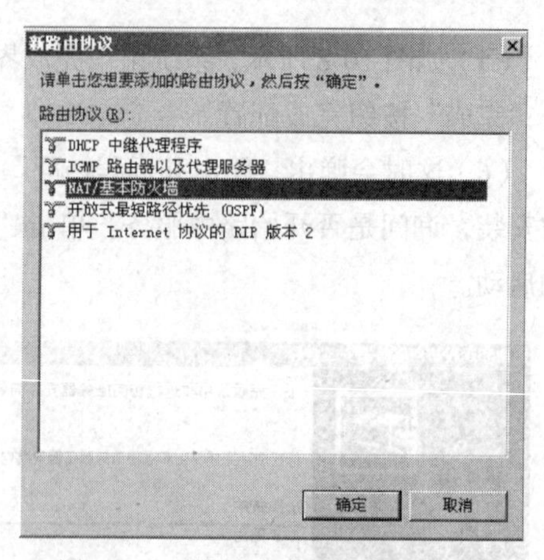

图 10-11　“新路由选择协议”对话框

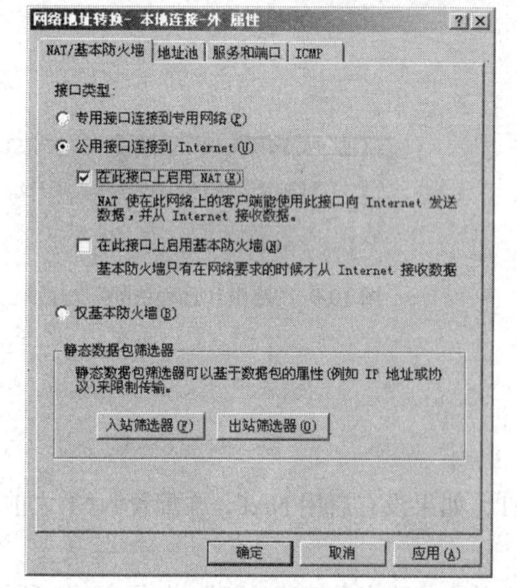

图 10-12　“网络地址转换”属性对话框

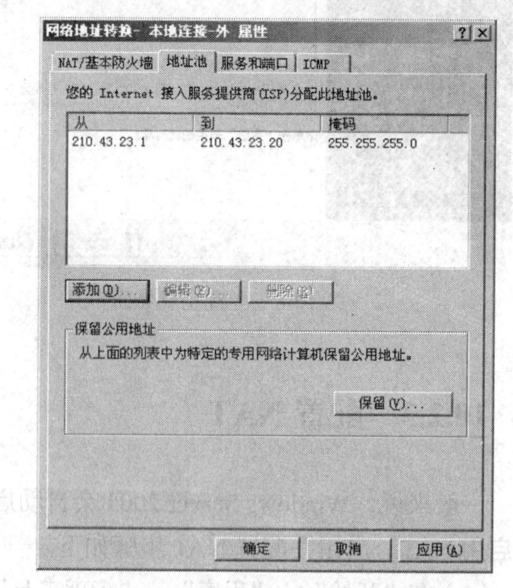

图 10-13　“地址池”选项卡的设置

（5）“地址池”选项卡设置完成后，单击“确定”按钮，完成共有网络接口的设置。

（6）重复以上步骤，在路由和远程访问插件中选择“NAT/基本防火墙”，然后再“操作”菜单中选择“新增接口”选项，设置另一接口。

（7）在“新增接口”中选择“连接到内部网络的网络接口”，然后单击“确定”按钮。

（8）在“网络地址转换”对话框中，选择“专用接口连接到专用网络”，然后单击“确定”按钮，完成网络地址转换的配置。

另外，启用 NAT 之后，还可以对 NAT 的属性进行配置。在控制台树的服务器目录下右击“NAT/基本防火墙”选项，在弹出的快捷菜单中选择“属性”命令，打开“NAT/基本防火墙属性”对话框。该对话框中包含了“常规”、“转换”、“地址指派”和“名称解析”4 个选项卡，下面分别介绍各个选项卡中的信息。

①“常规”选项卡。如图 10-14 所示，在该选项卡中可以通过设置事件查看器来查看事件日志的内容，默认设置为“只记录错误”。

②“转换”选项卡。如图 10-15 所示，其中“在此时间后删除 TCP 映射（分钟）”后的文本

框用于设置对 TCP 会话的动态映射在路由表中停留的时间，默认值为 1440；“在此时间后删除 UDP 映射（分钟）”后的文本框用于设置 UDP 消息在路由表中停留的时间，默认值为 1；单击“复位默认值”按钮可以还原 TCP 数据和 UDP 数据流的动态映射超时的默认设置。

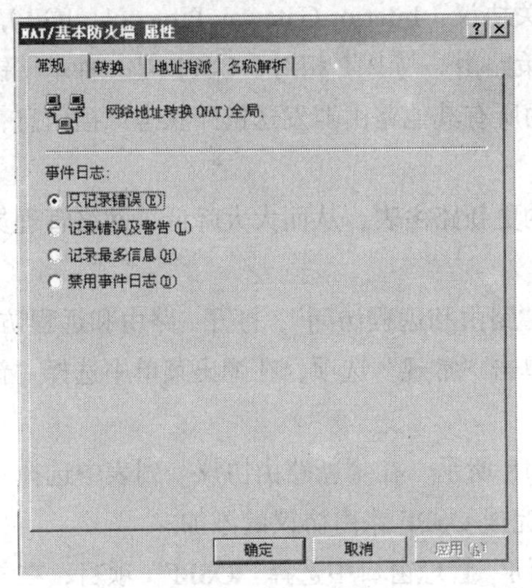

图 10-14 “常规”选项卡

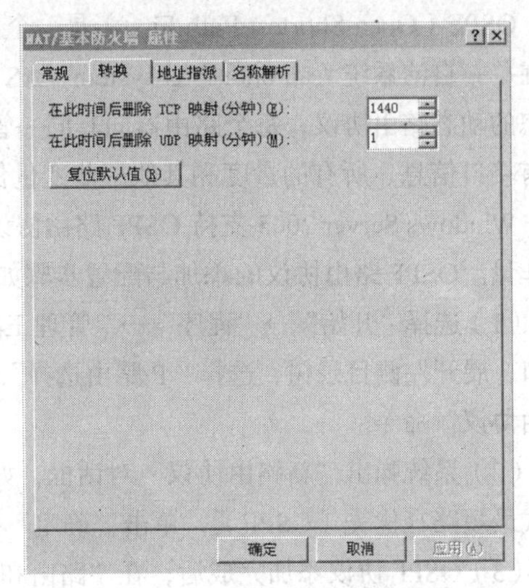

图 10-15 “转换”选项卡

③“地址指派”选项卡。“地址指派”选项卡内容如图 10-16 所示。如果网络中没有专门的 DHCP 服务器，可以选中“使用 DHCP 自动分配 IP 地址”复选框，并设置 IP 地址和掩码；单击“排除”按钮可以设置不想分配给客户的 IP 地址；如果网络中已有 DHCP 服务器为网络中的客户机分配 IP 地址，则不用选中“使用 DHCP 自动分配 IP 地址”复选框。

④“名称解析”选项卡。“名称解析”选项卡内容如图 10-17 所示。如果网络中没有 DNS 服务器为客户机提供名称解析，可以选中“使用域名系统（DNS）的客户端”复选框，让 NAT 为客户机提供名称解析服务；当 NAT 用拨号实现连接来进行名称解析时，应选中“当名称需要解析时连接到公用网络”复选框，并选择请求拨号接口。

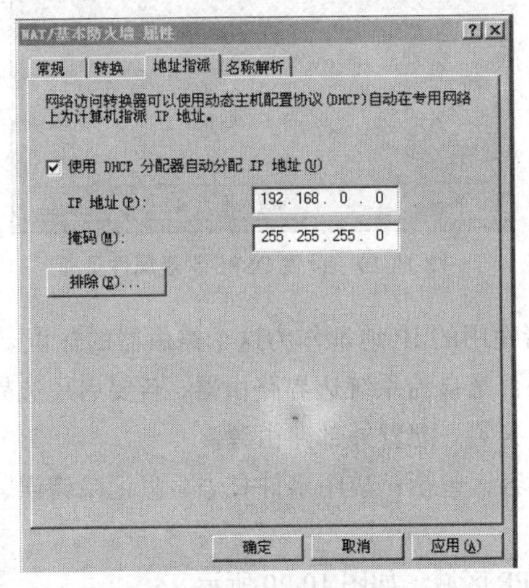

图 10-16 “地址指派”选项卡

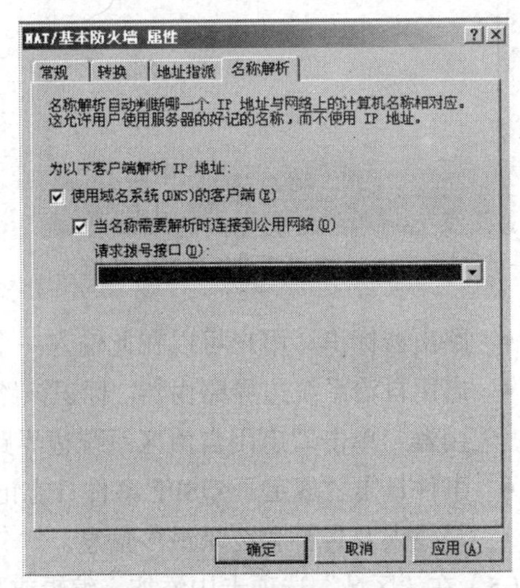

图 10-17 “名称解析”选项卡

10.2.4 OSPF 路由的配置

OSPF（Open Shortest Path First）是一个内部网关协议（Interior Gateway Protocol，IGP），用于在单一自治系统（autonomous system，AS）内决策路由。与 RIP 相对，OSPF 是一种基于链路状态的动态路由协议，每个路由器向其同一管理域的所有其他路由器发送链路状态广播信息，如所有接口信息、所有的量度和其他一些变量信息等。

Windows Server 2003 支持 OSPF 路由协议动态的更新路由表，从而大大降低了网络管理员的工作量。OSPF 路由协议的添加与配置步骤如下。

（1）选择“开始”→“程序”→“管理工具”→“路由和远程访问”，打开“路由和远程访问”窗口，展开左侧目录树，选择“P 路由选择”，右键单击“常规”选项，在弹出菜单中选择“新增路由协议”命令。

（2）系统弹出“新路由协议”对话框，如图 10-18 所示，在“新路由协议”列表中选择“开放式最短路径优先（OSPF）”，单击“确定”按钮，完成 OSPF 路由协议的添加。

（3）OSPF 协议添加完成后，在“路由和远程访问”管理窗口中选择“OSPF”项目，在“操作”菜单中选择“属性”按钮，打开“OSPF 属性”对话框。

（4）如图 10-19 所示，为 OSPF 路由器设置常规属性，包括以下内容。

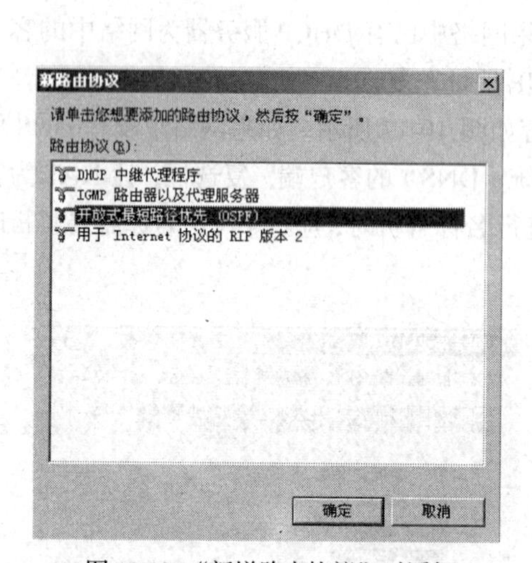

图 10-18 “新增路由协议”对话框

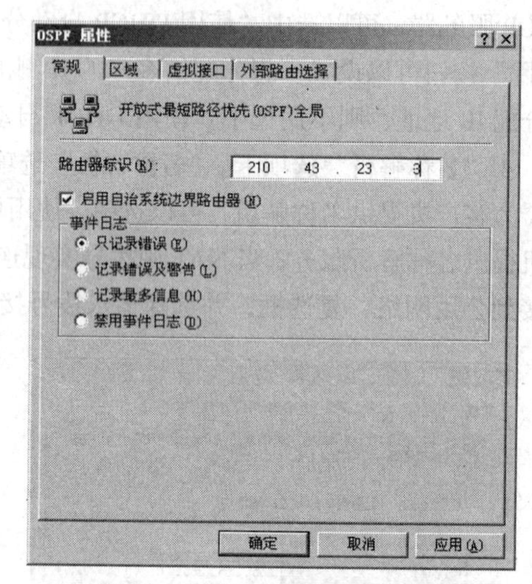

图 10-19 设置 OSPF 常规属性页面

- 路由器标识。用户可以在此输入一个路由器使用的 IP 地址作为这个路由器的标识。
- 启用自治系统边界路由器。标识该路由器是否是自治系统边界路由器，若要启用边界路由器，单击“启用自治区系统边界路由器（N）”，配置外部路由源。
- 事件日志。规定了 OSPF 事件日志记录的内容，包括：禁用事件日志、只记录错误、记录错误及告警和记录最多信息。

（5）在“区域”选项卡中添加、编辑或删除 OSPF 区域，如图 10-20 所示。

（6）选择“虚拟接口”选项卡，单击“添加”按钮，出现图 10-21 所示对话框。在“中转区域 ID”下拉列表中选择步骤 5 中设置的“区域”，如 0.0.0.3。在“虚拟邻居路由器 ID”文本框中设置虚拟邻居路由器，然后单击“确定”按钮。

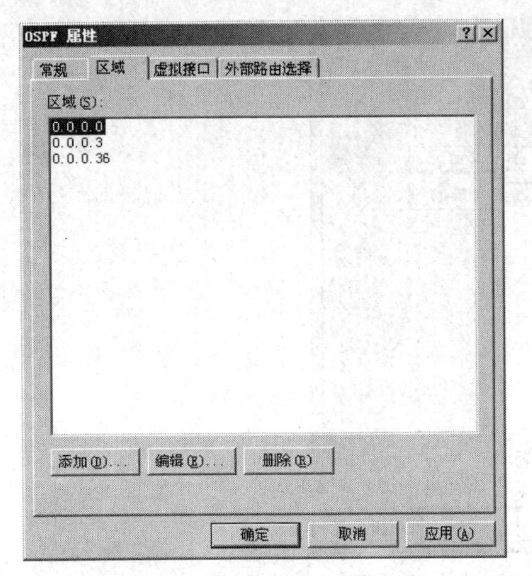

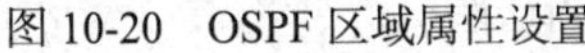

图 10-20　OSPF 区域属性设置

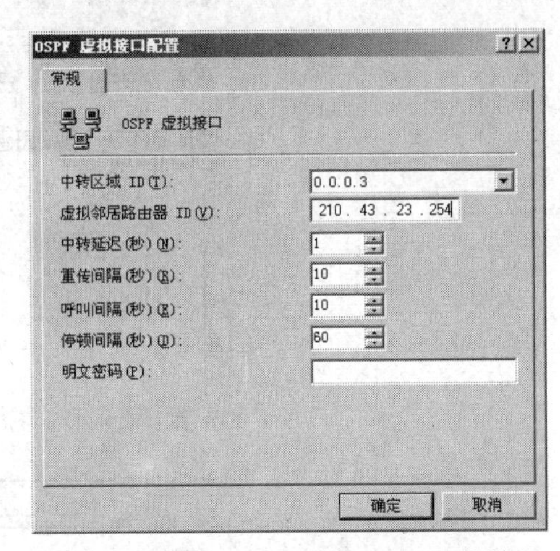

图 10-21　“OSPF 虚拟接口配置”对话框

（7）“虚拟接口”选项卡配置完成页面如图 10-22 所示。单击“确定”按钮完成“OSPF 属性”设置。

（8）在“路由和远程访问”管理控制台左侧窗口中选择“OSPF”，鼠标右键单击，选择“新建接口”快捷菜单项。在“新建接口”对话框中选择“希望在其上启用 OSPF 的接口”，然后单击“确定”按钮。

（9）鼠标右键单击要配置的接口，然后单击“属性”，出现图 10-23 所示对话框，为接口设置相关属性。

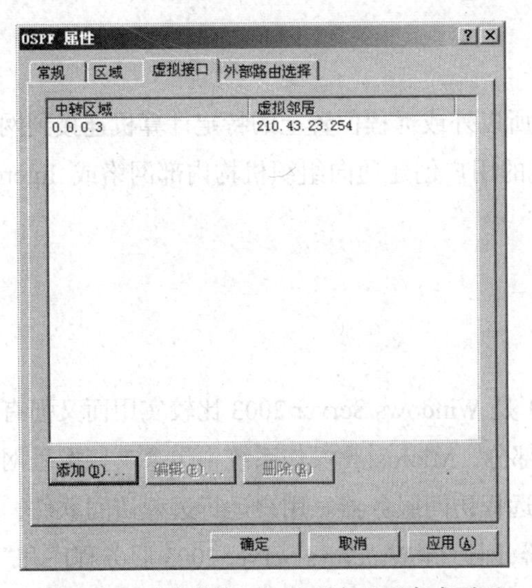

图 10-22　“虚拟接口”选项卡配置完成页面

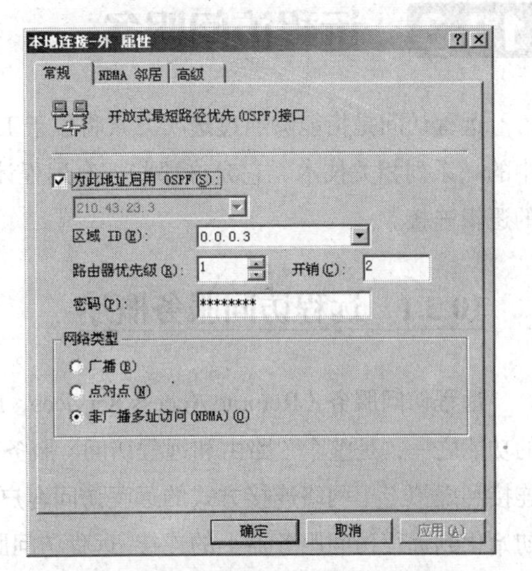

图 10-23　设置接口常规属性对话框

（10）在第 9 步中，如果设置了路由采用“非广播多址访问”的网络类型，则需要为这台路由器设置“NBMA 邻居”，即打开“NBMA 邻居”选项卡，在其中添加或删除 NBMA 邻居。“NBMA 邻居”选项卡配置页面如图 10-24 所示。

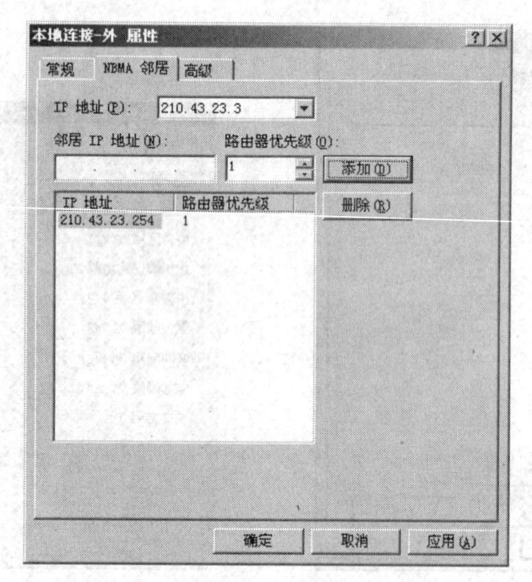

图 10-24 配置接口 NBMA 属性对话框

（11）在“高级”选项卡中，用户可以设置 OSPF 的中转延迟（默认时间为 1 秒）、重传间隔（默认时间为 5 秒）、呼叫间隔（默认时间为 10 秒）、停顿间隔（默认时间为 40 秒）、轮询间隔（默认时间为 120 秒）、最大传输单位（MTU）大小（默认大小为 1500 字节）。

（12）单击“确定”按钮，完成一个接口的设置。

（13）重复第 8 步到第 12 步的步骤，为这台路由器设置另外的接口，直到应当设置的接口设置完毕。

10.3 远程访问服务

远程访问是指能够通过透明方式将位于工作场所以外或远程位置上的特定计算机连接到网络中的一系列相关技术。它允许那些拥有远程计算机的用户创建通向组织机构内部网络或 Internet 的逻辑连接。

10.3.1 远程访问服务概述

远程访问服务（Remote Access Services，RAS）是 Windows Server 2003 比较实用而又强有力的功能之一，是整个“路由和远程访问”服务的一部分，Microsoft 操作系统中包含支持拨号网络连接和虚拟专用网络连接方式的远程访问客户端与远程访问服务器。用户运行远程访问软件，并初始化到远程访问服务器上的连接。远程访问服务器，即运行 Windows Server 2003 服务程序和“路由和远程访问”服务的计算机，一直验证用户和服务会话，直到用户或网络管理员终止它。远程访问客户机通过远程访问连接，可以启用通常用于连接 LAN 用户的所有服务（如文件和打印共享、Web 服务器访问、消息传递等）。

1. 远程访问的方式

目前常用的远程访问方式有两种：远程控制和远程工作站。下面分别对这两种方式进行简单介绍。

（1）远程控制。

远程控制就是指异地计算机通过远程访问来控制本地计算机，如同在本地直接使用本地计算机一样。这种方式也是目前最常用的远程访问方式之一。

远程控制可以在网络环境下实现，也可以在单机上实现，这种方式要求每台远程计算机都必须搭配一台本地计算机，远程计算机与本地计算机之间的交流包括键盘命令、鼠标命令和屏幕画面数据的传递。当远程用户在远程计算机上控制本地计算机执行应用程序时，该应用程序在本地计算机上执行，而远程用户只需在键盘上输入命令，并利用控制软件将操作传给本地计算机，本地计算机收到操作命令后，载入相应应用程序并执行，最后运行结果将通过控制软件复制到远程计算机。常见的远程控制软件有 Symantec 公司的 pcAnywhere 等。

（2）远程工作站。

Windows Server 2003 提供的另一种远程访问方式是远程工作站方式，这种方式使得文件和打印访问变得更加容易，而且允许一台专用服务器上有多个远程连接。

远程工作站方式只能在网络环境下实现，但它不需要安装网卡，直接利用调制解调器与本地计算机连接即可。配置好网络通信协议后，与本地网络连接的远程工作站如同本地工作站一样。由于这种方式采用调制解调器与本地网络相连，速度受到限制，因此，应尽量把要执行的程序放在远程工作站中，减少远程工作站与服务器之间的数据传递。

2. 远程访问连接

运行“路由和远程访问”的服务器可以提供两种不同类型的远程访问连接方式：拨号网络和虚拟专用网。

（1）拨号网络。

通过使用远程通信提供商（如模拟电话、ISDN 或 X.25）提供的服务，远程客户端使用非永久性的拨号方式连接到远程访问服务器的物理端口上，这时使用的网络就是拨号网络。拨号网络的最佳范例是拨号网络客户端使用拨号网络拨打远程访问服务器某个端口的电话号码。

模拟电话线或 ISDN 的拨号网络，是拨号网络客户端和拨号网络服务器之间直接的物理连接。为提高可靠性，可以对通过该连接传送的数据进行加密，但这不是必须的。

（2）虚拟专用网。

虚拟专用网（VPN）被定义为通过一个公用网络（如 Internet）建立一个临时的、安全的连接，是一条穿越混乱的公用网络的安全、稳定的隧道。之所以称其为虚拟网，主要是因为整个 VPN 网络的任意两个节点之间的连接并没有传统专网所需的端到端的物理链路，而是架构在公用网络服务商所提供的网络平台，如 Internet、ATM（异步传输模式）、Frame Relay （帧中继）等之上的逻辑网络，用户数据在逻辑链路中传输。要保证隐私权，必须对在连接上传送的数据进行加密。

虚拟专用网的相关知识将在第 13 章中作详细介绍。

10.3.2 远程访问服务的基本配置和管理

1. 配置拨号服务器

使用路由和远程访问服务器安装向导配置拨号服务器的步骤如下：

（1）选择“开始”→“设置”→“控制面板”→“管理工具”→“路由和远程访问”命令，启动 RAS 组件。

（2）在控制树中右击要启用的 RAS 服务器，在弹出的快捷菜单中选择“配置并启用路由和远程访问”命令，如图 10-25 所示。

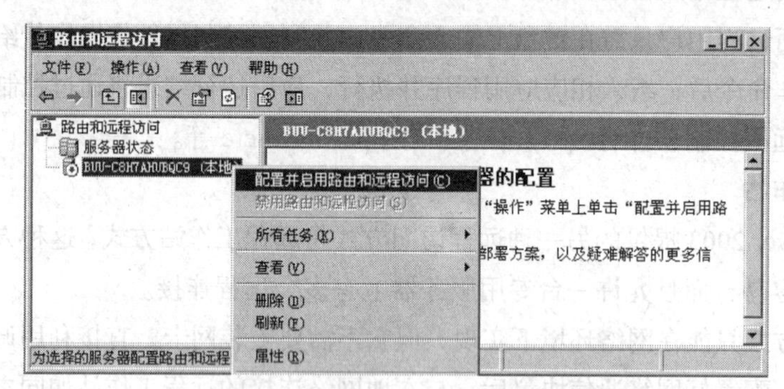

图 10-25 选择“配置并启用路由和远程访问”命令

（3）系统出现“路由和远程访问服务器安装向导”的欢迎界面，如图 10-26 所示。

（4）单击“下一步”按钮，在“配置”对话框中选择“远程访问”选项，如图 10-27 所示。

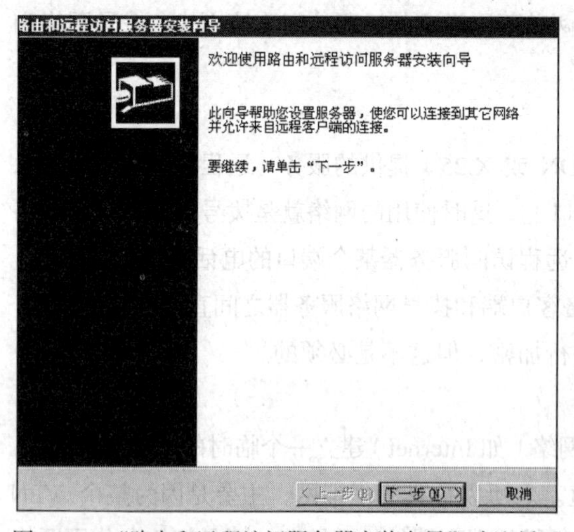

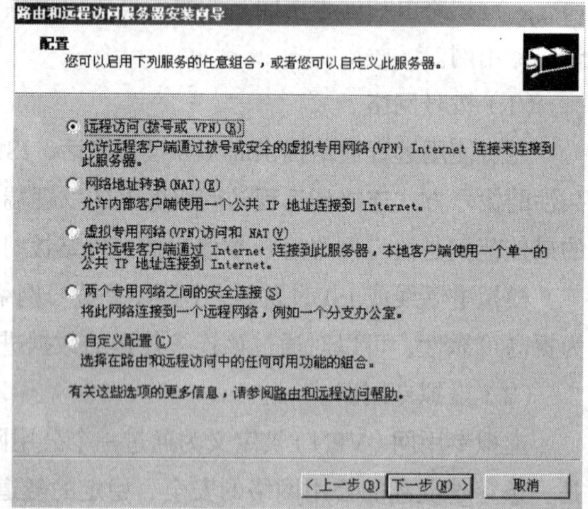

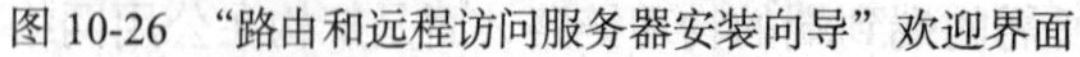

图 10-26 “路由和远程访问服务器安装向导”欢迎界面　　图 10-27 “配置”对话框

（5）单击“下一步”按钮，出现“远程访问”对话框，选择服务器的连接方式“拨号”，如图 10-28 所示。然后单击“下一步”按钮继续。

（6）在如图 10-29 所示的“IP 地址指定”对话框中，选择“来自一个指定的地址范围”选项，然后单击“下一步”按钮。

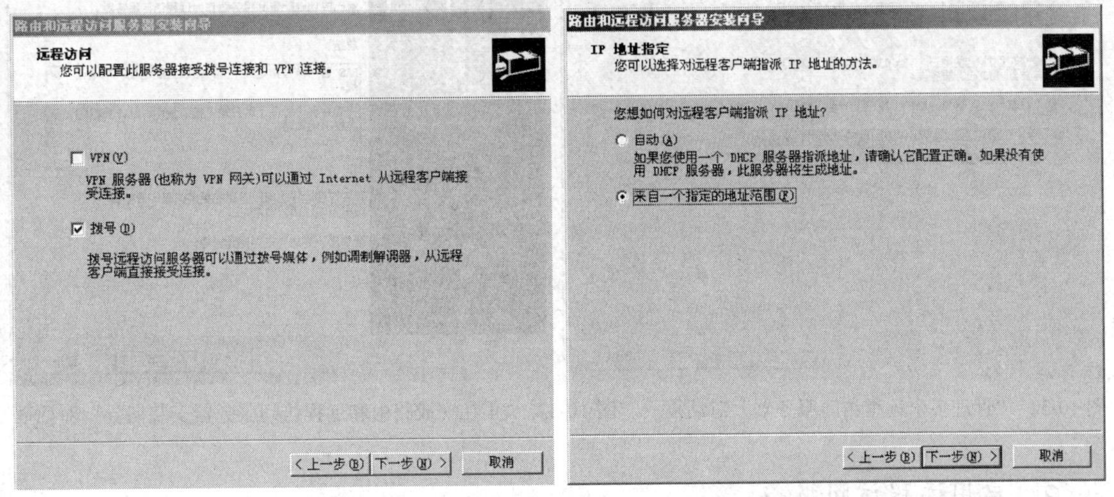

图 10-28　“远程访问”对话框　　　　图 10-29　“IP 地址指定”对话框

如果想使用一个 DHCP 服务器来分配地址，则选择“自动”选项后单击“下一步”按钮。

（7）系统弹出“地址范围指定”对话框，单击“新建”按钮，系统将提示输入“起始 IP 地址”、“结束 IP 地址”和“地址数”，如图 10-30 所示。在相应文本框中输入完毕后，单击“确定”按钮，回到“地址范围指定”对话框，如图 10-31 所示。

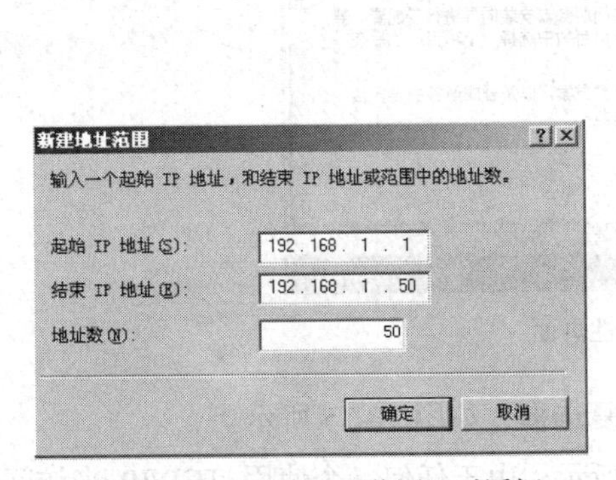

图 10-30　“新建地址范围”对话框

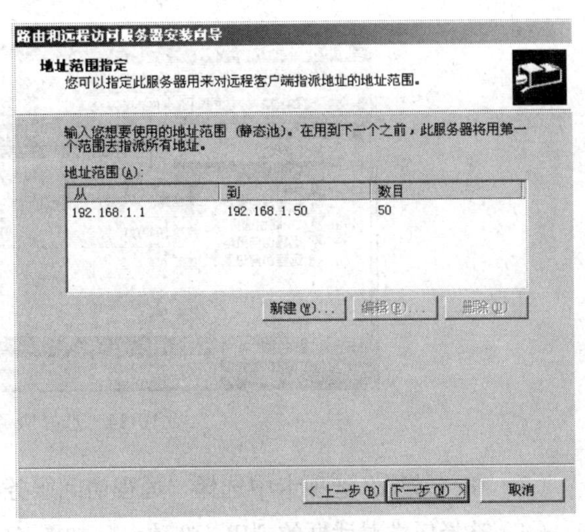

图 10-31　“地址范围指定”对话框

（8）单击“下一步”按钮，系统弹出“管理多个远程访问服务器”对话框，选择是否在本地进行身份验证，或者转发到远程身份验证服务器，如图 10-32 所示。

（9）单击“下一步”，系统将出现“正在完成路由和远程访问服务器安装向导”对话框，如图 10-33 所示。对话框中列出了关于这个服务器的部分信息，用户检查完整无误后，单击“完成”按钮，完成向导。

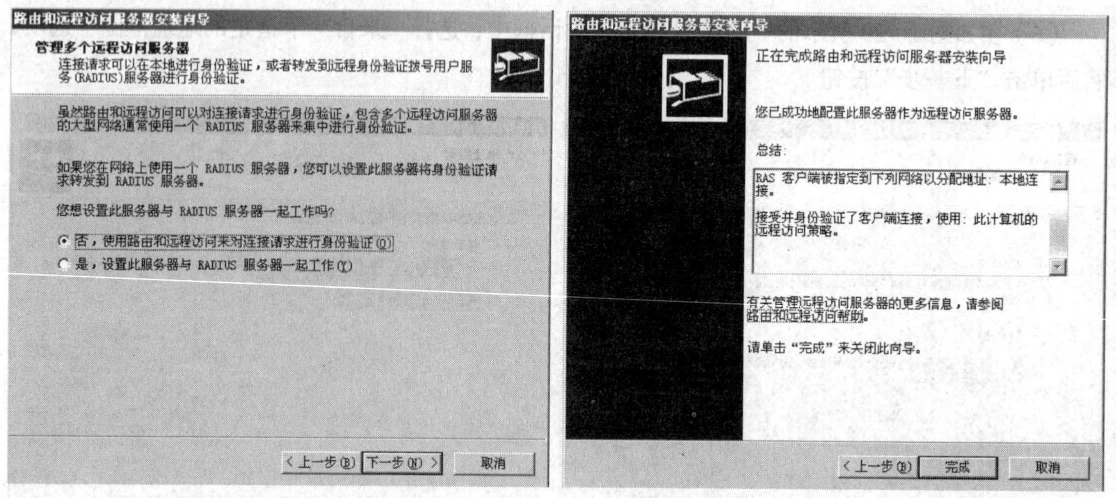

图 10-32 “管理多个远程访问服务器”对话框　　图 10-33 “正在完成路由和远程访问服务器安装向导”对话框

2. 启用远程访问服务

在安装 Windows Server 2003 时，“路由和远程访问服务”组件已经自动安装，但该服务处于非激活状态，需要手工启用并配置远程访问服务。具体步骤如下：

（1）选择“开始”→“管理工具”→“路由和远程访问”，打开“路由和远程访问”管理窗口。

（2）如图 10-34 所示，在控制树中右击要启用的 RAS 服务器，在弹出的快捷菜单中选择“属性”选项，打开“服务器属性”对话框。

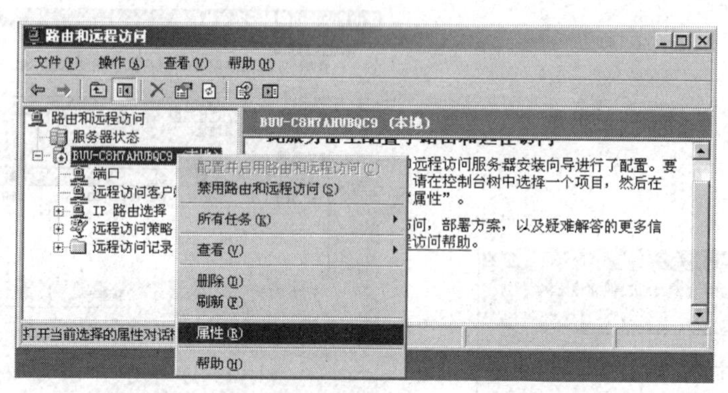

图 10-34 选择服务器属性页面

（3）在“常规”选项卡中选择“远程访问服务器”复选框，如图 10-35 所示。

（4）选择属性对话框的“IP”选项卡，如图 10-36 所示。由于任何一个使用 TCP/IP 来访问 RAS 服务器的客户都必须有一个 IP 地址，而且每台计算机的 IP 地址都必须是唯一的，所以用户必须将 IP 地址赋予客户机，其方法如下。

① 在“IP 地址指派”选项组中选择“静态地址池”单选按钮，用户可以通过单击“添加”按钮来新建 IP 地址，也可以对现有的 IP 地址进行编辑或删除。

② 在“IP 地址指派”选项组中选择“动态主机配置协议（DHCP）”单选按钮，则 DHCP 服务器将为远程客户提供 IP 地址。

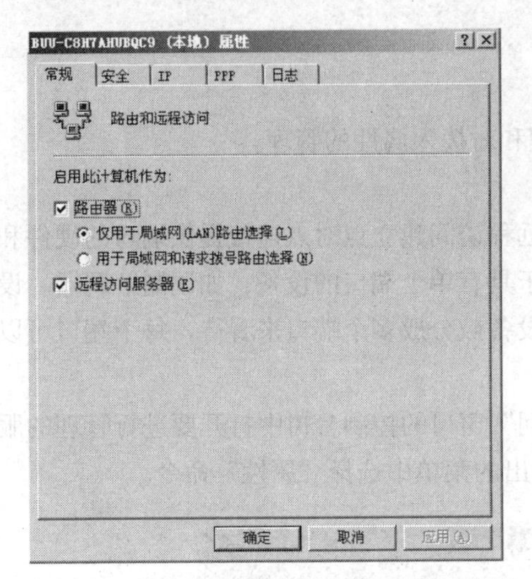

图 10-35　设置路由和远程访问服务器常规属性

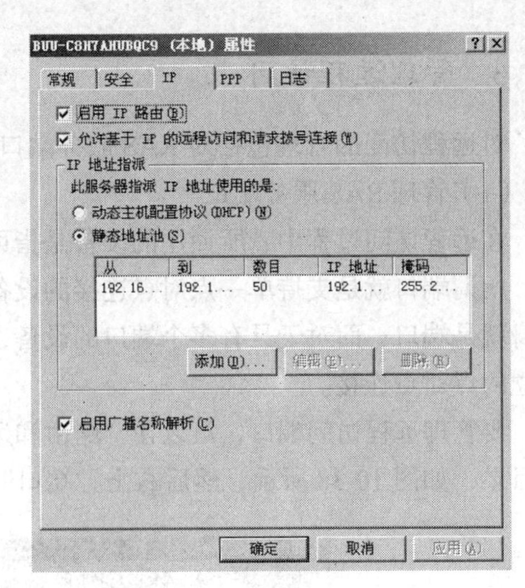

图 10-36　“IP”选项卡设置页面

另外，用户要实现局域网和请求拨号路由，就需要选中“启用 IP 路由”复选框；如果只允许远程客户访问该服务器，就不应该选中“启用 IP 路由”复选框。

（5）在属性对话框中选择“PPP”选项卡，如图 10-37 所示。该选项卡中共有 4 个复选框，分别是“多重链接连接”、“使用 BAP 火 BACP 的动态带宽控制”、“链接控制协议（LCP）扩展”和“软件压缩”。

“多重链接连接”：指定服务器是否使用 PPP 多链路协议，该协议允许远程访问客户和请求拨号路由器将多个物理连接组合成单一逻辑连接。

“使用 BAP 或 BACP 的动态带宽控制”：指定服务器是否使用带宽分配协议（BAP）和带宽分配控制协议（BACP）来协商远程访问和请求拨号路由器的多个物理连接的动态添加和删除。

“链接控制协议（LCP）扩展”：指定服务器使用链接控制协议（LCP）扩展。

“软件压缩”：指定服务器使用 Microsoft 点对点压缩协议（MPPC）压缩在远程访问或请求拨号连接上发送的数据。

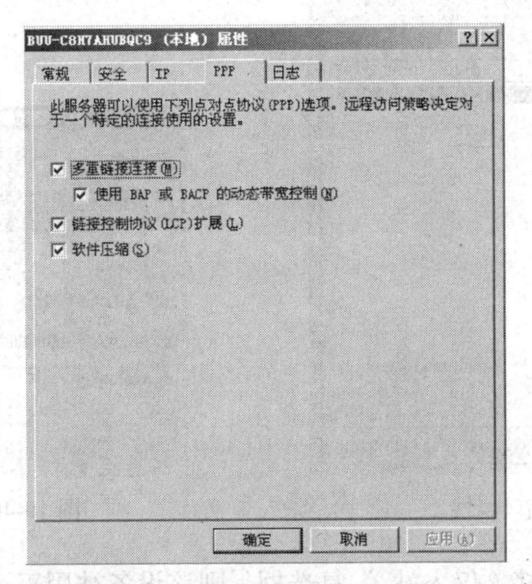

图 10-37　“PPP”选项卡设置界面

（6）单击“确定”按钮，路由和远程访问服务重新启动。

3. 管理远程访问

对远程访问的管理包括对 RAS 服务端口的管理和对拨入属性的管理。

（1）管理 RAS 服务端口。

在远程访问过程中，所使用的设备是指可以为远程访问建立点对点连接提供端口的硬件和软件。所谓端口就是支持单一点对点连接的设备。对于具有单个端口的设备，如调制解调器。设备本身就是端口；而对于具有多个端口的设备，一个设备被分成多个端口来看待，每个端口可以有独立的点对点连接。

要管理远程访问端口，可以在“路由和远程访问”窗口的控制台树中打开要进行管理的服务器目录，如图 10-38 所示，然后右击“端口”，在弹出的菜单中选择“属性”命令。

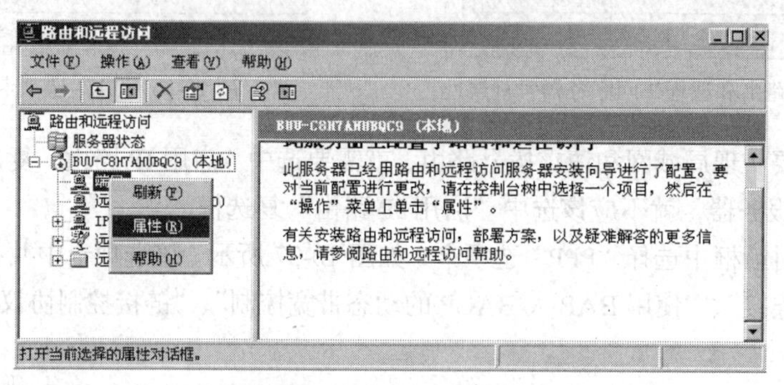

图 10-38　选择端口属性页面

系统弹出“端口 属性”对话框。在其中可以查看 RAS 设备的名称、类型、端口数及其使用情况，如图 10-39 所示。

双击某项设备，或选中某项设备后单击“配置”按钮，系统弹出配置设备对话框，如图 10-40 所示。

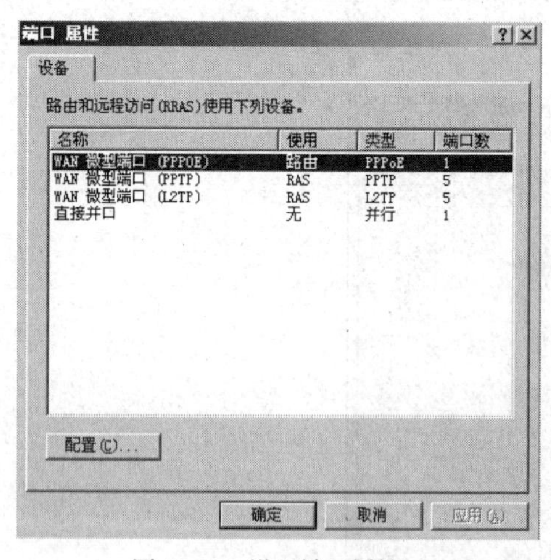

图 10-39　设置端口属性

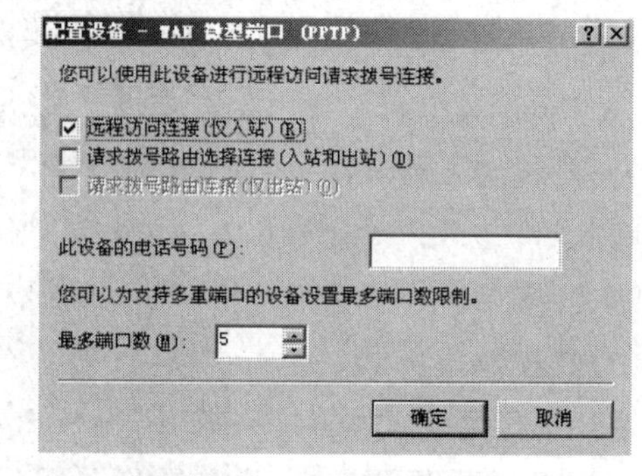

图 10-40　配置设置对话框

如果选中“远程访问连接（仅入站）”复选框，则该设备被用于远程访问；否则，该设备不被 RAS 服务器所使用。对于支持多重端口的设备，还可以设置其最多端口数限制。

设置完设备端口后，在控制台中将显示出所有端口的名称、所属的设备、使用情况和目前状态，如图 10-41 所示。

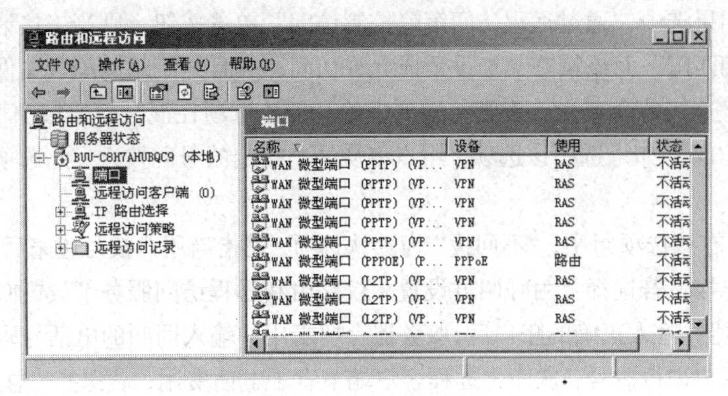

图 10-41　查看所有端口

双击任何一个端口，将打开“端口状态”对话框，如图 10-42 所示。

在“设备”下拉列表框中选择端口可以查看其状态。连接成功后，可以查看连接线路的速率、持续时间、输入和输出的总字节数、传输过程中的错误个数等，还可以看到连接该端口的客户进行注册后所使用的 IP 地址、IPX 地址或 Apple Talk 地址及 NetBEUI 名称。单击“刷新”按钮可以即时刷新该端口状态，单击“复位”按钮可以将所有计数器清零，单击“断开”按钮可以把该端口断开。

（2）管理拨入属性。

在 Windows Server 2003 中，对于一个独立控制器或域控制器来说，它的用户对象属性中包含一组拨入属性，使用这些属性可以允许或禁止用户的连接企图。对于一个独立服务器，可以在“计算机管理”对话框中有关用户对象的“拨入”选项卡中为用户设置拨入属性。

双击要设置的用户名称，打开其属性对话框，选择“拨入”选项卡，其中包含多个拨入属性，如图 10-43 所示。

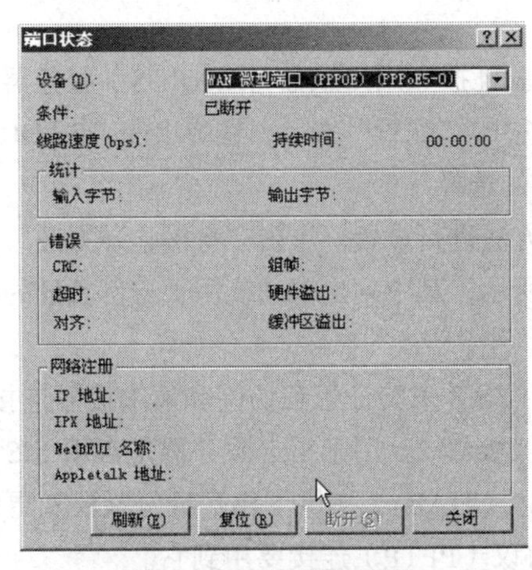

图 10-42　查看端口状态

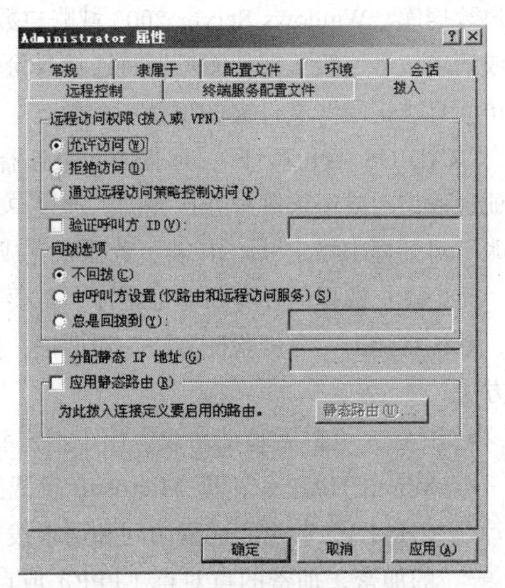

图 10-43　设置用户的拨入属性

选项卡中各个选项组介绍如下。

“远程访问权限”：通过选中“允许访问”单选按钮或者“拒绝访问”单选按钮来设置用户的远程访问权限。如果选中“通过远程访问策略控制访问”单选按钮，则当连接请求与一个设置好的远程访问策略相匹配，而该策略又被设置成允许访问，并且此策略的配置文件和用户账户的设置都允许连接时，连接才会建立，否则将遭到拒绝。但该选项在混合模式域中不可选。

“验证呼叫方 ID”：如果选中该选项，用户将从一个指定的号码拨入。此选项在混合模式域中也不可选。

“回拨选项”：在该选项组中，“不回拨”为默认选项，是指当用户拨号进来后，只要账户正确，就可立即与网络连接；若选择“由呼叫方设置（仅路由和远程访问服务）”选项，则当 RAS 客户端拨入 RAS 服务器并输入正确的账户后，服务器会要求用户输入回叫的电话号码，然后挂断电话，再由服务器端对用户进行拨号，从而为远程客户端节省了电话费用；若选择“总是回拨到”选项，则服务器需要对该用户的回拨号码实现作出规定，即使该用户的账户被盗用了，但只要使用的电话号码与服务器中事先设置的不一样，盗用者也无法使用该用户账户进行访问，大大提高了远程访问的安全性。

“分配静态 IP 地址”：如果选中该项，则将忽略远程访问策略配置文件中的设置，对该用户分配一个静态的 IP 地址。此选项在混合模式域中不可选。

“应用静态路由”：如果选中该项，则将为单向初始化的请求拨号路由连接设置预定义的路由。

10.3.3　远程访问服务的安全性管理

为了确保连接的安全性，Windows Server 2003 中的 RAS 服务器提供了 Windows 身份验证和 RADIUS 身份验证两种身份验证程序来为远程访问客户端和请求拨号路由器提供凭据验证，如图 10-44 所示。

“Windows 身份验证”：该选项为系统默认的验证方式，服务器用 Windows Server 2003 本地账户数据库、Windows Server 2003 域账户数据库或 Windows NT 4.0 域账户数据库来验证远程访问或请求拨号连接凭据。服务器将连接身份验证信息记录在日志文件中，该日志文件可以在“远程访问日志记录”文件夹的属性中配置。

“RADIUS 身份验证”：远程访问服务器用远程身份验证拨入用户服务（RADIUS）服务器来验证远程访问或请求拨号连接凭据。通过单击图 10-44 中的“配置”按钮，在弹出的“RADIUS 记账”对话框中指定 RADIUS 服务器来完成此验证方式的选择。

无论用户选择何种身份验证程序，都要对身份验证方法进行设置。单击“身份验证方法”按钮，系统将弹出“身份验证方法”对话框，如图 10-45 所示，其中列出了系统用于身份验证的所有方法。

- EAP：可扩展验证协议。用于指定服务器是否用 EAP 来验证远程访问和请求拨号连接。
- MS—CHAP v2：即 Microsoft 挑战握手验证协议版本 2。用于指定服务器是否用 MS—CHAP v2 来验证远程访问和请求拨号连接。MS—CHAP v2 提供了相互身份验证和更强的加密，加密的点对点（PPP）或点对点隧道协议（PPTP）连接要用到它。
- MS—CHAP：即 Microsoft 挑战握手验证协议。用于指定服务器是否用 MS—CHAP 来验证远程访问和请求拨号连接。加密的点对点（PPP）或点对点隧道协议（PPTP）连接要用到它。

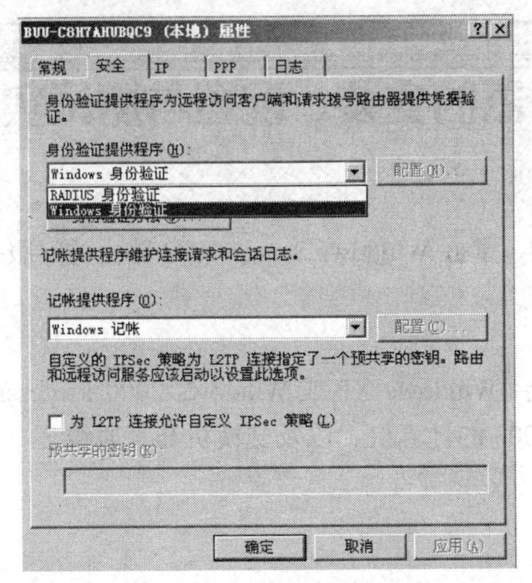

图 10-44　设置安全属性

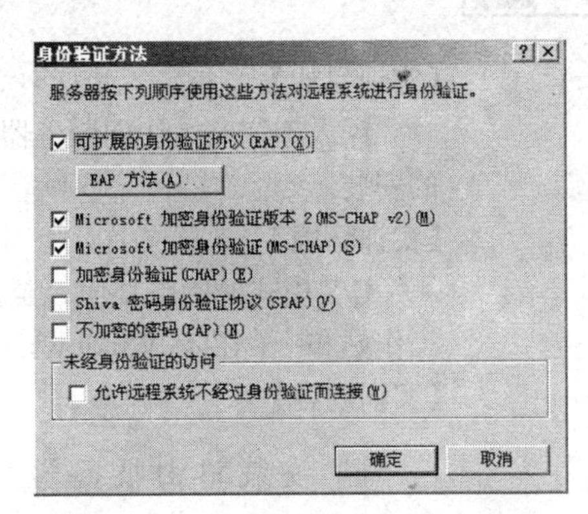

图 10-45　“身份验证方法”对话框

- CHAP：即挑战握手验证协议。指定服务器是否用 CHAP 来验证远程访问和请求拨入连接。
- SPAP：即 Shiva 密码身份验证协议。指定服务器是否用 SPAP 来验证远程访问和请求拨入连接。
- PAP：即密码身份验证协议。指定服务器是否用 PAP 来验证远程访问和请求拨号连接。在 PAP 身份验证期间，密码是以明文形式而不是以加密形式来发送的。

用户可以根据实际需要选择相应的身份验证方法。

本章小结

Windows Server 2003 的“路由和远程访问”服务是一个功能强大的软件路由器和开放的网络互联平台，利用它所支持的路由协议，可以将 Windows Server 2003 服务器设置成一个功能强大、效率高的路由器，实现局域网之间、局域网到广域网的路由，甚至为网络用户提供 Internet 连接访问。同时利用 Windows Server 2003 的远程访问服务，远程访问客户可以被透明地连接到远程访问服务器所在的网络，就如同与网络有着直接的物理连接。本章首先讲述了路由的基本概念、功能、单播路由、多播路由、网络地址转换等；然后详细介绍了路由与远程访问服务的安装启用、NAT 的配置、OSPF 的配置；最后阐述了远程访问的安全信息、连接、拨号服务器的配置，以及 VPN 服务器的配置与管理。

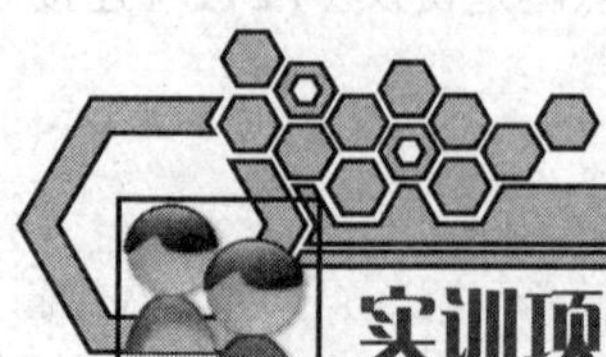

实训项目一：路由服务器的安装、配置与测试实训

【实训目的】

深入理解路由访问服务器的功能，掌握 Windows Server 2003 路由访问服务器的安装。

【实训环境】

C/S 模式的网络环境，至少有一台 Windows XP 或 Windows 2000 Professional 工作站和一台装有 Windows Server 2003 的计算机，以及交换机和直通线。

【实训内容】

1. 安装路由服务器

（1）单击“开始”→“管理工具”→“路由和远程访问”，打开“路由和远程访问”管理窗口。

（2）选择左边目录树下的“路由和远程访问”根目录，单击鼠标右键，选择“添加服务器”选项。

（3）在系统弹出“添加服务器”对话框，选中“这台计算机”作为路由和远程访问服务器，单击“确认”按钮完成路由服务器的安装。

2. 配置路由服务器

（1）路由服务器的 IP 设置：为 Windows Server 2003 绑定两个 IP 地址：192.168.1.1 和 192.168.2.1。

（2）配置路由服务器的静态路由、RIP 路由、NAT 等协议。

3. 客户机的设置测试连接

IP 地址为 192.168.1.27/255.255.255.0，网关为 192.168.1.1；另一台计算机设 IP 地址为 192.168.2.37/255.255.255.0，网关为 192.168.2.1。

实训项目二：远程访问服务器的安装、配置与测试实训

【实训目的】

深入理解远程访问服务，掌握远程访问服务器的安装与配置。

【实训环境】

C/S 模式的网络环境，至少有一台 Windows XP 或 Windows 2000 Professional 工作站和一台装有 Windows Server 2003 的计算机，以及交换机和直通线。

【实训内容】

1．配置 RAS 远程访问服务器；
2．配置 RAS 远程访问客户端；
3．管理 RAS 远程访问服务器。

习题

1．什么是单播路由？什么是请求拨号路由？
2．路由表的结构域类型如何划分？
3．简述什么是 NAT。
4．简述什么叫远程访问服务。远程访问服务都适应于哪些用户？
5．路由器和远程访问的功能有哪些？
6．如何配置 OSPF 协议？

第四部分

网络应用服务篇

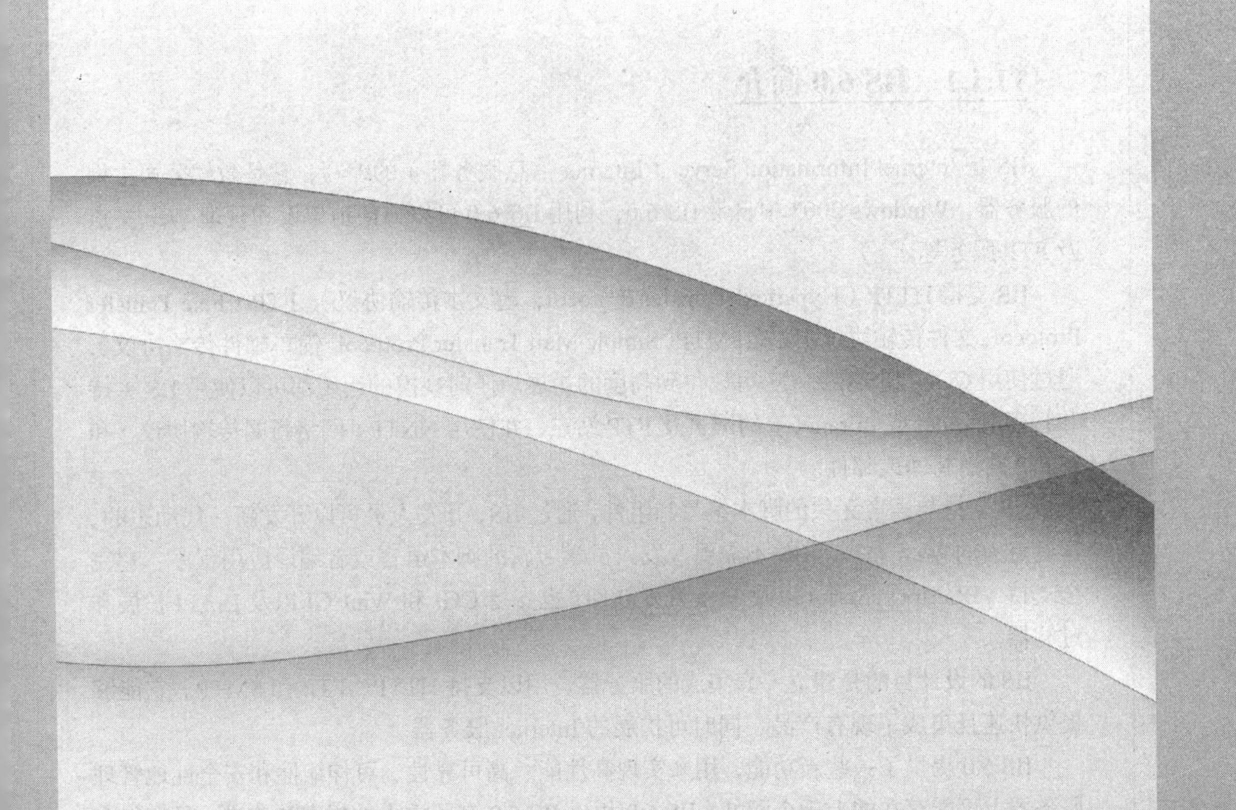

第11章 Internet信息服务器

11.1 Internet信息服务器（IIS）

11.1.1 IIS 6.0 简介

IIS是Internet Information Server（Internet信息服务器）的缩写，它是微软公司主推的服务器，Windows 2003中自带IIS 6.0，利用IIS 6.0可以方便地架设和管理Web站点及FTP服务等。

IIS支持HTTP（Hypertext Transfer Protocol，超文本传输协议）、FTP（Fele Transfer Protocol，文件传输协议）以及SMTP（Simple Mail Transfer Protocol，简单邮件传输协议），通过使用CGI和ISAPI，IIS可以得到高度的扩展。任何规模的组织都可以使用IIS主持和管理Internet或Intranet上的网页及FTP站点，并使用NNTP（网络新闻传输协议）和SMTP路由新闻或邮件。

IIS支持与语言无关的脚本编写和组件，通过IIS，开发人员可以开发新一代动态的、富有魅力的Web站点。IIS不需要开发人员学习新的脚本语言或者编译应用程序，它完全支持VBScript、JScript以及Java开发软件，也支持CGI和WinCGI以及ISAPI扩展和过滤器。

IIS的设计目的是建立一套集成的服务器，用以支持HTTP、FTP和SMTP。它能够提供快速且集成了现有产品、同时可扩展的Internet服务器。

IIS 6.0提供了一些新功能，用来实现高性能、高可靠性、可伸缩性和安全性地管理服务器上可能存在的上千个网站，IIS 6.0相比IIS 5.0有了重大的提高和改进，具有很多优秀的特性。

1. 可靠性

IIS 6.0 使用一种新的处理请求体系结构和隔离应用程序环境使得单个 Web 应用程序可以在一个自包含的工作进程中发挥作用。这种环境可以防止一个应用程序或网站停止另一个应用程序或网站，并且可缩短管理员为了纠正应用程序问题而重新启动服务所需的时间。这种新环境还提供了具有前瞻性的应用程序运行状况监控功能。

2. 可伸缩性

IIS 6.0 引进了一种新的内核模式驱动程序，用于 HTTP 解析和高速缓存，专门对增加 Web 服务器的吞吐量和多处理器计算机的可伸缩性进行了优化，从而大大增加了一个 IIS 6.0 服务器可以主持的站点数目和并发活动工作进程的数目。通过对工作进程配置启动和关闭时间限制，由于服务可以向活动站点分配资源，而不是将资源浪费在空闲请求上，从而进一步增强了 IIS 的可伸缩性。

3. 安全性

IIS 6.0 提供了多种安全功能和技术，可以使用这些功能和技术确保网站及 FTP 站点内容的完整性，以及由这些站点传输的数据的完整性。为了减少系统受到的攻击的风险，默认情况下在运行 Windows Server 2003 的服务器上不会安装 IIS，IIS 是以高度安全和锁定模式安装的。默认情况下，IIS 仅服务于静态内容，这意味着 ASP、ASP.NET、索引服务、在服务器端的包含文件、Web 分布式创作和版本控制、FrontPage Server Extensions 等功能将不会工作，除非启用它们。如果未在安装 IIS 后启用这些功能，IIS 会返回 404 错误。要服务于动态内容并解除这些功能的锁定，必须使用 IIS 管理器启用这些功能。管理员可以根据需要启用或禁用 IIS 功能。同样，如果应用程序扩展未被映射到 IIS 中，IIS 也会返回 404 错误。

4. 可管理性

为了满足多样化的客户需求，IIS 提供了多种控制和管理工具。作为管理员，可以使用 IIS 管理器、管理脚本或直接编辑 IIS 纯文本配置文件来配置 IIS 6.0 的服务器。还可以远程管理 IIS 服务器和站点。IIS 6.0 包括一个纯文本.xml 配置数据库配置文件，可以手动或通过某些程序编辑该文件。这个配置数据库是大多数 IIS 配置值的储备库。配置数据库二次工程已经大大缩短了服务器启动和关闭的时间，并增强了配置数据库的整体性能和可使用性。

5. 增强的开发

Windows Server 2003 家族为开发人员使用 ASP.NET 和 IIS 集成提供了增强的体验。ASP.NET 能理解大多数 ASP 代码，并提供了更强大的功能来建立可以作为.NET Framework 一部分的企业级 Web 应用程序。通过使用 ASP.NET，可以充分利用公共语言运行库的功能，例如类型安全、继承、语言互操作性以及版本控制。IIS 6.0 支持最新的 Web 标准，包括 XML、SOAP 和 IPv6。

6. 应用程序兼容性

IIS 6.0 与多数现有应用程序兼容，为了确保最大的兼容性，可以将 IIS 6.0 配置为在 IIS 5.0

隔离模式下运行。

11.1.2 安装 IIS

要实现 Internet 信息服务，首先要安装 IIS 6.0，在 Windows Server 2003 中，IIS 6.0 是集成在应用程序服务器中的。

为了保护系统安全，防止恶意攻击，除了 Windows 2003 Web 版本以外，Windows 2003 的其余版本默认都不安装 IIS。系统管理员需要单独安装 IIS 6.0 来创建 Internet 信息服务器。Windows Server 2003 的做法可谓一大突破，按照微软过去的理念，安装操作系统的同时 IIS 也自动启动，为许多 Web 应用提供服务。

在 Windows Server 2003 中，安装 IIS 有三种途径：利用“管理您的服务器”向导、利用控制面板“添加或删除程序”的“添加/删除 Windows 组件”功能或者执行无人值守安装。这里详细介绍一下前两种方法。

1. 通过“管理您的服务器”向导安装

（1）将 Windows Server 2003 安装光盘放入光驱中，在“开始”→“管理工具”中单击“管理您的服务器”，如图 11-1 所示。在打开的对话框中选择“添加或删除角色”，单击“下一步”按钮。

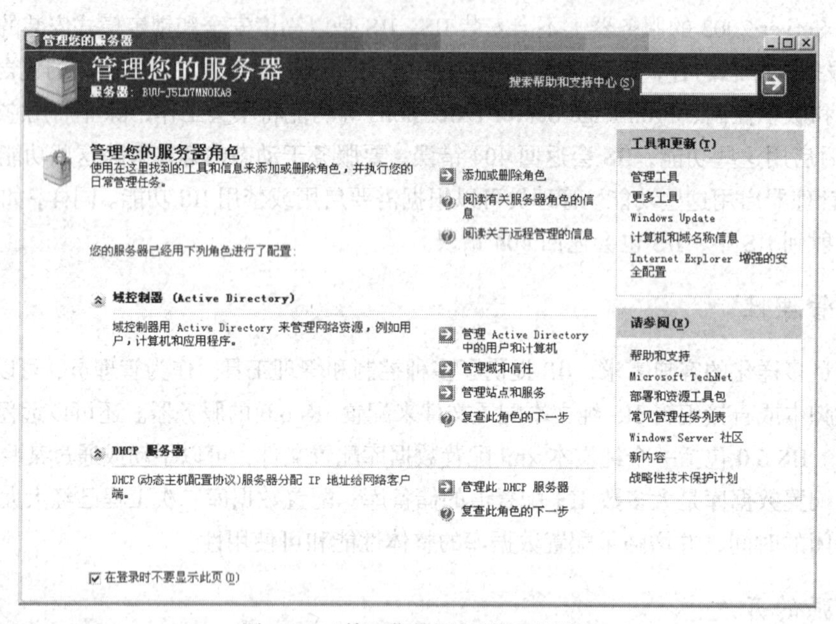

图 11-1 “管理您的服务器”对话框

（2）在“配置您的服务器”向导中可以看到一系列可配置的服务器角色，其中就有“应用程序服务器（IIS，ASP.NET）”选项，如图 11-2 所示，选中该选项之后单击“下一步”按钮。

（3）出现“应用程序服务器”选项，在该对话框中可以选择和应用程序服务器一起安装两个组件：FrontPage Server Extension 和启用 ASP.NET 选项，如图 11-3 所示。可以看到，微软在这里采用了一种新型的“安装任何部件之前总是征求用户意见”的 IIS 安装策略，对于微软来说，这是一个彻底的转变。

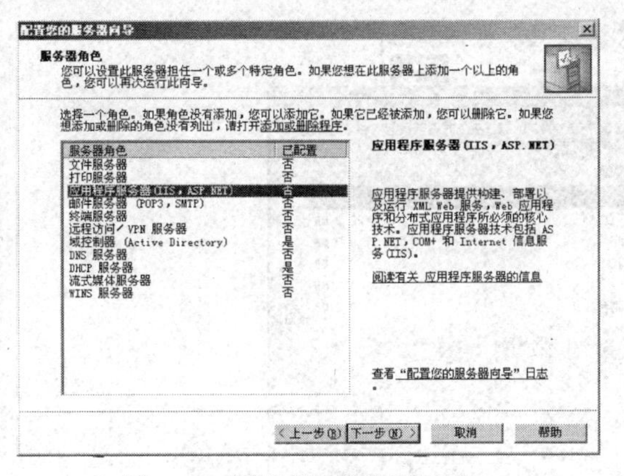

图 11-2　“服务器角色”对话框

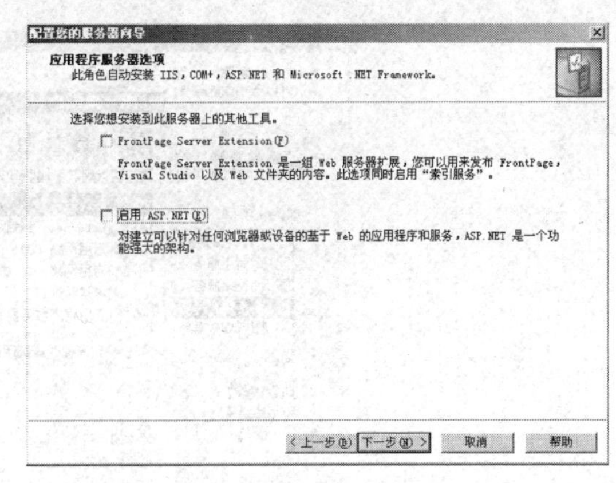

图 11-3　“应用程序服务器”对话框

（4）单击“下一步”按钮出现“选择总结”画面，确认前面所做的设置，如图 11-4 所示。单击“下一步”按钮，按照系统提示插入 Windows Server 2003 安装光盘开始 IIS 安装，配置程序将自动按照选择总结中的选项进行安装和配置。等待一段时间后，单击“完成”按钮，完成 IIS 的安装。

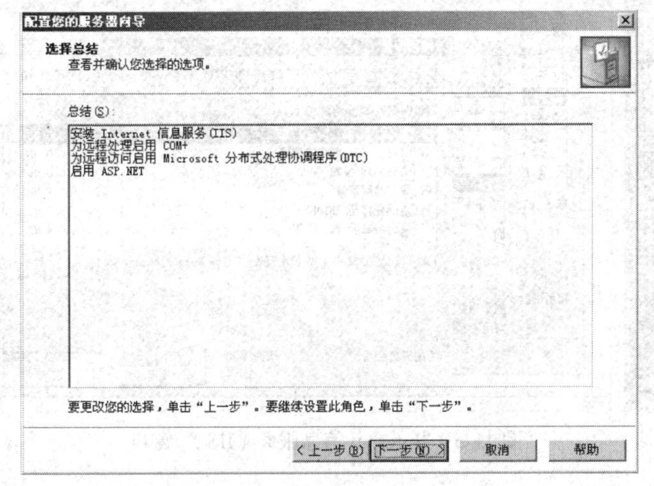

图 11-4　选择总结页面

2. 利用控制面板“添加或删除程序”向导安装

（1）单击“开始”→“控制面板”→“添加或删除程序”　→“添加/删除 Windows 组件”，显示“Windows 组件向导”窗口，在打开的列表框中依次选择“应用程序服务器”和“详细信息”，显示“应用程序服务器”窗口，选中“ASP.NET”复选框以启用 ASP.NET 功能，如图 11-5 所示。

（2）然后依次选择“Internet 信息服务（IIS）”→“详细信息”→“万维网服务”→“详细信息”，在“万维网服务”窗口需选中“Active Server Pages”复选框，如图 11-6 所示。如果不选中该复选框，在 IIS 中将不能运行 ASP 程序。

（3）单击“确定”按钮返回“Windows 组件”窗口，单击“下一步”按钮，按照系统提示插入 Windows Server 2003 安装光盘即可安装好 IIS。

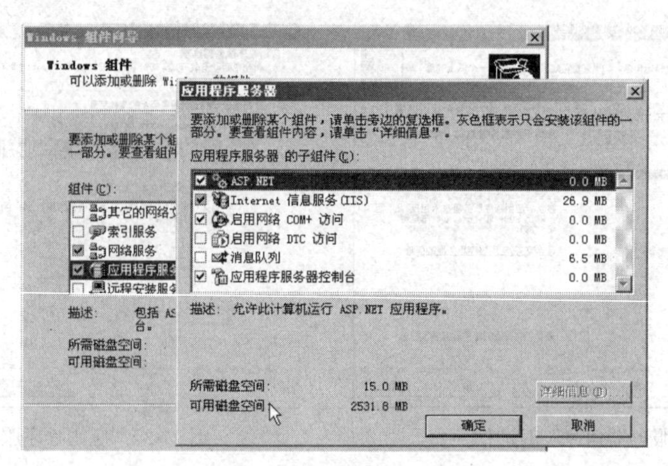

图 11-5 "应用程序服务器"窗口

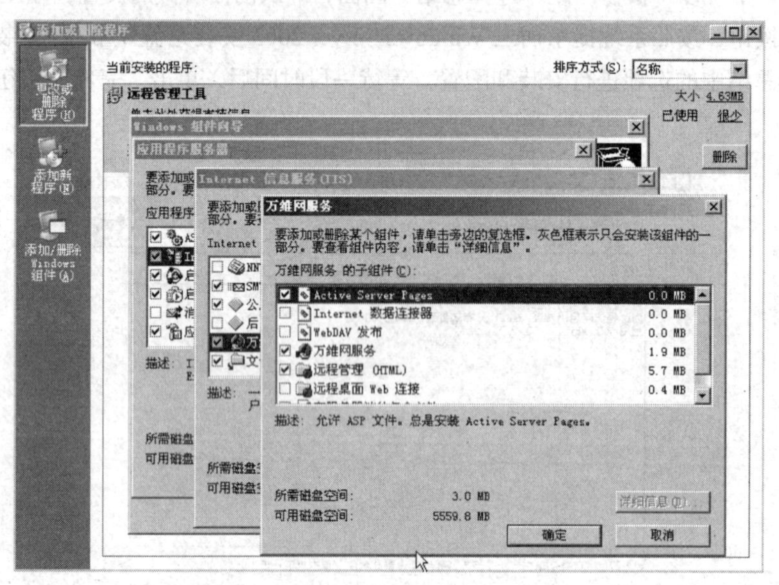

图 11-6 "Internet 信息服务（IIS）"窗口

11.2 创建和管理 Web 网站

IIS 安装完成后，需要对网站进行配置和管理，如设置网站属性、IP 地址、指定主目录、默认文档等。

11.2.1 创建 Web 站点

默认情况下，当安装了 IIS 以后，Windows 会自动创建一个默认的 Web 站点。该站点使用默认设置，内容为空。用户可以调整默认站点的设置，将要发布的网页文件复制到相应的站点文件夹中，以实现创建站点的目的。另外，IIS 中提供了网站创建向导功能，以帮助用户创建站点。

可以通过以下两种方式来创建 Web 站点：即使用网站创建向导创建和使用模板文件创建。

1. 使用网站创建向导创建 Web 站点

（1）依次单击“开始”→“管理工具”→“Internet 信息服务（IIS）管理器”，在打开的“Internet 信息服务（IIS）管理器”中，右键单击“网站”，指向“新建”，选择“网站”，如图 11-7 所示。

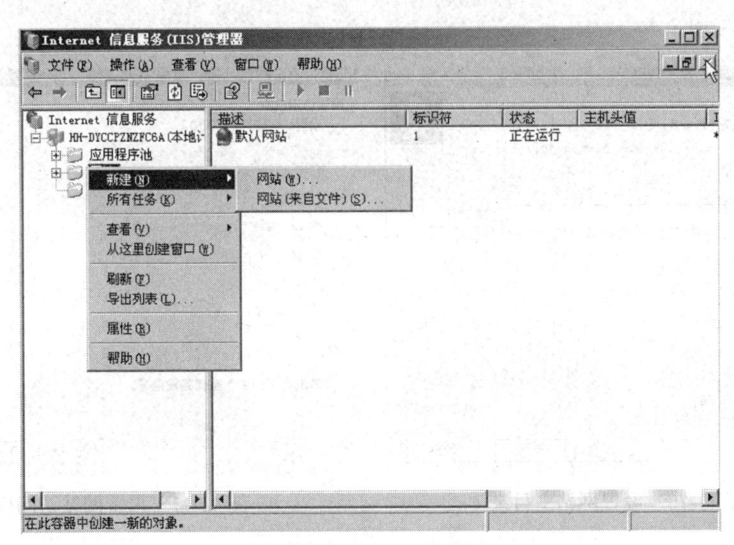

图 11-7　新建一个网站

（2）在弹出的“欢迎使用网站创建向导”页面，单击下一步；在网站描述页，输入网站的描述，如 WinServer.org，然后单击下一步，如图 11-8 所示。

（3）在“IP 地址和端口设置”页面，设置此 Web 站点的网站标识（IP 地址、端口和主机名头），在此仅能设置一个默认的 HTTP 标识，可以在创建网站后添加其他的 HTTP 标识和 SSL 标识。由于 IIS 中的默认网站尚在运行，它的 IP 地址设置为全部未分配，端口为 80，所以此时必须不能设置为和默认站点冲突，因此可选择网站 IP 地址为 192.168.0.1；保持端口为默认 HTTP 端口 80，不输入主机名头，然后单击下一步，如图 11-9 所示。

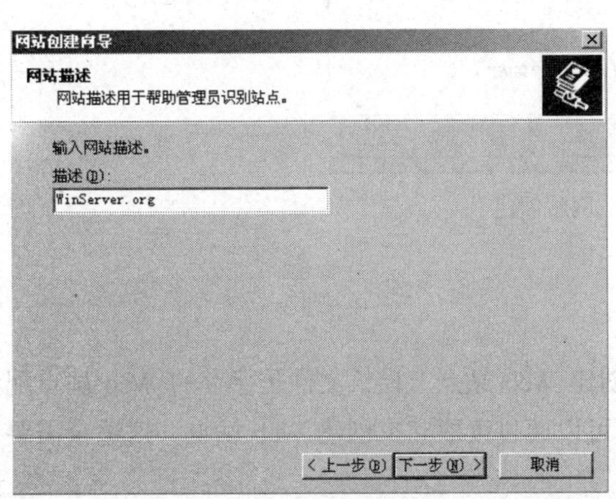

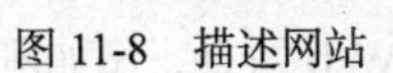
图 11-8　描述网站

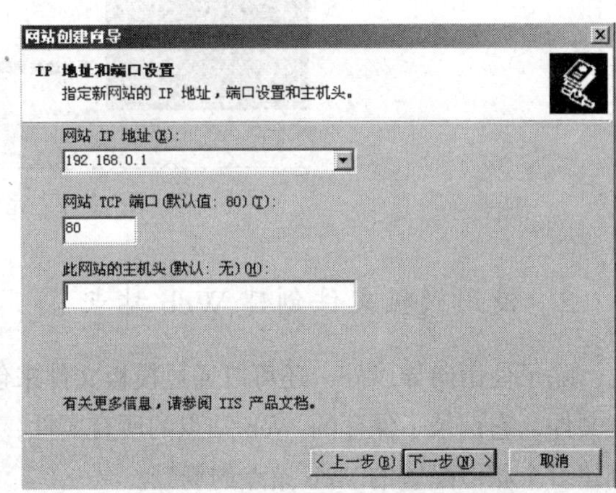

图 11-9　为网站设置 IP 地址和端口

（4）在“网站主目录”页面，输入主目录的路径，主目录即网站内容存放的目录，在此输入为 c:\winserver。默认选择了允许匿名访问网站，这允许对此网站的匿名访问，单击下一步，如图 11-10 所示。

（5）在“网站访问权限”页面，默认只是选择了读取，即只能读取静态内容。如果需要运行脚本如 ASP 等，则勾选运行脚本（如 ASP），至于其他权限，可根据需要慎重考虑后再选取，如图 11-11 所示。

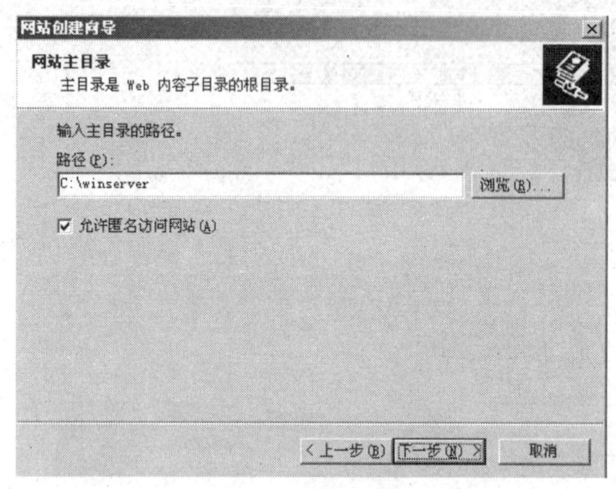

图 11-10　设置网站主目录

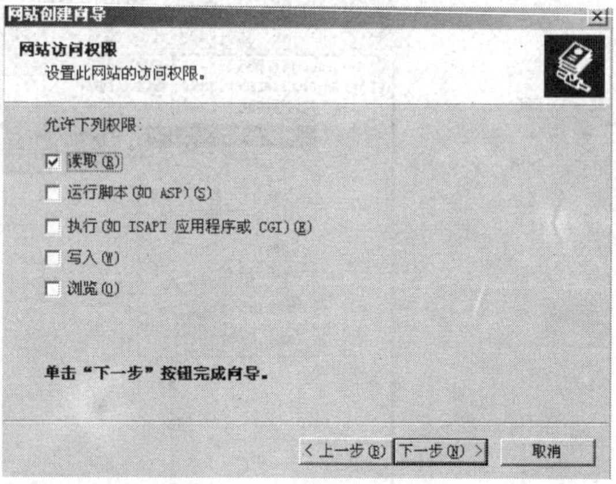

图 11-11　设置网站访问权限

（6）在“已成功完成网站创建向导”页面，单击完成，此时，Web 站点就创建好了，如图 11-12 所示。

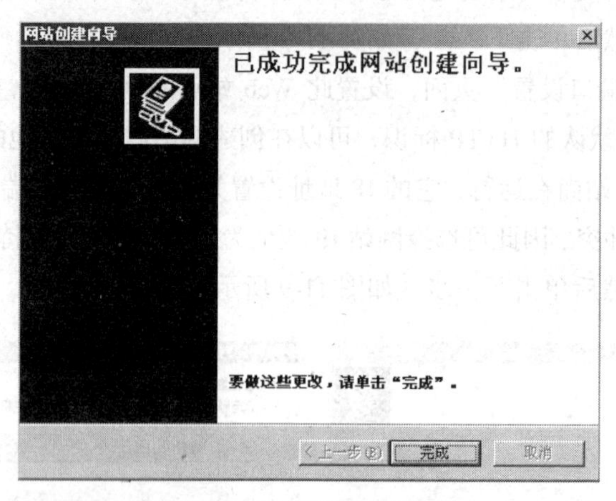

图 11-12　完成网站创建

2. 使用模板文件创建 Web 站点

除了使用向导以外，还可以通过模板文件来创建 Web 站点。模板文件是保存的 Web 站点配置文件，它记录了保存的 Web 站点的所有属性，可以通过读取它来创建 Web 站点，这适合需要创建多个相似配置的 Web 站点的场景。

（1）创建模板文件：在 IIS 管理器中右击需要作为模板的 Web 站点，比如刚才创建的 Web 站点 WinServer.org，然后指向“所有任务”，选择“将配置保存到一个文件”，如图 11-13 所示。

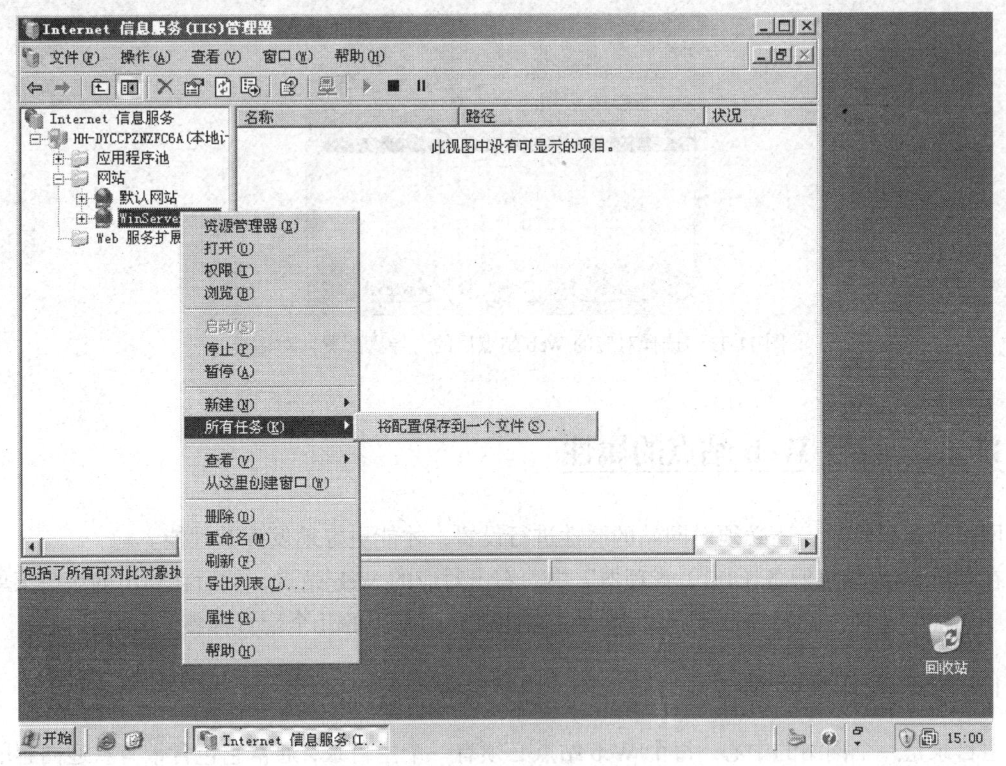

图 11-13　创建模板文件

（2）在弹出的“将配置保存到一个文件”对话框中，输入保存的配置文件名，单击“浏览”按钮选择路径，如果需要加密则勾选用密码对配置进行加密，输入并确认密码，单击“确定”按钮即可，此时此 Web 站点的所有配置均保存在此配置文件中，如图 11-14 所示。

（3）右击 Web 站点 WinServer.org，选择删除，然后右击“网站”，指向“新建”，选择“网站（来自文件）”，在弹出的“导入配置”对话框，单击“浏览”选择要导入的配置文件，然后单击“读文件”，如图 11-15 所示。

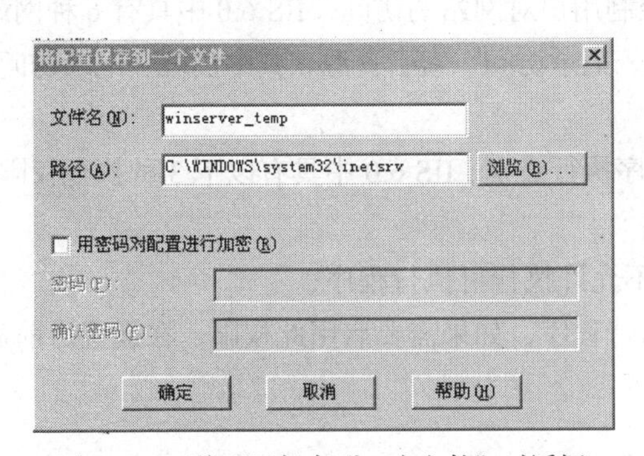

图 11-14　“将配置保存到一个文件”对话框

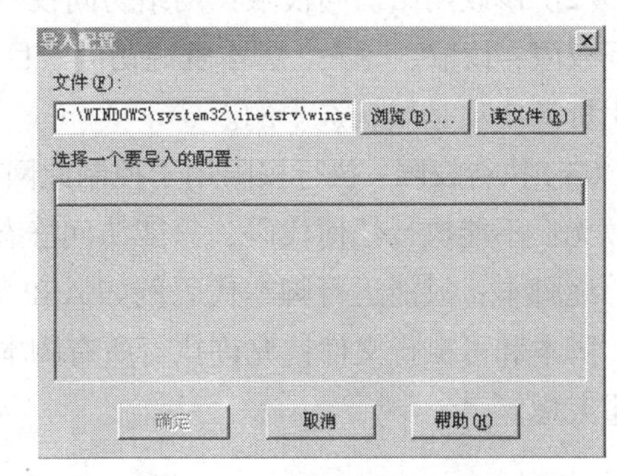

图 11-15　“导入配置”对话框

IIS 读取配置文件中的配置，列出了其中包含的 Web 站点，选择对应的 Web 站点后，单击“确定”按钮。此时，IIS 将根据配置文件中的配置创建并启动对应的 Web 站点，如果和现有 Web 站点冲突，则此 Web 站点处于停止服务状态，如图 11-16 所示。

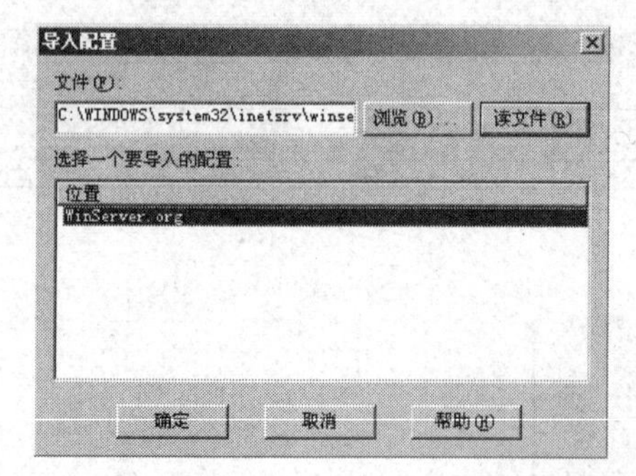

图 11-16　选择对应的 Web 站点后的“导入配置”对话框

11.2.2　设置 Web 站点的属性

网站创建好以后，还必须对网站的属性进行设置，才能更好地发挥其性能。

在“Internet 信息服务（IIS）管理器”中，右击对应的 Web 站点，然后在弹出的快捷菜单中选择“属性”选项，配置 Web 站点的属性。在此仅介绍常用的几个配置标签。

1. 网站主目录的设置

主目录是一个网站的中心，每个 Web 站点必须有一个主目录，通常它包含带有欢迎内容的主页或索引文件，并且包含该站点到其他页面的链接。假设站点的域名为 www.tongxin.com，主目录为 d:\hxl\info，客户端计算机在浏览器中输入 www.tongxin.com 时，访问的就是 d:\hxl\info 中的文件。

单击网站属性对话框中的“主目录”标签，设置主目录，如图 11-17 所示。

在主目录标签，主要可以进行以下配置。

（1）修改网站的主目录：通过“此资源的内容来自”内容的选择，可以将网站的主目录配置为本地目录、共享目录或者重定向到其他 URL 地址 3 种情况之一。

（2）修改网站访问权限：网站访问权限用于控制用户对网站的访问，IIS 6.0 中具有 6 种网站访问权限：读取、写入、脚本资源访问、目录浏览、记录访问、索引资源，其中读取、记录访问、索引资源 3 项是默认选中的。

（3）执行权限：执行权限用于控制此网站的程序执行级别，IIS 6.0 中具有以下 3 种执行权限：

无：不能执行任何代码，只能访问静态内容；

纯脚本：只能运行脚本代码例如 ASP 等等，不允许执行可执行程序；

脚本和可执行文件：允许执行所有脚本和可执行程序，如果需要启用此权限，在设置之前需慎重考虑。

2. 默认文档的设置

默认文档是指当用户通过客户端浏览器中输入 Internet 域名（如 www.tongxin.com）访问时，在浏览器中打开的默认页面。

（1）在图 11-17 的基础上选中“文档”标签，如图 11-18 所示。使用此标签可以定义站点的默认网页并在站点文档中附加页脚。

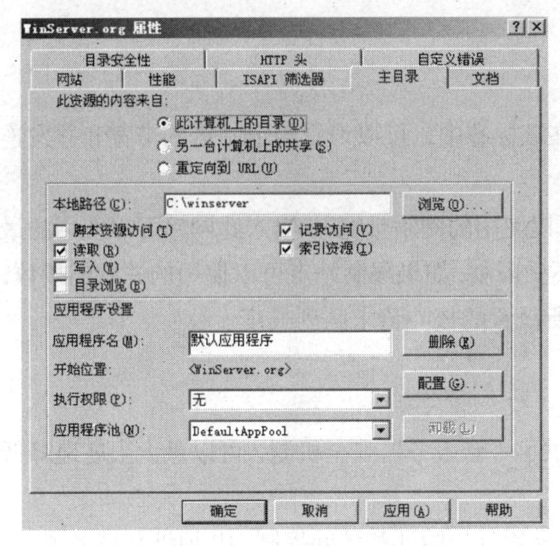

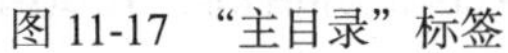
图 11-17 “主目录”标签

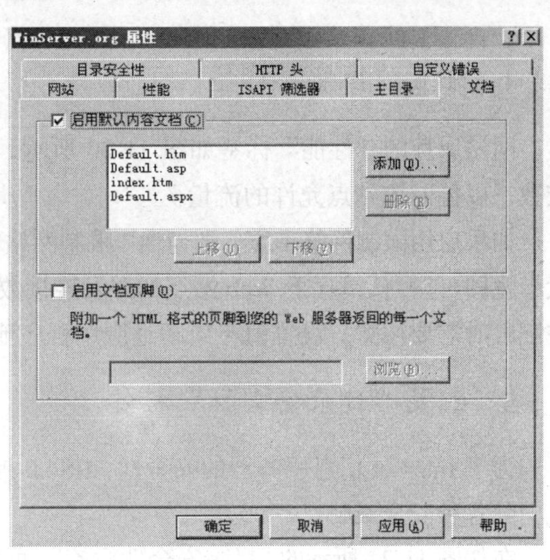

图 11-18 “文档”标签

（2）选中“启用默认内容文档”复选框，当浏览器请求访问该 Web 站点时，如果没有指定文档名称，默认按照列表次序中的文档提供给浏览器。默认文档可以是目录主页或包含站点文档目录列表的索引页，多个文档可以按照自上向下的搜索顺序列出。可以添加和删除默认内容文档，也可以选择对应名字后单击上移、下移调整优先级。

（3）文档页脚的设置。

在网站能够将任何一个页面传送给浏览器时，由系统自动地给每一个页面加上一个 html 格式的文件，插在网页的最后，这种格式的文件就称为页脚文档。页脚文档一般包含着公司的名称、版权信息等内容，在用户浏览该网站的任何一个页面时，在每个页面的最后都会看到这样的信息。

在图 11-18 的基础上选中“启用文档页脚”复选框，通过“浏览”按钮选中相应的页脚文档文件，可以将 Web 服务器配置成自动附加页脚到 Web 服务器返回的所有文档中。

3. 配置网站标签

在网站标签中，可以在“网站标识”选项组修改此网站的默认 HTTP 标识，也可以单击高级按钮添加其他的 HTTP 标识和 SSL 标识。

“连接”选项组用来设置连接参数，可以以秒为单位配置 Web 站点在客户端空闲多久时断开与客户端的连接，这确保在 HTTP 协议无法关闭某个连接时，关闭所有的连接。

“保持 HTTP 连接”选项是指服务器在 Web 浏览器的多个请求中保持连接状态，有助于 HTTP 连接性能的提高。采用此性能，Web 浏览器不必再为包含多个元素的页面进行大量的连接请求。在安装时，默认选中此复选框。

在“网站”标签下部还可以配置是否启用日志记录以及日志记录文件的存储路径和记录的字段。

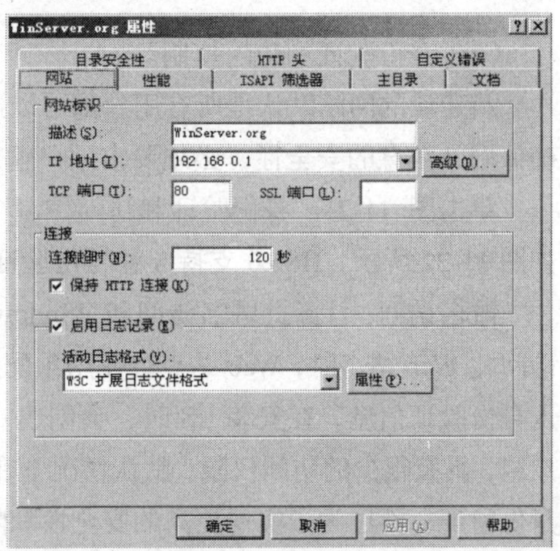

图 11-19 “网站”标签

4. 配置“性能”标签

网站属性的“性能”标签如图 11-20 所示。在该标签中，可以设置给定站点的带宽和并发连接数，以控制该站点允许的流量。

如果启用限制网络带宽，则勾选“限制网站可以使用的网络带宽”，输入此网站可以使用的最大带宽即可。默认情况下 Web 站点的并发连接数不受限制，如果限制站点可以使用的并发连接数，在配置时需要注意，设置值不应超过应用程序池所设置的核心请求队列长度。

5. 配置“目录安全性”标签

为了 Internet 信息服务器的安全性，IIS6.0 提供了一套服务器安全机制，可以最大限度地降低或消除各种安全威胁。

在如图 11-21 所示的“目录安全性标签”，可以配置身份验证和访问控制、IP 地址和域名限制、安全通信等。

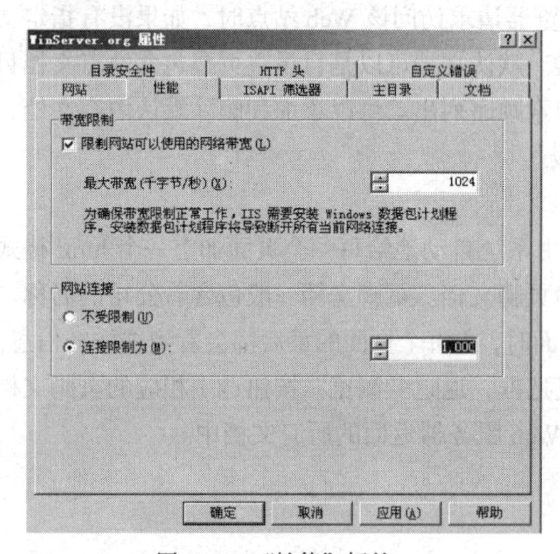

图 11-20 “性能”标签

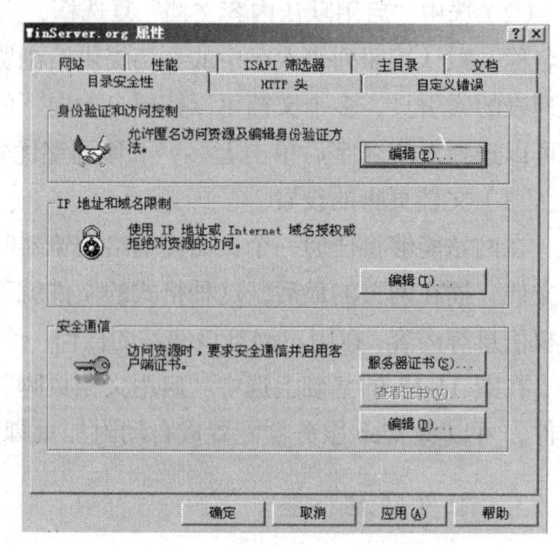

图 11-21 “目录安全性”标签

（1）身份验证和访问控制。

新建设的网站默认是所有用户都可以进行访问的，但是对于部分内容比较保密的网站，为了确保网站信息的安全性，必须要求用户输入用户名和密码才能进行访问。

单击图 11-21“身份验证和访问控制”组的“编辑”按钮，弹出“身份验证方法”对话框，如图 11-22 所示。IIS6.0 支持 5 种身份验证方式，在此仅介绍常用的 3 种。

匿名访问：注意此匿名访问和 Windows 中的匿名访问概念不同。在启用匿名访问时，当客户访问此 Web 站点时，Web 站点会使用预配置的用户账户代替客户进行身份验证，而不需要客户输入身份验证信息。在安装 IIS 时，会创建一个名为 IUSR_服务器名的用户账户，它属于 Guests 用户组，具有很少的访问权限。默认情况下在启用匿名访问时，IIS 使用此用户账户来代替客户进行身份验证；不过为了实现更高的安全性和隔离性，你可以配置为使用自定义的用户账户。但是无论配置为使用任何账户，你都必须确定此账户具有对网站主目录的相应 NTFS 权限，否则客户的访问将会被拒绝。

基本身份验证：基本身份验证是广泛使用的工业标准身份验证方式，它访问时要求用户显式输入身份验证信息，然后通过 BASE64 编码传送至 Web 服务器，由于没有进行加密，如果数据包被其他人捕获则会造成身份验证信息的泄露，因此建议你在 SSL 上使用基本身份验证。

集成 Windows 身份验证：集成 Windows 身份验证在通过网络发送用户名和密码之前，先将它们进行哈希计算，因此更为安全，它在 Windows 系统中广泛使用。但是非 Windows 系统可能不支持集成身份验证，并且不能通过代理使用集成身份验证。

（2）IP 地址和域名限制。

可以通过让网站允许或阻止某台或某组计算机来访问网站、文件夹或文件。例如公司内部的站点，可以设置成只允许内部的计算机来连接，不允许外部的计算机连接。

在图 11-21 上单击“IP 地址和域名限制”组的“编辑”按钮，图 11-23 所示的弹出“IP 地址和域名限制”对话框。在此可以限制可以访问 Web 站点的 IP 地址范围，有两种限制 IP 地址访问的设置方法：授权访问和拒绝访问。

“授权访问”单选按钮：默认情况下所有计算机都被授权访问，在“下列除外”列表框中的计算机将被拒绝访问。单击“添加”按钮可以将被拒绝访问的计算机添加到“下列除外”列表框中。

“拒绝访问”单选按钮：默认情况下所有计算机都被拒绝访问，在“下列除外”列表框中的计算机将被授权访问。单击“添加”按钮可以将被授权访问的计算机添加到“下列除外”列表框中。

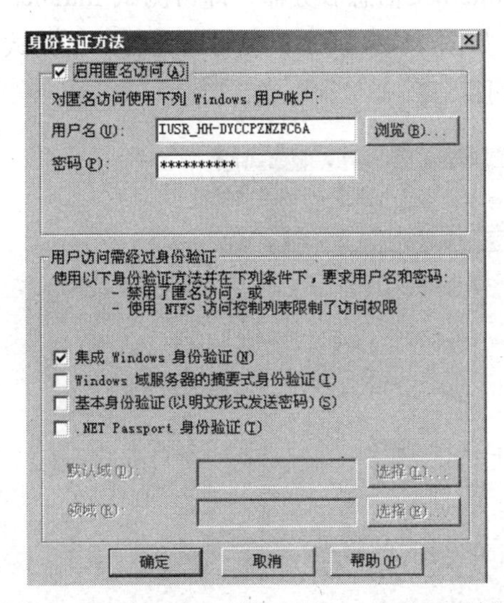

图 11-22　“目录安全性”标签——身份验证方法

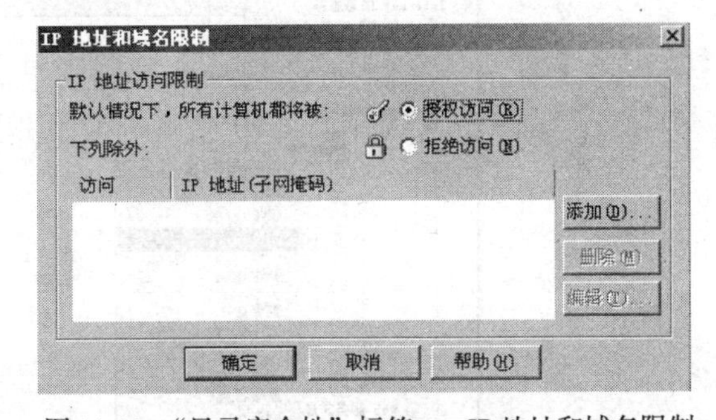

图 11-23　“目录安全性”标签——IP 地址和域名限制

（3）安全通信：在“安全通信”中可以配置 Web 站点和客户端之间是否启用安全通信，单击“安全通信”选项组的“服务器证书”按钮可以启动“Web 服务器证书向导”获取服务器证书，使用安全的 Web 站点服务；单击“查看证书”按钮可以查看网站服务器证书；单击“编辑”按钮可以启用安全的通信设置。

11.2.3　管理 Web 网站服务

（1）We 站点的主要管理工作。

建立 Web 站点之后，使用 IIS 管理器可以对 Web 站点（服务器）、FTP 站点（服务器）、SMTP

站点和 NNTP（新闻组）等虚拟服务器的服务进行管理。例如：可以查看、配置和管理 Web、FTP 和 SMTP 等站点或服务的相关参数。其中关于 Web 站点的管理工作主要包括如下几个方面：

① 创建和管理 Web 站点；

② 创建虚拟目录；

③ 启动、暂停与停止 Web 站点服务；

④ 备份与还原服务器配置。

（2）启动、暂停或停止 Web 站点服务。

在网站的管理工作中，启动、暂停或停止 Web 站点服务是经常性的活动。例如：当管理员需要对某个 Web 站点的内容和设置进行调整的时候，应当先停止或暂停该站点的服务，然后再实施调整工作。调整完成后，管理员需在启动这个站点的服务。在图 11-13 所示的“Internet 信息服务”管理控制台的目录树中，选中需要管理的站点，单击鼠标右键，激活快捷菜单，从中选择需要执行的操作，如：启动、停止、暂停或新建等。

（3）修改 Web 服务器的属性。

新建立的 Web 站点，需要修改主目录、首页、目录安全性等属性，设置方法参见 11.2.2。

（4）测试 Intranet 上的 Web 站点。

修改 Web 站点的默认值后，使用图 11-13 所示的 Internet 信息服务器，即可测试 Intranet 上 Web 站点所发布的主页是否正确。测试可在本机进行，如图 11-24 所示；也可通过客户机测试，直接在客户机的地址栏输入站点的域名或者 IP 地址即可。

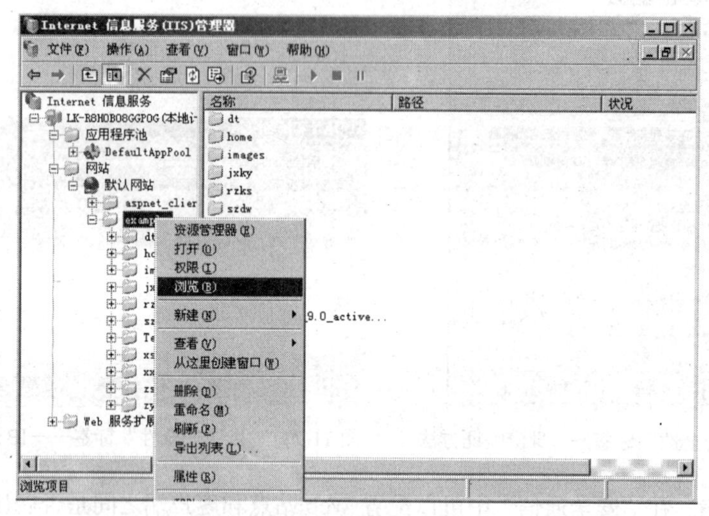

图 11-24　本机测试 Web 站点

11.3 应用程序管理

11.3.1 创建应用程序

要创建应用程序，首先应将目录指定为应用程序的开始位置（应用程序根目录），然后可以设置应用程序的属性。

每个应用程序都可以有一个好记的名称；该名称出现在 IIS 管理器中并给出了一种区分应用程序的方法。应用程序名称不在其他地方使用。

网站默认作为根目录级别的应用程序。当创建一个网站时，同时会创建一个默认应用程序。可以使用这个根目录级别的应用程序，也可删除它，还可通过删除它并创建一个新应用程序来替换它。

创建应用程序的步骤如下。

（1）在“Internet 信息服务管理器”中，展开本地计算机，右键单击作为应用程序开始位置的目录，然后在弹出的快捷菜单中单击“属性”，如图 11-25 所示。

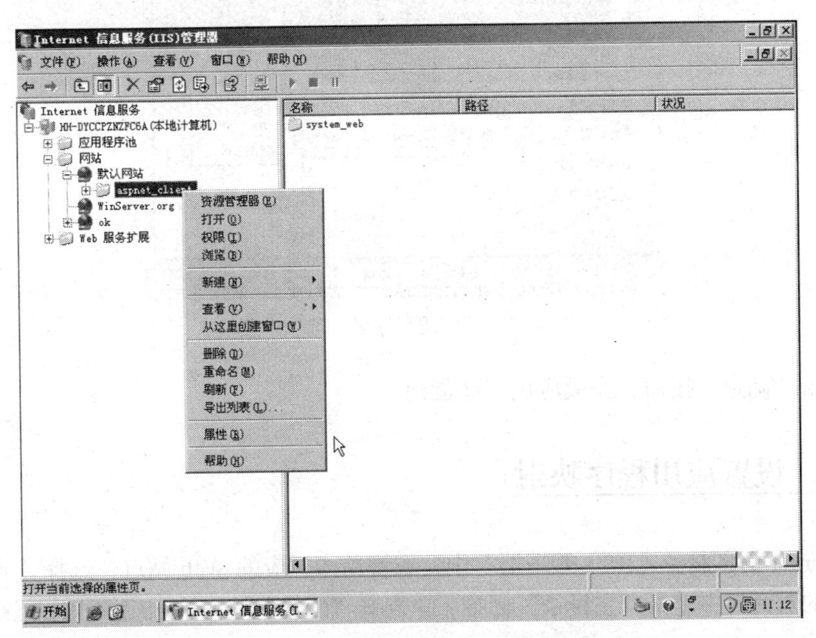

图 11-25 “Internet 信息服务（IIS）管理器”窗口

（2）根据实际情况，单击“主目录”、“虚拟目录”或“目录”选项卡，如图 11-26 所示。

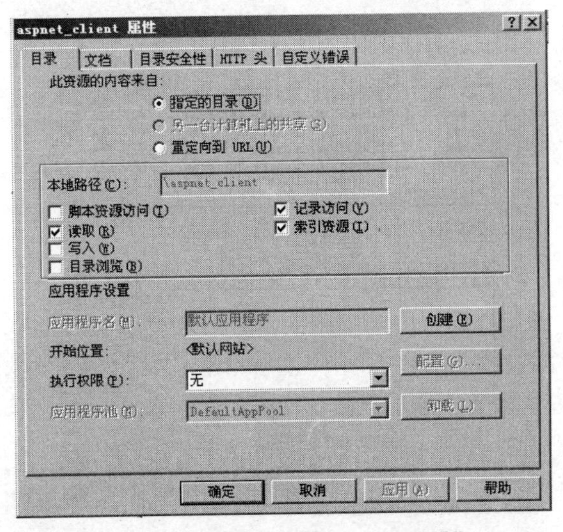

图 11-26 “属性”对话框——“目录”

（3）在“应用程序设置”部分，单击“创建”。如果看到的是“删除”按钮（而非“创建”按钮），则说明应用程序已经创建。在“应用程序名”框中，键入应用程序的名称，如图 11-27 所示。

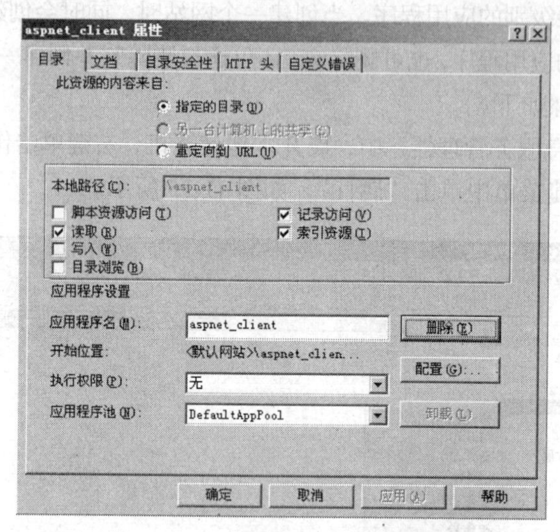

图 11-27 “应用程序名”选项设置

（4）单击“确定”按钮，完成应用程序创建。

11.3.2 设置应用程序映射

在“Internet 信息服务（IIS）管理器”中，右键单击对应的 Web 站点，选择“属性”选项，然后在弹出的对话框中单击“主目录”标签，单击其“配置”按钮进入应用程序配置对话框，如图 11-28 所示。

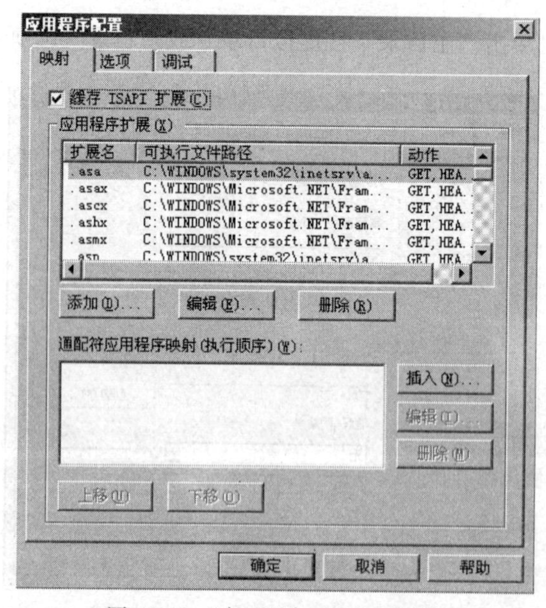

图 11-28 “应用程序配置”对话框

在“映射”标签中，可以配置应用程序映射，即配置由哪个 Web 服务扩展来处理具有对应扩展名的文件，IIS 默认安装的 Web 服务扩展如 ASP 等已经自动添加了应用程序映射，因此只需要在 Web 服务扩展中启用；默认情况下勾选了“缓存 ISAPI 扩展”，这样以 ISAPI 方式运行的 Web 服务扩展可以在被用户请求激活后长驻内存，从而减少加载 DLL 的时间，否则 DLL 将在运行之后被卸载。只有在特别需要的情况下才取消此选项，如调试 ISAPI 扩展。

11.3.3　创建和管理应用程序池

在 Microsoft IIS6.0 中引入了应用程序池，这是微软的一个全新概念，是应用程序服务器目前采用的一种进程管理技术。应用程序池是将一个或多个应用程序链接到一个或多个工作进程集合的配置。利用 IIS6.0 可以在同一台计算机上通过不同的 TCP 端口提供多个 Web 站点，每个网站由于应用的目的不同，对系统资源和进程的管理要求不同，因此，IIS6.0 默认工作在工作进程隔离状态下，各个站点的应用进程和系统的 Web 核心服务的运行环境是隔离的，这样可以提高可靠性。

应用程序池就是根据每个站点不同的需求而定制的对用户进程的配置。因为应用程序池中的应用程序与其他应用程序被工作进程边界分隔，所以某个应用程序池中的应用程序不会受到其他应用程序池中应用程序所产生的问题的影响。通过创建新的应用程序池以及为其指派网站和应用程序，可以使服务器更加有效、可靠，同时也可以使其他应用程序一直保持可用状态，即使当为新应用程序池提供服务的工作进程出现问题时。

1. 创建新应用程序池

在 IIS 管理器中，展开本地计算机，右键单击“应用程序池”，指向“新建”，然后单击“应用程序池”，如图 11-29 所示。

在如图 11-30 所示的“应用程序池 ID”框中，输入新的应用程序池名称。如果不想使用在“应用程序池 ID”框中出现的 ID（如：AppPool #2），可以输入一个新的 ID。

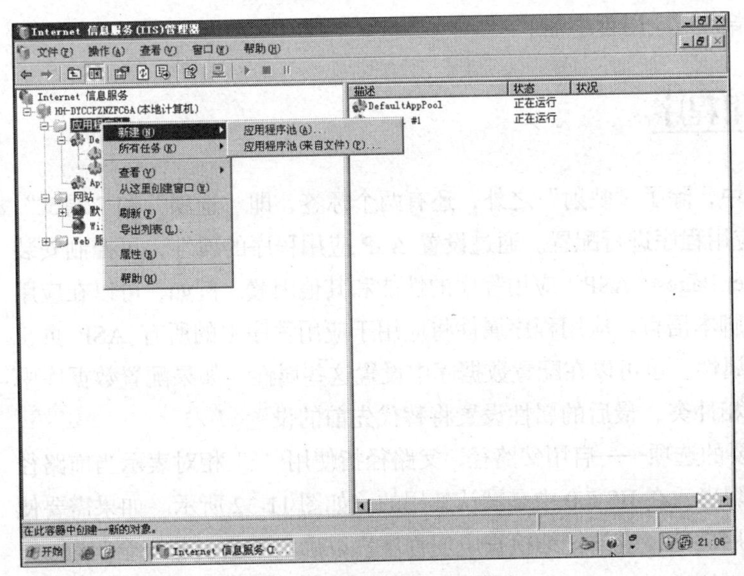

图 11-29　创建新应用程序池

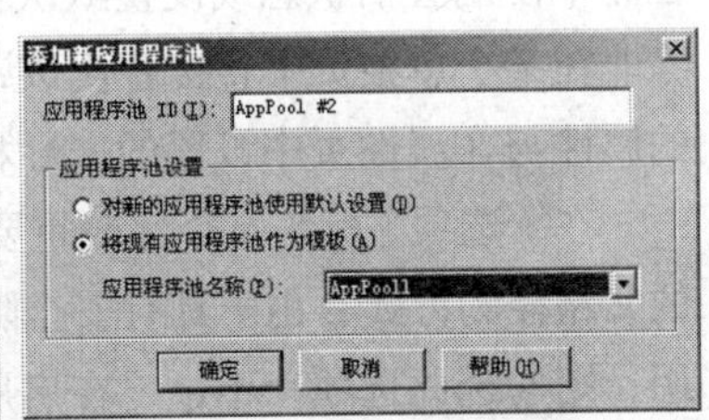

图 11-30　添加新应用程序池

在“应用程序池设置”组中，单击“将现有应用程序池作为模板”，可在“应用程序池名称”下拉列表框中选择想要用来作为模板的应用程序池。

单击“确定”按钮，完成新应用程序池的创建。

2. 将应用程序指派到应用程序池

在 IIS 管理器中，右键单击要为其指派应用程序池的应用程序，然后单击“属性”，如图 11-31 所示。

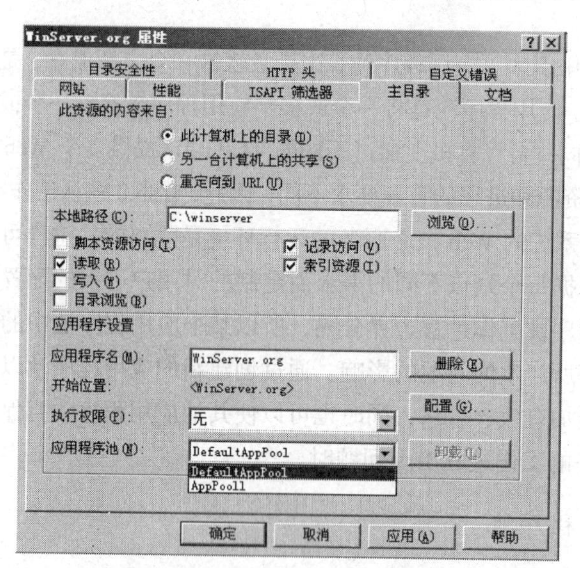

图 11-31 将应用程序指派到应用程序池

在弹出的菜单中选择“主目录”选项卡，确认正在指派的目录或虚拟目录的“应用程序名”是否已被填写。如果“应用程序名”框尚未被填写，单击“创建”，然后输入名称。

在“应用程序池”列表框中，单击想要为其指派网站的应用程序池的名称。

单击“确定”，将应用程序指派到应用程序池。

11.3.4 配置 ASP 应用程序

在“应用程序配置”对话框中，除了“映射”之外，还有两个标签，即“选项”和“调试”，利用这两个标签，可以对 ASP 应用程序进行配置。通过设置 ASP 应用程序的属性，可控制安装在 Web 服务器上的 Active Server Pages（ASP）应用程序的性能和其他因素。例如，可以在应用程序中使用会话状态或设置默认脚本语言。应用程序属性将应用于应用程序中的所有 ASP 页，除非在某个单独页中直接替代该属性。也可以在配置数据库中设置这些属性。如果配置数据库中的属性与在属性页中设置的属性相冲突，最后的属性设置将替代先前的设置。

在“选项”标签有个比较重要的选项——启用父路径。父路径指使用“..”相对表示当前路径的父路径的方式，由于具有安全隐患，在 IIS 6.0 中是默认禁用的，如图 11-32 所示。如果需要使用，则勾选此选项，不过，在启用之前，应该仔细检查应用程序，以确定不会引起安全问题。

在调试标签，同样也有一个比较重要的选项——脚本错误的错误消息。默认情况下当脚本执行错误时，Web 站点会向客户发送详细的 ASP 错误信息，这点有助于 Web 应用程序的开发；但是在正常的网站运行中，此选项也便于入侵者获取信息，因此建议在正常的网站运行中，设置为“向客户端发送下列文本错误消息”，输入自定义的错误消息，如图 11-33 所示。

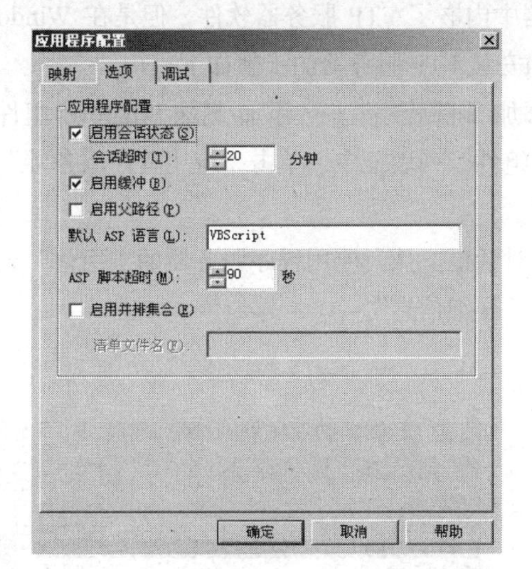

图 11-32　应用程序配置——“选项”标签

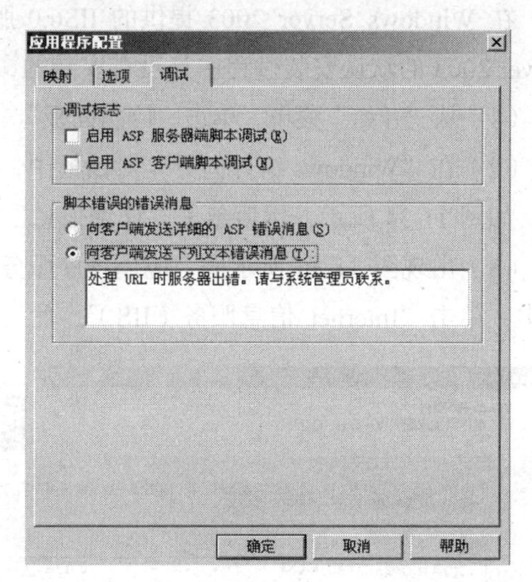

图 11-33　应用程序配置——“调试”标签

11.4 创建和管理 FTP 服务器

自从有了网络，通过网络来传输文件一直是很重要的工作。FTP 是 Internet 上最早应用于主机之间进行文件传输的标准之一。

FTP 是 File Transfer Protocol（文件传输协议）的缩写，主要完成与远程计算机的文件传输。文件传输是指将文件从一台计算机上发送到另一台计算机上，传输的文件可以是电子报表、声音图像、应用程序和文档文件等。

FTP 同时也是一个应用程序。它采用客户/服务器模式，客户机与服务器之间利用 TCP 建立连接，客户可以从服务器上下载文件，也可以把本地文件上传至服务器。目前，FTP 仍然是 Internet 上非常常用和重要的服务。

FTP 还支持断点续传功能，这样做可以大幅度地减小 CPU 和网络带宽的开销。

FTP 只负责文件的传输，与计算机所处的位置、联系的方式以及使用的操作系统无关。即使目前有很多其他协议也可以提供文件的上传下载，但是 FTP 依然是各专业下载站点提供服务的最主要方式。

FTP 服务器有匿名的和授权的两种。匿名的 FTP 服务器向公众开放，用户可以用 ftp 或 annoymous 为账户，用电子邮箱地址为密码登录服务器；授权的 FTP 服务器必须用授权的账户名和密码才能登录服务器。通常匿名的用户权限较低，只能下载文件，不能上传文件。

FTP 协议要用到两个 TCP 连接，一个是命令链路，用来在 FTP 客户端与服务器之间传递命令；另一个是数据链路，用来上传或下载数据。

客户机访问 FTP 服务器通常有两种方法：用 FTP 命令访问和用 FTP 客户端软件访问。

11.4.1 FTP 服务器的建立

在 Windows Server 2003 提供的 IIS6.0 服务器中内嵌了 FTP 服务器软件，但是在 Windows Server 2003 的默认安装过程中是没有安装的，手动安装 FTP 服务器的步骤如下。

（1）从“开始”菜单，单击“控制面板”→“添加/删除程序”→“添加/删除 Windows 组件”。

（2）在“Windows 组件向导”对话框中，从“组件”列表框中，单击“应用程序服务器”选项，如图 11-34 所示，然后单击“详细信息”按钮。

（3）出现图 11-35 所示的“应用程序服务器”对话框。从“应用程序服务器的子组件”列表框中，单击“Internet 信息服务（IIS）”，然后单击“详细信息”。

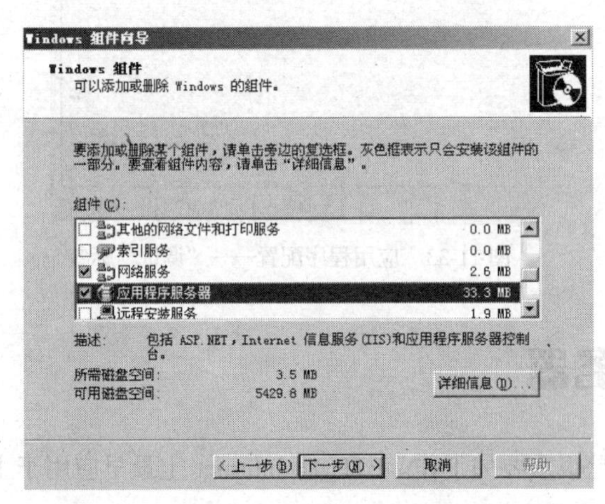

图 11-34 Windows 组件向导——Windows 组件

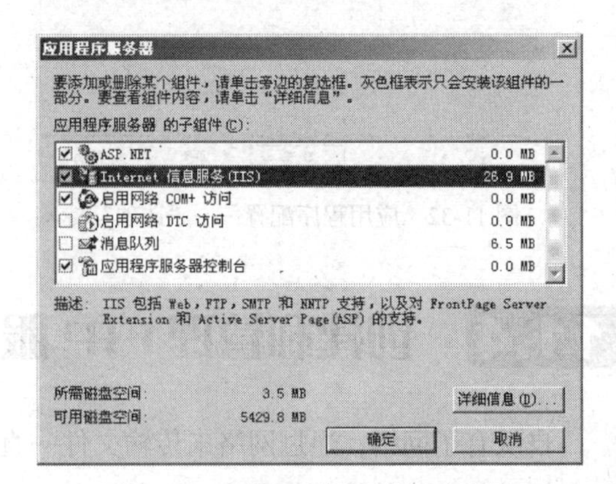

图 11-35 “应用程序服务器”对话框

（4）从出现的“Internet 信息服务（IIS）”对话框中，选中“文件传输协议（FTP）服务”复选框，如图 11-36 所示，单击“确定”按钮两次。

（5）单击“下一步”按钮。按照提示将 Windows Server 2003 的安装光盘插入光驱中，计算机将自动完成 FTP 的安装过程。

IIS 管理器会在安装 FTP 服务的过程中创建一个默认 FTP 站点，只要把资源放到 FTP 的根目录 C:\Inetpub\ftpboot 目录下，用户登录默认的 FTP 站点时将会看到 FTP 资源。也可以另创建一个 FTP 站点来发布 FTP 资源。

11.4.2 FTP 站点创建与配置

1. 新建 FTP 站点

（1）选择“开始”→“管理工具”→“Internet 信息服务（IIS）管理器”，打开“Internet 信息服务（IIS）管理器”窗口。在 IIS 管理器中，展开本地计算机，右键单击“FTP 站点”文件夹，指向“新建”，然后单击“FTP 站点”。如图 11-37 所示。

（2）出现“FTP 站点创建向导”，在该对话框中，单击“下一步”按钮。

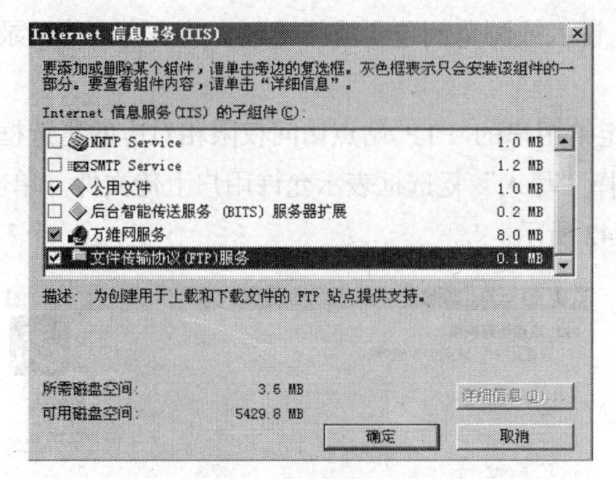

图 11-36　"Internet 信息服务（IIS）"对话框

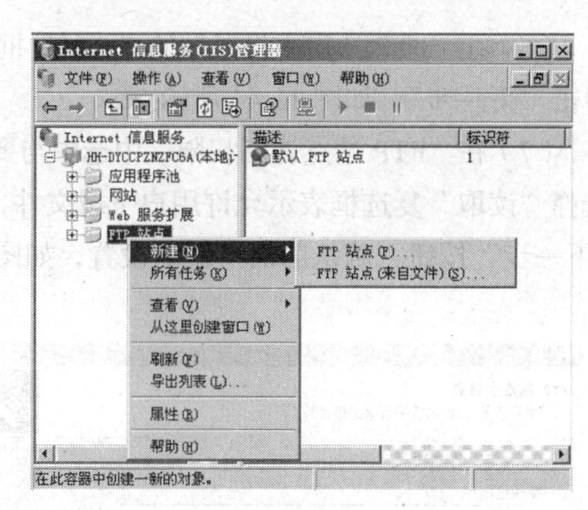

图 11-37　新建 FTP 站点

（3）在"FTP 站点描述"的"描述"文本框中，键入站点的名称，单击"下一步"按钮，如图 11-38 所示。

（4）在"IP 地址和端口设置"对话框中输入 FTP 服务器的 IP 地址和端口，IP 地址默认值为"全部未分配"，TCP 端口默认值为 21，如图 11-39 所示。单击"下一步"按钮。

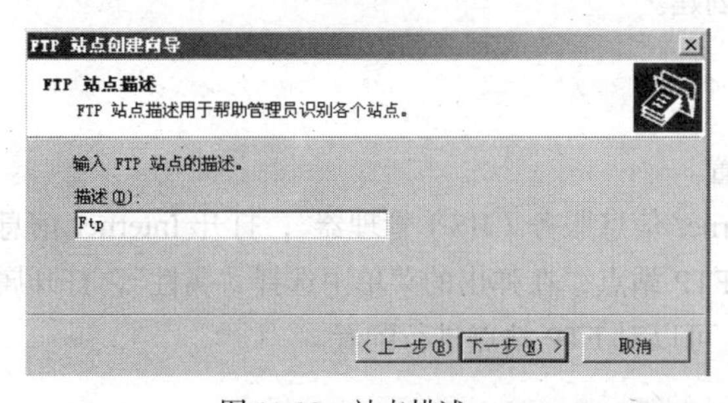

图 11-38　站点描述

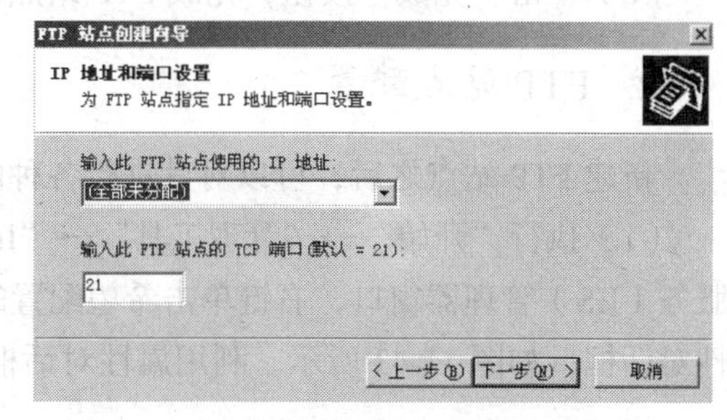

图 11-39　IP 地址和端口设置

（5）在"FTP 用户隔离"中选中所需的用户隔离选项，单击"下一步"按钮。

FTP 用户隔离支持 3 种隔离模式。每一种模式都会启动不同的隔离和验证等级。

如果选择"不隔离用户"单选按钮，那么合法用户将可以上传或下载所有 FTP 站点目录中的内容；如果选择"隔离用户"单选按钮，那么可以指定哪一类用户可以访问哪些目录。

这项功能可以根据实际需要来选择，此处选择"不隔离用户"，如图 11-40 所示。需要注意的是，FTP 站点创建完之后，这个选项是不可更改的。

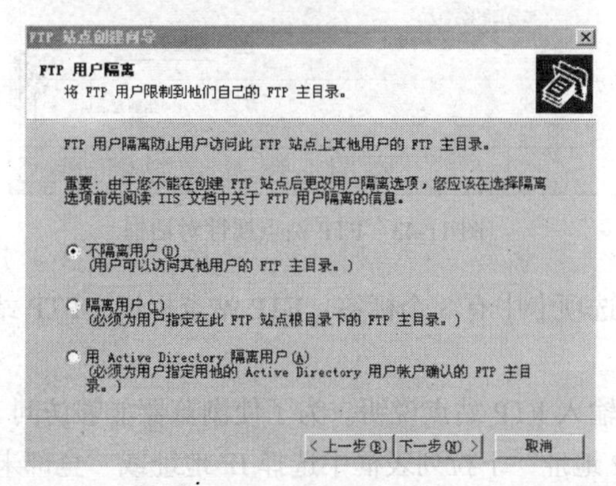

图 11-40　FTP 用户隔离

（6）在“FTP 站点主目录”的“路径”框中，键入或浏览到包含或将要包含共享内容的目录，单击“下一步”，如图 11-41 所示。

（7）在“FTP 站点访问权限”中选中与要指定给用户的 FTP 站点访问权限相对应的复选框，选择“读取”复选框表示允许用户下载文件，选择“写入”复选框表示允许用户上传文件。单击“下一步”按钮，确认前面所做的设置，如图 11-42 所示。

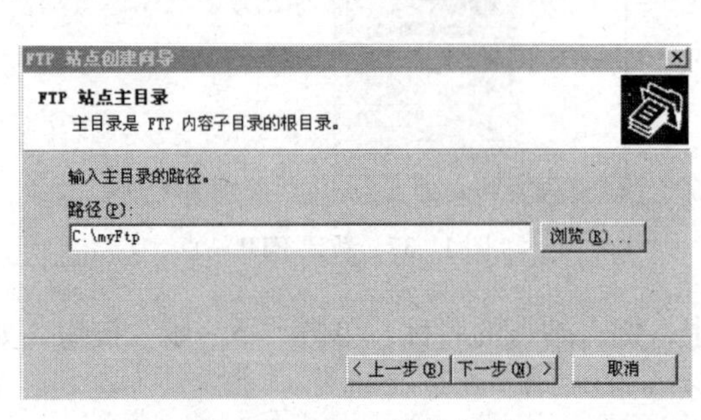

图 11-41　FTP 站点主目录

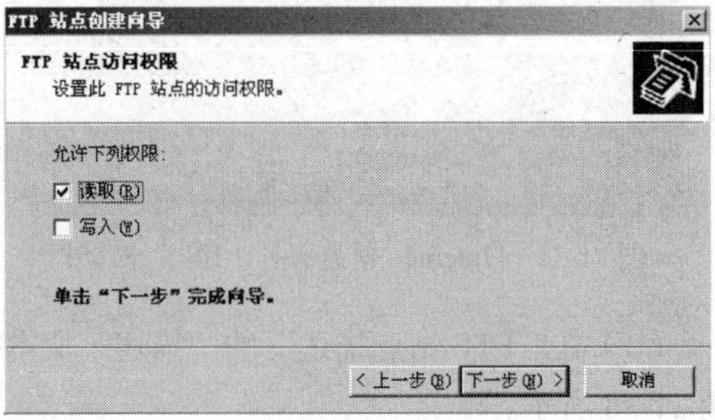

图 11-42　FTP 站点访问权限

（8）单击“完成”按钮，完成 FTP 站点的创建。

2. FTP 站点配置

新建 FTP 站点之后，可以对其进行各种配置。

（1）执行“开始”→“管理工具”→“Internet 信息服务（IIS）管理器”，打开 Internet 信息服务（IIS）管理器窗口，右键单击希望配置的 FTP 站点，在弹出的菜单中选择“属性”，打开属性对话框，如图 11-43 所示。利用属性对话框，可以对 FTP 站点进行配置。

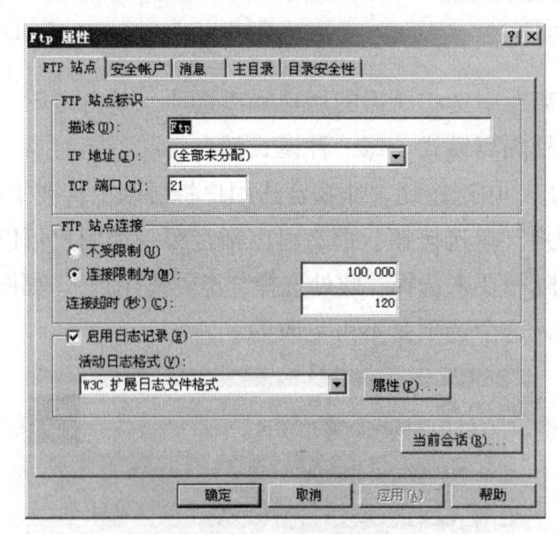

图 11-43　FTP 站点属性对话框

（2）在“FTP 站点”选项卡中有 3 个标签：FTP 站点标识、FTP 站点连接和启用日志记录，如图 11-43 所示。

在“描述”文本框中输入 FTP 站点说明。为了使浏览器能够访问 FTP 内容，必须定义 IP 地址和 TCP 端口号。在“IP 地址”下拉列表框中选择 IP 地址或“全部未分配”项，FTP 站点的 IP 地址必须是服务器已有的 IP 地址，否则会造成无法访问。FTP 协议的默认端口是 21，如果需要设置为其他端口，那么用户在访问时必须输入端口号才能正常访问，完整的输入格式为：ftp://域名或 IP 地址：端口号。

在“FTP 站点连接”框中选择“不受限制”或限制数量。这些设置决定了能同时连接到服务器的客户端连接数量。“不受限制”指定服务器接受连接直到内存不足为止；“连接限制为”强制限制同时连接到服务器的客户端连接数，默认值为 100000，这个数字显然太大了。通常情况下，可以根据实际需要将它调整为 100 或者更小的数值，以便有效地保障网络的通畅。达到限制时，IIS 将向客户端返回一个错误消息，声明当前服务器忙；“连接超时”用来设置服务器在断开与非活动用户的连接之前等待的时间，单位为 s（秒），默认值为 120s。用户如果经过 120s 还没有成功建立连接，服务器将返回一个失败信息，通知用户连接超时。

启用“启用日志记录”项，启用 FTP 站点的日志功能，记录用户的访问情况，并按照所选格式创建日志。

（3）单击“安全账户”选项卡，打开如图 11-44 所示界面。

使用此选项卡可以控制能够管理该 FTP 站点的账户。若选中“允许匿名连接”复选框，任何用户都可以作为匿名用户登录到 FTP 站点，并且访问时使用的就是“用户名”编辑框中的账户。如果不选中该项，用户访问 FTP 站点时需要提供用户名和密码。

若选中“只允许匿名连接”复选框，用户只能使用匿名登录。

单击“浏览”按钮可以添加能够登录的用户名和密码。

（4）如果觉得登录 FTP 服务器显示的信息比较乏味的话，可以通过“消息”选项卡进行个性化设置，如图 11-45 所示。使用该选项卡可以创建用户连接到 FTP 站点时显示的标题、欢迎和退出消息。

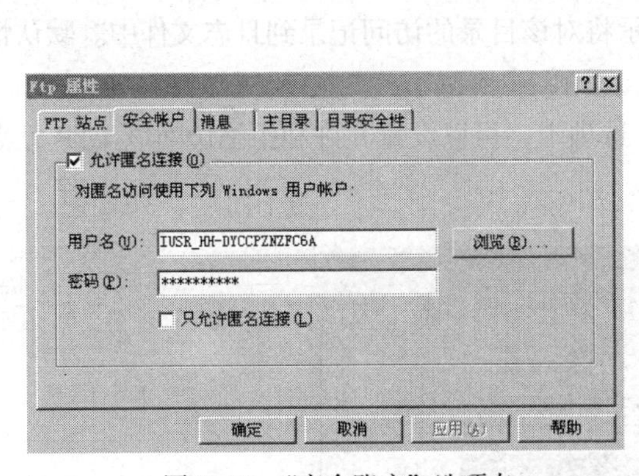

图 11-44　“安全账户”选项卡

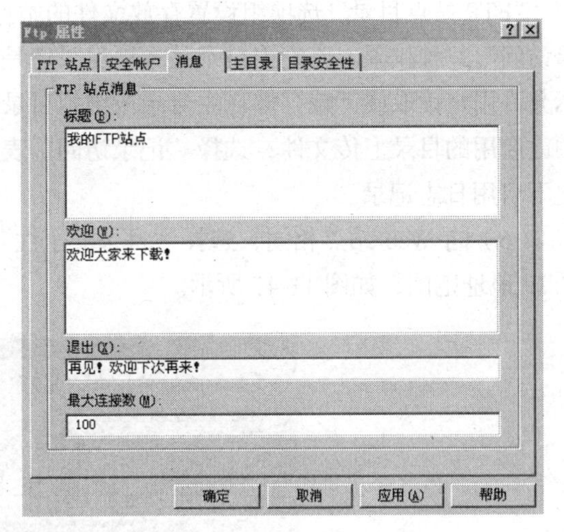

图 11-45　“消息”选项卡

标题消息在用户登录到站点前出现，只要用户提出了访问请求，系统就会返回“标题”编辑框中的消息。

在客户端连接到 FTP 服务器时，该服务器显示“欢迎”编辑框中的消息。默认情况下消息为空。一般被用来向用户介绍本站点的一些基本信息及规定。

在客户端注销 FTP 服务器时，系统会向用户显示“退出”编辑框中的消息。

在客户端试图连接到 FTP 服务器时，如果连接数已经达到了允许的最大客户端连接数，则系统会向用户返回“最大连接数”编辑框中的消息。

（5）如果不想实用默认路径，可以选择“主目录”选项卡，重新设置 FTP 站点的主目录或修改其属性，如图 11-46 所示。

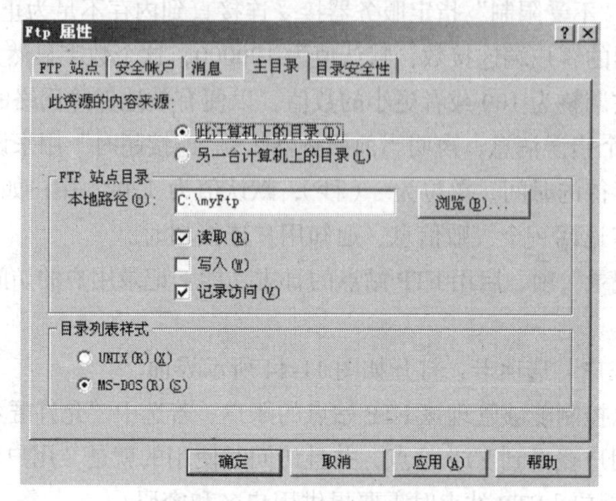

图 11-46 “主目录”选项卡

“此资源的内容来源”选项组用于设置主目录的来源。主目录的位置有两种选择：本地目录和共享目录。选择“此计算机上的目录”，允许用户访问此计算机上的指定目录；选择“另一台计算机上的目录”，表示将主目录设为已连接的其他计算机的共享文件夹，可以在“网络共享”编辑框中输入共享文件夹的目录路径，还可以单击“连接位”按钮输入或者更改网络用户名和密码信息。

“FTP 站点目录”选项组设置存放文件的站点目录，对目录可以设置“读取”、“写入”和“记录访问”3 种权限。不论主目录是本地目录还是共享目录，都需要设置其权限。选择“读取”表示允许用户读取或下载存储在主目录或虚拟目录中的文件；选择“写入”表示允许用户向服务器中已启用的目录上传文件；选择“记录访问”表示将对该目录的访问记录到日志文件中。默认情况下启用日志记录。

（6）同 Web 站点相同，选择“目录安全性”选项卡，可以设置允许和拒绝访问该 FTP 站点的 IP 地址范围，如图 11-47 所示。

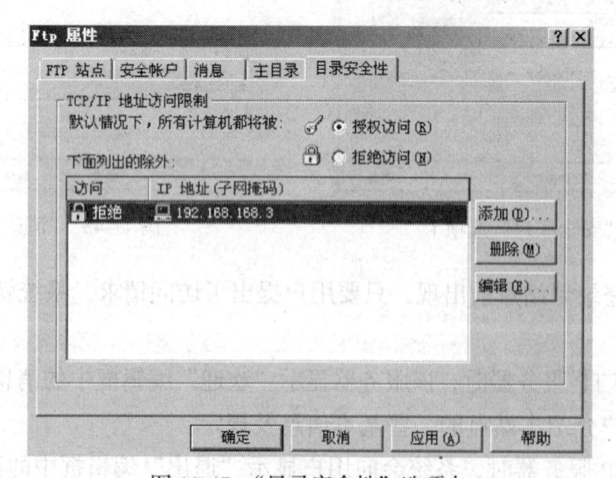

图 11-47 “目录安全性”选项卡

若选择“授权访问”，单击“添加”按钮可以添加计算机、计算机组和域名，此时“下面列出的除外”列表框中显示的是拒绝访问本网站的计算机或计算机组。若选择“拒绝访问”按钮，则“下面列出的除外”列表框中显示的是允许访问本网站的计算机或计算机组。默认状态下所有计算机都被允许访问。

11.4.3　创建虚拟目录

FTP 站点中的数据一般都保存在主目录中，但主目录所在的磁盘空间有限，不能满足日益增加的数据存储要求，这时通过创建 FTP 站点虚拟目录可以很好的解决这个问题。在 IIS 下建立的 FTP 服务器也可以使用虚拟目录，达到的效果和 IIS 网站虚拟目录是一样的。

一台服务器可以同时搭建多个完全独立的 FTP 站点。实现虚拟 FTP 站点的方法有两种：使用不同的 IP 地址和使用不同的端口。从实质上看，虚拟目录是在 FTP 站点的根目录下创建一个子目录，然后将这个子目录指向本地磁盘中的任意目录或网络中的共享文件夹。

创建虚拟目录的操作步骤如下。

（1）打开“Internet 信息服务（IIS）管理器”窗口，展开“FTP 站点”目录，右键单击创建的 FTP 站点，在弹出的快捷菜单中依次选择“新建”→“虚拟目录”命令，打开“虚拟目录创建向导”对话框，如图 11-48 所示。

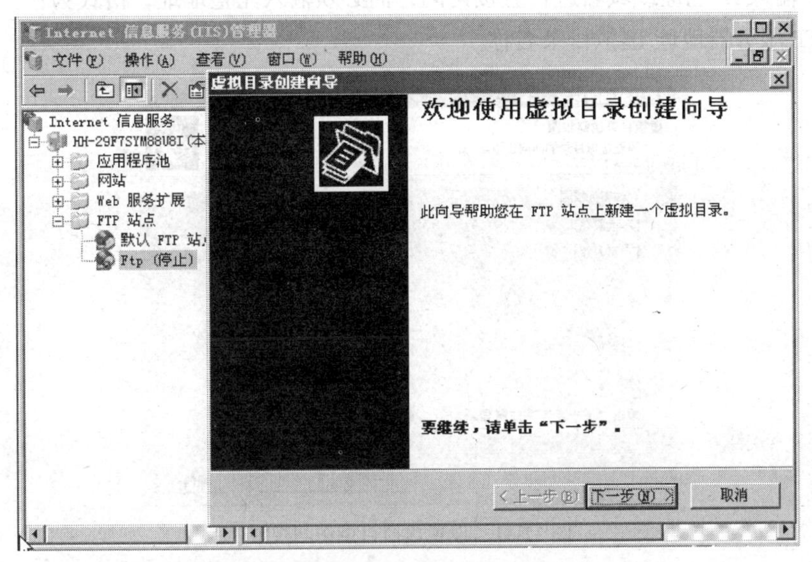

图 11-48　打开“虚拟目录”创建向导

（2）在欢迎对话框中直接单击“下一步”按钮，在打开的“虚拟目录别名”对话框中，设置连接到该虚拟目录时使用的名称。虚拟目录的别名不必跟指向的实际目录名相同。在“别名”编辑框中输入虚拟目录名称，如图 11-49 所示。单击“下一步”按钮。

（3）在打开的“FTP 站点内容目录”对话框中指定虚拟目录指向的实际目录。单击“浏览”按钮在本地磁盘中选中实际目录，或者在“路径”编辑框中输入网络共享文件夹的路径。设置完毕后单击“下一步”按钮，如图 11-50 所示。

（4）在打开的“虚拟目录访问权限”对话框中可以设置该目录的访问权限，推荐使用默认设置。依次单击“下一步”→“完成”按钮完成创建过程，如图 11-51 所示。

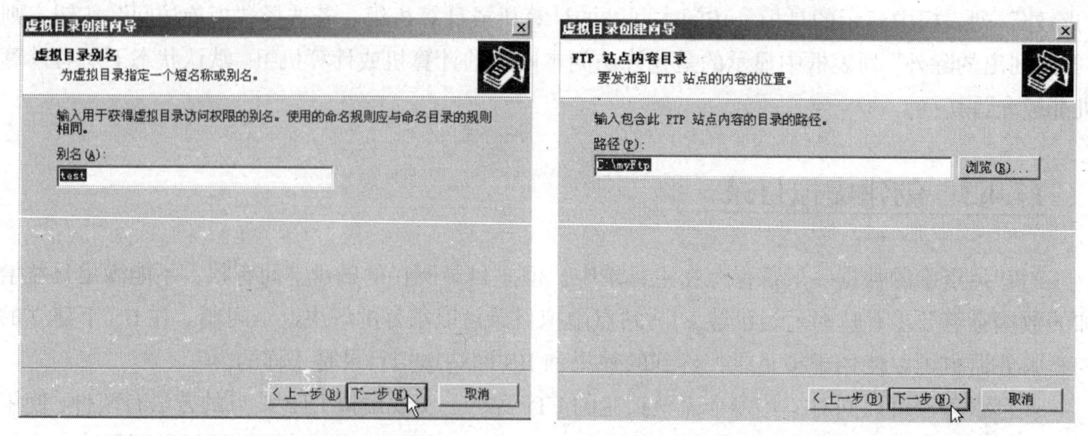

图 11-49 “虚拟目录别名”对话框　　图 11-50 设置虚拟目录指向的实际目录

虚拟目录会继承 FTP 站点的各项设置，如果相对虚拟目录中的内容进行设置，可以右键单击需要设置的虚拟目录，在弹出的菜单中选择“属性”进行各种设置。

当利用 FTP 客户端连接至 FTP 站点时，所列出的文件夹中不会显示虚拟目录，如果想显示虚拟目录，必须改变到虚拟目录。由于 Internet Explorer 浏览器的默认协议是 HTTP，所以不能在浏览器地址栏中输入 IP 地址或域名进行直接访问，而必须输入完整地址，格式为：

ftp：//FTP 服务器地址/虚拟目录名称

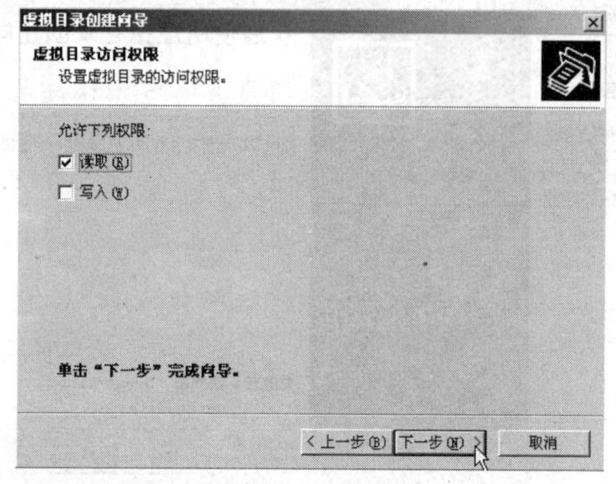

图 11-51 设置虚拟目录访问权限

11.5 创建和管理邮件服务器

电子邮件（E-mail）服务是 Internet 上最基本的服务之一，也是最重要的服务之一，它模拟传统邮件的收发方式，在 Internet/Intranet 上收发邮件。作为网络管理员，在 Intranet 内部构建电子邮件服务是非常重要的。

本节主要介绍邮件服务的相关知识，包括邮件传输协议、Windows Server 2003 邮件服务器等。

11.5.1　邮件传输协议与电子邮件服务

1. 邮件服务器概述

邮件服务是 Internet 上使用人数最多且最频繁的应用之一。与传统的邮政信件服务类似，电子邮件可以用来在 Internet 或 Intranet 上进行信息的传递和交流，具有快速、经济的特点。发一封电子邮件给远在加拿大的用户，对方通常几秒钟之内就能收到。如果选用传统邮件，即使最快的航空邮件也需要至少一天的时间，而且电子邮件的费用低廉。

与电话通话相比，电子邮件在速度上没有什么优势，但是电子邮件采用存储转发的方式，发送邮件时并不需要收件人处于在线状态，收件人可以根据实际需要随时上网从邮件服务器上收取邮件，方便了信息的交流。

因特网邮件系统由 3 类主要部件构成，即用户代理、邮件服务器和简单邮件传送协议 SMTP（Simple Mail Transfer Protocol）。用户代理允许用户阅读、回复、转寄、保存和编写邮件消息。例如：用户 A 写完电子邮件消息后，其用户代理把这个消息发送给邮件服务器，再由该邮件服务器把这个消息排入外出消息队列中。当用户 B 想阅读电子邮件消息时，用户代理将从其邮件服务器上的邮箱中取得邮件。

20 世纪 90 年代后期，图形用户界面（GUI）的电子邮件用户代理变得流行起来，它们允许用户阅读和编写多媒体消息。当前流行的用户代理包括 Outlook、Foxmail 等。公共域中还有许多基于文本的电子邮件用户代理，包括 mail、pine 和 elm 等。

2. 电子邮件使用的协议

如果要在一台计算机或其他终端设备上运行电子邮件，需要一些应用程序和服务。电子邮件服务中最常见的两种应用层协议是邮局协议第三版（POP3）和简单邮件传输协议（SMTP）。与 HTTP 协议一样，这些协议用于定义客户端/服务器进程。

（1）POP3。

POP 称为邮局协议，POP3 即邮局协议的第 3 个版本，它是一种检索电子邮件的电子邮件服务，规定怎样将个人计算机连接到 Internet 的邮件服务器和下载电子邮件的协议。它是 Internet 电子邮件的第一个离线协议标准，允许从服务器上把邮件存储到本地主机即自己的计算机上，同时删除保存在邮件服务器上的邮件。遵循 POP3 协议来接收电子邮件的服务器是 POP3 服务器。

（2）SMTP。

SMTP 即简单邮件传输协议，它是一组用于由源地址到目的地址传送邮件的规则，由它来控制信件的中转方式，作为电子邮件服务的一部分与 POP3 服务一起安装，默认使用 TCP 端口 25。SMTP 协议属于 TCP/IP 协议簇，它帮助每台计算机在发送或中转信件时找到下一个目的地。通过 SMTP 协议所指定的服务器，就可以把 E-mail 寄到收件人的服务器。SMTP 服务器则是遵循 SMTP 协议的发送邮件服务器，用来发送或中转发出的电子邮件。

SMTP 的通信过程有以下 3 个阶段。

① 连接建立。

发信人先将要发送的邮件传送到邮件缓存，SMTP 客户每隔一定时间对邮件缓存进行扫描，如发现有邮件，就使用 SMTP 的 25 端口与目的主机的 SMTP 服务器建立 TCP 连接。在连接建立后，SMTP 服务器要发出"220 service ready"。然后 SMTP 客户向 SMTP 服务器发送 OK 命令，附上发送方的主机名。SMTP 服务器若有能力接收邮件，则回答"250 OK"，表示已准备好接收。若 SMTP 服务器不可用，则回答"421 Service not available"。

要注意的是：SMTP 不使用中间的邮件服务器。不管发送端和接收端的邮件服务器相隔多远，不管在邮件的传送过程中要经过多少个路由器，TCP 连接总是在发送端和接收端这两个服务器之间直接建立。当接收端邮件服务器出现故障而不能工作时，发送端邮件服务器只能等待一段时间后再尝试和该邮件服务器建立 TCP 连接，而不能先找一个中间的邮件服务器建立 TCP 连接。

② 邮件传送。

邮件的传送是从 MAIL 命令开始。MAIL 命令后面有发信人的地址，如 MAIL FROM：pretty@126.com。若 SMTP 服务器已准备好接收邮件，则回答"250 OK"，否则，返回一个代码，指出原因，如 451（处理时出错）、452（存储空间不够）、500（命令无法识别）等。

下面跟着一个或多个 RCPT 命令，取决于将同一个邮件发送给一个或多个收信人，其格式为：RCPT TO：<收信人地址>。每发送一个命令，都应当有相应的信息从 SMTP 服务器返回，如"250 OK"表明知名的邮箱在接收端的系统中，"550 No such user here"指不存在此邮箱。

RCPT 作用是：先弄清接收端是否已做好接收邮件的准备，然后才发送邮件。这样做是为了避免浪费通信资源，不致发送了很长的邮件以后才知道因地址错误而白白浪费了许多通信资源。

再下面是 DATA 命令，表明要开始传送邮件的内容。SMTP 服务器返回的信息是："354 Start mail input；end with <CRLF>.<CRLF>"。这里<CRLF>表示回车换行。若不能接收邮件，则返回 421（服务器不可用）、500（命令无法识别）等。接着 SMTP 客户就发送邮件的内容，发送完毕后，再发送<CRLF>.<CRLF>表示邮件内容结束。若邮件收到了，则 SMTP 服务器返回信息"250 OK"或返回差错代码。

③ 连接释放。

邮件发送完毕后，SMTP 客户应发送 QUIT 命令。SMTP 服务器返回的信息是"250 OK"。SMTP 再发出释放 TCP 连接的命令，待 SMTP 服务器回答后，邮件传送的全部过程即结束。

目前大部分的邮件系统采用简单邮件传输协议，通过存储转发式的非定时通信方式完成发送、接受邮件等基本功能。普通用户通过使用自己的用户名、口令可以开启邮箱完成阅读、存储、回信、转发、删除邮件等操作。

POP 协议是入站邮件分发协议，将邮件从邮件服务器分发到客户端；SMTP 在出的方向上，控制着邮件从发送的客户端到邮件服务器的传递，同时也在邮件插口间传递。SMTP 保证邮件可以在不同类型的服务器和客户端的数据网络上传递，并使邮件可以在 Internet 上交换。

11.5.2　安装电子邮件服务

Windows Server 2003 默认情况下没有安装 POP3 和 SMTP 服务组件，需要手工添加。

1. 安装 POP3 服务组件

以系统管理员身份登录 Windows Server 2003 系统。单击“开始”菜单，依次进入“控制面板”→“添加或删除程序”→“添加/删除 Windows 组件”，在弹出的“Windows 组件向导”对话框中选中“电子邮件服务”选项，单击“详细信息”按钮，可以看到该选项包括两部分内容：POP3 服务和 POP3 服务 Web 管理。为方便用户远程 Web 方式管理邮件服务器，建议同时选中“POP3 服务 Web 管理”，如图 11-52 所示。单击“确定”按钮，返回“添加/删除 Windows 组件”窗口。

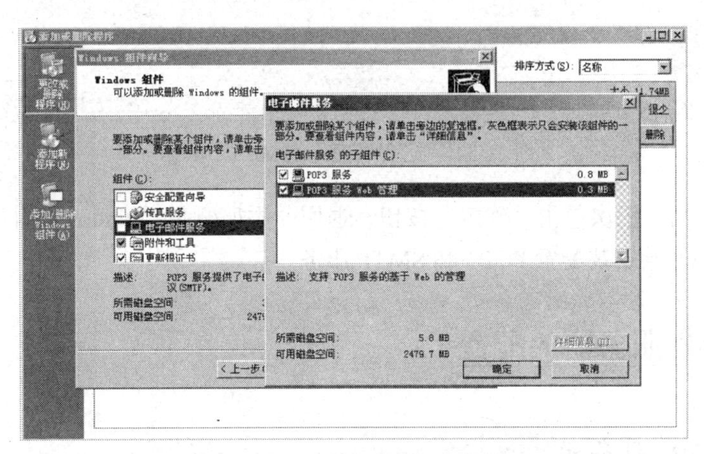

图 11-52　安装 POP3 服务组件

2. 安装 SMTP 服务组件

在“添加/删除 Windows 组件”窗口选中“应用程序服务器”选项，单击“详细信息”按钮，在弹出的窗口中选择“Internet 信息服务（IIS）”选项并单击“详细信息”，选中“SMTP Service”选项，单击“确定”按钮，如图 11-53 所示。

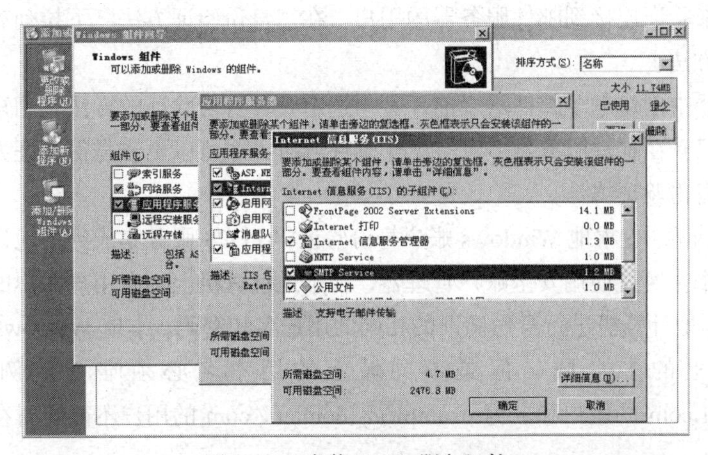

图 11-53　安装 SMTP 服务组件

此外，如果用户需要对邮件服务器进行远程 Web 管理，必须选中“万维网服务”中的“远程管理（HTML）”组件，如图 11-54 所示。

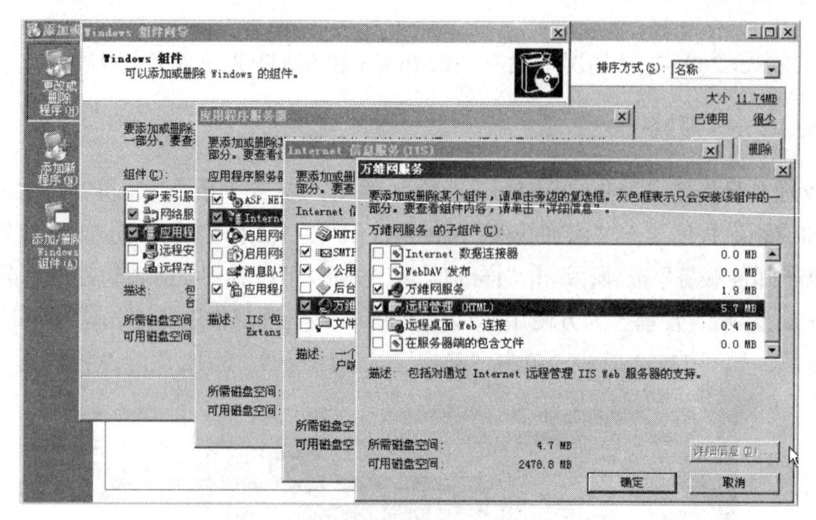

图 11-54 “远程管理（HTML）”组件

完成以上设置后，依次单击“确定”按钮，退回“添加/删除 Windows 组件”窗口单击“下一步”按钮，系统开始安装配置 POP3 和 SMTP 服务。

11.5.3 邮件服务器的配置

1. 配置 POP3 服务器

（1）POP3 服务器属性配置。

邮件服务器的属性设置包括设置身份验证的方法和邮件的存储区域两个主要内容。

① 身份验证的类型。

为了确保接收邮件的人是真实的用户，POP3 服务必须提供相应的用户身份验证方法。在 POP3 服务中，提供了“本地 Windows 账户”、“Active Directory 集成的”、“加密的密码文件”3 种不同的身份验证方法来验证连接到邮件服务器的用户。在“身份验证方法”下拉列表中可以选择合适的用户身份验证方法。

在邮件服务器中创建电子邮件域之前，必须选定一种身份验证的方法，用户应根据网络工作模式进行选择。只有在邮件服务器上没有电子邮件域时，才可以更改身份验证方法，在创建了邮件域后不能更改身份验证方法。

本地 Windows 账户：本地 Windows 账户身份验证将 POP3 服务集成到本地计算机的安全账户管理器（SAM）中。通过使用安全账户管理器，在本地计算机上拥有用户账户的用户，就可使用由 POP3 服务或本地计算机进行身份验证的相同的用户名和密码。本地 Windows 账户身份验证可以支持服务器上的多个域，但是不同域上的用户名必须唯一。例如，用户名为 example@domain1.com 的用户和名为 example@ domain2.com 的用户不能同时存在，前面的用户名一定要不相同。

Active Directory 集成的：可以使用 Active Directory 集成的身份验证来支持多个 POP3 电子邮件域，这样就可以在不同的 POP3 电子邮件域上使用相同的用户名。例如，可以使用名为 example@domain1.com 的用户和名为 example@ domain2.com 的用户。如果使用 Active Directory 集成的身份验证，并且有多个 POP3 电子邮件域，那么在创建邮箱时，应确保新邮箱的名称与其他 POP3 电子邮件域中现有邮箱的名称不同。每个邮箱与一个 Active Directory 用户账户对应，该账户同时拥有完全域名用户登录名和 Windows 2000 以前系统版本的 NetBIOS 用户登录名。

加密的密码文件：加密的密码文件身份验证使用用户的密码创建一个加密文件，该文件存储在服务器上用户邮箱的目录中。在身份验证过程中，用户提供的密码被加密，然后与存储在服务器上的加密文件比较。如果加密的密码与存储在服务器上的加密密码匹配，则用户通过身份验证。

使用加密的密码文件身份验证，可以在不同的邮件域中使用相同的用户名。但是，不能在一个域中将同一用户名指派给多个邮箱。例如，不能有两个名为 example @domain.com 的邮箱，但可以使用 example@domain1.com 和 example@domain2.com。加密的密码文件身份验证方式是在没有使用 Active Directory 域，或不想在本地计算机上创建用户时使用。加密密码文件身份验证对于还没有部署 Active Directory 的大规模部署十分理想，并且从一台本地计算机上就可以很轻松地管理可能存在的大量账户。

如果运行 POP3 服务的计算机是 Active Directory 域的成员或是域控制器，以上 3 种身份验证方法均可用，推荐使用的身份验证方法是 Active Directory 集成的身份验证和加密密码文件身份验证。如果运行 POP3 服务的计算机是域的成员服务器时，用户既可以用“Active Directory 集成”的身份验证，也可以使用“本地 Windows 账户”身份验证。

② 设置工作组中的 POP3 服务器身份验证。

- 单击“开始”→“所有程序”→“管理工具”→“POP3 服务”，弹出 POP3 服务控制台窗口；也可以单击“开始”菜单，选择“运行”，在“打开”编辑框中输入“p3server.msc”，并单击“确定”按钮；或者在“管理您的服务器”对话框中选择“管理此邮件服务器”。任选一种方法打开 POP3 服务控制台窗口，如图 11-55 所示。

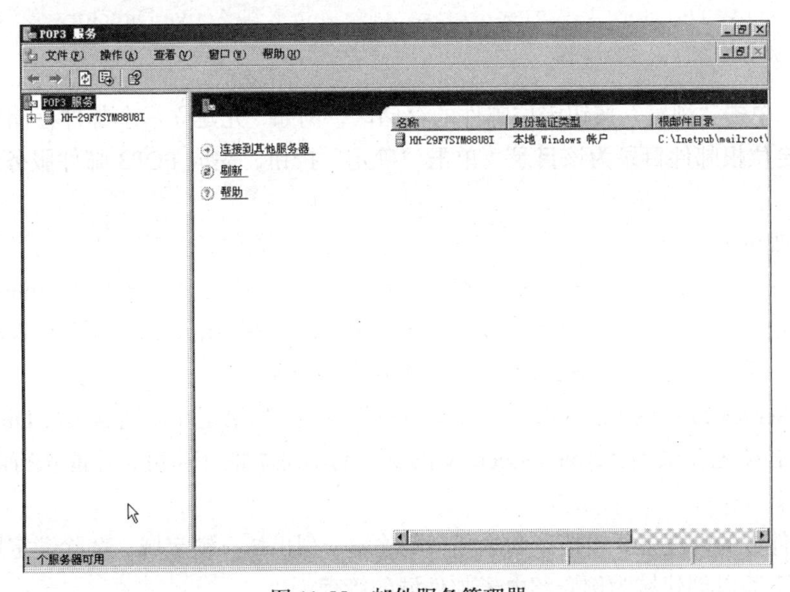

图 11-55　邮件服务管理器

- 选中左栏中的 POP3 服务器名后，在相应服务器上右击，从弹出的快捷菜单中选择“属性”菜单项，如图 11-56 所示。

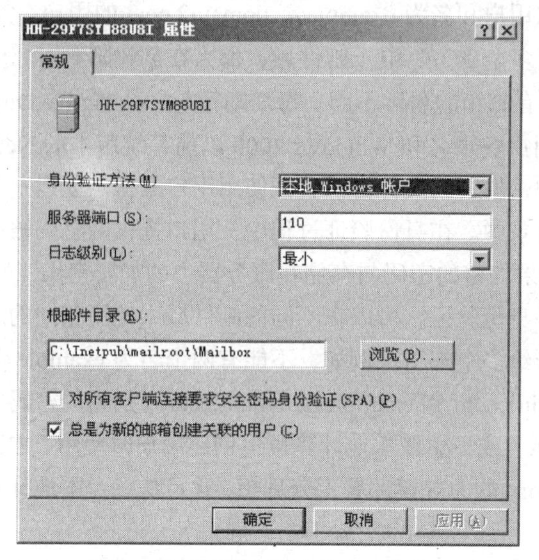

图 11-56　配置用户身份验证方法

- “服务器端口”栏中的设置不需要更改，这是系统默认的端口，也是公认的 POP3 服务所用端口。
- 在“日志级别”下拉列表中有 4 种日志级别选择，如果选择“无”选项，则不记录 POP3 服务事件；如果选择“最小”选项，则记录 POP3 服务关键事件；如果选择“中”选项，则记录 POP3 服务关键和警告事件；如果选择“最大”选项，则记录 POP3 服务关键、警告和信息事件。

如果更改该参数，则必须停止并重新启动 POP3 服务和 IIS 管理服务。如果正在使用 Active Directory 集成的身份验证，则必须登录到 Active Directory 域（而不是本地计算机）才能执行此过程。

- 最后，单击“浏览”按钮定位邮件的存储区，例如，先建立一个邮件存储目录，然后选择和定位根邮件目录为该目录。单击“确定”按钮，完成 POP3 邮件服务器的“属性”设置。

（2）创建邮件域。

电子邮件的域是在建立电子邮件服务器的过程中必须进行的一个步骤。在 Internet 上有效的域名必须在指定的机构申请，如果是局域网内部，则可以任意使用。这个域名可以与 AD 中的一致，也可以不一致；可以为一个邮件服务器主机建立多个域名。

Windows Server 2003 的 POP3 服务可以支持三级域名。如果正在使用 Active Directory 集成的身份验证，则必须先登录到 Active Directory 的域，而不是本地计算机，才能执行电子邮件域的管理。

对电子邮件域的管理主要包括：创建域、删除域、列出域、锁定域、解除锁定域和查看域的统计信息等。下面以创建域为例介绍电子邮件域的管理。

① 依次选择“开始”→“所有程序”→“管理工具”→“POP3 服务”项。

② 在图 11-55 所示的“POP3 服务”管理控制台中展开控制树，选择相应的 POP3 服务器，单击鼠标右键，在打开的快捷菜单中，选中“新建”→“域”。

③ 弹出“添加域”对话框，在“域名”栏中输入邮件服务器的域名，即邮件地址“@”后面的部分，如“buu.net”，如图 11-57 所示。单击“确定”按钮。其中“buu.net”为在 Internet 上注册的域名，并且该域名在 DNS 服务器中设置了 MX 邮件交换记录，解析到 Windows Server 2003 邮件服务器 IP 地址上。

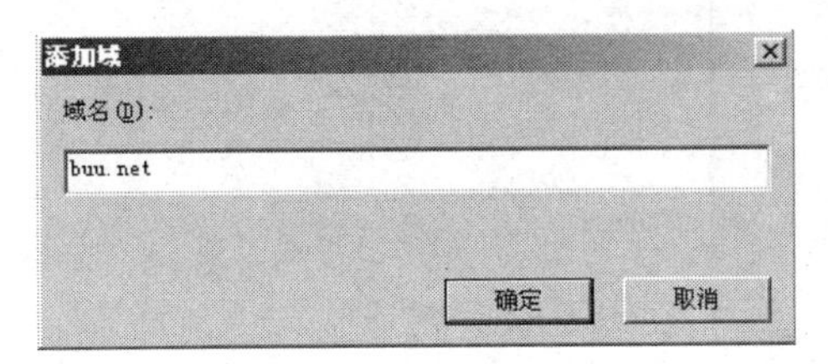

图 11-57　配置电子邮件域名

（3）管理用户邮箱。

网络中的用户只有拥有了电子邮箱，才能实现电子邮件的传递和交换。在已创建的域中创建邮箱，就是创建邮件账户，其操作步骤如下：

① 选中新建的“buu.net”域，在右栏中单击“添加邮箱”，弹出添加邮箱对话框，在“邮箱名”栏中输入邮件用户名，然后设置用户密码，如图 11-58 所示。

② 单击“确定”按钮，完成邮箱的创建，如图 11-59 所示。

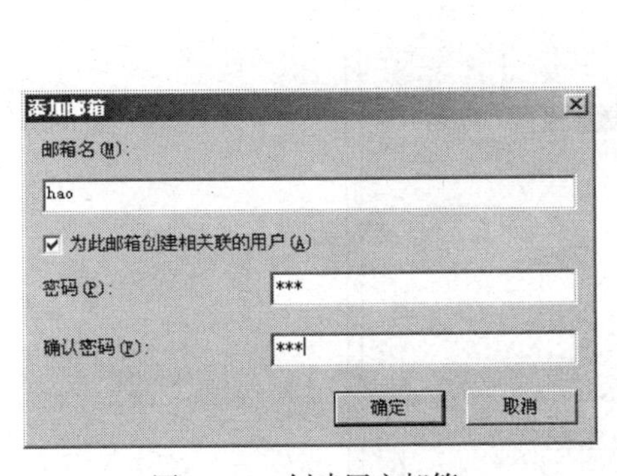

图 11-58　创建用户邮箱

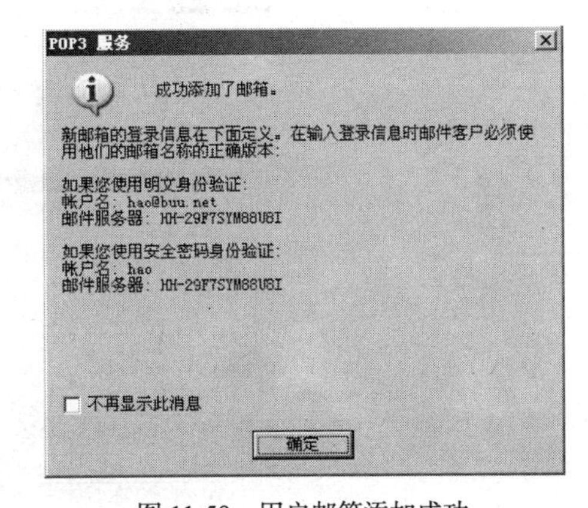

图 11-59　用户邮箱添加成功

2. 管理 SMTP 服务器

完成 POP3 服务器的配置后，就可开始配置 SMTP 服务器了。SMTP 服务器的管理包括：启用、停止、暂停和重新启动等内容。一般情况下，SMTP 服务应当已自动启动。如果有问题或需要操作，按如下步骤进行。

① 依次选择“开始”→“所有程序”→“管理工具”→“Internet 信息服务（IIS）管理器”，打开图 11-60 所示的“Interent 信息服务（IIS）管理器”控制台窗口。

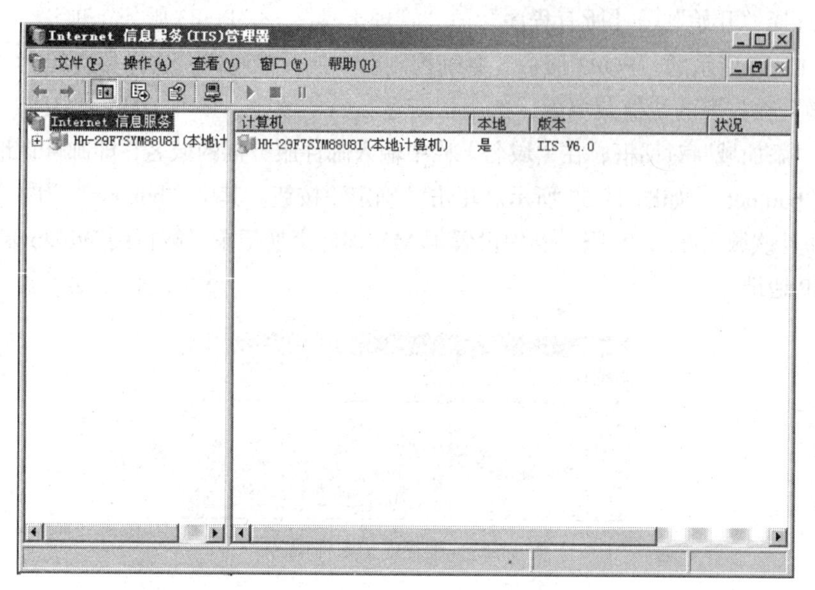

图 11-60 Interent 信息服务（IIS）管理器

② 在左边导航栏中单击本地服务器前面的“+”号，展开各选项，然后选择“默认 SMTP 虚拟服务器”选项，单击鼠标右键，在弹出的快捷菜单中单击“属性”命令，打开图 11-61 所示的对话框。在这里可以设置默认 SMTP 虚拟服务器的 IP 地址、限制连接数，连接超时、是否启用日志记录及日志记录的格式等选项。

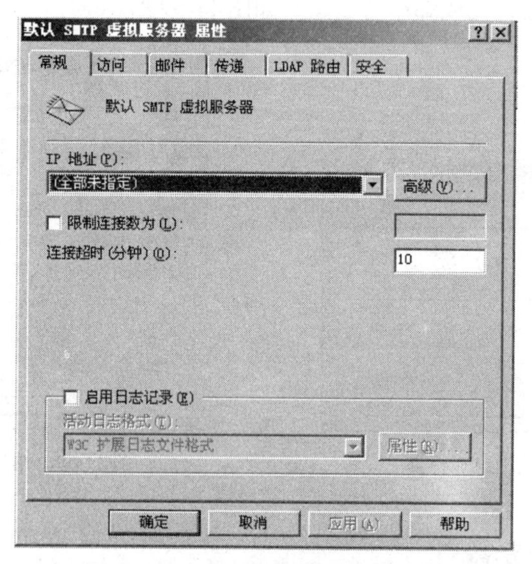

图 11-61 “默认 SMTP 虚拟服务器”窗口

切换到“常规”标签页，在“IP 地址”下拉列表框中选中邮件服务器的 IP 地址即可。单击“确定”按钮，这样一个简单的邮件服务器就架设完成了。

完成以上设置后，用户就可以使用邮件客户端软件连接邮件服务器进行邮件收发工作了。在设置邮件客户端软件的 SMTP 和 POP3 服务器地址时，输入邮件服务器的域名“buu.net”即可。

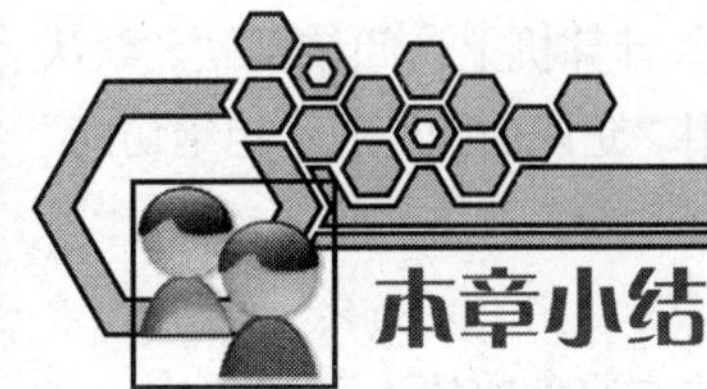

本章小结

本章主要介绍了 IIS 的概念、网站、FTP 站点和邮件服务器的搭建及管理，通过本章的学习，应该了解 IIS 服务，能够独立搭建网站、FTP 站点和邮件服务器，并能够对它们进行日常的维护和管理。

关于虚拟网站和虚拟 FTP 站点等服务，也要求了解并掌握。

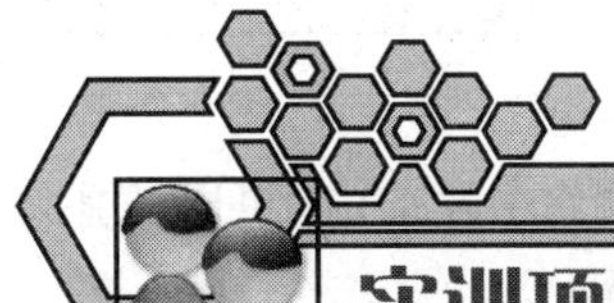

实训项目：IIS（WWW，FTP，E-mail）服务器的安装、配置与测试实训

【实训目的】

了解 WWW、FTP、E-mail 服务的基本概念，掌握 IIS 服务器的配置，能够独立搭建网站、FTP 站点、部署 E-mail 服务

【实训环境】

装有 Windows Server 2003 操作系统的 PC 机、局域网环境。

【实训内容】

1. 配置与管理 Web 服务器

（1）安装 IIS6.0 及 Web 服务器。

通过“管理您的服务器”或“添加或删除程序”安装 Web 服务器。

（2）默认网站基本配置。

① 编辑文档页脚：这是一个自动插入到该网站的每一个网页的底部的小型 HTML 文件。

② 写入权限：允许用户向打开网站的主目录写入文件。主目录的写入权限需要和主目录的 NTFS 权限相配合使用，必须把两者都设置成允许写入，用户才能向主目录写入内容。

③ 浏览权限：当访问网站的指定目录中没有默认的网页文件，可以看到该目录中的文件列表，用于来指定要打开的文件。操作方法：假设网站的主页文件是 index.htm，为主目录设置“浏览”权限，把 index.htm 文件从默认文档列表中删除，用浏览器访问该网站。

④ 身份验证：用于限制允许访问网站的用户。默认为匿名访问，此时所有用

户都可以直接访问该网站。本实训以基本身份验证为例进行实验。

⑤ IP 地址和域名限制：用于限制用户可以从哪些计算机上访问该网站。默认是没有限制。在网站属性的 IP 地址和域名限制中，用“允许访问”或“拒绝访问”进行设置，在客户机上检查其效果。

（3）新建站点。

在 Web 服务器中配置新建网站，把所配置网站的主要参数填入表 11.1 中。在网站中放置一些网页，打开浏览器访问该网站。在本机上访问可使用 http://localhost，在其他计算机上访问可使用 http://Web 服务器的 IP 地址。

表 11.1　　网站主要参数表（1）

Web 网站名	IP 地址	TCP 端口	主　目　录	主页文件名

（4）配置虚拟目录。

假设网站的主目录外有一个文件夹 D:\photo，要在网站中发布它，可通过虚拟目录实现。把主目录下创建虚拟目录 image，对应 D:\photo。

（5）在一台服务器上配置多个 Web 网站。

在 IIS 中再创建两个 Web 网站，把其主要参数填入表 11.2 中。

① 为计算机的网卡配置两个 IP 地址，创建两个网站，每个网站设置一个不同的 IP 地址，用浏览器查看各网站能否正常访问。

② 每个网站设置相同的 IP 地址，不同的端口号（应使用大于 1024 的临时端口），用浏览器查看各网站能够正常访问。

表 11.2　　网站主要参数表（2）

Web 网站名	IP 地址	TCP 端口	主　目　录	主页文件名

2. 配置与管理 FTP 服务器

（1）安装 FTP 服务器。

安装 IIS6.0 中的 FTP 服务器。

（2）默认 FTP 服务器基本配置。

在 FTP 服务器中新建并配置 FTP 站点，把主要配置参数填入表 11.3。

表 11.3　　主要参数表（3）

Web 网站名	IP 地址	TCP 端口	主　目　录	主页文件名

用浏览器作为 FTP 客户端访问该 FTP 站点，访问时，应注意是否与设置的权限相符合。

（3）在一台服务器上配置多个 FTP 站点。

区分各个 FTP 站点的方法有两种：用 IP 地址区分、用端口号区分。

① 为计算机配置多个 IP 地址，每个 FTP 站点设置一个不同的 IP 地址，用浏览器查看各 FTP 站点能否正常访问。

② 每个 FTP 站点设置相同的 IP 地址，不同的端口号，用浏览器查看各 FTP 站点能否正常访问。

（4）非匿名 FTP 站点的设置。

如果一个 FTP 站点只允许指定的人员远程访问，则该站点是非匿名的。假设某 FTP 站点只允许 zhangsan、lisi、wangwu 等用户访问，可进行如下操作：

① 在服务器上创建一个组账户 Ftpworks，再创建用户 zhangsan、lisi、wangwu 等，把这些账户均加入组 Ftpworks。

② 设置 FTP 站点主目录的 NTFS 权限，只允许 Administrators 和 Ftpworks 组的用户访问。

③ 在 FTP 站点属性中，取消“允许匿名连接”。

④ 在客户机上访问该 FTP 站点，检查访问效果。

（5）FTP 站点容量的限制。

想要限制一个 FTP 站点可使用的磁盘容量，可通过 NTFS 磁盘配额功能来实现。这项功能一般用于具有写权限的非匿名用户。

3. 搭建邮件服务器

（1）利用“添加或删除 Windows 组件”安装 SMTP 服务，服务器地址为本机 IP 地址。

（2）利用“管理您的服务器”安装 POP3 服务，服务器地址为本机 IP 地址。

（3）配置 POP3 服务器属性：设置身份验证方法为本地 Windows 账户；设置邮件存储区为 D:\mail；设置端口为 8060。

（4）在 POP3 服务器创建邮件域：mail.jsj.com。

（5）在 POP3 服务器创建两个用户邮箱：user1 和 user2。

（6）配置 SMTP 服务器：设置用户身份验证方法为匿名访问和基本身份验证。

（7）配置邮件客户端 Outlook Express，并测试邮件。

（8）结束实验。

习题

1. 填空题

（1）用同一台服务器同时搭建多个完全独立的网站，这种技术被称为________，通常会使用________或________两种方法来实现这项技术。

（2）利用 FTP 可以传输________、________、________和________等多种文件。

（3）HTTP 协议的默认端口是________，FTP 协议的默认端口是________和________。其中，前者负责________，后者负责________。

（4）邮件服务器采用了________和________两种网络协议，其中________负责邮件的接收，________负责邮件的发送。

2. **思考题**

（1）什么是 IIS，它具有哪些功能？

（2）什么是虚拟目录？它的作用是什么？

（3）FTP 的访问方式有哪些？

（4）什么是邮件服务器？Windows Server 2003 中的邮件服务器具有哪些功能？

（5）结合以前学过的知识，在一台服务器上同时搭建多个网站，要求：服务器不能绑定多个 IP 地址，客户端不用输入 IP 地址和端口即可访问每个网站。

第12章 流媒体服务

12.1 流媒体服务概述

提到媒体，很多人马上就会想到报纸杂志、广播电视。而说起流媒体，一些人可能也会认为它同平常所说的媒体有某种关系。其实，所谓的流媒体同通常所指的媒体风牛马不相及，那么流媒体到底是什么？能给我们带来什么？本章将重点介绍 Windows Server 2003 自带的流媒体服务器的搭建和管理，以及如何访问流媒体服务器。

12.1.1 认识流媒体

1. 流媒体概念

流媒体，又叫流式媒体，是指采用流式传输的方式在 Internet 播放的媒体格式。商家用一个视频传送服务器把节目当成数据包发出，传送到网络上。用户通过解压设备对这些数据进行解压后，节目就会像发送前那样显示出来。这个过程的一系列相关的包称为“流”。与文件下载不同，当流媒体的内容传输结束后，不会在用户硬盘中保存任何数据。

流媒体技术发端于美国，实际指的是一种新的媒体传送方式，而非一种新的媒体。流媒体技术全面应用后，人们在网上聊天可直接语音输入；如果想彼此看见对方的容貌、表情，只要双方各有一个摄像头就可以了；在网上看到感兴趣的商品，单击以后，讲解员和商品的影像就会跳出来；更有真实感的影像新闻也会出现。

流式传输方式是将整个 A/V 及 3D 等多媒体文件经过特殊的压缩方式分成一个个压缩包，由视频服务器向用户计算机连续、实时传送。在采用流式传输方式的系统中，用户不必像采用下载方式那样等到整个文件全部下载完毕，而是只将部分内容缓存，使流媒体数据流边传送边播放，这样就节省了下载等待时间和存储空间。此时多媒体文件的剩余部分将在后台的服务器内继续下载。

与单纯的下载方式相比，这种对多媒体文件边下载边播放的流式传输方式，不仅使启动延时大幅度地缩短，而且对系统缓存容量的需求也大大降低。

2. 流媒体系统概述

基于 Windows Media 技术的流式播放媒体系统通常由运行编码器的计算机、运行 Windows Media Services 的服务器和播放机组成。编码器允许将实况内容和预先录制的音频、视频和计算机屏幕图像转换为 Windows Media 格式。运行 Windows Media Services 的服务器名为 Windows Media 服务器，它允许通过网络分发内容。用户通过使用播放机接收分发的内容。流式媒体请求如图 12-1 所示。

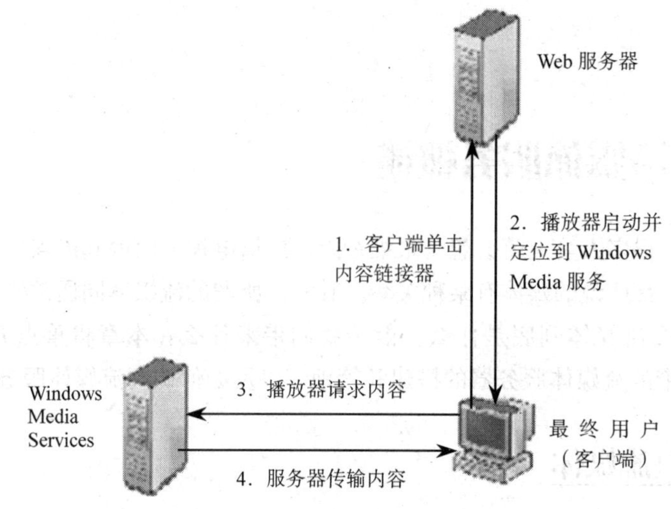

图 12-1　流式媒体请求示意图

通常情况下，用户通过在网页上单击链接来请求内容。Web 服务器将请求重新定向到 Windows Media 服务器，并在用户的计算机上打开播放机。此时，Web 服务器在流式播放媒体过程中不再充当角色，Windows Media 服务器与播放机建立直接连接，并开始直接向用户传输内容。

Windows Media 服务器可从多种不同的源接收内容，预先录制的内容可以存储在本地服务器上，也可以从联网的文件服务器上提取。实况事件则可以使用数字录制设备记录下来，经编码器处理后发送到 Windows Media 服务器进行广播。Windows Media Services 还可以重新广播从远程 Windows Media 服务器上的发布点传输过来的内容。

3. 常见的流媒体文件格式

到目前为止，Internet 上使用较多的流媒体文件格式主要有 Real Networks 公司的 Real Media 文件格式，Microsoft 公司的 Windows Media 文件格式和多用于专业领域的 Apple 公司的 QuickTime 文件格式，它们是网上流媒体文件格式的三大主流。

（1）Real Media 文件格式。

Real Media 文件格式是美国 Real Networks 公司的产品，Real Media 中包含 Real Audio（声音文件）、Real Video（视频文件）和 Real Flash（矢量动画）这 3 类文件。其中.ra 格式是流式音频 Real Audio 文件格式；.rm 格式则是流式视频 Real Video 文件格式，主要用来在低速率的网络上实时传输活动视频影像，可以根据网络数据传输速率的不同而采用不同的压缩比率，在数据传输过程中边下载边播放视频影像，从而实现影像数据的实时传送和播放。

Real Media 格式的文件，在客户端通常使用 RealPlayer 播放器进行播放。RealPlayer 播放器使用非常方便，是低配置用户的最好选择，已占领了半数以上的流媒体点播市场。

（2）Windows Media 文件格式。

Microsoft Media 技术的核心是 ASF（Advanced Stream Format，高级流格式），这是一种流行的网上流媒体格式。音频、视频、图像以及控制命令脚本等多媒体信息均可通过这种格式以网络数据包的形式传输，实现流式多媒体内容发布。

ASF 最大的优点是体积小，适合网络传输。它的使用与 Windows 操作系统是分不开的，其播放器 Microsoft Media Player 已经与 Windows 捆绑在一起，不仅用于 Web 方式播放，还可以用于在浏览器以外的地方来播放影音文件。

（3）QuickTime 文件格式。

QuickTime 的.qt 格式是 Apple 公司开发的一种音频、视频文件格式，用于保存音频和视频信息，具有先进的音频和视频功能，由所有主流计算机操作系统支持。

QuickTime 文件格式现在已经成为数字媒体领域的工业标准。它定义了存储数字媒体内容的标准方法，使用这种文件格式不仅可以存储单个的媒体内容，而且能保存对该媒体作品的完整描述。

QuickTime 文件格式支持 25 位彩色，支持 RLC、JPEG 等领先的集成压缩技术，提供 150 多种视频效果。但高清晰、高质量的画面往往就意味着更大的文件、更多的传输时间，因此，QuickTime 只能用在一些多媒体广告、产品演示、高清晰度影片等需要高清晰度表现画面的视频节目上。

除此之外，常见的流媒体文件格式还有：Flash 的.swf 格式、Metastream 的.mts 格式、Authorware 的.aam 多媒体教学课件格式等。

4. 流媒体协议

数据传输协议是指在两台设备之间传输数据的标准化格式。协议类型可以确定诸如错误检查方法、数据压缩方法以及文件结束确认之类的变量。如果所有的网络都是以同一方式构建的，并且所有网络软件和设备的行为都类似，那么只需要一种协议即可处理所有的数据传输需求。而现实中，Internet 是由数百万运行各种软硬件组合的不同网络组成的。因此，为了以可靠方式向客户端传输数字媒体内容，需要有一组设计良好的协议。下列协议可用于传输基于流媒体的内容。

（1）RTP。

RTP 是 Real-time Transport Protocol（实时传输协议）的简称，是用于 Internet 上针对多媒体数据流的一种传输协议。RTP 被定义为在一对一或一对多的传输情况下工作，其目的是提供时间信息和实现流同步。RTP 通常使用 UDP 来传送数据，但 RTP 也可以在 TCP 或 ATM 等其他协议之上工作。RTP 本身并不能为按顺序传送数据包提供可靠的传送机制，也不提供流量控制或拥塞控制，它依靠 RTCP 提供这些服务。

（2）RTCP。

RTCP 是 Real-time Transport Control Protocol（实时传输控制协议）的简称，它和 RTP 一起提供流量控制和拥塞控制服务。当应用程序开始一个 RTP 会话时将使用两个端口：一个给 RTP，一个给 RTCP。在 RTP 会话期间，各参与者周期性地传送 RTCP 包。RTCP 包中含有已发送数据包的数量、丢失数据包的数量等统计资料，因此，服务器可以利用这些信息动态地改变传输速率，甚至改变有效载荷类型。RTP 和 RTCP 配合使用，能以有效的反馈和最小的开销使传输效率最佳化，因而特别适合传送网上的实时数据。

（3）RTSP。

实时流式传输协议（Real Time Streaming Protocol，RTSP）是由 Real Networks 和 Netscape 共同提出的，该协议定义了一对多应用程序如何有效地通过 IP 网络传送多媒体数据。RTSP 在体系结构上位于 RTP 和 RTCP 之上，它使用 TCP 或 RTP 完成数据传输。

RTSP 提供了一个可扩展框架，使实时多媒体信息的受控和点播成为可能。

（4）MMS 协议。

Microsoft Media 服务器（MMS）协议是 Microsoft 为 Windows Media Services 的早期版本开发的专有流式媒体协议。在以单播流方式传递内容时，可以使用 MMS 协议。此协议支持快进、后退、暂停、启动和停止索引数字媒体文件等播放机控制操作。如果要支持使用 Windows Media Player 早期版本的客户端，需要使用 MMS 或 HTTP 协议满足其流请求。

（5）HTTP。

通过使用 HTTP（超文本传输协议）可以将内容从编码器传输到 Windows Media 服务器，在运行 Windows Media Services 的不同版本的计算机间或被防火墙隔开的计算机间分发流，以及从 Web 服务器上下载动态生成的播放列表。HTTP 对于通过防火墙接收流式内容的客户端特别有用，因为 HTTP 通常设置为使用端口 80，而大多数防火墙不回阻断该端口。

可以通过 HTTP 向所有 Windows Media Player 版本和其他 Windows Media 服务器传递流。如果客户端通过 HTTP 连接到服务器，那么就不会发生协议翻转。

Windows Media Services 使用 WMS HTTP 服务器控制协议插件控制基于 HTTP 的客户端连接。必须启用此插件才能允许 Windows Media Services 通过 HTTP 向客户端传输内容或从 Windows Media 编码器接收流。

在启动 WMS HTTP 服务器控制协议插件时，该插件会尝试绑定到 80 端口。如果另一个服务正在使用同一 IP 地址上的 80 端口，那么就不能启用该插件。

5. 流媒体技术的特点及主要应用

流媒体数据流具有 3 个特点：连续性（Continuous）、实时性（Real-time）、时序性，即其数据流具有严格的前后时序关系。

流媒体应用可以根据传输模式、实时性、交互性粗略地分为多种类型，常见的流媒体的应用主要有：视频点播（VOD）、视频广播、视频监视、视频会议、远程教学、交互式游戏等。

我国的 863 高科技研究计划“高性能信息示范网络 3 Tnet”中，明确提出要从宽带流媒体等典型业务入手，建立一个能适应 Internet TV 等媒体流实时传输的高性能、广域（城域）宽带演示验证网络 3 Tnet。除了宽带网络外，流媒体技术还可以广泛地应用于其他网络，例如无线流媒体传输是 3G 网络的主要应用之一。在 NGN 网络中，流媒体也扮演重要的角色。

总之，目前基于流媒体的应用非常多，发展非常快。丰富的流媒体应用对用户有很强的吸引力，在解决了制约流媒体的关键技术问题后，流媒体应用必然会成为未来网络的主流应用。

12.1.2　Windows Media 编码器

Windows Media 编码器是免费软件，目前有三种版本，简体中文版的安装程序可以在微软的 Windows Media 下载站点找到。使用 Windows Media 编码器，可以将文件扩展名为.wma、.wmv、.asf、.avi、.wav、.mpg、.mp3、.bmp 和.jpg 等的文件转换成为 Windows Media 服务使用的流文件。.asf、.wma 和.wmv 文件扩展名代表标准的 Windows Media 文件格式。其中的.asf 文件扩展名通常用于使用 Windows Media Tools 4.0 创建的基于 Microsoft Media 的内容。而.wma 和.wmv 文件扩展名是作为 Windows Media 编码器的标准命名约定引入的，目的是使用户能够容易区别纯音频文件和视频文件，这 3 种扩展名可以交换使用。

1. 安装 Windows Media 编码器

Windows Server 2003 中并没有自带 Windows Media 编码器，需要到 Microsoft 官方网站上下载 Windows Media 编码器的简体中文版，然后再执行安装过程。编码器既可以安装在 Windows Media 服务器上，同时也可以安装在其他计算机上，即编码器只需安装在执行编码工作的计算机上。

安装过程如下。

（1）双击运行下载的 Windows Media 编码器安装文件，显示安装向导对话框，如图 12-2 所示，在本安装向导中显示了可以安装的组件。

（2）单击“下一步”按钮，显示“许可协议”对话框，单击“我接受许可协议中的条款”单选项。选择完之后单击“下一步”按钮，显示“安装文件夹”对话框，在“安装文件夹”文本框中显示了 Windows Media 编码器将要安装的位置，单击“浏览”按钮可以选择其他的安装路径，如图 12-3 所示。

图 12-2　“Windows Media 编码器 9 系列安装”对话框

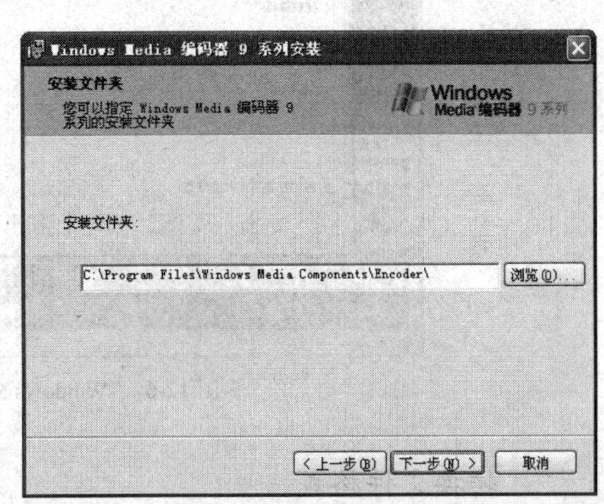

图 12-3　“安装文件夹”文本框

（3）单击“下一步”按钮，显示“准备安装”对话框，表示现在可以开始安装 Windows Media 服务了。如图 12-4 所示。单击“安装”按钮，安装文件开始向硬盘中复制文件，并进行 Windows Media 服务安装。

（4）安装完成后显示安装完成对话框，提示已经成功地完成 Windows Media 编码器 9 系列安装，单击“完成”按钮以完成安装，如图 12-5 所示。

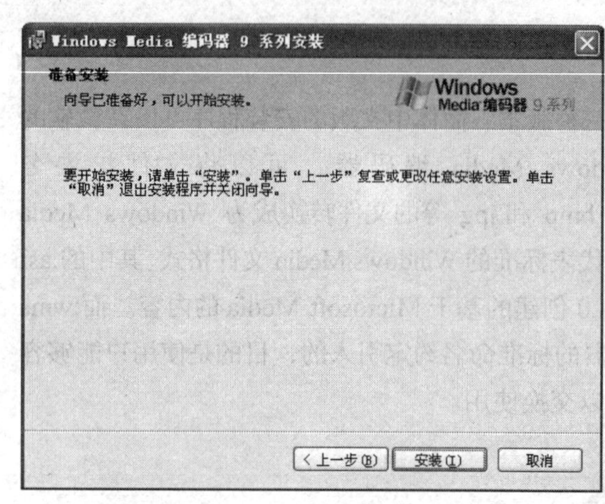

图 12-4 “准备安装”对话框

图 12-5 完成 Windows Media 编码器 9 系列安装

依次单击“开始”→“程序”→“Windows Media”→“Windows Media 编码器”选项，将会运行 Windows Media 编码器，并显示“Windows Media 编码器”窗口，如图 12-6 所示。

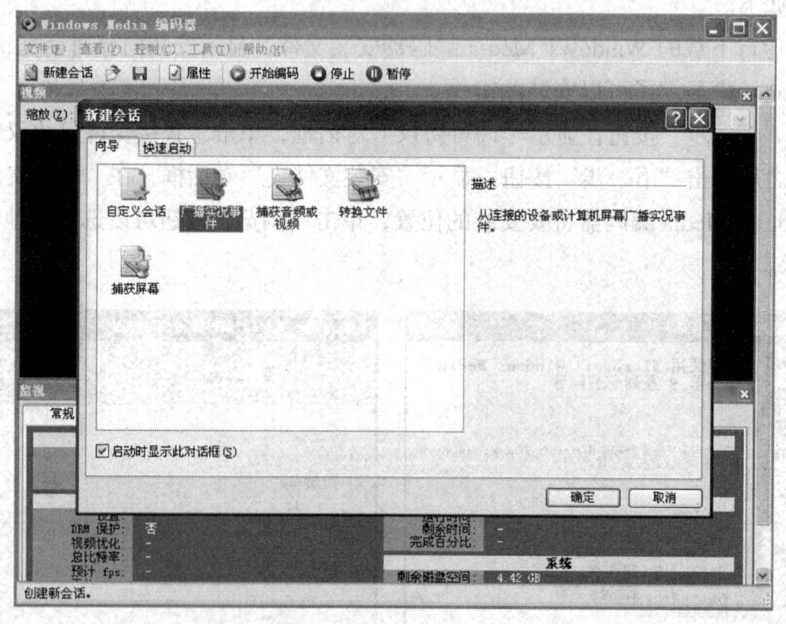

图 12-6 “Windows Media 编码器”窗口

2. 转换文件格式

转换文件格式的标准描述应当是“对存储信息源编码”，也就是将保存在硬盘或光盘上的多媒体文件转换为 Windows Media 服务可使用的流媒体文件格式，这个文件格式转换过程叫做编码。Windows Media 编码器可以将 MPG 和 AVI 格式的多媒体文件编码为 WMV 格式。

（1）依次单击“开始”→“程序”→“Windows Media”→“Windows Media 编码器”选项，将显示“新建会话”对话框。选择其中的“转换文件”图标，以准备转换视频文件，如图 12-7 所示。

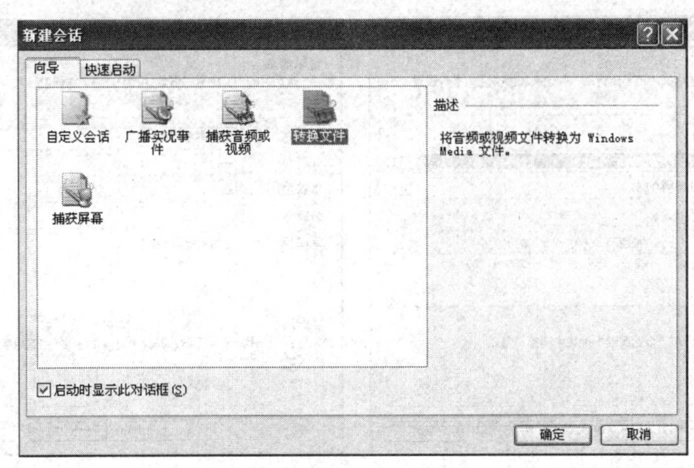

图 12-7　“新建会话”对话框

（2）单击“确定”按钮，显示 “新建会话向导”窗口。在“源文件”文本框中键入要转换文件所在的文件夹和文件名，或者单击“浏览”按钮查找要转换的文件。默认状态下，输出文件与源文件均保存在同一文件夹中，也可以重新指定保存的文件夹，如图 12-8 所示。

（3）单击“下一步”按钮，显示图 12-9 所示的“内容分发”对话框，以指定分发内容的方式。由于是为 Windows Media 服务制作节目，所以要选择“Windows Media 服务器（流式处理）”选项。

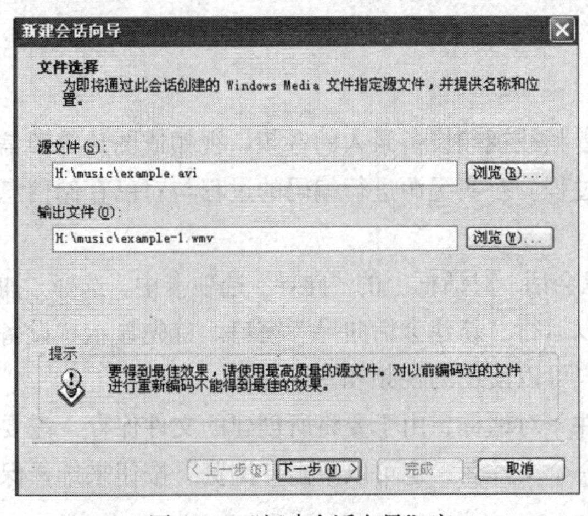

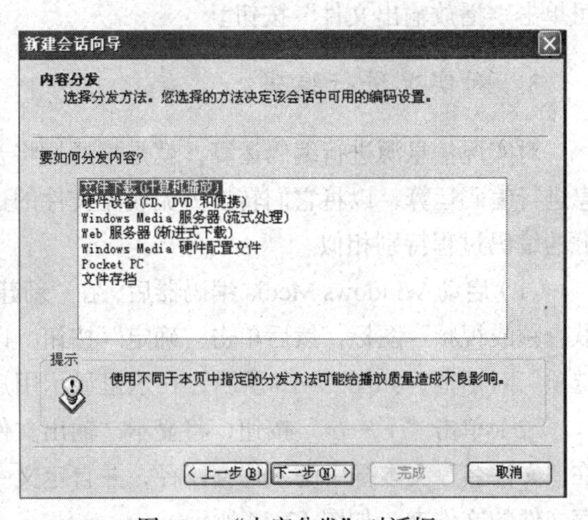

图 12-8　“新建会话向导”窗口　　　　图 12-9　“内容分发”对话框

（4）单击“下一步”按钮，显示图 12-10 所示的“编码选项”对话框，在这里可以指定音频和视频编码方式。如果该视频文件只被用于局域网或宽带传输，可选择高质量的视频和音频，并指定较高帧速率，从而获得清晰的图像和逼真的声音。当然，此时所占用的网络带宽也偏高，文件存储空间也就大。在这里每选中一个比特率就会生成一个相应的 WMV 文件，因此通常情况下只需选中一个比特率即可。

（5）单击“下一步”按钮，显示“显示信息”对话框，分别可以在相应的文本框中键入该视频文件的相关信息，如图 12-11 所示。

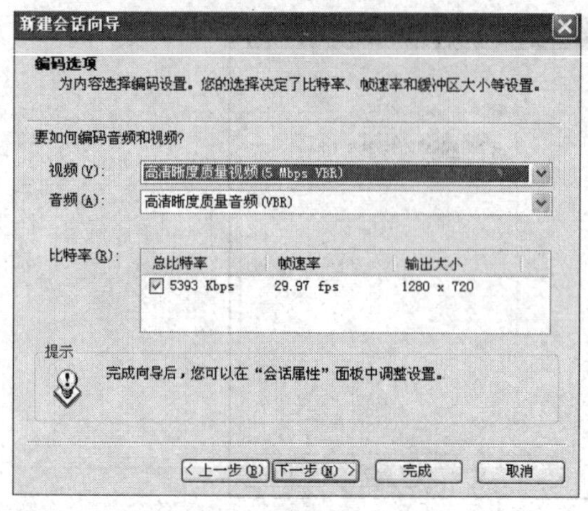

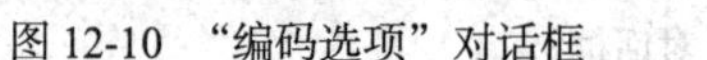
图 12-10 “编码选项”对话框

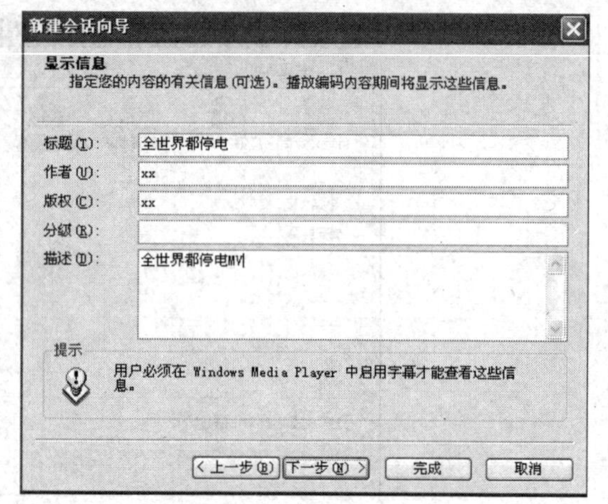

图 12-11 “显示信息”对话框

（6）单击“下一步”按钮，显示图 12-12 所示的“设置检查”对话框，在这里可以显示并检查该视频文件的相关信息。如果有任何错误，可以单击“上一步”按钮返回相关页面重新进行相关的设置。

（7）单击“完成”按钮，系统将开始文件格式的转换。这可能要花一段时间，需耐心等待。文件的格式转换完成后，显示“编码结果”对话框，单击“关闭”按钮，以结束格式转换过程。若要继续转换下一个视频文件，可单击其中的“新建会话”按钮。若要检查刚转换的视频文件，可单击“播放输出文件”按钮。

3. 对实况进行编码

对实况信息源进行编码运算，就是指通过将音频或视频设备录入的音频、视频或图片等源信息进行编码运算，以将它们转换为流或流文件的过程。对实况源进行编码的过程与对已存储信息源的编码过程特别相似。

（1）启动 Windows Media 编码器后，在“新建会话”对话框上的“向导”选项卡中，选择“捕获音频或视频”图标，然后单击“确定”按钮，以运行“新建会话向导”窗口。首先显示“设备选项”对话框，如图 12-13 所示，在这里显示用户可以使用的视频和音频设备。

（2）单击“下一步”按钮，将显示“输出文件”对话框，由于要将所创建的文件保存，需要在“文件名”文本框中键入保存路径，并自定义一个文件名，也可以单击“浏览”按钮来选择保存文件的文件夹，如图 12-14 所示。

（3）单击“下一步”按钮，将显示如图 12-15 所示的“内容分发”对话框，在“要如何分发内容”列表框中列出可以使用的分发方式。由于是对实况源进行流式处理，所以在这里应该选择“Windows Media 服务器”选项。

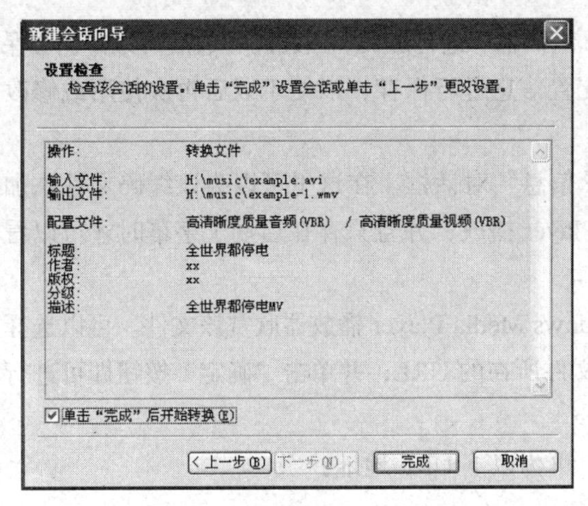

图 12-12　“设置检查”对话框

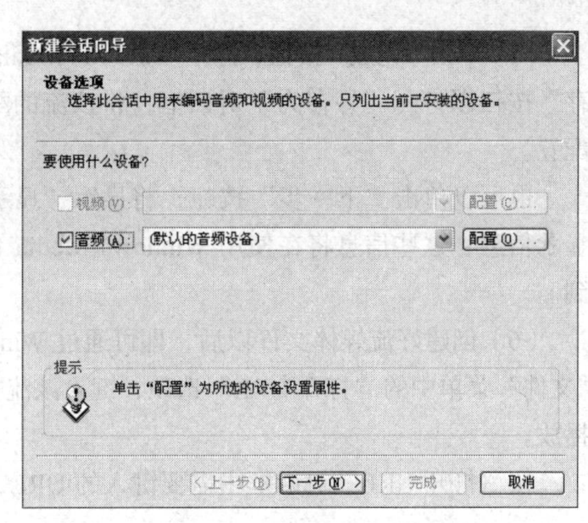

图 12-13　“设备选项”对话框

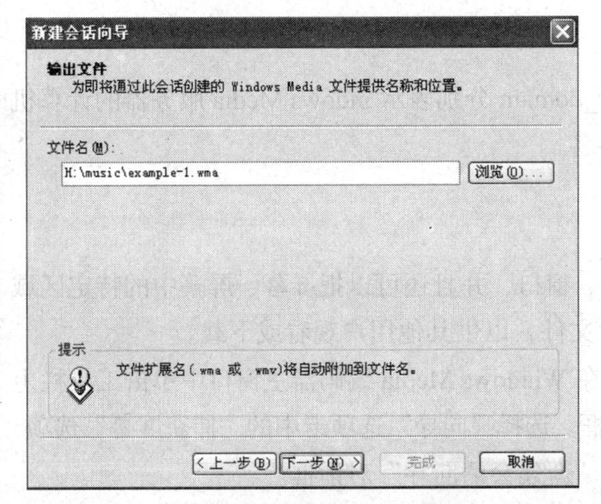

图 12-14　“输出文件”对话框

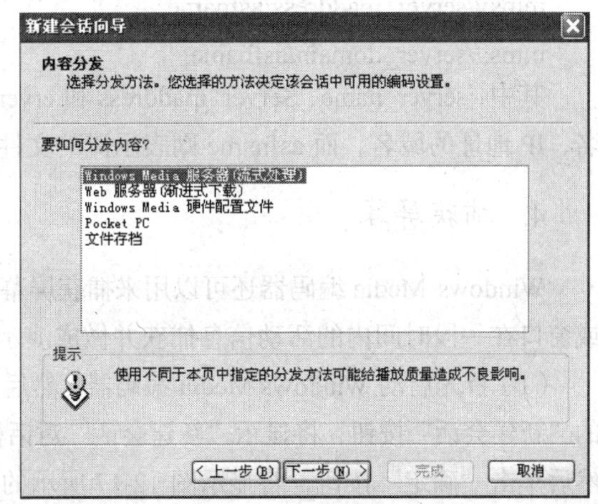

图 12-15　“内容分发”对话框

（4）单击“下一步”按钮，将显示图 12-16 所示的“编码选项”对话框。在这里显示了所选择的分发方式的编码设置，其中包括视频、音频和比特率等。如果用户不想使用这些默认设置，也可以进行修改。

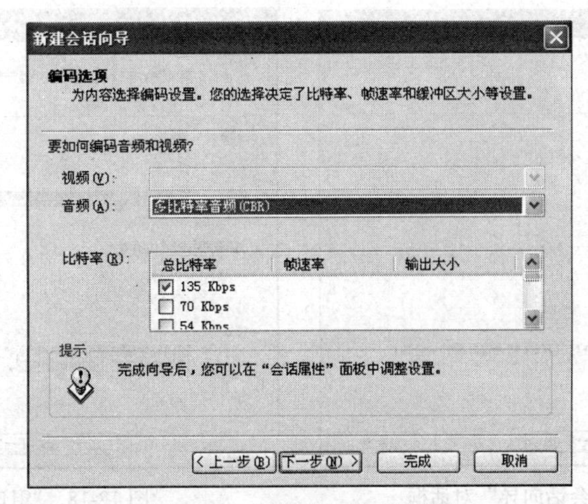

图 12-16　“编码选项”对话框

（5）单击“完成”按钮，打开 Windows Media 编码器”进行编码，当编码完成后可以单击“保存”按钮以打开“另存为”对话框，将该流的配置信息进行保存，以便于以后再次使用或修改配置。

也可以单击“下一步”按钮，将显示“显示信息”对话框。在这里可以为该编码文件添加显示信息，这些信息将在使用 Windows Media Player 播放，并且只存在启动了字幕时才可以看到。

（6）创建好流媒体文件以后，即可通过 Windows Media P!ayer 播放器欣赏该文件。可以选择“文件”菜单中的“打开 URL”选项，键入该流文件所在的 URL，并单击“确定”按钮即可进行播放。

在“打开 URL”对话框中需要键入的 URL，可为以下 URL 地址：

mms://server_name/asfname

mms://server_ipaddress/asfname

mms://server_domain/asfname

其中，server_name、Server_ipaddress 和 erver_domain 分别表示 indows Media 服务器的计算机名、IP 地址的域名，而 asfname 则表示流的文件名。

4. 捕获屏幕

Windows Media 编码器还可以用来捕获屏幕、窗口，并且还可以把屏幕、屏幕中的特定区域或窗口在一段时间内的活动信息捕获并做成演示文件，以供其他用户观看或下载。

（1）首先启动 Windows Media 编码器，然后在 Windows Media 编码器主窗口中单击工具栏上的“新建会话”按钮，将显示“新建会话”对话框。选择“向导”选项卡中的“捕获屏幕”选项，然后单击“确定”按钮，将显示图 12-17 所示的“新建会话向导”对话框。

（2）在该对话框中列出了可以捕获的 3 种方式，即特定窗口、屏幕区域和整个屏幕。选择其中的“特定窗口”选项，然后单击“下一步”按钮，将显示“窗口选择”对话框，如图 12-18 所示。在该对话框的“窗口”下拉列表中列出了当前所有的活动窗口，用户可以根据需要来选择一个要捕获的窗口。

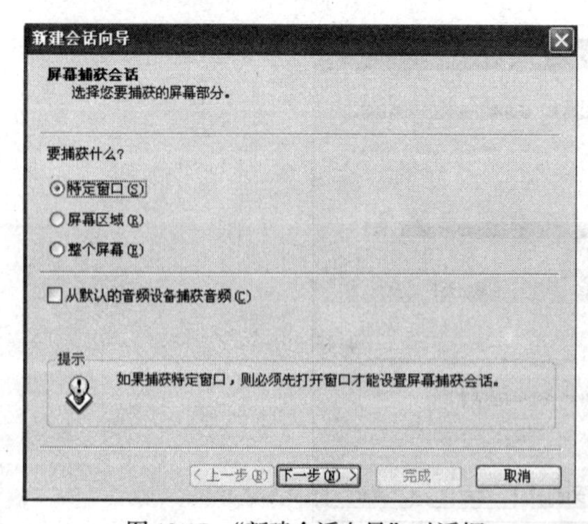

图 12-17 “新建会话向导”对话框

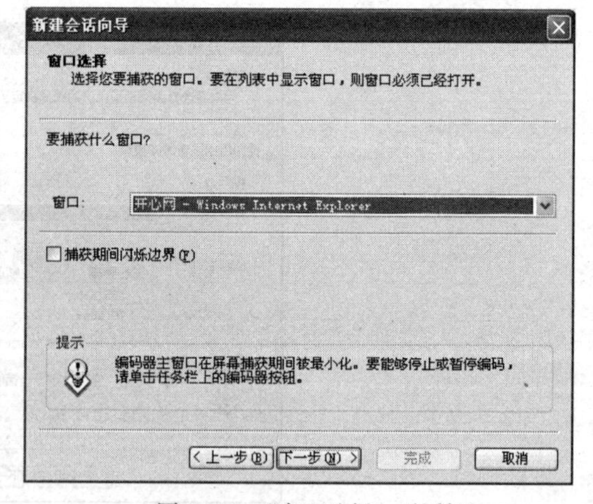

图 12-18 “窗口选择”对话框

如果在“屏幕捕获会话”对话框中选择了“屏幕区域”选项，单击“下一步”按钮后将显示“屏幕区域”对话框，如图 12-19 所示，这时可以在坐标框中输入屏幕区域的位置。如果为了方便，还可以单击屏幕区域选择按钮，然后在要捕获的屏幕区域上拖动鼠标指针来选择屏幕区域。然后在捕获屏幕时，Windows Media 编码器主窗口会被最小化，并且不会同时被捕获。

如果选择的是“整个屏幕”选项，就会把整个屏幕的活动信息全部捕获下来，并做成相应的流文件。

（3）选择完捕获方式后单击“下一步”按钮，将显示“输出文件”对话框，用户可以为即将创建的 Windows Media 文件设置名称和存储位置，如图 12-20 所示。

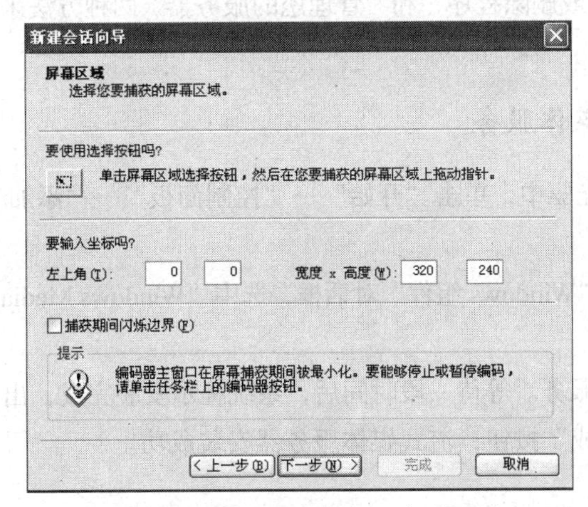

图 12-19　“屏幕区域”对话框

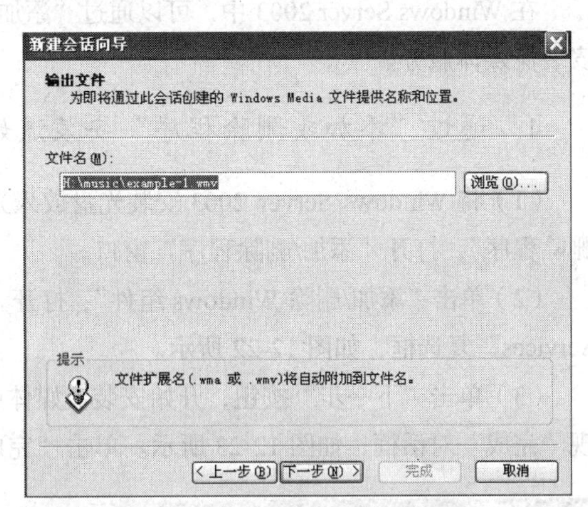

图 12-20　“输出文件”对话框

（4）选择完捕获方式后单击“下一步”按钮，将显示如图 12-21 所示的“设置选择”对话框。在这里，要求用户根据输入文件大小和质量之间的平衡来进行选择。

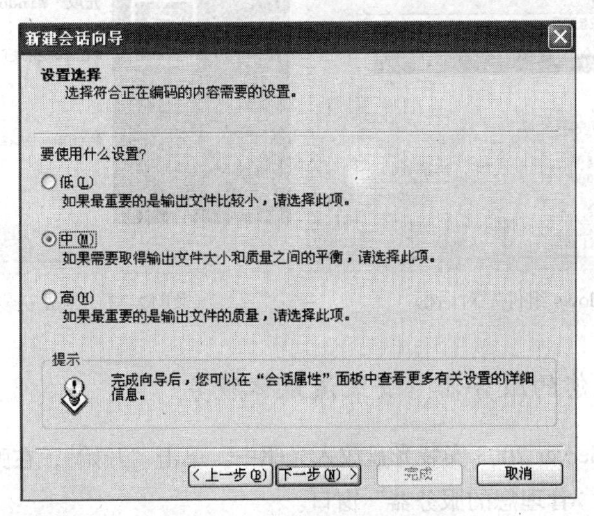

图 12-21　“设置选择”对话框

（5）单击“下一步”按钮，将显示“显示信息”对话框，这与存储信息源和实况源的编码操作步骤类似，单击“完成”按钮即可开始进行编码。如果不想设置完成后就立即进行编码，可以取消“设置检查”对话框中的“单击‘完成’后开始捕获”选项，然后单击“完成”按钮，并在编码器主窗口中进行相应的修改。

12.2 安装和配置流媒体服务器

12.2.1 流媒体服务器的安装

在 Windows Server 2003 中，可以通过“添加或删除程序”和“管理您的服务器”两种方法来安装流媒体服务。

1. 通过“添加或删除程序”安装流媒体服务

（1）将 Windows Server 2003 安装光盘放入光驱中，单击“开始”→“控制面板”→“添加/删除程序”，打开“添加/删除程序”窗口。

（2）单击“添加/删除 Windows 组件”，打开“Windows 组件”对话框，选中“Windows Media Services”复选框，如图 12-22 所示。

（3）单击“下一步”按钮，开始安装流媒体服务。等待一段时间后，系统提示安装完成，出现“完成”对话框，如图 12-23 所示。单击“完成”按钮，流式媒体服务器安装成功。

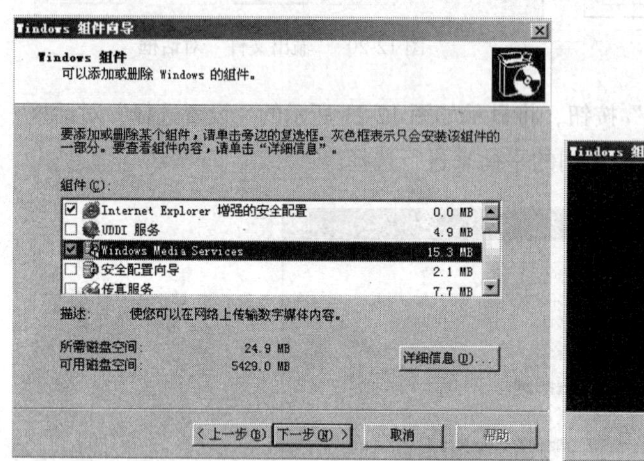

图 12-22 “Windows 组件”对话框

图 12-23 完成安装流媒体服务器

2. 通过“管理您的服务器”安装流媒体服务

（1）将 Windows Server 2003 安装光盘放入光驱中，单击“开始”，在弹出的菜单中选择“管理您的服务器”，打开“管理您的服务器”窗口。

（2）选择“添加/删除角色”，出现“预备步骤”对话框，按要求进行相关准备工作。

（3）单击“下一步”按钮，打开“服务器角色”对话框，选择“流式媒体服务器”，如图 12-24 所示。

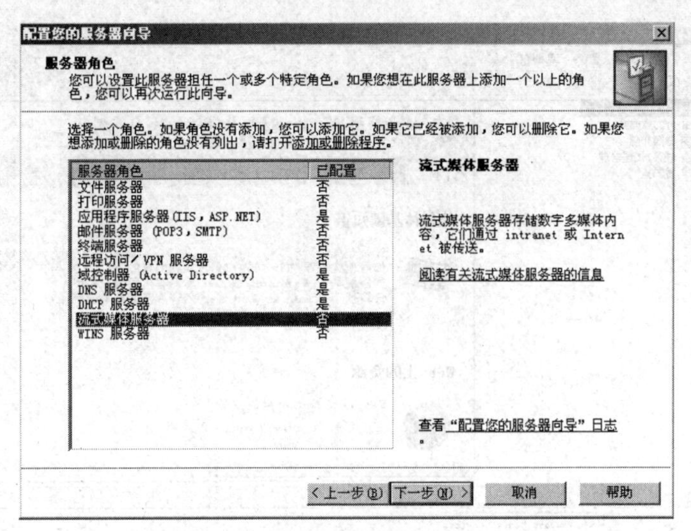

图 12-24　配置你的服务器向导——服务器角色

（4）单击“下一步”按钮，出现“选择总结”对话框，如图 12-25 所示；单击“下一步”按钮，开始安装流式媒体服务器。等待一段时间后，系统提示安装完成，出现“完成”对话框，单击“完成”按钮，流式媒体服务器安装成功。

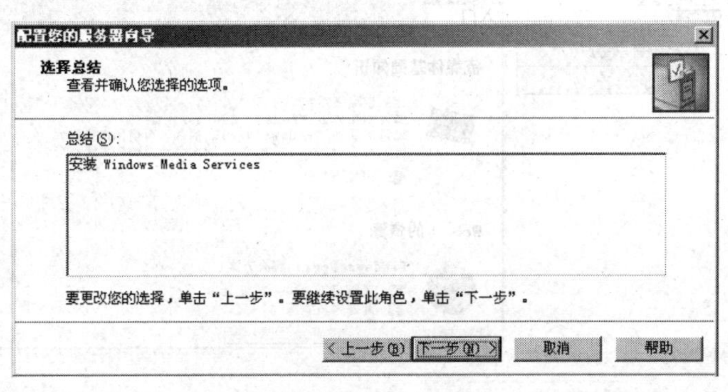

图 12-25　配置您的服务器向导——选择总结

12.2.2　流媒体服务的管理

Windows Server 2003 支持创建点播和广播流媒体服务器，为了使客户端能够连接到流媒体服务器并播放多媒体文件，需要创建流媒体发布点，以实现对流媒体文件最大的控制。

1. 创建流媒体发布点

（1）单击“开始”菜单，在弹出的快捷菜单中依次选择“管理工具”和“Windows Media Services”，打开 Windows Media Services 管理控制台，如图 12-26 所示。

（2）右击“发布点”，在弹出的菜单中选择“添加发布点（高级）”命令，如图 12-27 所示。

（3）在打开的“添加发布点”对话框中设置发布点类型（此处选择“广播”）、发布点名称和内容的位置（多媒体文件的位置），如图 12-28 所示。

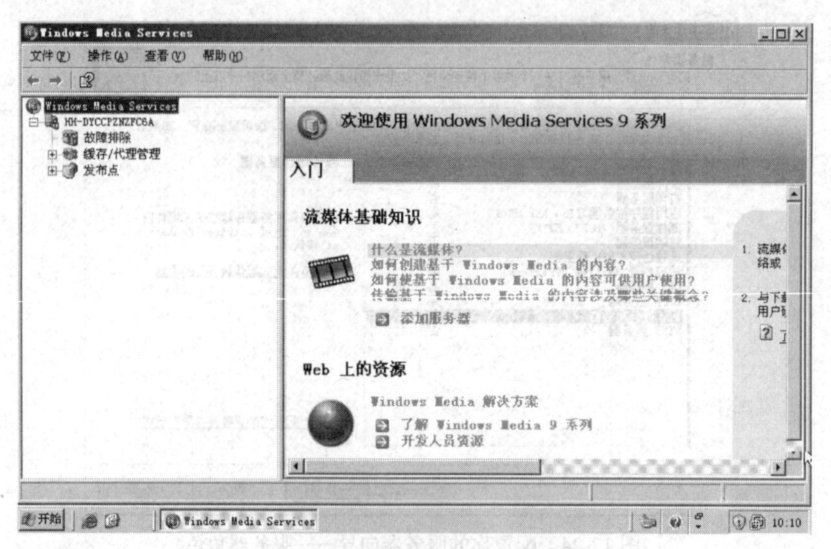

图 12-26　Windows Media Services 管理控制台

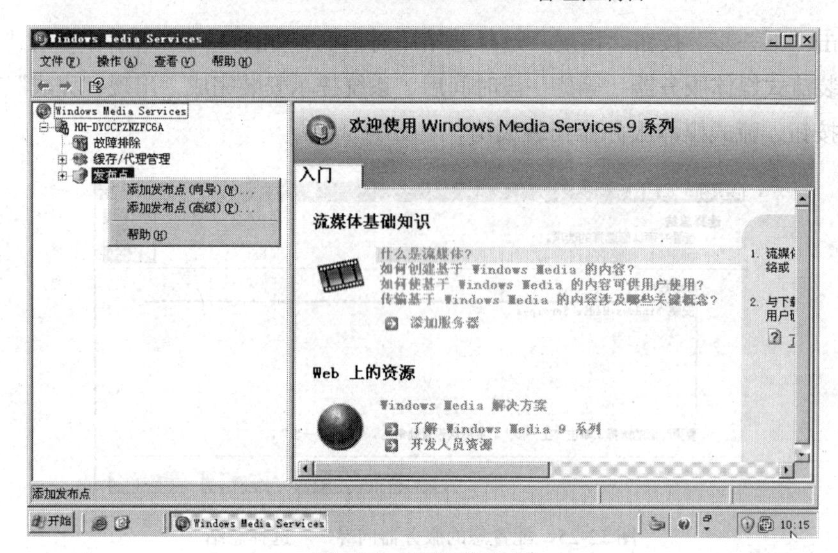

图 12-27　添加发布点

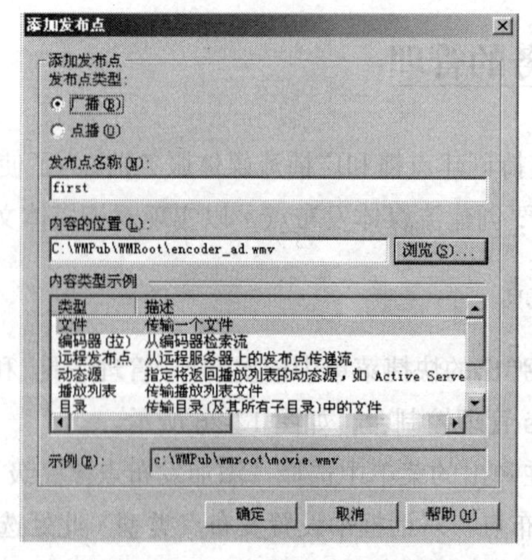

图 12-28　“添加发布点”对话框

（4）单击“确定”按钮，返回 Windows Media Services 管理控制台，流媒体发布点创建成功。

创建点播发布点和创建广播发布点的过程大同小异，只需在选择发布点类型时选择“点播”发布点即可，如图 12-28 所示。

2. 管理流媒体服务器

单击新创建的发布点 first，在右侧的控制台窗口中将出现配置发布点的选项卡。

（1）设置发布点监视标签。

单击“监视”标签，可以查看有关发布点的信息，包括发布点的连接限制、带宽限制以及信息的刷新频率等，如图 12-29 所示。

图 12-29　配置发布点选项卡——“监视”标签

单击“刷新率”选项的向上或者向下箭头可以降低或提高选项卡的刷新频率。在“监视”标签最下方有 9 个按钮，分别是“启动发布点”、“停止发布点”、“允许新的单播连接”、“拒绝新的单播连接”、“断开所有客户端连接”、“重置所有计数器”、“查看性能监视器”和“帮助”，单击这些按钮，可以对发布点及“监视”标签做相应的设置。

（2）新建播放列表。

单击“源”标签的“更改”按钮，可以修改多媒体文件的类型和位置，如图 12-30 所示。在“源”标签最下方，也有 7 个按钮，分别是“启动发布点”、“停止发布点”、“开始存档”、“停止存档”、“查看播放列表编辑器”、“测试流”和“帮助”。

单击“查看播放列表编辑器”按钮，打开“播放列表”对话框，如图 12-31 所示。此处选择“新建一个新的播放列表”单选按钮。单击“确定”按钮，弹出“Windows Media 播放列表编辑器——新建播放列表”对话框，如图 12-32 所示。

图 12-30 “源”标签

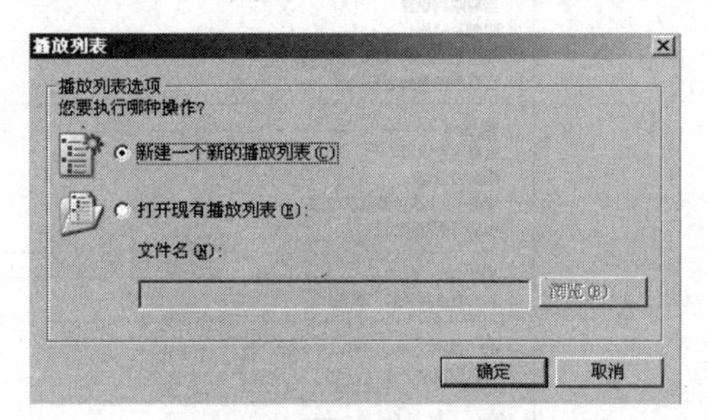

图 12-31 “播放列表”对话框

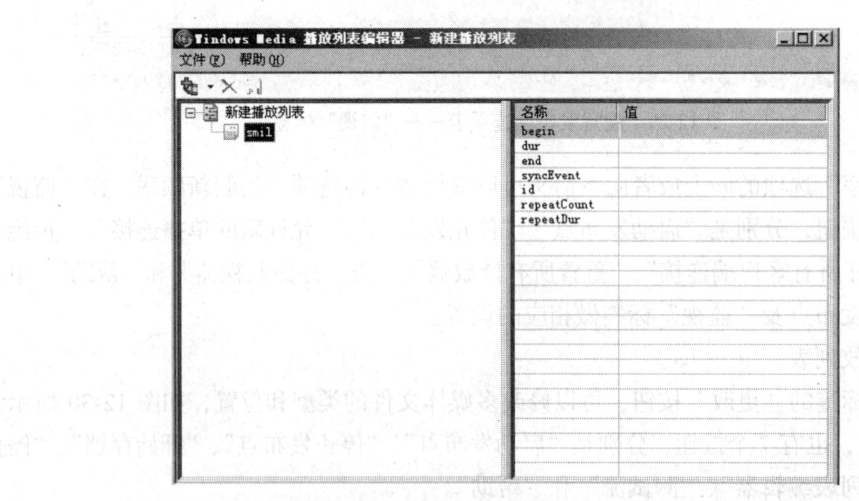

图 12-32 “新建播放列表”对话框

右击“smil”，在弹出的快捷菜单中选择“添加媒体”，打开“添加媒体元素”对话框，如图12-33 所示。单击“浏览”按钮选择要添加到播放列表中的流媒体文件，选定后单击“添加”按钮，将其添加到播放列表中，全部添加完成后单击“确定”按钮，完成媒体元素的添加。另外，右键单击“smil”，选择“添加广告”，还可以在播放列表中加入广告。

添加完毕后，单击“文件”，选择“保存”或“另存为”对话框，如图 12-34 所示，在“文件名”处输入播放列表文件名称，单击“保存”，完成播放列表的创建。

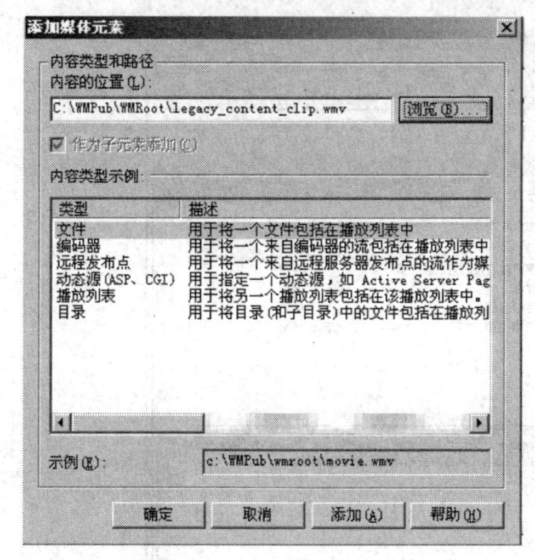

图 12-33 “添加媒体元素”对话框

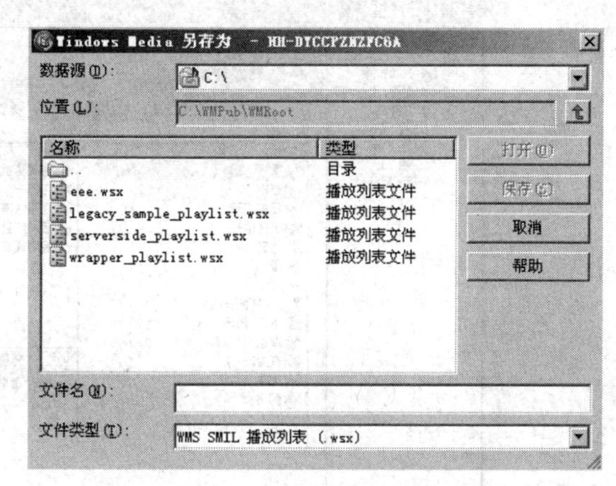

图 12-34 保存播放列表文件

（3）设置发布点公告标签。

单击“公告”标签，可以看到客户端连接此流媒体服务器播放多媒体文件时使用的 URL，如图 12-35 所示。

（4）设置发布点属性。

单击“属性”标签，可以详细设置发布点的各项属性，如图 12-36 所示。

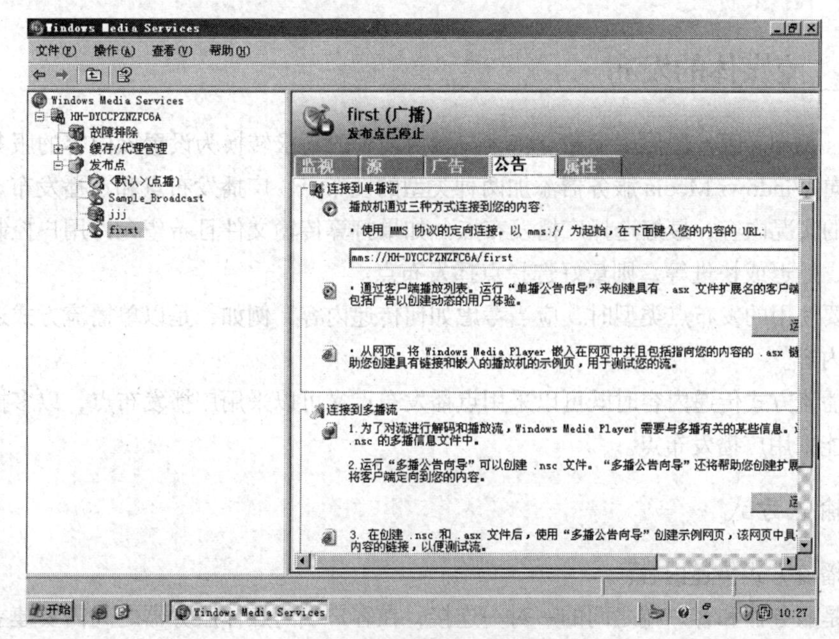

图 12-35 “公告”标签

“属性”左侧窗口为类别，右侧上方窗口为相应类别的插件，右侧下方窗口为相应插件的详细描述。单击左侧窗口中的类别，并选中右侧上方窗口中该类别的插件，就可以在右侧下方窗口中看到该插件的详细介绍。可以在对应插件上右击鼠标，对其进行相应的设置；也可以单击最下方的“启用”、“禁用”、“删除插件”、“复制插件”和“查看属性”等按钮进行设置。

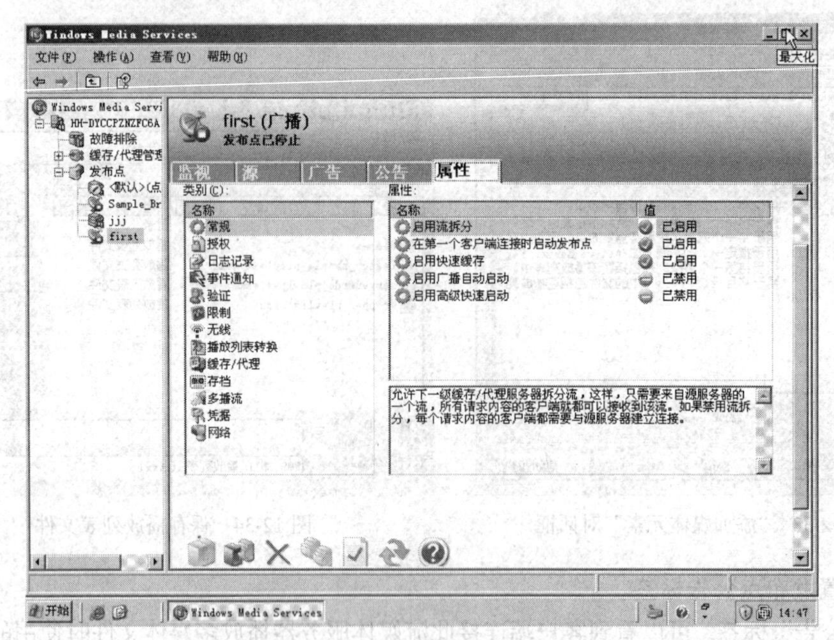

图 12-36　设置发布点属性

12.3　流媒体的发布与测试

12.3.1　流媒体的发布

Windows Media 服务器使用发布点将客户端对内容的请求转换为设置该内容的服务器的物理路径。可以向 Windows Media 服务器添加两种类型的发布点：广播发布点和点播发布点。如果要传输编码器的实况内容，最好选择广播发布点。如果打算传输文件且希望允许用户控制内容的播放，如暂停、后退或快进等，则最好选择点播发布点。

在选择要使用的发布点类型时，应当考虑如何传递内容，例如，是以单播流方式还是以多播流方式传递内容。

利用单播流方式传递内容时既可以采用点播发布点又可以采用广播发布点，以多播流方式传递内容时只能采用广播发布点。

1. 传输点方式

（1）单播流方式传递内容。

单播流是服务器和客户端之间的一对一连接，在客户端与媒体服务器之间需要建立一个单独的数据通道，从一台服务器送出的每个数据包只能传送给一个客户机。每个用户必须分别对媒体服务器发送单独的请求，而流媒体服务器必须向每个用户发送其申请的数据包，这意味着每个客户端都接收不同的流且只有那些请求流的客户端才接收流。

单播流式传输是 Windows Media 服务器用来传递内容的默认方法，它由 WMS 单播数据写入器插件自动启用，在默认情况下处于启用状态。

单播一般用于广域网的流媒体传输。

（2）多播流方式传递内容。

多播流是指 Windows Media 服务器和接收流的客户端之间是一对多关系。利用多播流，服务器向网络上的一个多播 IP 地址传输，客户端通过向该 IP 地址订阅来接收流。单台服务器能够对几十万台客户机同时发送连续数据流而没有时间延迟。流媒体服务器只需要发送一个数据包，而不是多个。所有发出请求的客户端共享同一数据包。

多播流方式不会多次复制数据包，也不会将数据包发送给不需要它的用户，这样可以减少网络上传输信息包的总量，使网络利用效率大大提高，成本也大为下降。多播流一般只能用于局域网或专用网段内。

2. 发布点类型

（1）点播。

点播连接是客户端与服务器之间的主动的连接，即客户端主动连接服务器。在点播连接中，用户通过选择内容项目来初始化客户端连接，用户可以开始、停止、后退、快进或暂停流。点播连接提供了对流的最大控制，但这种方式由于每个客户端都会各自连接服务器，占用的网络带宽比较多。

（2）广播。

广播指的是用户被动接收流，由流媒体服务器送出流媒体数据。在广播过程中，客户端可以接收流，但不能控制流。例如，用户不能暂停、快进或后退该流。使用单播方式发送时，数据包被多次复制，以多个点对点的方式分别发送到需要它的用户；而广播方式中，数据包的单独一个拷贝将发送给网络上的所有用户。单播和广播这两种方式都非常浪费网络带宽。

为了方便用户连接流媒体服务器点播观看多媒体文件，通常以网站的形式发布流媒体。

12.3.2　流媒体的测试

在 Windows Server 2003 系统中安装流媒体服务 Windows Media Services 以后，用户可以测试流媒体能不能被正常播放，以便验证流媒体服务器是否运行正常。测试流媒体服务器的步骤如下所述：

（1）在“开始”菜单中依次单击“管理工具”→Windows Media Services 菜单项，打开 Windows Media Services 窗口。

（2）在左侧窗口中依次展开服务器和“发布点”目录，选中“first”发布点，在右侧窗口中切换到“源”选项卡。在“源”选项卡中单击“允许新的单播连接”按钮以接受单播连接请求，然后单击“测试流”按钮，如图 12-37 所示。

图 12-37 单击"测试流"按钮

（3）打开"测试流"窗口，在窗口内嵌的 Windows Media Player 播放器中将自动播放测试用的流媒体文件。如果能够正常播放，则说明流媒体服务器运行正常。单击"退出"按钮关闭"测试流"窗口，如图 12-38 所示。

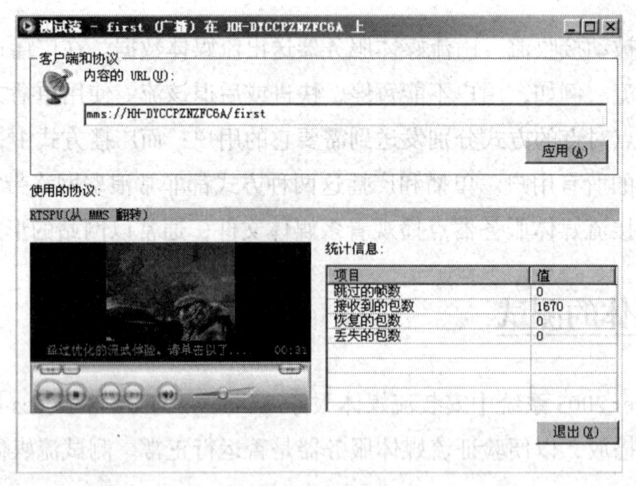

图 12-38 "测试流"窗口

如果知道流媒体服务器上发布多媒体文件的 URL，也可以在 Windows Media Player 中测试流媒体服务，步骤如下。

（1）打开 Windows Media Player 播放器，如图 12-39 所示。单击"文件"，在弹出的菜单中选择"打开 URL"命令。

（2）在打开的“打开 URL 对话框中输入指定多媒体文件的 URL”，如图 12-40 所示。

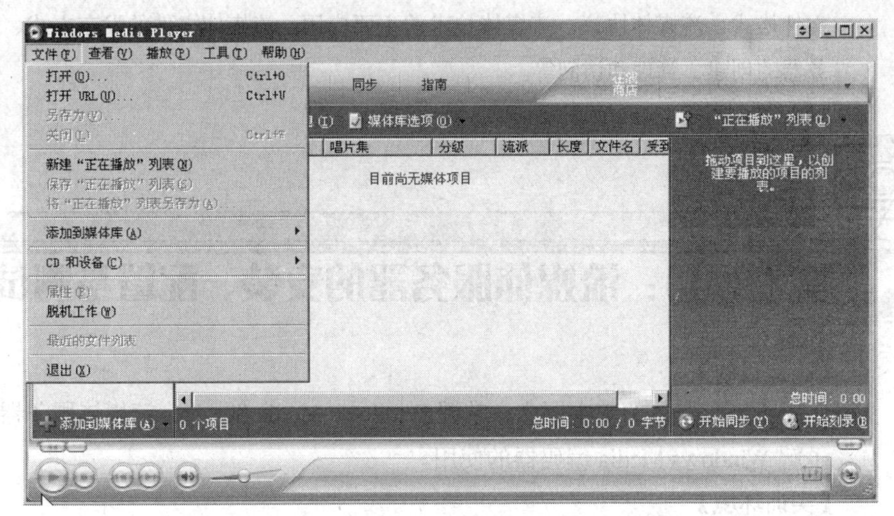

图 12-39　Windows Media Player 播放器

（3）单击“确定”按钮，即可连接到流媒体服务器指定的多媒体文件。

讨论。

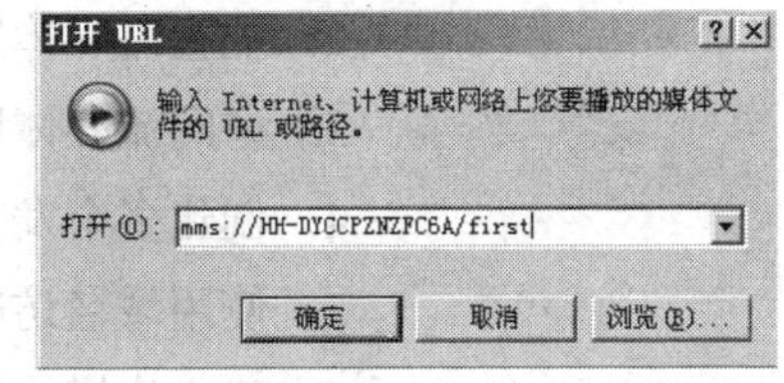

图 12-40　连接到指定的 URL

对于“点播”方式的发布点，用户可以在“打开 URL”对话框中输入以下地址连接到流媒体服务器：

（1）mms://服务标识/发布点名（请求发布点的所有内容组成的一个流）；

（2）mms://服务标识/发布点名/文件名（请求指定的媒体文件或播放列表）；

（3）mms://服务标识/发布点名/文件名通配符（请求特定类型文件所示）。

对于“广播—单播”方式的发布点，用户只能输入“<协议>://服务器标识（服务器名、IP 地址或域名）/发布点名称”形式的地址。

对于“广播—多播”方式的发布点，用户只能输入“http://服务标识（服务器名、IP 地址或域名）/公告文件名.asx 或多播信息文件名.nsc”形式的地址。

另外用户也可以在 Web 浏览器中输入“带有嵌入的播放机和指向该内容的链接的网页”网址（如 http://192.168.0.1/movie.htm）来播放流媒体文件，前提条件是 Movie.htm 文件事先放在 Web 站点的主目录中。

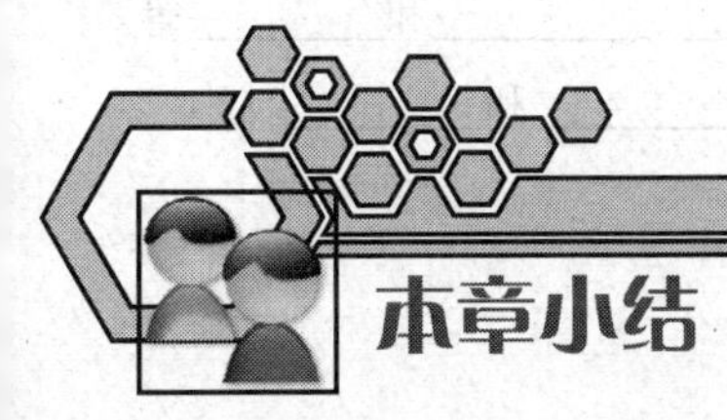

本章小结

本章详细介绍了流媒体的概念、流媒体服务器的安装和配置以及流媒体的发布和测试。通过本章的学习，应该对流媒体的相关知识有一定的了解，包括常见的流媒体文件格式、流媒体协议、流媒体技术的主要应用、流媒体文件的发布方式、流媒体服务器的创建、管理和访问等。

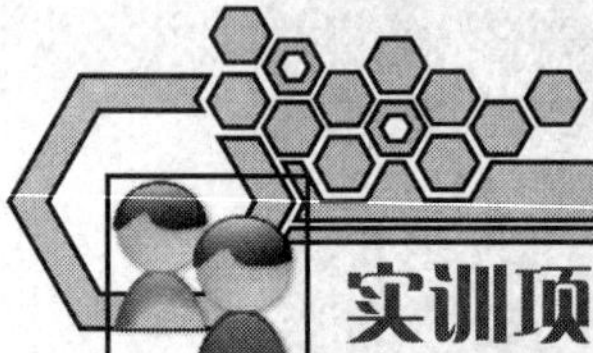

实训项目：流媒体服务器的安装、配置与测试实训

【实训目的】

了解流媒体的基本概念；掌握 Windows Media Services 流媒体服务器的配置；了解 Windows Media 编码器的使用。

【实训环境】

装有 Windows Server 2003 操作系统的 PC 机、局域网环境。

【实训内容】

1．Windows Media Services 的安装。

2．配置流媒体服务器。

3．访问流媒体服务器。

4．创建多个发布点。

5．使用域名访问流媒体服务器。

6．建立流媒体链接网站。

习题

1．填空题

（1）常用的流媒体文件格式有________、________和________，其中________格式文件体积最小，________格式播放质量最好。

（2）流媒体的发布方式主要有________、________、________和________。

（3）流媒体服务采用的协议主要有________、________、________和________等。

（4）流媒体的典型应用是________，常用工作方式是________和________。

2．选择题

（1）以下关于流媒体说法正确的是（　　）

A．只有视频才有流媒体

B．多媒体与流媒体是同时发展的

C．流媒体指在因特网或者局域网中使用流式传输技术，由媒体服务器向用户实时

传送音频或多媒体文件

D．多媒体就是流媒体

（2）流媒体作品的播放方式是（　　）

A．下载　　B．流式传输

C．下载与流式（即时）传输　　D．视频点播

3．思考题

（1）与传统的多媒体传播方式相比较，流媒体服务有哪些优点？

（2）什么是播放列表？简要说明如何创建播放列表。

（3）说明流媒体的 4 种发布方式各自的优缺点，指出其适用范围分别是什么？为什么？

第13章 VPN服务

13.1 VPN概述

随着通信技术和计算机网络技术的飞速发展，Internet 日益成为信息交换的主要手段。同时，随着企业网应用的不断扩大，企业网逐渐从一个本地区的网络发展到一个跨地区、跨城市甚至跨国家的网络。采用传统的广域网建立企业专用网，需要租用昂贵的跨地区数字专线。如果企业的信息要通过公众信息网进行传输，在安全性上也存在着很多问题，而使用 VPN 组网技术则可以很好地解决这些问题。

13.1.1 VPN的基本概念

VPN（Virtual Private Network）技术即虚拟专用网技术，它是通过 ISP（Internet 服务提供商）和其他 NSP（网络服务提供商）在公用网络中建立专用的数据通信网络技术。虚拟是指用户不必拥有实际的长途数据线路，而是使用 Internet 公众数据网络的长途数据线路。专用网络是指用户可以制定一个最符合自己需求的网络。在虚拟专用网中，任意两个节点之间的连接并没有传统专用网所需的端到端的物理链路，数据通过安全的加密管道在公共网络中传播。虚拟专用网可以实现不同网络的组件和资源之间的相互连接，能够利用 Internet 或其他公共互联网络的基础设施为用户创建隧道，并提供与专用网络相同的安全和功能保障。

典型的 VPN 应用如图 13-1 所示。VPN 客户机可以利用电话线路或者 LAN 接入本地的 Internet。当数据在 Internet 上传输时，利用 VPN 协议对数据进行加密和鉴别，这样 VPN 客户机和服务器之间经过 Internet 的传输好像是在一个安全的“隧道”中进行。通过“隧道”建立的连接就像建立的专门的网络连接一样，这就是虚拟专用网的含义。

VPN 技术就是在网络层对数据进行加密的一种技术，称为隧道方式的加密和鉴别技术。VPN 使用隧道协议来加密数据。

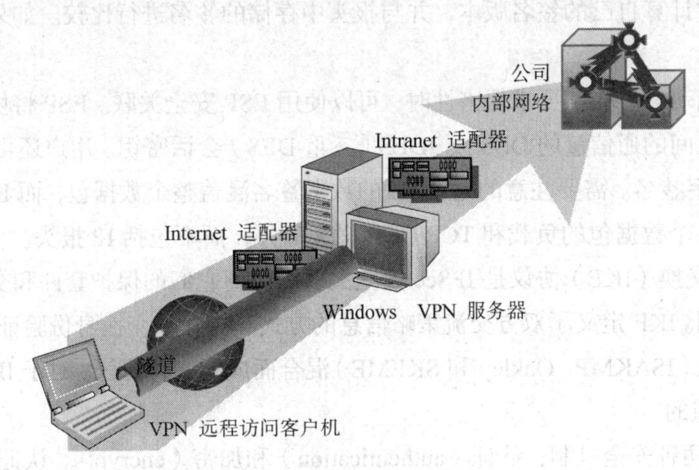

图 13-1　VPN 服务原理

13.1.2　VPN 的隧道协议

网络隧道（Tunnelling）技术是 VPN 的核心技术，主要利用网络隧道协议来实现两个网络协议之间的传输，网络隧道技术涉及了三种网络协议：网络隧道协议、隧道协议下面的承载协议和隧道协议所承载的被承载协议。现有两种类型的隧道协议，一种是二层隧道协议，用于传输二层网络协议，主要应用于构建 Access VPN；另一种是三层隧道协议，用于传输三层网络协议，主要应用于构建 Intranet VPN 和 Extranet VPN。

二层隧道协议现阶段主要有两种：第一种是微软、Ascend、3COM 等公司支持的 PPTP（Point to Point Tunnelling Protocol，点对点隧道协议）；第二种是由 IETF 起草，微软、Ascend、Cisco、3COM 等公司参与的 L2TP（Layer 2 Tunnelling Protocol，二层隧道协议），由于此协议的优良特性，所以很快就成为 IETF 有关二层隧道协议的工业标准。

三层隧道协议用于传输第三层网络的协议。三层隧道协议并非是一种很新的技术，早已出现的 RFC1701 Generic Routing Encapsulation（GRE）协议就是个三层隧道协议。新出来的 IETF 的 IP 层加密标准协议 IPSec 协议也是个三层隧道协议。

13.1.3　IPSec 信道模式

IPSec 协议不是一个单独的协议，它给出了应用于 IP 层上网络数据安全的一整套体系结构，包括网络安全协议 AH（Authentication Header）协议和 ESP（Encapsulating Security Payload）协议、密钥管理协议 IKE（Internet Key Exchange）协议和用于网络验证及加密的一些算法等。IPSec 规定了如何在对等层之间选择安全协议、确定安全算法和密钥交换，向上提供了访问控制、数据源验证、数据加密等网络安全服务。

AH（身份验证报头）：当只要求完整性而不要求机密性时，AH 安全关联会很有用。AH 计算整个数据包（包括含有源和目标地址的 IP 报头）的 SHA1 或 MD5 数字签名，然后将此签名添加到数据包。接收方计算自己的签名版本，并与报头中存储的签名进行比较。如果匹配，则说明数据包没有被修改。

ESP（安全载荷封装）：在要求保密性时，可以使用 ESP 安全关联。ESP 将协商双方之间交换的用于加密它们之间的通信量的 DES 或 3DES（三重 DES）会话密钥。用户还可以在 ESP 中指定 SHA1 或 MD5 数字签名。需要注意的是：AH 的数字签名涵盖整个数据包，而 ESP 加密计算和签名计算都只包括各个数据包的负载和 TCP/UDP 报头部分，而不包括 IP 报头。

Internet 密钥交换（IKE）协议是 IPSec 安全关联在协商它们的保护套件和交换签名或加密密钥时所遵循的机制。IKE 定义了双方交流策略信息的方式和构建并交换身份验证消息的方式。IKE 是由另外 3 种协议（ISAKMP、Oakley 和 SKEME）混合而成的一种协议。对于 IPSec 的要求来说，使用 IKE 是最理想的。

IPSec 提供了两种安全机制：认证（authentication）和加密（encrypt）。认证机制使 IP 通信的数据接收方能够确认数据发送方的真实身份以及数据在传输过程中是否遭篡改。加密机制通过对数据进行编码来保证数据的机密性，以防数据在传输过程中被窃听。在实际进行 IP 通信时，可以根据安全需求同时使用这两种协议或选择使用其中的一种。AH 和 ESP 都可以提供认证服务，不过，AH 提供的认证服务要强于 ESP。

在一个特定的 IP 通信中使用 AH 或 ESP 时，协议将与一组安全信息和服务发生关联，称为安全关联（Security Association，SA）。SA 可以包含认证算法、加密算法、用于认证和加密的密钥。IPSec 使用一种密钥分配和交换协议如 Internet 安全关联和密钥管理协议（Internet Security Association and Key Management Protocol，ISAKMP）来创建和维护 SA。SA 是一个单向的逻辑连接，也就是说，两个主机之间的认证通信将使用两个 SA，分别用于通信的发送方和接收方。

IPSec 定义了两种类型的 SA：传输模式 SA 和隧道模式 SA。

传输模式（Transport mode）：这是两种模式中较常用的一种模式，也是人们在提到“IPSec 隧道”时通常会想到的一种模式。在传输模式中，对等端互相验证对方的身份，然后建立通信量签名和加密参数。该模式将根据链接的筛选器操作等详细信息，对计算机间发生的与筛选器列表中指定的特征相匹配的任何通信量进行签名或加密。传输模式确保了两台计算机间的通信没有被篡改且处于保密状态。传输模式不创建新的数据包，只保护现有的数据包。

传输模式 SA 是在 IP 包头之后和任何高级协议（如 TCP 或 UDP）报头之间插入 AH 或 ESP 报头。

隧道模式（Tunnel mode）：专门用于保护通过不可信的网络传输的站点到站点之间的通信。每个站点都配置了一个 IPSec 网关，用来将通信量路由到其他站点。当一个站点中的计算机需要与其他站点中的计算机进行通信时，通信量要经过 IPSec 网关（也可能先经过各个站点间的路由器，然后再到达本地网关）。在网关，将根据规则中的筛选器操作的详细信息把出站通信量封装在一个完整的新数据包内并加以保护。当然，网关已执行了它们的第一阶段身份验证并建立了它们的第二阶段签名/加密安全关联。在 Windows Server 2003 中的 IPSec 中，隧道模式只支持路由和远程访问服务（RRAS）网关上的站点到站点 VPN，而不支持任何类型的客户端到客户端或客户端到服务器通信。

隧道模式 SA 是将整个原始的 IP 数据报放入一个新的 IP 数据报中。在采用隧道模式 SA 时，每个 IP 数据报都有两个 IP 报头：外部 IP 报头和内部 IP 报头。外部 IP 包头和内部 IP 包头。外部 IP 包头指定将对 IP 数据报进行 IPSec 处理的目的地址，内部 IP 包头指定原始 IP 数据报最终的目的地址。

传输模式 SA 只能用于两个主机之间的 IP 通信，而隧道模式 SA 既可以用于两个主机之间的 IP 通信，也可以用于两个安全网关之间或一个主机与一个安全网关之间的 IP 通信。安全网关可以是路由器、防火墙或 VPN 设备。

13.2 安装与配置 VPN 服务

VPN 服务采用 Client/Server（客户机/服务器）工作模式，因此 VPN 服务的配置也分为客户端配置和服务器端配置两个部分。

13.2.1 配置 VPN 服务器端

VPN 服务器端的配置需要经过 3 个步骤：首先配置服务器，启动服务；然后配置设备和端口；最后配置用户的拨入权限。

1. 启动 VPN 服务

（1）在 Windows Server 2003 计算机上单击“开始”→“程序”→“管理工具”，选择“路由和远程访问”，打开路由和远程访问控制台，如图 13-2 所示。

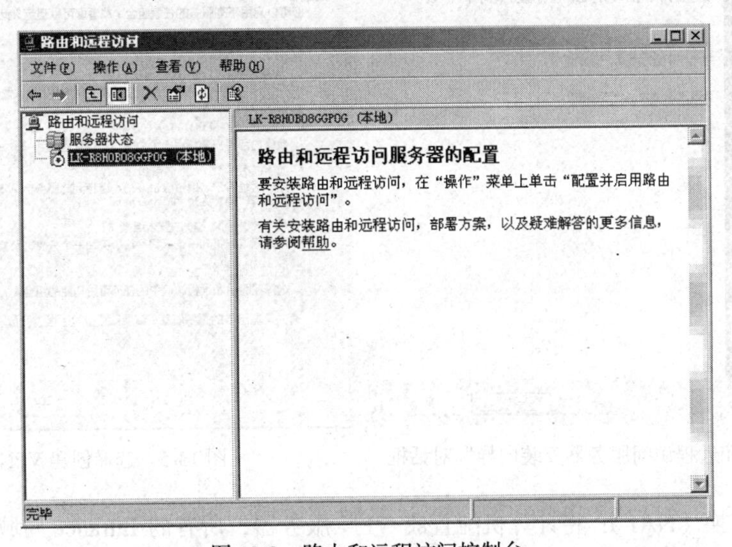

图 13-2　路由和远程访问控制台

（2）在图 13-2 中右键单击“LK-R8H0B08GGP0G（本地）”，选择“配置并启用路由和远程访问”，如图 13-3 所示。

（3）出现“路由和远程访问服务器安装向导”，如图 13-4 所示。

（4）单击“下一步”按钮，出现图 13-5 所示的“配置”界面，共有 5 种类型。

远程访问（拨号或 VPN）：将计算机配置成拨号服务器或 VPN 服务器，允许远程客户机通过拨号或者基于 VPN 和 Internet 连接到服务器。

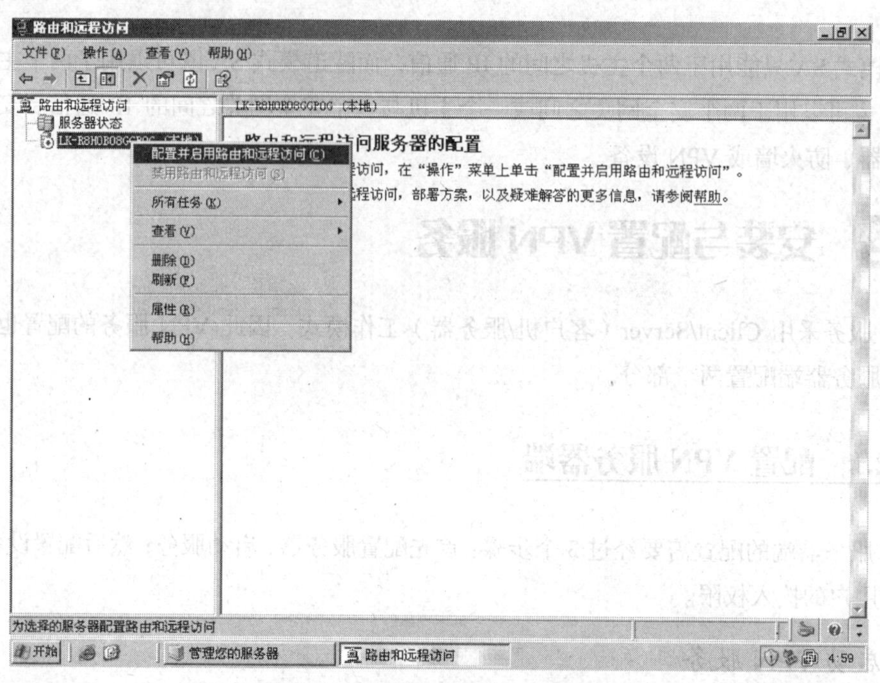

图 13-3 配置并启用路由和远程访问

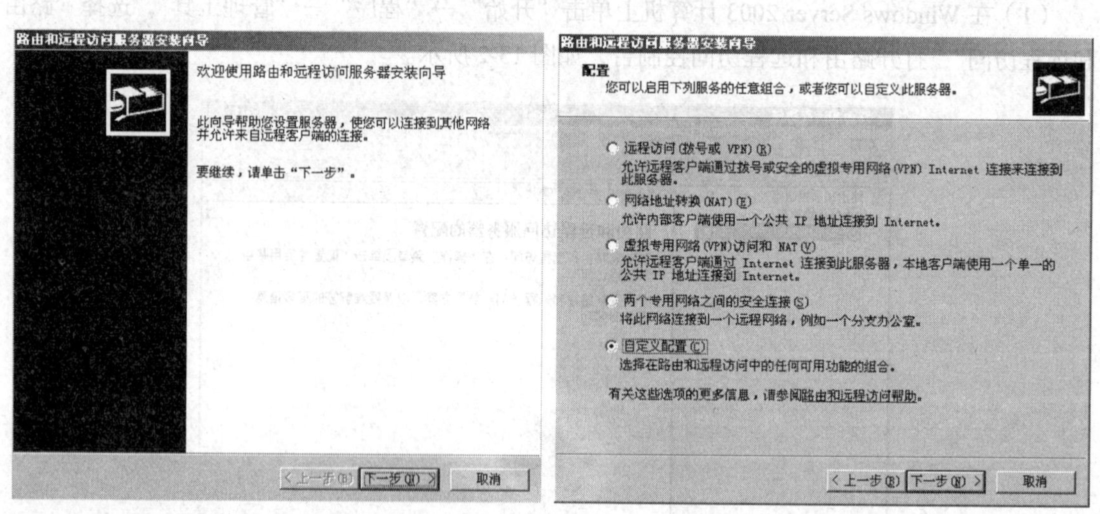

图 13-4 “路由和远程访问服务器安装向导”对话框

图 13-5 选择创建 VPN 服务器

网络地址转换（NAT）：将计算机配置成 VPN 服务器，所有的 Intranet 局域网内的用户以同样的 IP 地址访问 Internet。

虚拟专用网络（VPN）访问和 NAT：将计算机配置成 VPN 服务器和 NAT 服务器。

两个专用网络之间的安全连接：配置成在两个网络之间通过 VPN 连接的服务器。

自定义配置：在路由和远程访问服务支持的服务器角色之间任意组合安装。

在此选择“自定义配置”选项。

（5）单击“下一步”按钮，出现图 13-6 所示的“自定义配置”界面，选择“VPN 访问”复选框，单击“下一步”按钮。

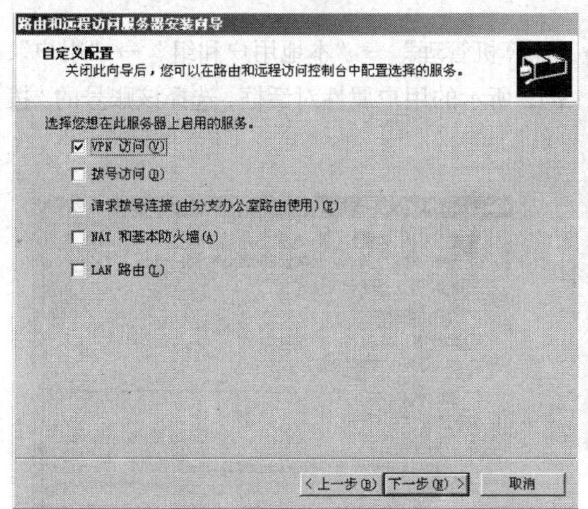

图 13-6 “自定义配置”界面

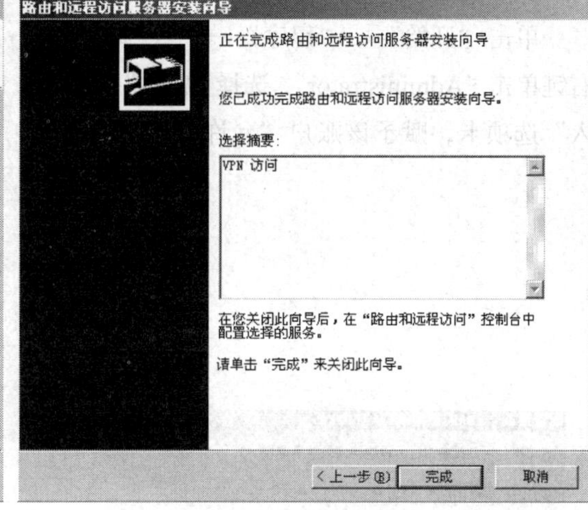

图 13-7　摘要界面

（6）出现图 13-7 所示的“摘要”界面，单击“完成”按钮，出现图 13-8 所示的提示对话框，单击“是”按钮。

图 13-8　提示对话框

2. 配置 VPN 端口

（1）在图 13-9 所示的对话框中，右键单击“端口”，选择“属性”，出现图 13-10 所示的对话框。可以看到通过以上操作已经在 VPN 服务器上默认建立了 128 个 PPTP 端口和 128 个 L2TP 端口，提供给远程 VPN 客户机连接使用。下面仅以 PPTP 端口为例。

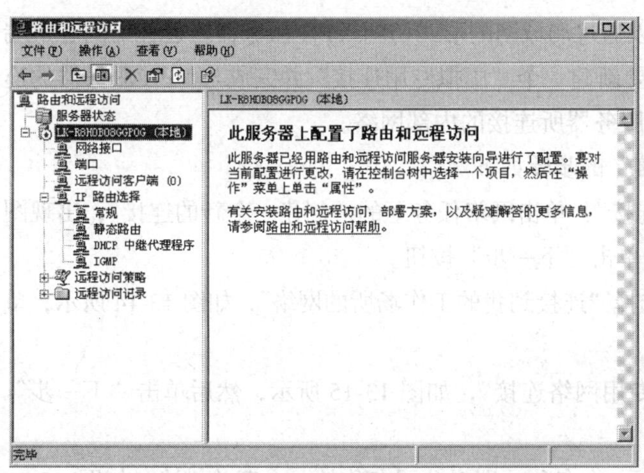

图 13-9　在“路由和远程访问”服务器控制台下查看服务器状态

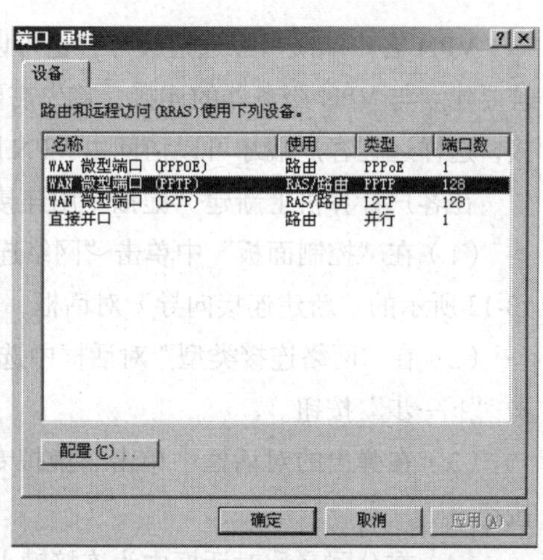

图 13-10　路由和远程访问服务器“端口”属性对话框

（2）选择“WAN 微型端口（PPTP）”，单击配置按钮，出现图 13-11 所示的对话框。在此可以设置 VPN 服务器的“入站”连接或“出站”连接以及最多端口数。

（3）单击“确定”按钮，返回路由和远程访问控制台。

3. 用户拨入设置

单击“开始”→“程序”→“管理工具”→“计算机管理”→“本地用户和组”→“用户”，右键单击“Administrator”，选择“属性”，出现图 13-12 所示的用户属性对话框，选择该账号的“拨入”选项卡，赋予该账户“允许访问”的权限。

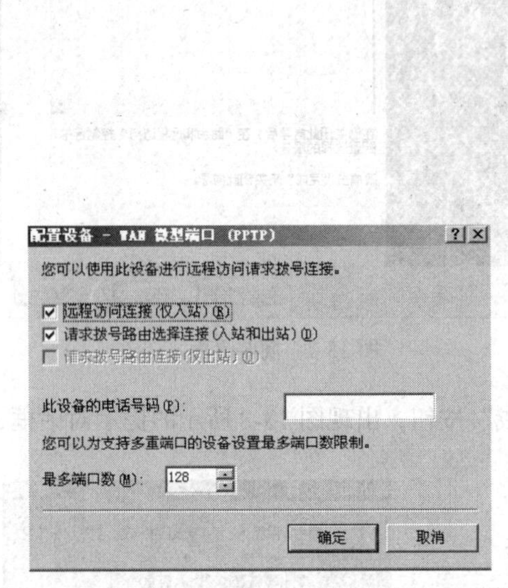

图 13-11 配置路由和远程访问服务器端口对话框

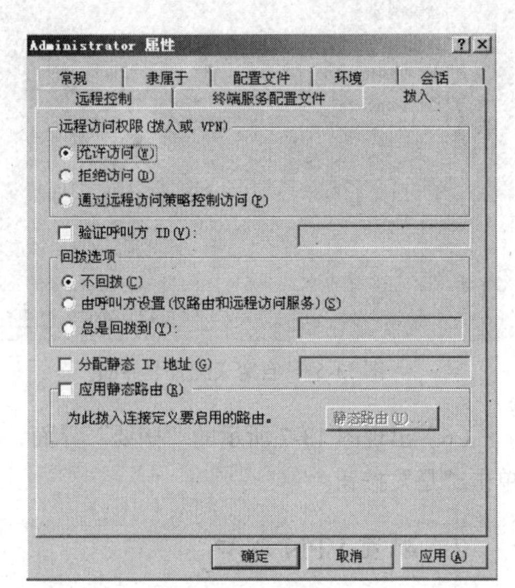

图 13-12 “拨入”选项卡

13.2.2 配置 VPN 客户端

VPN 客户端既可以通过拨号，也可以通过局域网的形式访问 VPN 服务器。远程访问客户端若要建立与 VPN 服务器的连接，首先需要新建一个“虚拟专用连接”并完成与 VPN 服务器的连接，这样远程客户端才可以访问由 VPN 服务器所连接的内部网络。

在客户计算机上新建“虚拟专用连接”的步骤如下。

（1）在“控制面板”中单击“网络连接”，单击网络任务下的“创建一个新的连接”，出现图 13-13 所示的“新建连接向导”对话框，单击“下一步”按钮。

（2）在“网络连接类型”对话框中选择“连接到我的工作场所的网络”，如图 13-14 所示，单击“下一步”按钮。

（3）在弹出的对话框中单击“虚拟专用网络连接”，如图 13-15 所示，然后单击“下一步”按钮。

（4）在公司名称对话框中为连接键入一个名称，即对公司名称的一个简单描述，如图 13-16 所示，然后单击“下一步”按钮。

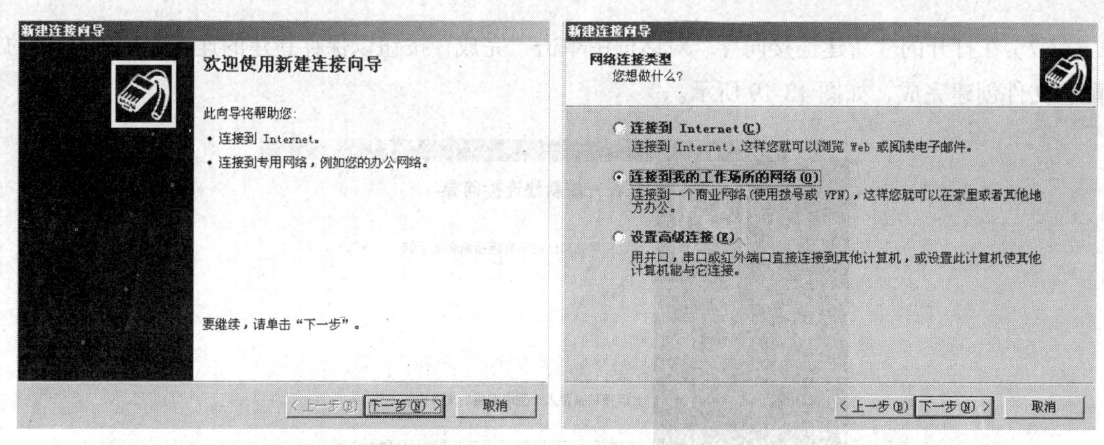

图 13-13　“新建连接向导”对话框　　图 13-14　选择网络连接类型对话框

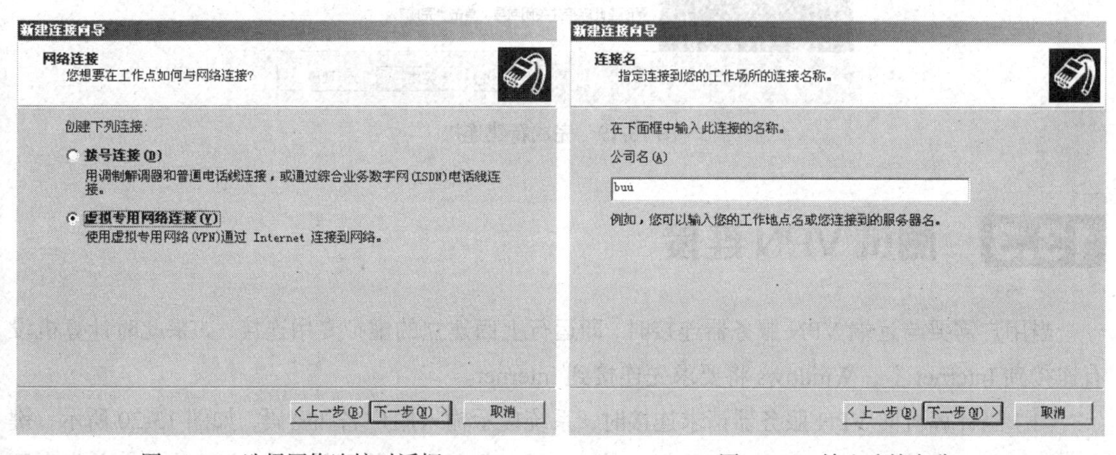

图 13-15　选择网络连接对话框　　图 13-16　输入连接名称

（5）在图 13-17 所示对话框中输入目标地址，即 VPN 服务器的主机名或 IP 地址，然后单击“下一步”按钮。

（6）在出现的对话框中，如果允许登录到该计算机的任何用户都能访问此拨号连接，则选择“任何人使用”选项；如果限制此连接仅供当前登录用户使用，则选择“只是我使用”选项。单击“下一步”按钮，如图 13-18 所示。

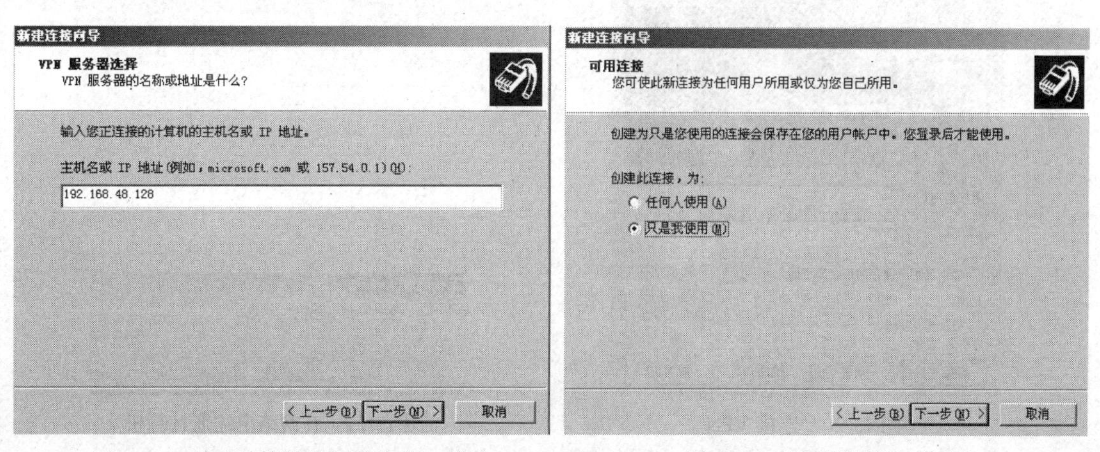

图 13-17　输入计算机的主机名或 IP 地址　　图 13-18　“可用连接”对话框

（7）在打开的“新建连接向导”对话框中单击“完成”按钮以保存新建的连接，VPN 连接的配置文件创建完成，如图 13-19 所示。

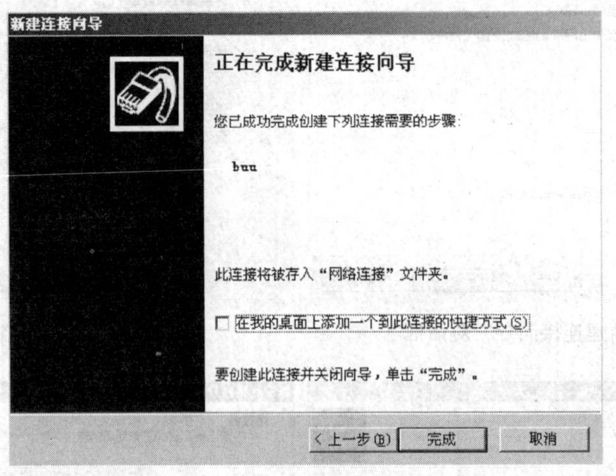

图 13-19　完成新建连接

13.3 测试 VPN 连接

当用户需要与远端 VPN 服务器连接时，即运行上面建立的虚拟专用连接，如果此时计算机没有连接到 Internet 上，Windows 将要求先连接到 Internet。

（1）当计算机向 VPN 服务器请求连接时，系统提示输入用户名和密码，如图 13-20 所示。键入要登录的 VPN 服务器的用户名和密码，单击“连接”按钮，将开始建立 VPN 连接，首先在网络上注册用户的计算机，如图 13-21 所示，并进行用户身份验证。

（2）连接成功后，在状态栏将出现图 13-22 所示的已连接提示。

（3）在该提示上单击，将打开连接状态对话框，单击“详细信息”标签，可以查看 VPN 连接的详细信息，如图 13-23 所示。

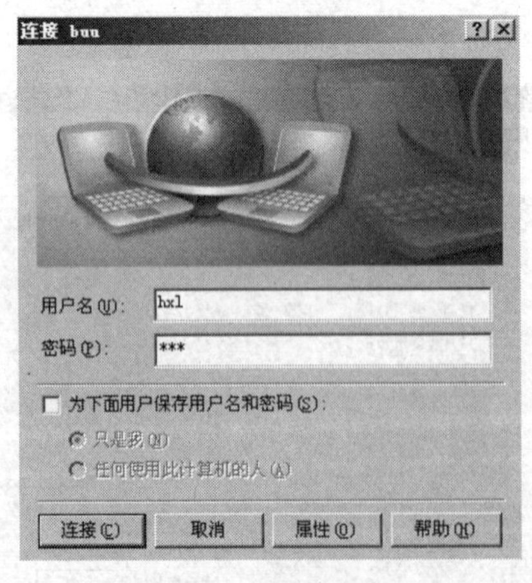

图 13-20　连接 VPN

图 13-21　在网络上注册计算机

图 13-22 VPN 连接建立

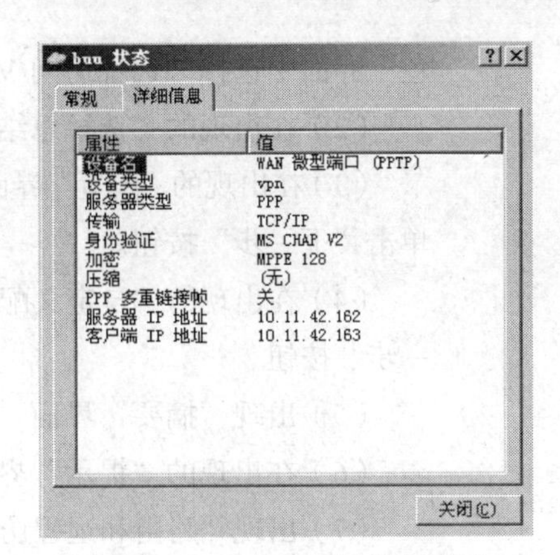

图 13-23 VPN 连接的详细信息

本章小结

当使用 VPN 进行远程登录时，必须配置 VPN 服务器和远端的 VPN 连接。本章介绍了虚拟专用网 VPN 的基本概念、工作原理和优点，详细介绍了在 Windows Server 2003 中如何设置和管理 VPN 服务器，以及如何从客户端配置 VPN 连接。

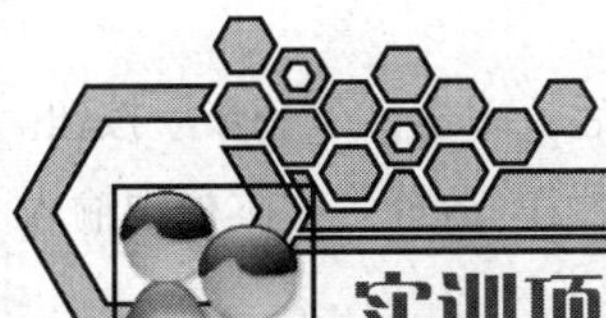

实训项目：VPN 服务器的安装、配置与测试实训

【实训目的】

了解虚拟专用网（VPN）的基本概念与工作原理。掌握 Windows Server 2003 上虚拟专用网（VPN）的配置方法。

【实训环境】

装有 Windows Server 2003 操作系统的 PC 机、局域网环境。

【实训内容】

通过 VPN 服务器配置，建立一台 VPN 服务器，同时进行赋予远程用户 VPN 拨入权限的配置，使客户端能与此 VPN 服务器建立 VPN 连接，从而进行安全通信。

在 Windows Server 2003 系统上，首先配置 VPN 服务器，然后配置 VPN 客户端，建立起与 VPN 服务器的通信，从而建立起一条 VPN 隧道。

1. VPN 服务器的配置

（1）单击“开始”→“管理工具”→“配置您的服务器向导”，在“服务器角色”界面中选择“远程访问/VPN 服务器”选项，单击“下一步”按钮。

（2）在出现的“选择总结”界面中，单击“下一步”按钮。

（3）在出现的“配置”界面中，共有 5 种选项。这里选择“自定义配置”选项，单击“下一步”按钮。

（4）在出现的“自定义配置”界面中，选择“VPN 访问”复选框，单击“下一步”按钮。

（5）出现“摘要”界面，单击“完成”按钮。

（6）在出现的“提示”界面，单击“是”按钮。

（7）出现“路由和远程访问”界面，这样 VPN 服务器上就默认建立了 128 个 PPTP 端口和 128 个 L2TP 端口，可以提供给远程 VPN 客户机连接使用。

（8）赋予用户拨入权限。默认情况下，任何用户均被拒绝拨入到 VPN 服务器上单击“开始”→“程序”→“管理工具”→“计算机管理”→“本地用户和组”，右键单击“用户”→“Administrator”，选择“属性”，出现用户属性对话框，选择该账户的“拨入”选项卡，赋予该账户“允许访问”的权限。

2. 配置 VPN 客户端

（1）在客户机上新建一个网络连接，在“网络连接类型”界面中选择“连接到我的工作场合的网络”单选按钮，单击“下一步”按钮。

（2）出现“网络连接”界面，选择“虚拟专用网络连接”单选按钮，单击“下一步”按钮。

（3）在出现的“连接名”界面中，设置连接的名称后，单击“下一步”按钮。

（4）出现“VPN 服务器选择”界面，在“主机名或 IP 地址”文本框中输入 VPN 服务器的 IP 地址后，单击“下一步”按钮。

（5）在出现的“可用连接”界面中，设置“只是我使用”后，单击“下一步”按钮。

（6）在出现的“正在完成新建连接向导”界面，单击“完成”按钮。

3. 验证连接是否成功

（1）双击客户机上所建立的 VPN 连接，即“虚拟专用连接”，出现“连接服务器”界面，在“用户名”文本框中输入在 VPN 服务器上建立的账号名称，在“密码”文本框中输入密码后，单击“连接”按钮。

（2）若是连接成功则可以看到，VPN 服务器和客户机的任务栏会出现两个拨号网络成功运行的图标，其中一个是 Internet 的连接，另一个则是 VPN 的连接。

（3）查看客户机的 IP 属性信息，在命令窗口下输入命令：

```
ipconfig/all
```

在执行结果中，除了可查看到本机网卡的 IP 属性，还多了“虚拟专用连接”的 IP 属性信息。

（4）当双方建立好了通过 Internet 的 VPN 连接后，即相当于在 Internet 上建立好了一个双方专用的虚拟通道，而通过此通道，双方可以在网上邻居中进行互访，相当于组成了一个局域网络，这个网络是双方专用的，而且有良好的保密性能。

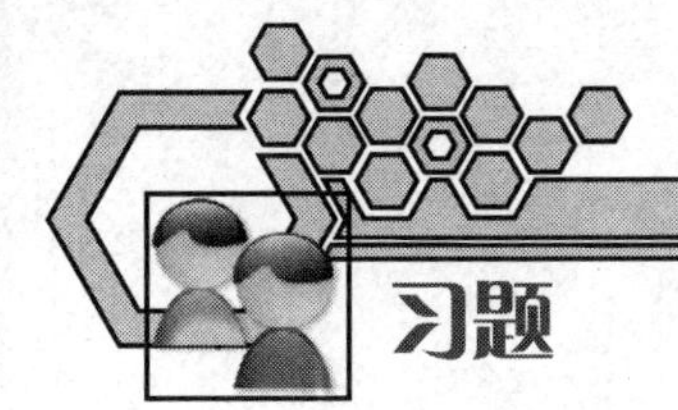

习题

1．什么是虚拟专用网技术？

2．简述 PPTP 和 L2TP 的优缺点及主要区别。

3．如何配置 VPN 服务器和客户端？